U0181942

水惠中國

SHUI HUI ZHONGGUO

· 下 ·

水利部宣传教育中心 / 编

黄河水利出版社
· 郑 州 ·

图书在版编目（CIP）数据

水惠中国：上、下册/水利部宣传教育中心编.—
郑州：黄河水利出版社，2023.3
ISBN 978-7-5509-3540-2

Ⅰ．①水… Ⅱ．①水… Ⅲ．①水利工程－中国 Ⅳ.
①TV

中国国家版本馆CIP数据核字（2023）第057613号

责任编辑	王厚军　郭琼	责任校对	杨秀英
封面设计	李思璇	责任监制	常红昕

出版发行　黄河水利出版社

地址：河南省郑州市顺河路49号　邮政编码：450003

网址：www.yrcp.com　E-mail: hhslcbs@126.com

发行部电话：0371-66020550

承印单位　河南瑞之光印刷股份有限公司

开　　本　787 mm×1 092 mm　1/16

印　　张　61.25

字　　数　1 098千字　　　　　　　　印　　数　1—1 000

版次印次　2023年3月第1版　　　　　　2023年3月第1次印刷

定　　价　150.00元（上、下册）

CONTENTS

科技日报

疫情形势严峻　今年水利工程建哪些　如何建…………………………… 525

水利部：全力防范华南暴雨洪水………………………………………… 526

西北围堤治理工程开工　雄安新区起步区将具备200年一遇防洪能力……… 527

水利部：云南部分中小河流发生洪水…………………………………… 528

水利新开工项目超万个　稳增长保就业作用突出……………………… 528

水利部：我国病险水库除险加固进展顺利……………………………… 530

引江补汉：连通南水北调与三峡工程…………………………………… 530

水利部：预计今年主汛期我国洪水干旱情势偏重……………………… 532

水利部：东北地区多条河流超警………………………………………… 533

水利部："七下八上"汛期预计多条河流可能发生较大洪水…………… 534

辽河发生2022年第1号洪水 …………………………………………… 535

打造绿色发展的水利样本

　　　　——定点帮扶助推湖北郧阳乡村振兴纪实……………………… 535

水利部："八上"关键期　我国局地洪涝和干旱并存………………… 540

淮河入海水道二期工程开工……………………………………………… 541

水利部：广东广西部分中小河流或发生超警洪水…………………… 541

长江流域旱情快速发展　耕地受旱面积逾900万亩…………………… 542

水利部：新疆塔里木河发生超警洪水………………………………… 543

我国现1961年以来最强高温热浪事件　长江流域旱情将加剧 ………… 544

三峡后续项目　龙溪河桃花溪水系连通工程为1.2万亩农作物"解渴" …… 545

水利部：秋季长江中下游旱情将持续发展………………………… 546

输水线路最长　建设条件最复杂　环北部湾广东水资源配置工程开工·········· 547

人民政协报

水利部：全力加快水利基础设施建设·············· 553

我国全面进入汛期　水利部安排部署水旱灾害防御重点工作·········· 554

今年1—5月全国水利建设全面提速·············· 555

大藤峡工程又有新进展　右岸首台发电机组转轮成功吊装·········· 556

水利部进一步安排部署北方地区暴雨洪水防范工作·········· 556

"七下八上"如何护佑江河安澜？·············· 557

水利部：今年已完成水利建设投资5 675亿元·········· 561

宁夏：多措并举　全力抗旱保供水·············· 561

三部门联合印发《关于推进用水权改革的指导意见》　2025年全国统一的用水权交易市场初步建立·············· 564

学习时报

建设数字孪生流域　推动新阶段水利高质量发展·············· 569

工人日报

水利部、财政部、国家乡村振兴局支持补齐农村供水基础设施短板·········· 575

55项重大水利工程已开工10项·············· 576

南方部分河流可能发生较大洪水·············· 576

南水北调工程开展防汛抢险综合应急演练·············· 577

黄河下游"十四五"防洪工程开工建设·············· 578

新开工重大水利工程项目和完成投资均创新高　上半年水利工程建设取得显著成效·············· 578

彻底打通淮河入海水道，破解尾闾不畅的痛点是一代代水利人接续奋斗的目标

淮河入海水道二期工程开工 ··· 579

水利部：有效防御中小河流洪水和山洪灾害 ····························· 580

前7月完成水利建设投资5 675亿元 ······································· 580

江西部分地区旱情持续 ··· 581

南水北调东、中线一期全部设计单元工程通过完工验收 ·············· 582

解决粤西地区水资源问题　环北部湾广东水资源配置工程开工 ····· 583

长江流域水库群抗旱保供水联合调度专项行动再次启动　精打细算用好每一方抗旱水源 ·· 584

大藤峡水利枢纽工程通过蓄水验收 ··· 584

中国青年报

发改委吴晓：进一步对重大水利工程建设给予倾斜 ····················· 589

水利部：推进重大水利工程建设　把节水放在优先位置 ·············· 590

水利部魏山忠：加快推进水利基础设施建设有需求、有条件、有基础 ······ 591

建立长效投入机制　补齐农村供水基础设施短板 ······················ 592

今年汛期珠江流域汛情可能偏重 ·· 593

淮河流域汛期将至　水利部：狠抓防洪重点环节，精准施策 ········· 593

水利部：大藤峡水利枢纽工程具备全线挡水条件 ······················ 595

海河防总：守住流域防汛抗旱安全底线　拱卫首都安全 ·············· 596

水利部：黄河流域汛期将至　做好应对超标准洪水的准备 ··········· 597

水利部：做好春灌供水保障　夯实粮食安全水利基础 ················· 598

水利部：全力打赢长江流域水旱灾害防御硬仗 ························· 599

水利部维持水旱灾害防御Ⅳ级应急响应 ··································· 600

水利部：全力加快水利基础设施建设　确保2022年新开工30项以上 ······· 600

福建木兰溪下游水生态修复与治理工程开工建设 ······················ 601

水利部门科学防御华南等地暴雨洪水　拦洪近80亿立方米 ·········· 602

支持各地安全度汛　财政部、水利部安排 5 亿元水利救灾资金 ⋯⋯⋯⋯ 603

雄安新区起步区西北围堤治理工程开工 ⋯⋯⋯⋯⋯⋯⋯⋯⋯⋯⋯ 603

水利部启动水旱灾害防御Ⅳ级应急响应 ⋯⋯⋯⋯⋯⋯⋯⋯⋯⋯⋯ 604

大藤峡工程高效建设助力"稳经济" ⋯⋯⋯⋯⋯⋯⋯⋯⋯⋯⋯⋯⋯ 604

我国全面进入汛期　水利部：守住水旱灾害防御底线 ⋯⋯⋯⋯⋯⋯ 605

四川省水利厅启动水利抗震救灾二级应急响应 ⋯⋯⋯⋯⋯⋯⋯⋯⋯ 606

水利部：推动开发性金融　支持水利信贷规模快速增长 ⋯⋯⋯⋯⋯ 607

水利部：全面做好西江第 2 号洪水防御工作 ⋯⋯⋯⋯⋯⋯⋯⋯⋯ 608

滇中引水工程实现投资、建设双过半 ⋯⋯⋯⋯⋯⋯⋯⋯⋯⋯⋯⋯ 608

水利部：截至 5 月底，农村供水工程已开工 6 474 处 ⋯⋯⋯⋯⋯⋯ 609

珠江流域普降大到暴雨　水利部启动洪水防御Ⅳ级应急响应 ⋯⋯⋯ 610

水利部针对南方七省（区）启动水旱灾害防御Ⅳ级应急响应 ⋯⋯⋯ 611

今年 1—5 月广东省完成水利投资 363.3 亿元 ⋯⋯⋯⋯⋯⋯⋯⋯⋯ 612

北江预报将发生大洪水　水利部部长李国英现场指导工程调度 ⋯⋯ 613

水利部：建构"一二三四"工作框架体系　助力水利高质量发展 ⋯⋯ 613

北江洪峰已通过石角江段 ⋯⋯⋯⋯⋯⋯⋯⋯⋯⋯⋯⋯⋯⋯⋯⋯⋯ 614

拦洪约 7 亿立方米！大藤峡工程全力应对西江 4 号洪水 ⋯⋯⋯⋯⋯ 615

湖南大兴寨水库开工建设 ⋯⋯⋯⋯⋯⋯⋯⋯⋯⋯⋯⋯⋯⋯⋯⋯⋯ 616

黄河下游引黄涵闸改建工程开工建设 ⋯⋯⋯⋯⋯⋯⋯⋯⋯⋯⋯⋯ 616

总投资 25.57 亿元　安徽省包浍河治理工程开工建设 ⋯⋯⋯⋯⋯⋯ 617

河南省 7 项重点水利工程集中开工 ⋯⋯⋯⋯⋯⋯⋯⋯⋯⋯⋯⋯⋯ 617

总投资 10.9 亿元　安徽省长江芜湖河段整治工程开工建设 ⋯⋯⋯⋯ 618

台风"暹芭"生成　水利部启动水旱灾害防御Ⅳ级应急响应 ⋯⋯⋯ 619

贵州马岭水利枢纽工程顺利完建 ⋯⋯⋯⋯⋯⋯⋯⋯⋯⋯⋯⋯⋯⋯ 620

大藤峡工程右岸首台发电机组转轮成功吊装 ⋯⋯⋯⋯⋯⋯⋯⋯⋯⋯ 621

稳投资　惠民生

　　——病险水库除险加固实践观察 ⋯⋯⋯⋯⋯⋯⋯⋯⋯⋯⋯⋯ 622

24 处新建大型灌区力争 9 月底前完成中央投资 70% ⋯⋯⋯⋯⋯⋯⋯ 627

水利部：坚决打赢主汛期防汛硬仗 ·· 628

"引江补汉"开工　推进南水北调后续工程 ······················ 629

重庆市观景口水利枢纽工程通过竣工验收 ·························· 631

水利部：提前做好"七下八上"防汛关键期水旱灾害防御应对准备 ······ 632

上半年，四川在建大中型水利工程总投资达 984 亿元 ··········· 632

水利部：黄河中下游、松辽等流域部分河流将现涨水过程 ······· 633

大藤峡工程右岸首台发电机组全面进入总装阶段 ·················· 634

水利部针对北方八省（区、市）启动水旱灾害防御Ⅳ级应急响应 ···· 634

水利部：落实各项措施　应对"八上"关键期水旱灾害 ·········· 635

长江流域旱情快速发展　水利部启动干旱防御Ⅳ级应急响应 ····· 636

又一重大水利工程开工建设　将解决 54 万亩耕地灌溉问题 ······ 637

未来一周　我国汛情、旱情将叠加 ······························· 638

南水北调东、中线一期全部设计单元工程通过完工验收 ·········· 638

重庆渝西水资源配置工程累计完成投资 70.89 亿元 ·············· 639

云南滇中引水二期工程启动全面建设 ······························ 640

长江流域部分地区旱情缓解　后期抗旱形势依然严峻 ············· 641

水利部针对四川省启动水旱灾害防御Ⅳ级应急响应 ·············· 641

水利部：长江流域抗旱形势依然严峻 ······························ 642

湖北 19 个重大水利项目集中开工 ·································· 643

大藤峡水利枢纽工程通过正常蓄水位验收 ·························· 644

农民日报

大中型灌区有效灌溉面积 5.2 亿亩 ································· 649

三部门发文支持补齐农村供水基础设施短板 ······················ 649

水利部专题部署 2022 年山洪灾害防御工作 ······················ 650

水利部：4 380 处大中型灌区开始春灌　灌溉耕地面积达 1.86 亿亩 ······ 651

水利部：全国水旱灾害防御进入实战阶段 ·························· 652

水利部：全力加快水利基础设施建设·······················653

"节水中国　你我同行"联合行动掀起节水宣传活动热潮··············655

广西大藤峡水利枢纽灌区工程开工建设·····················656

水利部：四川启动水利抗震救灾二级应急响应·················657

农村供水工程已开工 6 474 处　提升 932 万农村人口供水保障水平·····658

水利部：中央投资 137 亿元支持 493 处大中型灌区现代化改造········659

水利部：农村供水工程已开工 6 474 处···················659

水利部：137 亿元支持大中型灌区现代化改造················660

水利部："两手发力"，今年要完成水利建设投资超过 8 000 亿元·······661

水利部：上半年新开工重大水利工程项目和完成投资均创历史新高·······663

财政部、水利部拨付水利救灾资金 4.68 亿元················664

水利部部署"七下八上"防汛关键期水旱灾害防御工作···········665

千里淮河直入海

　　——写在淮河入海水道二期工程开工之际··············666

水利部针对南方 5 省（区）启动洪水防御Ⅳ级应急响应···········669

广西玉林市龙云灌区工程开工建设······················669

水利部：未来一周面临汛情旱情叠加严峻形势················670

精准调度　提前开灌　错峰灌溉　宁夏灌区破解旱情期间灌溉供水困局·····671

重庆市长寿区：龙溪河桃花溪水系为 1.2 万亩农作物解"渴"·········672

节水优先，建设高质量发展的生态灌区

　　——"节水中国行·黄河流域深度节水控水"走进宁夏··········673

贵州威宁：村村"有水喝"　人人"喝好水"················676

安徽省怀洪新河灌区工程开工························678

水利部：今年以来新开工水利项目 1.9 万个················679

中国再添 4 处世界灌溉工程遗产·······················680

法治日报

压实各方责任增强国家水安全保障能力　我国今年可完成水利投资约 8 000 亿元

·· 685

水利部：南水北调后续工程首个项目引江补汉工程开工　"牵手"国之重器　夯

实国家水网主骨架 ·· 687

水利部：上半年水利工程建设取得显著成效 ························· 690

水利部部署做好农村供水应对洪旱灾害工作　对饮水安全问题全部建立台账

·· 691

水利部针对五省（区）启动水旱灾害防御Ⅳ级应急响应 ············· 692

2025 年用水权初始分配制度基本建立 ······························ 693

三部门印发指导意见推进用水权改革　促进水资源优化配置和集约节约安全利用

·· 693

中国新闻社

水利部：一季度水利项目已落实地方政府专项债券近 500 亿元 ········· 699

大藤峡水利枢纽灌区工程开工建设　将解决 100 万亩耕地灌溉问题 ········ 700

中国东北地区 40 条河流发生超警以上洪水 ·························· 700

中国多地遭强降雨袭击　官方部署洪涝灾害防御 ··················· 701

中国最大淡水湖鄱阳湖提前进入枯水期　为 71 年来最早记录 ········· 702

水利部：我国水旱灾害防御能力实现整体性跃升 ····················· 703

长江流域旱情或继续发展　中国水利部再启抗旱保供水联合调度 ······· 705

【奇迹中国　天河筑梦】南水北调为何在这里拐弯穿城而过？ ·········· 706

中国财经报

重大水利工程每投资 1 000 亿元可以带动 GDP 增长 0.15 个百分点，新增就业岗

位 49 万 ·· 709

锚定 85%！水利部日前召开的农村供水规模化发展信息化管理视频会　明确今

年目标任务 ··· 710

坚决打赢水旱灾害防御这场硬仗，海河防总召开2022年工作视频会议　安排部署水旱灾害防御工作……………………………………………………………… 711

水利部启动水旱灾害防御Ⅳ级应急响应　派出2个工作组赴广东、广西指导

………………………………………………………………………………………… 712

避免江河发生编号洪水，水利部会商部署华南等地暴雨洪水防御工作……… 713

首仗告捷！水利部门科学有序防御华南等地今年以来最强暴雨洪水………… 713

为拉动有效投资需求　稳定宏观经济大盘贡献力量

　　——水利部全力加快水利基础设施建设综述……………………………… 716

总投资106亿元，木兰溪下游水生态修复与治理工程开工建设……………… 718

切实做好2022年黄河流域水旱灾害防御工作，水利部黄河水利委员会组织开展黄河防御大洪水调度演练…………………………………………………………… 719

为扩内需保增长稳经济提供有力支撑，大藤峡工程高效建设运行助力经济大盘稳固…………………………………………………………………………………… 720

我国全面进入汛期，水利部安排部署水旱灾害防御重点工作………………… 722

闻震而动，水利部指导做好四川雅安芦山县震区水利抗震救灾工作………… 723

推动新阶段水利高质量发展传佳音：1—5月全国水利建设投资规模4 144亿元

………………………………………………………………………………………… 723

锚定"四不"目标，水利部专题会商部署南方地区暴雨洪水防御工作……… 725

广东重大水利工程建设跑出"加速度"，今年1—5月完成投资363.3亿元

………………………………………………………………………………………… 726

水利部财务司司长回答本报记者提问时表示：做大融资规模，合力推进水利高质量发展………………………………………………………………………………… 727

李国英赴大藤峡水利枢纽　现场指挥调度珠江流域防汛工作………………… 728

确保人民群众生命财产安全和城乡供水安全，水利部专题会商部署当前水旱灾害防御工作……………………………………………………………………………… 729

大力推广政府和社会资本合作（PPP）等模式，更好满足省级水网建设资金需求

………………………………………………………………………………………… 730

强降雨区部分中小河流可能发生超警洪水，水利部专题会商部署当前暴雨洪水防

御工作……………………………………………………………………… 730

黄淮海地区旱情基本解除，西北地区东部旱情持续………………… 731

增强农业生产能力惠民生！赣抚平原灌区"十四五"续建配套与现代化改造工程
（二期）开工，投资 2.21 亿元 ……………………………………… 732

稳投资　促就业　惠民生

　　——上半年我国水利基础设施建设完成投资 4 449 亿元综述 ……… 733

坚持"预"字当先　"实"字托底，水利部专题会商部署主汛期水旱灾害防御工
作………………………………………………………………………… 736

锚定"四不"目标坚决守住水旱灾害防御底线，水利部专题会商部署"七下八上"
防汛关键期水旱灾害防御工作………………………………………… 737

防汛关键期，全力以赴做好水旱灾害防御工作……………………… 738

浙江：今年计划完成水利投资 660 亿元……………………………… 739

上半年四川在建大中型水利工程总投资达 984 亿元………………… 741

李国英：加强淮河入海水道二期工程建设，造福流域广大人民群众………… 742

水利部贯彻落实国务院常务会议精神，专题会商部署"八上"关键期水旱灾害防
御工作………………………………………………………………… 743

海河流域关键防洪工程！总投资 33.69 亿元的大陆泽、宁晋泊蓄滞洪区防洪工程
与安全建设项目正式开工启动………………………………………… 744

新疆大石峡：当惊世界殊！……………………………………………… 745

水利部、农业银行联合发布金融支持水利基础设施建设指导意见…… 746

完善防洪减灾体系，不断提升水旱灾害防御现代化能力…………… 750

李国英主持专题会商，滚动研究部署"八上"关键期水旱灾害防御工作……… 751

1—7 月全国完成水利建设投资 5 675 亿元…………………………… 752

水利部和有关省（市）全力防范应对海河流域暴雨洪水，城市运行未受影响

…………………………………………………………………………… 753

战旱魔，全力保供水保丰收惠民生

　　——宁夏回族自治区加强水利基础设施建设管理　促进经济社会生态协调发
展纪实…………………………………………………………………… 754

李国英主持专题会商　滚动研究部署近期抗旱防汛工作⋯⋯⋯⋯⋯⋯⋯⋯ 758

守护黄河流域水安全，助力高质量发展

　　——宁夏回族自治区实施深度节水控水行动纪实⋯⋯⋯⋯⋯⋯⋯⋯ 759

大旱之年，贺兰山下绿意浓

　　——宁夏贺兰县利用 PPP 机制打造投建管服一体化生态灌区优化水资源

　　配置　促进农村经济社会协调发展⋯⋯⋯⋯⋯⋯⋯⋯⋯⋯⋯⋯⋯⋯ 763

贵州：百亿财政投入　破解千年饮水难题⋯⋯⋯⋯⋯⋯⋯⋯⋯⋯⋯⋯⋯⋯ 766

精准调度　错峰轮灌　宁夏多措并举让农田"喝"饱水⋯⋯⋯⋯⋯⋯⋯⋯ 770

源源西江水奔腾入粤西

　　——环北部湾广东水资源配置工程开工记⋯⋯⋯⋯⋯⋯⋯⋯⋯⋯⋯ 771

助力"荆楚安澜"现代水网规划！湖北 19 个重大水利项目开工，总投资

　　274.8 亿元⋯⋯⋯⋯⋯⋯⋯⋯⋯⋯⋯⋯⋯⋯⋯⋯⋯⋯⋯⋯⋯⋯⋯⋯ 774

广东：奋力跑出水利建设"加速度"⋯⋯⋯⋯⋯⋯⋯⋯⋯⋯⋯⋯⋯⋯⋯⋯ 775

喜报！大藤峡水利枢纽工程通过正常蓄水位验收，即将全面发挥综合效益

　　⋯⋯⋯⋯⋯⋯⋯⋯⋯⋯⋯⋯⋯⋯⋯⋯⋯⋯⋯⋯⋯⋯⋯⋯⋯⋯⋯⋯⋯ 776

中国改革报

创历史新高！上半年新开工水利项目 1.4 万个、投资规模 6 095 亿元⋯⋯⋯ 783

人民网

李国英：确立六项重点水利任务　全面提升国家水安全保障能力⋯⋯⋯⋯⋯ 787

水利部部长李国英：坚决守住水利工程安全防线⋯⋯⋯⋯⋯⋯⋯⋯⋯⋯⋯⋯ 787

李国英：实施国家水网重大工程　抓好"纲、目、结"谋篇布局⋯⋯⋯⋯ 788

水利部：支持 160 个国家乡村振兴重点帮扶县　做好乡村振兴"水"文章

　　⋯⋯⋯⋯⋯⋯⋯⋯⋯⋯⋯⋯⋯⋯⋯⋯⋯⋯⋯⋯⋯⋯⋯⋯⋯⋯⋯⋯⋯ 789

水利部：5 年来雄安新区城市生活和工业用水得到有效保障⋯⋯⋯⋯⋯⋯ 790

水利部：加快推进重大水利工程开工建设　确保今年新开工 30 项以上 …… 791

水利部：推进南水北调后续工程高质量发展　实现良好开局………………… 792

福建 11 项重大水利工程集中开工　总投资 105.87 亿元 ………………… 793

我国加快水利基础设施建设　1 月至 4 月已完成水利投资近 2 000 亿元 …… 794

水利部：截至 5 月底，农村供水工程已开工建设 6 474 处　落实投资 516 亿元

　………………………………………………………………………………… 795

重大水利工程建设"提速"　大藤峡水利枢纽灌区工程开工建设………… 796

全国水利建设全面提速　新开工项目 10 644 个　投资规模 4 144 亿元……… 797

水利部：今年全国要完成水利建设投资超过 8 000 亿元 ………………… 798

魏山忠：加快水利基础设施建设　为稳定经济大盘贡献力量……………… 800

保水库安澜　惠民生福祉

　——我国病险水库除险加固纪实………………………………………… 804

创历史新高！上半年我国新开工重大水利工程项目 22 项　完成水利建设投资

　4 449 亿元 ………………………………………………………………… 805

今年上半年水利建设成效如何？水利部答人民网时这样说………………… 806

水利部：精准调度水资源　保障太湖流域供水安全……………………… 807

北方地区部分河流或将发生超警洪水　水利部加派 5 个工作组进行一线指导

　………………………………………………………………………………… 809

情暖苏区　一任接着一任干

　——水利部五任干部挂点支援江西宁都纪实…………………………… 809

海河流域强降雨已结束！水利部门全力应对，城市运行未受影响………… 811

财政部、水利部拨付水利救灾资金 4.68 亿元　支持各地切实保障防洪安全

　………………………………………………………………………………… 813

水利部：全力做好"七下八上"防汛关键期水旱灾害防御………………… 813

珠江流域北江发生今年第 3 号洪水　水利部派专家组赴防汛一线指导… 814

强化"四预"措施　确保南水北调工程安全度汛…………………………… 815

水利部启动洪水防御Ⅳ级应急响应　派出 2 个工作组赴广东广西指导防洪

　………………………………………………………………………………… 816

水利部：提前做足做细做实各项防御准备工作　坚决打赢暴雨洪水防御硬仗
………………………………………………………………………………… 817

水利部：全力以赴做好水库安全度汛　确保人民群众生命财产安全………… 818

珠江流域再次形成流域性较大洪水　水利部进一步调度珠江流域水库群
………………………………………………………………………………… 819

云南省部分河流发生洪水　水利部启动水旱灾害防御Ⅳ级应急响应………… 820

水利部：截至 7 月底已开工农村供水工程万余处　2 531 万农村人口供水保障
　　水平提升 ……………………………………………………………… 820

南水北调东、中线一期工程全线转入正式运行阶段 ……………………… 821

引水西江　造福粤西　环北部湾广东水资源配置工程开建 ……………… 823

水利部：全力做好长江流域抗旱保供水保秋粮丰收工作 ………………… 826

水利部：截至 8 月底全国新开工水利项目 1.9 万个 …………………… 827

新华网

水利部安排部署 2022 年水旱灾害防御工作 ……………………………… 831

水利部：加快推动新阶段水利高质量发展 ………………………………… 832

水利部：黄河凌汛平稳结束　未发生险情灾情 …………………………… 833

水利部：珠江流域"秋冬春连旱、旱上加咸"已基本解除 ……………… 834

水利部：确保完成南水北调东线一期工程北延今年应急供水任务 ……… 835

水利部安排部署 2022 年水库安全度汛工作 ……………………………… 836

水利部：准确识变、科学应变、主动求变　牢牢掌握水利科技创新主动权… 837

水利部进一步调度珠江流域水库群　全力减轻下游防洪压力 …………… 838

保安全　惠民生
　　——病险水库除险加固实践观察 ……………………………………… 839

全国进入"七下八上"防汛关键期　水利部：全力做好水旱灾害防御……… 843

我国主降雨区呈"一南一北"分布　4 大流域须做好防洪准备 ………… 844

水利部：长江中下游等地区旱情将持续　抓紧抓实秋季抗旱防汛………… 845

新疆塔里木河干流历时 80 天的洪水过程结束 ·················· 846

央广网

"世界水日":十部门启动《公民节约用水行为规范》主题宣传活动 ········ 849

世界水日 | "关住"一点一滴 ································ 850

水利部:全力以赴做好南水北调东线一期工程北延应急供水工作·········· 853

水利部:雄安新区城市生活和工业用水得到有效保障·················· 853

水利部:深入推进南水北调后续工程高质量发展·················· 854

支持各地安全度汛　财政部、水利部拨付 5 亿元水利救灾资金········ 854

水利部:珠江再次发生流域性较大洪水·················· 855

水利部:抗旱保供水　不漏一户不落一人·················· 855

南水北调后续工程中线引江补汉工程开工·················· 856

"七下八上"防汛关键期　水利部:做好防洪工程应对准备·········· 857

水利部:"八上"期间　我国主降雨区呈"一南一北"分布·········· 858

水利部:密切关注长江流域旱情　确保旱区民众饮水安全········ 859

水利部:全国现已建成万亩以上大中型灌区 7 330 处·············· 861

通过验收!大藤峡水利枢纽工程将可蓄水至 61 米·················· 862

中国网

前 3 月全国完成水利投资同比增长 35%　今年将多措并举扩大投资力度
·· 867

三部门:支持补齐农村供水基础设施短板·················· 868

今年我国农村自来水普及率提至 85%　规模化供水工程覆盖农村人口占比达
54%·· 869

未来 2 ~ 3 天华南江南有强降雨　5 省(区)部分中小河流或发生超警洪水
·· 871

水利部：珠江、长江、黄河流域将现最强降雨　全国防汛进入实战阶段······872

水利部：加快水利基础设施建设　确保今年新开工超 30 项 ···············872

木兰溪下游水生态修复治理工程等 11 个项目集中开工　总投资 106 亿元

···875

防大汛抗大旱抢大险！七大流域灾害防御部署完成···················875

西北围堤治理工程开工　雄安新区起步区 200 年一遇标准防洪圈将全面闭合

···876

我国即将全面进入汛期　水利部部署水库安全度汛和山洪灾害防御工作······877

广西大藤峡水利枢纽灌区工程开工建设　将解决百万亩耕地灌溉问题·······877

我国全面进入汛期！水利部：扛起防汛抗旱天职　确保人员不伤亡，水库不垮坝

···878

四川雅安芦山县发生 6.1 级地震　水利部：巡查并抢护震损水库　消除险情

···879

中国发布丨南方 7 省（区）部分中小河流或发生较大洪水　水利部启动水旱灾害

防御Ⅳ级响应 ···880

珠江流域北江将发生大洪水　水利部部长李国英现场指导工程调度··········880

中国发布丨如何落实 8 000 亿元水利建设资金？水利部将试点水利基础设施

REITs ···881

珠江流域再次形成流域性较大洪水　水利部调度水库群减轻下游防洪压力

···882

拦洪约 7 亿立方米！大藤峡工程全力迎战西江 4 号洪水···············883

北江将有特大洪水，西江正演进！水利部：力争跑赢洪水演进速度··········884

北方四省（区）干旱　水利部启动干旱防御Ⅳ级应急响应 ················885

引江补汉工程开工，建成后南水北调中线平均调水量将增至 115.1 亿立方米

···886

珠江流域北江发生今年第 3 号洪水　水利部：调度骨干水库有效防控········889

上半年我国新开工水利项目 1.4 万个　投资规模达 6 095 亿元 ···········890

东北地区 40 多条河流超警！部分水库提前预泄腾库，适时拦洪削峰········891

今年我国将治理 174 条中小河流　一条一条地治理　确保治理一条、见效一条
……………………………………………………………………………… 892

中国发布丨辽河发生 1 号洪水　水利部启动洪水防御 IV 级应急响应………… 893

中国发布丨500 亿立方米南水调入北方！逾 8 500 万人受益，多方争水局面缓解
……………………………………………………………………………… 893

我国防汛进入"八上"关键期，局地洪涝和干旱并存……………………… 895

4—6 日粤桂云贵有大到暴雨，部分中小河流或超警！水利部部署防范工作
……………………………………………………………………………… 896

8 月上旬我国主要降雨区呈"一南一北"分布　水利部部署防御工作……… 896

6—10 日北方 8 省份将现强降雨　水利部启动水旱灾害防御 IV 级应急响应
……………………………………………………………………………… 897

中国发布丨水利部：前 7 个月完成水利建设投资 5 675 亿元　同比增加逾 7 成
……………………………………………………………………………… 898

台风"马鞍"致珠江流域 24—26 日有强降雨　水利部启动水旱灾害防御 IV 级
响应……………………………………………………………………… 899

中国发布丨长江中下游等地旱情持续、部分河流或发生秋汛　水利部部署抗旱
防汛工作………………………………………………………………… 900

水利部：今年全国水利项目新开工 1.9 万个　创历史纪录 ………………… 901

我国在建水利工程达 3 万多个　投资总规模超 1.8 万亿元 ………………… 902

澎湃新闻

水利部、财政部、国家乡村振兴局支持农村供水基础设施补短板…………… 907

珠江流域已入汛，龙滩、百色等主要防洪水库腾空库容准备迎汛…………… 908

大藤峡水利枢纽工程具备全线挡水条件，防洪能力进一步提升……………… 909

淮河流域汛期将至，水利部：狠抓防洪重点环节精准施策…………………… 910

水利部加快推进重大水利工程建设，确保今年新开工 30 项以上 …………… 910

重大水利工程开工 10 项，各地完成水利建设投资近 2 000 亿元 …………… 911

福建省 11 个重大水利项目集中开工，总投资 106 亿元 ┈┈┈┈┈┈ 914

端午假期多地将迎暴雨洪水，水利部启动水旱灾害Ⅳ级响应┈┈┈ 915

水利部：我国全面进入汛期，水利部门要坚决扛起防汛抗旱天职┈┈┈ 915

国开行支持水利基础设施建设，进一步降低水利项目贷款利率┈┈ 916

环北部湾广东水资源配置工程开工，将惠及 1 800 多万人口┈┈┈ 917

封面新闻

我国即将全面进入汛期　水利部要求加强中小河流洪水监测预报┈┈┈ 923

云南省部分中小河流发生洪水　水利部启动水旱灾害防御应急响应┈┈ 923

珠江流域再次形成流域性较大洪水　大藤峡水库今 15 时起进行调度 ┈ 924

水利部答封面新闻：3 家银行 5 个月发放水利贷款 1 576 亿元 ┈┈┈ 925

水利部：推进水利基础设施不动产投资信托基金　贵州湖南已有项目申报
┈┈┈┈┈┈┈┈┈┈┈┈┈┈┈┈┈┈┈┈┈┈┈┈┈┈┈┈┈┈┈┈┈┈┈ 926

总投资 25.57 亿元　安徽包浍河治理工程开建 ┈┈┈┈┈┈┈┈┈┈ 927

水利部：秋季长江中下游和两湖地区旱情将持续发展┈┈┈┈┈┈┈┈ 928

拾年丨水利部：近十年洪涝灾害年均损失占 GDP 比例降至 0.31% ┈┈ 929

每日经济新闻

水利建设全面提速！前 5 个月新开工项目 10 644 个，投资规模 4 144 亿元
┈┈┈┈┈┈┈┈┈┈┈┈┈┈┈┈┈┈┈┈┈┈┈┈┈┈┈┈┈┈┈┈┈┈┈ 933

后　记

后　记┈┈┈┈┈┈┈┈┈┈┈┈┈┈┈┈┈┈┈┈┈┈┈┈┈┈┈┈┈┈┈┈┈ 935

水惠中国

科技日报

■疫情形势严峻　今年水利工程建哪些　如何建

■水利部：全力防范华南暴雨洪水

■西北围堤治理工程开工　雄安新区起步区将具备200年一遇防洪能力

■水利部：云南部分中小河流发生洪水

……

疫情形势严峻
今年水利工程建哪些　如何建

"针对今年的疫情，要统筹做好疫情防控和工程建设。从数字来看，今年1—3月，全国完成水利投资1 077亿元，跟去年同期相比，水利完成投资增加了35%。"4月7日，在国新办（国务院新闻办公室的简称）举行的2022年水利工程建设情况例行吹风会上，水利部规划计划司司长张祥伟说。

水利工程是民生工程、发展工程、安全工程，对稳投资、扩内需作用显著。当前，部分地区疫情仍在高位运行，针对人们担心的是否会影响建设进程问题，张祥伟做出上述回答。

"在加强疫情防控的同时，我们在全力推进工程建设。"张祥伟说，具体来讲，一方面，从严从细落实疫情防控措施，加强建设工地人员管控、健康监测和疫情消杀。一些重大水利工程，比如现在正在建设的西江大藤峡水利枢纽工地实行封闭管理。另一方面，加大施工调度，优化施工组织，配强施工资源，最大限度地减少疫情对工程建设的影响。

一批重大水利工程今年开工

时空分布极不均衡，夏汛冬枯、北缺南丰，水旱灾害多发频发是我国水资源的最大特点。国务院常务会议指出，今年再开工一批已纳入规划、条件成熟的项目，包括南水北调后续工程等重大引调水、骨干防洪减灾、病险水库除险加固、灌区建设和改造等工程。这些工程加上其他水利项目，全年可完成投资约8 000亿元。

水利部副部长魏山忠介绍，今年将重点做好两个方面工作：一是推进南水北调后续工程高质量发展。目前，东中线一期工程已经建成运行7年时间，累计向北方供水518亿立方米。北京市城区75%以上、天津城区几乎全部喝的都是南水北调中线的引江水，为进一步提高南水北调中线北调水量和供水的保证率，今年要重点推进中线引江补汉工程的前期工作，确保年内开工建设。同时，要深化南水北调东线后续工程的前期论证，推进工程适时建设，确保工程成为优化水资源配置、保障群众饮水安全、复苏河湖生态环境、畅通南北经济循环的生命线。

二是统筹推进其他重大引调水工程。对于条件基本成熟的，如环北部湾广东水资源配置工程要抓紧建设，尽早解决粤西地区水资源短缺的问题。对于前期工作有一定基础的,要加快前期工作进度,争取尽早审批立项,为开工建设创造条件。对于规划中的其他项目,也要加快项目论证,接续滚动推进重大引调水工程建设。

筹建新灌区　提高粮食综合生产能力

中国的粮食从哪儿来？数字显示,全国农田有效灌溉面积是 10.37 亿亩[①],占耕地面积的 54%。在 54% 的灌溉面积里面,生产了全国 75% 的粮食和 90% 的经济作物。

"粮食要稳产,灌区建设极为重要,尤其是大中型灌区。"魏山忠说。所谓灌区,通俗地讲就是旱能灌、涝能排,粮食有这样的条件,一定是稳产高产。现在全国大中型灌区有 7 000 多处,有效灌溉面积 5.2 亿亩,这是我国粮食和重要农产品的主要产区,是国家粮食安全的重要保障。

魏山忠表示,加强大中型灌区建设和改造,对巩固和增加灌溉面积、提升粮食产能,无疑是十分重要的。今年,在灌区建设和改造方面,主要有以下两个方面举措:

一是,要加强现有大中型灌区续建配套和改造。有些灌区修建年代已久,今年准备实施大约 90 处大型灌区、480 多处中型灌区改造,完善灌溉水源工程、渠系工程和计量监测设施,推进标准化规范化管理,新增恢复和改善灌溉面积 2 500 余万亩。同时,选择一些有条件的大中型灌区,打造一批现代化数字灌区。

二是,要积极新建一批现代化灌区。加快在建大型灌区的建设,促进尽早建成发挥效益。在水土资源条件适宜、新增储备灌溉耕地潜力大的地区,还要新建一批灌区,如广西大藤峡、海南牛路岭、江西大坳等。这些项目实施完成以后,可以增加和改善有效灌溉面积 2 500 万亩左右。此外,还计划结合引调水和水源工程建设,谋划再改造、再新建一些灌区,进一步提高粮食综合生产能力。

水利部：全力防范华南暴雨洪水

科技日报记者　付丽丽　5 月 9 日以来,广东、广西、江西、湖南等地部分地区降大到暴雨,局地大暴雨。受降雨影响,截至 11 日 16 时,广西桂江中游、湖南湘江上中游、广东北江支流滃江、江西赣江支流同江、重庆嘉陵江支流壁北河、四川岷江支流沫溪河等 18 条河流发生超警洪水,最大超警幅度 0.04 ～ 1.04 米。

---

① 1 亩 =1/15 公顷,下同。

目前，除湘江上中游及北江支流潖江外，其他河流均已退至警戒线以下。预计未来 2～3 天，华南大部、江南东部南部等地仍将有强降雨，广东、广西主要江河及湖南湘江、江西赣江、福建闽江等将出现明显涨水过程，部分中小河流可能发生超警以上洪水。

针对此次强降雨过程，国家防总副总指挥、水利部部长李国英要求及早着手，严密防范，确保安全。水利部副部长刘伟平连续主持会商，滚动研判雨情汛情，安排部署有关防御工作。5 月 7 日，水利部向有关省级水利部门发出通知，要求做好值班值守、监测预报预警、水工程调度、水库堤防巡查防守、中小河流洪水和山洪灾害防御等工作。9 日，再次发出通知，要求统筹防疫与防汛，科学调配力量，加强技术支撑，保证水旱灾害防御力量不减弱、工作不断档。10 日，水利部针对广东、广西等地汛情启动洪水防御 IV 级应急响应，并派出 2 个工作组赴广东、广西防御一线，指导做好暴雨洪水防御工作。水利部珠江水利委员会、长江水利委员会及时启动应急响应，做好各项防范工作。

有关省（区）严阵以待，全力应对。广东省委、省政府主要负责同志分别作出指示，湖南省政府主要负责同志赴水利厅调研指导，广西、江西省区负责同志提出明确要求。广东、广西、江西、湖南 4 省（区）水利厅均及时启动应急响应，向基层防御一线、相关防汛责任人发送江河洪水和山洪灾害预警信息，派出工作组、专家组赴重点市（县）加强支持指导，专业防守抢护力量预置下沉一线。有关市（县）防汛责任人迅速上岗到位，加强值班值守和水库堤防巡查，根据预警及时组织危险区域群众转移。

目前，全国主要江河水情总体平稳。水利部维持水旱灾害防御 IV 级应急响应，密切关注雨情、水情、汛情、工情，继续指导有关地区做好暴雨洪水防御工作。

西北围堤治理工程开工
雄安新区起步区将具备 200 年一遇防洪能力

科技日报记者　付丽丽　5 月 30 日，从水利部获悉，雄安新区起步区西北围堤治理工程正式开工，计划 2022 年主汛期前完成防洪主体工程建设。

据介绍，西北围堤作为起步区上游西北部洪涝防线，南起新区边界萍河左堤，北接南拒马河右堤，全长 23.45 千米，总投资 17.6 亿元，是雄安新区起步区防洪圈建设的收尾工程。它的开工，标志着雄安新区起步区 200 年一遇标准防洪圈即将全面闭合。

雄安新区防洪工程是新区的重要安全保障，纳入了国家 150 项重大水利工程。截至目前，已完成防洪工程建设投资 266 亿元。雄安新区起步区防洪圈由萍河左堤、新安北堤、白沟引河右堤、南拒马河右堤及西北围堤组成，防洪保护范围包括起步区、安新组团、容城组团以及区域内的特色小城镇。自 2020 年以来，起步区防洪主体工程陆续建设完成，基本具备 200 年一遇防洪能力，安新组团、容城组团同步达到 200 年一遇防洪能力。预计到 2025 年，外围组团（含昝岗、寨里、雄县组团）骨干防洪工程全部建成。

水利部：云南部分中小河流发生洪水

科技日报记者　付丽丽　27 日，从水利部获悉，5 月 26 日晚至 27 日晨，云南省东南部部分地区降了大到暴雨，最大点雨量为文山州丘北县石葵站 162 毫米。受强降雨影响，清水江丘北县部分江段发生超保洪水，清水江站 27 日 7 时最高水位 964.98 米，超过保证水位 1.48 米，相应流量 736 立方米每秒，超过保证流量 381 立方米每秒。强降雨造成丘北县局部发生洪涝灾害。

针对云南、广西两省（区）部分地区连续降雨，中小河流、山洪灾害防御存在较大风险，根据《水利部水旱灾害防御应急响应工作规程》，水利部于 27 日 11 时启动洪水防御Ⅳ级应急响应，并派出工作组赴云南指导。

云南省水利厅于 27 日 8 时启动水旱灾害防御Ⅳ级应急响应，并派出工作组紧急赶赴灾区协助指导防汛救灾工作。

水利新开工项目超万个
稳增长保就业作用突出

"今年 1—5 月，全国水利建设全面提速，取得了明显成效。新开工项目 10 644 个，投资规模 4 144 亿元；其中投资规模超过 1 亿元的项目 609 个。"6 月 10 日，在水利部举办的"加快水利基础设施建设有关情况"新闻发布会上，水利部副部长魏山忠说。

为切实担负起水利对于稳定宏观经济大盘的政治责任，魏山忠介绍，今年要开工 30 项，力争 40 项重大水利工程项目。目前，吴淞江整治、福建木兰溪下游水生态修复与治理、雄安新区防洪治理、江西大坳灌区、广西大藤峡水利枢纽灌区等 14 项重大水利项目开工建设，投资规模达 869 亿元。

扩大建设投资方面，魏山忠表示，在争取加大财政投入的同时，从利用银行贷款、吸引社会资本等方面出台指导意见，多渠道筹集建设资金。全国已落实投资 6 061 亿元，较去年同期增加 1 554 亿元，增长 34.5%；完成投资 3 108 亿元，较去年同期增加 1 090 亿元，增长 54%，吸纳就业人数 103 万人，其中农民工就业 77 万人，充分发挥了水利对稳增长、保就业的重要作用。

"以 5 月 16 日开工的吴淞江整治江苏段项目为例，这是太湖流域综合治理的标志性工程，它的建设将增加太湖洪水的外排通道，提高太湖流域的防洪排涝能力，同时对改善区域水资源、水环境、水生态条件有重要的作用。该工程投资 157 亿元，日最大用工超过 3 000 人。"水利部规划计划司司长张祥伟补充说。

不仅如此，这些水利项目在有效保障国家粮食安全方面同样发挥了重要作用。

粮食生产根本在耕地，命脉在水利。水利部农村水利水电司司长陈明忠介绍，我国已建成大中型灌区 7 330 处。目前，全国耕地灌溉面积达到 10.37 亿亩，在占全国耕地面积 54% 的灌溉面积上生产了 75% 以上的粮食和 90% 以上的经济作物，对保障粮食安全作出了重大贡献。

如 6 月 6 日开工的广西大藤峡水利枢纽灌区，实际灌溉面积 100 万亩，新增粮食产量 7.3 亿斤①，工程投资 80 亿元，日最大用工超过 1 600 人。

当前，正值汛期，病险水库是防洪的安全隐患，除险加固工作尤为重要。

"目前，病险水库除险加固总体进展顺利。"水利部水利工程建设司司长王胜万说。

王胜万介绍，在大中型水库除险加固方面，今年中央预算内投资计划安排实施 102 座大中型病险水库除险加固，第一批已下达中央预算内投资 30.65 亿元，支持 81 座大中型水库除险加固，目前已开工 64 座，开工率接近 80%；近期还将安排第二批中央预算内投资，支持 21 座大中型病险水库除险加固。在抓好中央预算内投资支持项目建设的同时，黑龙江、江西等省份自筹资金实施大中型病险水库除险加固 32 座，目前已开工 17 座。

此外，还将实施 3 400 座小型水库除险加固，其中，中央财政水利发展资金

---

① 1 斤 =0.5 公斤，下同。

补助 1 618 座，目前已完成初步设计批复 1 531 座，开工 563 座，主体工程完工 300 座；地方资金安排的 1 782 座目前同步加快实施。同时，水利部还会同财政部落实小型水库管理责任和管护经费，推进小型水库管理信息化建设，今年安排 19 189 座小型水库雨水情测报设施建设和 17 400 座小型水库大坝安全监测设施建设。

水利部：我国病险水库除险加固进展顺利

（科技日报记者　付丽丽）　当前，正值汛期，病险水库是防洪的安全隐患，除险加固工作尤为重要。水利部水利工程建设司长王胜万在 10 日举办的"加快水利基础设施建设有关情况"新闻发布会上表示，目前病险水库除险加固总体进展顺利。王胜万介绍，在大中型水库除险加固方面，今年中央预算内投资计划安排实施 102 座大中型病险水库除险加固，第一批已下达中央预算内投资 30.65 亿元，支持 81 座大中型水库除险加固，目前已开工 64 座，开工率接近 80%；近期还将安排第二批中央预算内投资，支持 21 座大中型病险水库除险加固。在抓好中央预算内投资支持项目建设的同时，黑龙江、江西等省份自筹资金实施大中型病险水库 32 座，目前已开工 17 座。此外，还将实施 3 400 座小型水库除险加固，其中中央财政水利发展资金补助 1 618 座，目前已完成初步设计批复 1 531 座，开工 563 座，主体工程完工 300 座；地方资金安排的 1 782 座目前同步加快实施。

引江补汉：连通南水北调与三峡工程

　　7 月 7 日，湖北省丹江口市三官殿街道，备受瞩目的引江补汉工程在这里拉开了建设的帷幕。

　　引江补汉工程是南水北调后续工程首个开工项目，是全面推进南水北调后续工程高质量发展、加快构建国家水网主骨架和大动脉的重要标志性工程。工程全长 194.8 千米，施工总工期 9 年，静态总投资 582.35 亿元。据测算，工程建成后，南水北调中线多年平均北调水量将由 95 亿立方米增加至 115.1 亿立方米。

"大水缸"联手"大水盆"　为南水北调"开源"

"南方水多，北方水少，如有可能，借点水来也是可以的。"——这是毛泽东同志在 1952 年提出的伟大构想。

历经半个多世纪的论证、勘测、规划、设计、建设，2014 年 12 月，南水北调东、中线一期工程实现全面通水。7 年多来，累计调水 540 多亿立方米，受益人口超 1.4 亿人。

北上的一渠清水，极大地缓解了北方受水地区供用水矛盾，也在悄然改变着当地的用水格局。原本规划设计作为补充水源的中线工程已成为受水区的主力水源，以北京为例，人们每喝的 10 杯水中，就有约 7 杯来自南方。

与此同时，水源区汉江生态经济带的建设，也对汉江流域水资源的保障能力提出了新要求。专家指出，一旦遭遇汉江特枯年份，丹江口水库来水量少，在不影响汉江中下游基本用水的前提下，难以充分满足向北方调水的需求。

面对新形势新任务，"开源"摆上了推进南水北调后续工程高质量发展的重要议事日程。人们将目光投向了位于长江干流的三峡水库。

如果将多年平均入库水量达 374 亿立方米、总库容 339 亿立方米、调节库容 190.5 亿立方米的丹江口水库比作汉江流域的"大水盆"，那么多年平均入库水量超 4 000 亿立方米、总库容 450 亿立方米、调节库容 221.5 亿立方米的三峡水库则可看作是长江流域的"大水缸"，而且是一个水量充沛且稳定的"大水缸"。

"通过实施引江补汉工程，连通南水北调与三峡工程两大'国之重器'，对保障国家水安全、促进经济社会发展、服务构建新发展格局将发挥重要作用。"水利部南水北调司司长李勇说。

织密国家水网　多方协作寻求最优解

历经 90 天奋斗，一个千米钻孔诞生，深 1 105.1 米……今年 5 月，引江补汉工程勘查现场再传捷报。该钻孔是引江补汉工程勘查现场打出的第 4 个千米深孔，其深度在中国水利水电行业排名第二。

线路长、埋深大，沿线山高谷深，断层褶皱发育，软质岩及可溶岩广泛分布，地形地质条件十分复杂，岩爆、岩溶、软岩大变形等工程地质问题突出，是引江补汉工程开展前期可行性研究过程中面临的现实挑战。

中国工程院院士、长江设计集团董事长钮新强带领团队，开展地质勘查、规模论证、线路比选等工作，综合考虑地形地质、取水条件、社会环境等因素，力求找到最优解决方案。

前后方并肩作战，上千位工程师采用航测、常规钻探、复合定向钻探、大地电磁等传统与高科技手段，对工程区 8 000 多平方千米（相当于 1.5 个上海市面积）进行了全面"体检"，为最大限度地避开极易导致隧洞灾害的强岩溶区和规模巨大断裂带，寻找最佳线路，打下了坚实基础。

通过技术、经济综合权衡，引江补汉工程从长江三峡水库库区左岸龙潭溪取水，经湖北省宜昌市、襄阳市和十堰市，输水至丹江口水库大坝下游汉江右岸安乐河口，采用有压单洞自流输水，是我国在建综合难度最大的长距离引调水隧洞工程。

引江补汉工程的开工，标志着南水北调后续工程建设拉开序幕，国家水网的主骨架、主动脉将更加坚实、强劲。"水利部规划计划司司长张祥伟说，下一步将深化东线后续工程可研论证，推进西线工程规划，充分发挥南水北调工程优化水资源配置、保障群众饮水安全、复苏河湖生态环境、畅通南北经济循环的生命线作用。

水利部：
预计今年主汛期我国洪水干旱情势偏重

科技日报记者 付丽丽 7 月 8 日，国家防总副总指挥、水利部部长李国英主持专题会商，进一步研判主汛期洪旱形势，预测主汛期（7—8 月）我国气候状况总体偏差，极端天气事件偏多，洪水干旱情势偏重。

具体来讲，李国英指出，珠江、汉江、黄河、海河、辽河、松花江可能发生较大洪水；华东中部、华中南部、西北西部可能发生夏旱。要全面进入主汛期工作状态，意识、机制、节奏、措施立即匹配到位，绷紧"降雨—产流—汇流—演进""流域—干流—支流—断面""总量—洪峰—过程—调度""技术—料物—队伍—组织"四个链条，强化预报、预警、预演、预案"四预"措施，构建纵向到底、横向到边的防御矩阵。

李国英要求，要以流域为单元，做到精准对象、精准目标、精准措施，提前做好防御预案。一要科学调度各流域骨干水库，做好蓄滞洪区运用准备，充分发挥流域防洪工程体系防洪功能，变被动防御为主动防控。二要深入排查，全面清除河道行洪障碍，加强堤防管理和巡查防守，逐一落实穿堤建筑物度汛措施。三要做好中小河流洪水和山洪灾害防御，特别是要充分考虑前期暴雨洪水和流域下垫面条件变化情况，科学调整后续洪水防御预警阈值，及时预警转移，确保人民群众生命安全。四要紧盯小型水库、病险水库、淤地坝安全度汛，提前落实防漫坝垮坝措施。五要做好抗旱工作，滚动开展旱情预报预警，统筹江河来水、水库蓄水、生活生产生态用水，精细开展水资源调度，确保旱区群众饮水安全，力保农作物需水。六要依法依规分解落实防御责任，使各方面各岗位各责任人坚决做到守土有责、守土负责、守土尽责。

水利部：东北地区多条河流超警

科技日报记者　付丽丽　记者从水利部获悉，7 月 14 日 14 时，辽河干流福德店至通江口、珠尔山以下河段超警 0.29 ～ 1.04 米，洪水正向下游平稳演进，预计超警时间可能持续至 8 月初；黑龙江上游干流开库康至呼玛江段水位超警 0.20 ～ 0.52 米，预计大兴安岭地区三道卡至黑河市张地营子乡江段将超警，7 月 20 日前后将全线退至警戒水位以下。

6 月下旬以来，东北地区辽河、松花江等流域出现 4 次强降雨过程，辽河流域累积面雨量 223 毫米，居 1961 年以来同期第 1 位；松花江流域累积面雨量 135 毫米，居 1961 年以来同期第 2 位。受其影响，辽河及支流东辽河、招苏台河，松花江支流伊通河、饮马河，嫩江支流雅鲁河等 40 条河流发生超警以上洪水，其中辽河干流通江口河段等 11 条河流发生超保洪水，伊通河伊通站 7 月 13 日 23 时洪峰流量达 836 立方米每秒，居 1957 年有实测资料以来第 1 位。

为应对东北地区汛情，水利部滚动会商研判，提前发出通知安排部署暴雨洪水防范工作，并派出工作组赴黑龙江省等地防汛一线指导。水利部松辽水利委员会启动水旱灾害防御Ⅳ级应急响应，会同有关省科学调度松花江丰满和白山、嫩江尼尔基、浑河大伙房、太子河观音阁、东辽河二龙山等骨干水库，提前预泄腾库，适时拦洪削峰。辽宁省强化辽河、浑河、太子河等重点江河堤防巡查防守，转移受威胁地区群众 400 余人。吉林省、黑龙江省水利厅启动水旱灾害防御Ⅳ级应急响应，重点做好中小水库安全度汛、中小河流洪水和山洪灾害防御等工作。

水利部："七下八上"汛期预计多条河流可能发生较大洪水

7月18日，国家防总副总指挥、水利部部长李国英主持专题会商，研判"七下八上"防汛关键期洪旱形势，安排部署水旱灾害防御工作。

李国英指出，据预测，"七下八上"期间，松花江流域、淮河流域沂沭泗及山东半岛诸河、黄河支流大汶河、新疆阿克苏河等可能发生较大洪水，黄河中下游、淮河、辽河、海河南系、长江支流汉江和滁河、云南澜沧江等可能发生超警洪水，珠江流域、海河北系及滦河、太湖等可能发生区域性暴雨洪水；江南南部、华南北部、西北大部、西南东北部、新疆等地可能出现阶段性旱情。要在充分研究近期洪旱形势和前期汛情特点的基础上，精准对象、精准目标、精准措施，提前做好"七下八上"防汛关键期水旱灾害防御应对准备。

李国英要求，要迅即进入防汛关键期工作状态，意识、机制、节奏、措施与之相匹配，以"时时放心不下"的高度责任感全力做好各项防御工作。一要扎实做好预报、预警、预演、预案"四预"工作；二要全面检查和落实重点流域防洪工程体系（控制性水库、河道及堤防、蓄滞洪区）应对准备工作；三要提前做好各类水库防垮坝工作，逐库落实防汛"三个责任人"和"三个关键环节"；四要提前做好淤地坝防溃坝工作，逐坝落实责任人、抢险措施；五要提前做好山洪灾害防御工作，强化局地短临降雨预报预警，提前转移危险区群众，做到应撤必撤、应撤尽撤、应撤早撤、应撤快撤；六要提前做好中小河流洪水防御工作，逐河检查落实各级河长防汛责任，抓紧清除行洪障碍，加强薄弱堤段巡查防守，及时组织群众转移避险；七要提前做好抗旱工作，确保旱区群众饮水安全，保障在地农作物时令灌溉用水需求；八要全链条、全过程紧盯每一场次洪水和每一区域干旱防御工作，及时复盘检视，及时查漏补缺，全面提高水旱灾害防御能力。

辽河发生 2022 年第 1 号洪水

记者从水利部获悉，受近期降雨影响，辽河干流出现洪水过程，铁岭站 7 月 17 日 11 时水位涨至 60.22 米，与警戒水位持平。依据水利部《全国主要江河洪水编号规定》，编号为"辽河 2022 年第 1 号洪水"。目前，辽河干流福德店以下河段维持超警。

水利部 17 日 10 时针对辽宁省汛情启动洪水防御Ⅳ级应急响应，向辽宁省水利厅和水利部松辽水利委员会发出通知，要求密切关注雨情、水情、汛情，加强值班值守、监测预报和会商研判，强化水工程防洪调度运用和堤防巡查防守，做好水库安全度汛、中小河流洪水和山洪灾害防御等工作，确保群众生命安全。水利部工作组正在辽宁省防汛一线指导做好暴雨洪水防御工作。

打造绿色发展的水利样本
——定点帮扶助推湖北郧阳乡村振兴纪实

唐蔚巍　丁恩宇　科技日报记者　付丽丽　湖北省十堰市郧阳区地处鄂西北，清澈的汉江水蜿蜒而过，属南水北调中线工程核心水源区。这里曾是秦巴山集中连片的特困地区，而今行进在荆楚大地，目睹到的是水利定点帮扶书写的精彩华章，感受到的是做好"水文章"、坚持绿色发展为当地百姓带来的福祉。

产业的蓬勃发展绿了山头，美了乡村，富了农民。千年古城郧阳呈现的壮美画卷，是欠发达鄂西北山区（县）华丽转身的精彩样本。

水利工程建设全面提速

在郧阳，水利建设如火如荼，近千名建设者昼夜奋战，施工进度全面提速……

位于郧阳区北部大柳乡余粮村的左溪寺水库项目，今年 5 月 12 日完成了大坝导流洞封堵，这标志着大坝主体工程正式完工。7 月在建设现场，工作人员正头顶烈日进行灌浆流程的施工。据介绍，工程主要由大坝枢纽工程和供输水工程组成，概算总投资 2 520.51 万元。该工程项目于 2020 年 11 月 16 日正式开工，计划施工工期为 18 个月。左溪寺水库总库容 38.47 万立方米，水库建成后将解决大柳乡余粮村和南化塘镇青岩村 5 000 人生活用水和下游 2 000 亩农田灌溉需求，当地百姓的梦想终于化作现实。

在南化塘镇青岩村的建设现场，挖掘机和推土机正在作业，发出阵阵轰鸣声，坡道被修护得整整齐齐。这里正在打造一个景点，呈现的是郧阳区水系连通及水美乡村建设项目推进的一幕。

据了解，郧阳区水系连通及水美乡村建设试点项目于今年 6 月拉开帷幕，总投资 3.49 亿元，其中水利项目资金 2.39 亿元，对滔河、大峡河 2 大水系 11 条河流实施整治，项目实施后可大幅改善河流水生态环境状况，河道治理 80 千米，河道疏浚 20.6 万立方米，河道护岸整治 44.6 千米，增加湿地面积 86.71 万平方米，保护耕地 7.6 万亩，有效带动周边村落产业发展，受益人口 16 万人，新增年产值约 5.6 亿元。

水系连通及水美乡村建设试点项目紧紧围绕"望得见山、看得见水、记得住乡愁""彰显自然美、圆梦幸福河""产业兴旺、生态宜居"的美好愿景，以水系为脉络，结合项目区内的旅游品牌、特色资源，按照"一村一品"功能定位，通过水系连通、河道清障、清淤疏浚、岸坡整治、水土保持与水源涵养、防污控污及景观人文等工程措施，创新河道管护等非工程措施，让河"畅"起来、让岸"绿"起来、让生态"美"起来、让村庄"活"起来，同时串联特色产业、美丽乡村、集中居民点，重塑不同风貌、个性鲜明的农村水系，打造项目区内特色乡村品牌，放大项目效益。

"水系连通及水美乡村建设试点工程的实施，将有效治理水污染，推进郧阳打造水源涵养功能区和生态环境支撑区。为长效发挥工程效益，郧阳区将依托河湖长制，实施河长、林长、路长、片长、警长'五长'共治，常态化护水护绿"，郧阳区水系连通及水美乡村建设现场工作人员兰善平表示，"确保水质安全，助力郧阳更好担当'一江清水永续北送'的政治任务和历史使命。"

烈日下，丹江口库区马场关段库滨带治理一期工程正在热火朝天地进行……

已完成了除险加固的谭家湾水库，不仅提升了颜值，还将更好地发挥防洪、供水和灌溉的作用。"借助水利部定点帮扶的机会，郧阳将以水库为单元，着力把谭家湾水利风景区打造成以水利工程设施为载体，以水资源保护和水文化传播为重点，集水利功能、生态功能、休闲度假、游览观光、水上游乐等综合功能为一体的水利风景区。"项目负责人曹维国介绍。

农村饮水安全实现全覆盖

"过去吃水靠人挑，浇地靠车运，现在好了，拧开水龙头，就有干净的自来水，洗衣做饭、种地养牛完全不愁！"南化塘镇磊石河村村民徐明义笑逐颜开地说。

由于石灰岩地质，南化塘镇地区常年缺乏水源涵养，旱季缺水时有发生。郧阳区强力推进农村饮水安全建设，按照"能集中不分散、能延伸不新建、能自流不提水"的思路，以库容 7 160 万立方米的滔河水库为水源，在水库左岸修建日供水规模达 6 000 吨的南化水厂，形成了安全稳定的水源保障。先后投入 2 亿多元，建设集中供水工程 537 处，建设主管网 5 000 余千米，纵横交错的自来水管翻山越岭，将清洁卫生的甘泉引入山上人家，惠泽了沿线百姓。目前，全区 20 个乡镇（场）341 个行政村 56.41 万农村人口已经实现农村饮水安全基本达标，371 处易迁安置点全部通水，实现了全区农村饮水安全全覆盖。

为提升规模化供水能力，郧阳区新建子胥水厂、马龙河水厂、高源水厂等骨干水厂，同时落实长效运行管理机制，不断提升供水保障率。规模化水厂的建设，从根本上解决了农村群众的饮水安全问题。

笔者在调研中获悉，采用谭家湾水库作为供水水源，拥有日供水规模 20 000 吨的子胥水厂不仅可以解决沿途近 7 万人饮水安全问题，还可实现产业现代化种植模式，增加香菇产出效益，助力发展特色产业和旅游产业。

"用大管网供应的水源，完全符合国家标准，更加安全可靠、有保障！"子胥水厂厂长石从虎如是说。

在农村饮水安全工程建设中，水利人扎根乡村一线，深入田间地头，访民生、谋发展、解民忧。他们有的翻山越岭寻找水源，有的夜以继日精心设计，有的寒来暑往驻扎工地，架起一座座"连心桥"，织起了一张张"民生网"，把源头活水送到了千家万户，彻底改变了农村群众的生活方式。汩汩清泉流入百姓家，幸福之水滋润着农村群众的心田。

特色产业奏响增收幸福曲

郧阳区坚持用工业化理念发展现代农业，扶持龙头企业带活一方产业，带动农民就业。

朱有福是郧阳区杨溪铺镇青龙泉社区居民，他是从郧阳区大柳乡杠子沟村易地扶贫搬迁来的贫困户。以前，他和大多数当地年轻人一样，一直在外打工谋生。2018 年年底，他们一家 3 口搬进了这个易地扶贫搬迁安置点——香菇小镇产业示范园。

"政府免费提供菌种，还有技术员全程提供技术指导。"朱有福说，入住小镇就分到 3 个大棚，后来，尝到甜头的他又主动承包了 3 个大棚。

为了让贫困户"搬得出、能致富"，园区管委会采用"公司＋基地＋贫困户"

的经营模式，不仅手把手为菇农传授香菇培育技术，还免费提供加工设备，保障产品销路。品相好的香菇高达50元一斤，在市场上供不应求。

"成本低，收益见效快，种香菇是个可致富的好门路！"朱有福如今已是半个香菇种植行家。他说，香菇一年产4茬，培育过程也省时省力。

像朱有福一样被带动成长起来的香菇种植能手数不胜数。在郧阳，立足群众传统种植基础，顺势而为发展香菇产业，现有香菇上下游企业16家，发展香菇5 000万棒，2021年实现产值20亿元，出口4.1亿元，带动1.5万户种植，户均增收3万元，为群众撑起"致富伞"。

为提升产业链，郧阳坚持以工业化理念发展香菇产业，按照区建产业园、镇建车间、户建作坊的模式，在谭家湾镇建设食用菌循环经济扶贫产业示范园，在青龙泉社区建设香菇产业种植基地1 200亩，在19个乡镇建设自动化香菇制棒车间24个、各类菇棚4.9万个，形成集研发、种植、加工、销售于一体的香菇产业链条。

靠品牌化运作，连续四年举办香菇节，郧阳香菇被国家食用菌协会授予"中国好香菇"称号。

在湖北棉伙棉伴智能纺织科技有限公司，可以强烈感受到郧阳发展袜业的宏大手笔——在4万平方米的厂区，一个个偌大的车间里，一排排智能化织袜机有序作业，编织出一双双款式新颖的袜子。这里的袜子年产量达1亿双，可带动3 000人就业！

已经在厂里工作了3个多月的女工卞静丽是杨溪铺镇青龙泉社区居民，她坦言："我原来只是在家带小孩儿，现在上班离家近，挣钱顾家都不耽误。我一人管着35台机器，月收入有6 000多元，很有成就感呢！"

带给卞静丽的生活巨大变化的湖北棉伙棉伴智能纺织科技有限公司是郧阳近年引进的袜业企业之一。据介绍，郧阳先后引进上海东北亚新等26家袜业企业落户，日产袜子120万双，年产值可达20亿元，成为中部地区最大的袜业生产基地。贫困户既可通过进厂务工获取工资性收入，又可通过项目承包、承接代工等形式参与袜业生产获取收益，妇女、老人、体弱多病人员或残疾贫困人员都可以参与袜业后道工序生产。

"经过反复考察，我们认为郧阳区的地理气候条件适宜种植油橄榄。"湖北鑫榄源油橄榄科技有限公司董事长朱瑾艳说。公司通过自主研发和校企合作，将油橄榄加工产业链拉长，不仅可以生产橄榄油，还形成了多种深加工产品。短短4年间，鑫榄源以"企业＋基地＋合作社＋农户"的形式，带动农民种植油橄榄

3万多亩，近200个农户从事油橄榄种植，每人每年增收约3万元。

在罗堰村，养殖户曹立平家新盖的二层楼房正在封顶，这样的喜事令曹立平感念不已："没有水利帮扶项目，就没有我今天的好生活！"曹立平原来的牛舍建在山下的公路边，不符合环保和安全的要求。2019年水利部的帮扶资金帮他建成了新牛舍，并对牛舍进行了升级改造。现在他养了60多头牛，一年出栏近50头，一年的毛收入有100万元左右。曹立平家养的牛品质有保障，加上驻村干部帮助他推销商品信息，他家的牛肉大受欢迎，形成外地人开着车子进村来买的局面。

夏日里，青山镇的漫山茶园尽收眼底。茶树一垄连着一垄，层层叠叠，高低错落，浓淡相宜的绿色令人赏心悦目。在郧阳，串联起来的不仅是一处处茶山茶景，更刷新了当地的"产业绿"。

在定点帮扶过程中，水利部坚持扶贫与扶智相结合，贫困户产业帮扶、贫困户技能培训、贫困学生勤工俭学帮扶、专业技术人才培训、贫困村党建促脱贫帮扶等"八大工程"精准发力，切实提升人力资本，变"输血"为"造血"，激发贫困群众脱贫的积极性、主动性、创造性，为郧阳区发展注入新活力。

水利部定点帮扶郧阳区期间，始终把产业帮扶作为重点项目推进，建立逐年增长的投入机制，支持郧阳"1+2+N"（一个劳务经济 + 香菇袜业两个主导产业 +N个发展项目）扶贫产业体系建设，让贫困群众挑上"金扁担"。

"一棒接着一棒跑，要接续发力，不改变贫困决不收兵"，这是水利系统8位基层挂职干部在郧阳脱贫攻坚和乡村振兴的"接力赛"。8年来，一批批水利项目、产业帮扶项目落地生根，一件件富民、惠民实事相继落实，一个个村庄告别贫困走向富裕，实现脱贫摘帽的郧阳大地有了更多的水利印记。肖军、韩黎明、曹纪文、陈伟畅、韩小虎、朱东恺、尚达、郭威，这些先后在郧阳工作的水利挂职干部以他们的实干、奉献和智慧赢得了群众的口碑。

这是一片充满希望的山川，也是一块大有作为的乐土。

如今，山清水秀，产业兴旺，村貌整洁，乡风文明……这一幅幅迷人的画面铺展的是郧阳坚持绿色发展、巩固脱贫攻坚、实施乡村振兴战略的长卷。水利定点帮扶助发展，笃行不怠奋进谱新章，强水利兴产业惠民生，收获春华秋实，郧阳明天会更好！

水利部：
"八上"关键期　我国局地洪涝和干旱并存

科技日报记者　付丽丽　7月31日，国家防总副总指挥、水利部部长李国英主持专题会商，传达贯彻国务院常务会议关于防汛抗旱的部署要求，滚动研判"八上"防汛关键期洪旱形势，进一步安排部署水旱灾害防御工作。

李国英指出，当前即将进入"八上"防汛关键期，预报此期间，我国局地洪涝和干旱并存，松辽流域松花江、辽河、浑河、太子河，海河流域北系和滦河，黄河中游北干流，珠江流域北江和东江下游等河流可能发生洪水；长江中下游地区可能发生干旱，水旱灾害防御形势严峻。

李国英要求，一要提前做好防洪应对准备。针对预报可能发生洪水的流域，迅即调度大中型水库腾出防洪库容，使其有足够的能力对洪水实施精准调控；加强对河流堤防，特别是险工险段、薄弱堤段的防守，提前预置抢险队伍、料物和设备，确保不决口；逐库落实中小型水库、病险水库防汛"三个责任人"和"三个重点环节"，确保不垮坝；严格落实山洪灾害防御责任，降低预警阈值，对受威胁区域人员坚决做到早撤、快撤、尽撤，重点落实景区管控和山丘区跨河桥梁可能堵塞河道防御措施，确保人员不伤亡。二要提前做好防台风准备。密切跟踪第5号台风"桑达"移动路径，做好其影响流域、区域的洪水防御；密切关注后续台风动态，加强监测预报，提前做好防范预案。三要提前做好冰川堰塞湖溃决洪水防御准备。加强冰川堰塞湖洪水监测和动态跟踪预报，掌握洪水影响范围和对象，提前撤离受威胁区域人员。四要提前做好抗旱准备。强化旱情监测预报，科学精细调度长江三峡水库及长江上游水库群和洞庭湖"四水"、鄱阳湖"五河"水库群，做好抗旱水资源准备，确保旱区群众饮水安全，保障牲畜饮水和秋粮作物时令灌溉需求。五要扎实做好引江济太水量调度。做好水情预测预报，加强水文水质和流场监测，精准控制调水过程、流量、水量、水位等，避免蓝藻暴发，确保太湖水资源、水生态、水环境安全。

淮河入海水道二期工程开工

科技日报记者　付丽丽　7月30日，淮河入海水道二期工程开工建设。水利部党组书记、部长李国英以视频形式出席开工动员会并讲话。

李国英指出，淮河入海水道二期工程建设是贯彻落实党中央、国务院关于全面加强水利基础设施建设决策部署的一项重大举措，是淮河流域防洪工程体系的标志性、战略性工程，是淮河流域亿万人民翘首以盼的民生工程、发展工程。实施这一工程，将扩大淮河下游洪水出路、打通淮河流域泄洪通道、减轻淮河干流防洪除涝压力，对保障淮河流域人民群众生命财产安全、支撑淮河流域经济社会高质量发展具有十分重要的意义。

李国英强调，要以对历史极端负责的精神，加强淮河入海水道二期工程建设的组织实施，严格执行建设管理制度，精心组织施工，强化安全生产管理，高标准、高质量推进工程建设，力争早日建成发挥效益，努力把工程打造成为经得起历史和实践检验的精品工程、安全工程、长效工程，造福流域广大人民群众。

淮河入海水道二期工程总投资 438 亿元，被列入国务院今年重点推进的 55 项重大水利工程清单。工程建成后，将进一步打通淮河流域洪水排泄入海通道，大幅提升洪泽湖防洪标准，有力保障淮河流域 2 000 多万人口、3 000 多万亩耕地防洪安全。

水利部：
广东广西部分中小河流或发生超警洪水

科技日报记者　付丽丽　记者从水利部获悉，8 月 3 日 17 时，我国南海海面活动的热带扰动加强为热带低压，并于 8 月 4 日 9 时 40 分前后在广东省惠东县沿海登陆，预计将向西偏北方向移动，强度逐渐减弱。受其影响，8 月 4—6 日，广东、广西、云南、贵州南部等地部分地区将有大到暴雨，部分中小河流可能发生超警洪水。

国家防总副总指挥、水利部部长李国英要求严密防范热带低压登陆形成的暴雨洪水，确保安全。8月4日上午，水利部副部长刘伟平主持防汛会商，分析研判华南地区雨情汛情形势，安排部署防御工作，要求滚动监测预报，科学调度水工程，强化水库安全度汛、山洪灾害防御、低洼地区预警转移等措施。水利部向有关省（区）水利厅"一省一单"发出通知，通报强降雨覆盖县（区）及水库名单，要求落细落实各项措施，有针对性地做好防范；派出2个工作组分赴广西、广东，督促指导地方做好相关工作。

长江流域旱情快速发展
耕地受旱面积逾 900 万亩

科技日报记者　付丽丽　11日，记者从水利部获悉，近日长江流域旱情快速发展，安徽、江西、湖北、湖南、重庆、四川6省（直辖市）耕地受旱面积967万亩，有83万人因旱供水受到影响。

7月以来，长江流域降雨量较常年同期偏少4成；流域大部分高温日超过15天，中下游部分地区超过25天；部分地区连续无有效降雨天数超过20天。当前，长江干流及洞庭湖、鄱阳湖水位较常年同期偏低4.7～5.7米，均为有实测记录以来同期最低；部分地区小型水库蓄水严重不足。

目前，长江流域大中型灌区水源可得到有效保障，部分灌区末端区域和望天田受旱较重；部分以小型水库或山泉水、溪流水作为水源的分散供水工程缺水，群众供水受到一定影响，一些群众需要拉水送水保障生活用水。

国家防总副总指挥、水利部部长李国英多次会商研判旱情形势，要求摸清旱区缺水状况，科学调度水利工程，落实抗旱预案和兜底措施，确保群众饮水安全，保障大牲畜饮水和农作物时令灌溉用水需求。

水利部积极做好各项抗旱工作。8月11日12时，针对安徽、江西、湖北、湖南、重庆、四川6省（直辖市）启动干旱防御Ⅳ级应急响应。同时，密切关注长江流域雨情、水情、旱情，实时掌握旱情发展态势，及时发布干旱预警信息。向相关省（直辖市）水利厅（局）发出通知，要求深入分析旱情对农业生产和群众饮水的影响，提早采取抗旱措施，减轻干旱影响和损失。此外，统筹考虑防洪、抗旱、发电需求，组织编制长江流域应急水量调度方案，针对重点旱区逐流域提出调度措施，并提前谋划三峡、丹江口等51座主要水库调度，为抗旱储备水源。受旱省（直辖市）因地制宜、分类施策，全力做好抗旱保饮水保灌溉工作。

据气象预测，未来一周长江流域大部分将维持高温少雨天气，四川、重庆、湖北、湖南、安徽、江西等地旱情可能持续发展。水利部将继续密切关注长江流域旱情发展形势，全力做好各项干旱防御工作，努力减轻干旱影响和损失。

水利部：新疆塔里木河发生超警洪水

科技日报记者　付丽丽　记者从水利部获悉，8月9—11日，新疆维吾尔自治区西部普降小到中雨，最大点雨量为巴音郭楞自治州巴音布鲁克43毫米。受降雨及高温融雪影响，塔里木河干流及其支流叶尔羌河、阿克苏河、渭干河等21条河流发生超警戒流量以上洪水，其中，喀什噶尔河支流艾格孜亚河、渭干河支流木扎提河超过保证流量。12日12时，塔里木河干流阿拉尔河段、英巴扎至乌斯满河段仍超警戒流量。

国家防总副总指挥、水利部部长李国英多次专题会商部署新疆塔里木河等流域洪水防御工作，对暴雨、融雪型洪水防御提出明确要求。水利部密切关注新疆雨情水情汛情，滚动会商研判，向自治区水利厅发出关于做好强降雨防范工作的通知，联合中国气象局发布山洪灾害气象预警，提醒做好防御工作。

新疆维吾尔自治区水利厅及时启动洪水防御Ⅳ级应急响应，召开专题视频会商会细化安排防御工作，指导督导有关地方切实做好洪水防范应对，并兼顾洪水资源利用；向影响区内的各级责任人发出预警提醒短信4 400余条，向危险区群众靶向发送防范提醒信息400余万条；科学调度水工程，充分发挥控制性水利工程的防洪调洪作用，骨干水库削峰率达37.5% ~ 57.1%，最大限度地减轻了下游防洪压力。塔里木河沿线各市（州）采取有效措施抗洪抢险，共投入抢险机械28 560台时、人工70 774人次、土石方95万立方米等，完成维修、加固、抢护险工险段113处、175.77千米，有效保障了河道堤防和群众生命财产安全。

我国现 1961 年以来最强高温热浪事件
长江流域旱情将加剧

科技日报记者　付丽丽　根据国家气候中心近日监测评估，综合考虑高温热浪事件的平均强度、影响范围和持续时间，从今年 6 月 13 日开始至今的区域性高温事件综合强度已达到 1961 年有完整气象观测记录以来最强。

国家气候中心气候服务室首席、正研级高工陈峪介绍，此次过程具有持续时间长、范围广、强度大、极端性强等特点。截至 8 月 15 日，此次高温事件已经持续 64 天，为 1961 年以来持续时间最长（超过 2013 年的 62 天）；35 摄氏度以上覆盖 1 680 站、37 摄氏度以上覆盖 1 426 站，均为历史第二多（仅次于 2017 年，分别为 1 762 站和 1 443 站），但 40 摄氏度以上覆盖范围为历史最大；高温极值站数 262 站，已超过 2013 年（187 站）和 2017 年（133 站）。

夏季以来（6 月 1 日至 8 月 15 日），全国平均高温日数 12.0 天，较常年同期偏多 5.1 天，为 1961 年有完整气象观测记录以来历史同期最多。华北南部、华东大部、华中、华南东部、西南地区东北部及新疆大部、内蒙古西部等地高温日数普遍在 20 天以上，新疆中东部、内蒙古西北部、河南南部、湖北大部、安徽、江苏南部、浙江、福建中北部、江西大部、湖南大部、四川东部、重庆等地超过 30 天。

全国共 914 个国家气象站（占全国总站数的 37.7%）日最高气温达到极端高温事件标准，河北、陕西、四川、湖北、江苏、浙江、福建、广东、青海等地 262 个国家气象站日最高气温持平或突破历史极值，其中湖北竹山（44.6 摄氏度）、重庆北碚（44.5 摄氏度）、奉节（44.4 摄氏度）、巫溪（44.0 摄氏度），河北灵寿（44.2 摄氏度）、藁城（44.1 摄氏度）、正定（44.0 摄氏度），云南盐津（44.0 摄氏度）日最高气温达 44 摄氏度及以上。

根据中央气象台预报，未来 10 天（8 月 17—26 日），四川盆地、江汉、江淮、江南等地仍有持续性高温天气，累计高温日数可达 7—10 天；上述地区最高气温可达 35 ～ 38 摄氏度，局地可超过 40 摄氏度。综合研判，我国此次区域性高温热浪事件的持续时间将会继续延长，综合强度将进一步增强。

受降水偏少及持续高温影响，长江流域出现罕见旱情。目前，长江干流及洞庭湖、鄱阳湖水位均为有实测记录以来同期最低，部分地区小型水库蓄水严重不足。水利部已迅即调度以三峡水库为核心的长江上游梯级水库群和洞庭湖"四水"、鄱阳湖"五河"水库群为下游补水，千方百计确保旱区群众饮水安全。

中国水利水电科学研究院防洪抗旱减灾中心主任吕娟表示，今年长江流域干旱灾害整体上呈现频发、重发的态势，具有旱情发生时间早、持续时间长、受旱空间范围大、影响范围较广等特点。今年长江中下游大旱与 2006 年川渝大旱原因类似，都是大气环流异常导致长江流域主汛期出现了枯水现象。

"综合考虑气象及下垫面情况，结合当前的旱情形势，初步诊断长江流域的旱情将进一步持续和加剧。"吕娟说，不过，得益于水利工程对缓解旱情、保障区域生产生活用水安全发挥的重要作用，风险总体是可控的。

三峡后续项目　龙溪河桃花溪水系连通工程为 1.2 万亩农作物"解渴"

科技日报记者　付丽丽　8 月 17 日下午，热浪翻腾，重庆市长寿区石堰镇普子村蔬菜基地的负责人戴茂德正忙着铺设塑料水管、安装抽水机，为夜里抽上灌溉水做积极准备。

"眼下旱情正紧，每天从桃花河溪里抽水用于蔬菜基地灌溉，这一季收成总算保住了。"戴茂德是石堰镇的蔬菜种植大户，承包了 80 多亩地种植茄子、豇豆、丝瓜等蔬菜。今年 7 月以来，长寿雨水较少，特别是最近 20 来天，连晴高温，不过，戴茂德一家没有灰心，而是每天精心管理着蔬菜，一天早晚，各抽一次水，由于灌溉与管理得当，他种下的茄子、丝瓜长势还不错。

在戴茂德的蔬菜基地里，四五个村民正忙碌着采摘、收获着蔬菜。丝瓜丛里，戴茂德开心地采摘着丝瓜，他告诉记者，这丝瓜可是他抽了 30 多天的水换来的收获，一天摘一次，每次都在几百斤，让他觉得劳有所值。

戴茂德介绍，往年夏天出现短暂干旱，他们基地没有足够的水源进行灌溉，完全是看天吃饭，现在水利部门从龙溪河向桃花溪调水，他再也不会因为蔬菜基地没水灌溉而烦恼了。

戴茂德口中的龙溪河向桃花溪调水，得益于三峡后续项目龙溪河桃花溪水系连通工程的成功建成。该工程总投资 3.1 亿元，是以保障桃花溪生态基流来改善和修复桃花溪的河道水生态系统，也是促进桃花溪流域经济社会和环境可持续发展的生态补水工程。该工程取水口位于龙溪河六剑滩电站库区，出水口位于桃花溪范家桥水库大坝下游，工程全长 8 061.91 米，引水建筑包括明渠、无压隧洞、渡槽及箱涵。

自 7 月以来，重庆市长寿区利用刚建成通水的三峡后续项目龙溪河桃花溪水系连通工程，从龙溪河向桃花溪调水 4 次，补水 33 天，共 330 万立方米，惠及桃花溪沿岸群众 42 万人，覆盖沿线农作物 1.2 万亩。

水利部：秋季长江中下游旱情将持续发展

科技日报记者 付丽丽 9 月 5 日，国家防总副总指挥、水利部部长李国英主持专题会商，分析研判秋季旱情、汛情形势，安排部署抗旱防汛工作。

李国英指出，据预测，秋季长江中下游和洞庭湖、鄱阳湖地区旱情将持续发展，长江流域嘉陵江、汉江和黄河流域渭河、泾河、北洛河、伊洛河等可能发生秋汛，还会有台风登陆，影响我国东部沿海地区。要以强化预报、预警、预演、预案措施为重点，提前做好秋季抗旱防汛各项应对准备工作。

对秋季抗旱防汛工作，李国英做出三项部署：

一是有效应对长江中下游及洞庭湖、鄱阳湖地区的旱情。要树立抗大旱、抗长旱思维，以确保旱区群众饮水安全，保障规模化养殖、大牲畜饮水和秋粮作物灌溉用水为目标，精准掌握人畜饮水和作物灌溉用水需求，结合流域降雨、来水情况，预筹水资源，适时开展以三峡水库为核心的长江上游干流水库群、洞庭湖"四水"干支流水库群、鄱阳湖"五河"干支流水库群抗旱调度，为抗旱提供水源保障。

二是做好秋汛防御工作。要高度重视华西秋雨可能引发的洪涝灾害，重点抓好中小河流洪水和山洪灾害防御，落实预警信息发布与反馈、人员转移避险等措施。强化水库安全度汛，强降雨区病险水库空库运行，坚决避免水库垮坝。要精细调度水工程，主要控制性水库以拦蓄为主，在确保防洪安全的前提下，尽最大努力为后期抗旱储备水源。

三是做好台风引发强降雨洪水的防范工作。要紧盯海上台风生成、发展和移动路径等情况，提早作出准确预报。台风登陆和影响区域，要切实加强局地强降雨引发的中小河流洪水和山洪灾害防御。水库防汛"三个责任人"要提前上岗到位、履职尽责，确保防洪安全。

输水线路最长　建设条件最复杂
环北部湾广东水资源配置工程开工

科技日报记者　付丽丽　长期受水资源短缺问题困扰的粤西人民终于迎来了盼望已久的好消息。

8 月 31 日，环北部湾广东水资源配置工程（以下简称"环北工程"）正式开工，标志着这项广东省历史上引水流量最大、输水线路最长、建设条件最复杂、总投资最高的跨流域引调水工程进入实施阶段。

环北工程位于广东省西南部，由水源工程、输水干线工程、输水分干线工程等组成，输水线路总长约 499.9 千米。工程从云浮市西江干流地心村河段取水，通过泵站加压提水，穿过云开大山，调水至雷州半岛，供水范围包括云浮、茂名、阳江、湛江四市，覆盖人口 1 800 多万，将切实发挥供水生命线的作用。

系统补水，提升水安全保障能力

环北部湾地处我国华南、西南和东盟经济圈接合部，区位优势明显。

粤西地区特别是雷州半岛，自古以来就以干旱闻名，自然调蓄能力弱、丰枯变化大、水资源短缺问题长期困扰粤西人民。水利部对此高度重视，早在 2007 年组织编制珠江流域综合规划时，就要求立足流域整体和水资源空间均衡配置，以系统思维解决粤西地区缺水问题。广东省先后启动实施了《雷州半岛西南部治旱规划》《雷州半岛水利建设"十三五"规划》，重点从优化雷州半岛水资源配置格局、加快农田水利建设、提升水利防灾减灾能力、推进水生态文明建设等 4 个方面进行系统治理。

按照相关部署，水利部珠江水利委员会在珠江流域综合规划中谋划了从西江干流调水至粤西等地区的环北工程。2013 年，珠江流域综合规划获国务院批复，为环北工程立项奠定了规划基础。

"环北工程建成后，可长远解决粤西地区水资源承载能力与经济发展布局不匹配问题，大幅提高区域供水安全保障能力。"水利部规划计划司副司长乔建华介绍，该工程是国务院确定的今年加快推进的 55 项重大水利工程之一，也是国家水网的重要组成部分。

据介绍，环北工程主要为城乡生活和工业生产供水，兼顾农业灌溉，同时，为改善水生态环境创造条件。"工程建成后，受水区增供水量 20.79 亿立方米，其中，城乡生活和工业供水 14.38 亿立方米，农业灌溉供水 6.41 亿立方米。"水利部珠江水利委员会副主任易越涛介绍。

"工程建成后可退减超采地下水 5.66 亿立方米，退还被挤占的生态环境用水 1.85 亿立方米，对改善生态环境发挥积极作用。"广东省水利厅副厅长申宏星说。

科技创新，直面工程建设难点

作为广东最大、国内居前、行业瞩目的国家重大水利工程，环北工程设计、建设、运维各阶段面临诸多重点难点，其中不乏行业性，甚至世界级技术难题。

"比如，复杂水情条件下江库水网构建与联合调度，复杂水文地质条件下高水压隧洞衬砌结构研究与设计，穿越复杂地质条件下长距离深埋隧洞多功能 TBM 研制与施工，长距离深埋管道智慧运维与保障……"环北工程项目设计总工程师刘元勋一一举例，这些都是工程规划、建设中需要重点研究解决的课题。

通过西江取水泵站、输水线路等将西江和高州、鹤地等大中型水库联通，环北工程构建起覆盖粤西 4 市 13 区（县）的超大型复杂水网体系。在庞大的水网体系中，取水区和受水区的降雨、径流存在时空差异，面对复杂水情，如何提高受水区供水保障，如何调配外调水与调蓄水库以达到水资源时空均衡目标，需要展开大范围、跨流域的江库联网联合调度研究，实现水资源高效优化配置。

环北工程输水线路长约 499.9 千米，隧洞最大洞径 8.2 米，沿线穿越工程地质和水文地质条件复杂的云开地块与滨海平原，隧洞高水压问题突出，其中高压隧洞 HD 值（工作水头与管道内径的乘积）达 1 420，为国内长距离大直径引调水工程之最。国内外类似工程建成案例极少，运行期如何控制隧洞受内压裂缝发展、防止内水外渗，检修期如何防止隧洞受外压导致结构失稳等，都需开展隧洞围岩稳定与衬砌结构相关研究。

"针对设计、建设、运维各阶段的重点难点，我们依靠科技创新，聚焦重大技术难题科研攻关，充分论证，编制了《环北部湾广东水资源配置工程科研纲要》。"

刘元勋说，"随着科研课题的全面开展，将为环北工程顺利建设打下坚实基础。"

建设提速，助力稳增长惠民生

水利工程是国家基础设施的重要组成部分，大型水利工程投资大、工期长，对社会、经济发展和环境保护具有长远的促进作用。

今年5月，国务院印发《扎实稳住经济的一揽子政策措施》，推出6个方面33项措施，并发出通知，要求推动"一揽子政策"措施尽快落地见效，确保及时落实到位，尽早对稳住经济和助企纾困等产生更大政策效应。"加快推进一批论证成熟的水利工程项目"正是33项措施之一。

"根据初步估算，环北工程的建设，可以带动GDP增长0.1个百分点。"易越涛介绍。

不只是环北工程，广东境内一大批重大水利工程正加足马力加快建设步伐。当下，广东已进入水利投资建设规模最大的历史时期，水利建设成为稳增长、惠民生的一项重要举措。

"'十四五'期间，广东水利投资计划完成4 050亿元，是'十三五'时期的2.2倍。今年上半年，我省水利投资完成456.9亿元，再创历史新高。"申宏星介绍。

有专家指出，重大水利工程建设投资规模巨大，对经济发展促进作用较大，并通过乘数效应，未来还可能衍生出新的消费、投资，有望拉动经济增速上行。

"下一步，我们将加快推进环北部湾广东水资源配置工程建设和工作，力争尽早发挥工程效益，切实提升粤西地区水安全保障能力，为稳定经济大盘贡献力量。"申宏星说。

SHUI HUI ZHONGGUO · SHUI HUI ZHONGGUO · SHUI HUI ZHONGGUO

水惠中国

人民政协报

■水利部：全力加快水利基础设施建设
■我国全面进入汛期　水利部安排部署水旱灾害防御重点工作
■"七下八上"如何护佑江河安澜？
■宁夏：多措并举　全力抗旱保供水

......

水利部：全力加快水利基础设施建设

5月16日，吴淞江整治工程（江苏段）开工建设。作为《长江三角洲区域一体化发展规划纲要》确定的省际重大水利工程，也是《太湖流域防洪规划》《太湖流域综合规划》等确定的流域综合治理骨干工程，工程实施后，可进一步增加太湖洪水外排出路，提高流域防洪除涝能力，进一步完善太湖地区水网，增强水资源配置能力，发挥改善水环境和航运等综合效益，为长三角高质量一体化发展提供更为有力的水利支撑。

吴淞江整治工程（江苏段）开工，只是2022年中国水利建设舞台上的精彩篇章之一。

今年以来，水利部会同有关部委、地方加快推进水利基础设施建设，加快完善流域防洪工程体系，实施国家水网重大工程，复苏河湖生态环境，全力构建现代化基础设施体系，有效发挥重大水利工程吸纳投资大、产业链条长、创造就业多的优势，为拉动有效投资需求、稳定宏观经济大盘做出水利贡献。

水利部党组书记、部长李国英多次主持召开会议，研究部署统筹疫情防控和水利工作。他强调，要全面加快推进水利基础设施建设，充分用足用好各项政策，推动重大水利基础设施项目尽早审批立项、开工建设，为稳定宏观经济大盘、实现全年经济社会发展预期目标做出水利贡献。水利部副部长魏山忠主持推动2022年重大水利工程开工建设专项调度会商，坚决落实"疫情要防住、经济要稳住、发展要安全"的要求，加快推进重大水利工程开工建设，确保2022年新开工30项以上。

水利建设资金筹措一直是水利部党组高度重视的工作。水利项目公益性较强，市场化融资能力弱，长期以来主要以财政投入为主。为了进一步扩大水利投资，水利部在积极争取加大中央财政投入力度的同时，深入研究政策措施，指导地方创新工作思路，拓宽投资渠道，从地方政府专项债券、金融资金、社会资本等方面想办法增加投入，保障水利基础设施建设资金需求，切实发挥水利基础设施建设扩大内需、稳定宏观经济大盘的重要作用。今年，全国水利基础设施建设将完成8000亿元以上。

近日，水利部、国家开发银行签订合作协议，还将联合出台关于加大开发性金融支持力度提升水安全保障能力的指导意见，指导地方用好中长期贷款金融支持政策。加强与相关金融机构沟通，深化合作，不断扩大金融支持水利信贷规模。

数据显示，2022 年第一季度，国家开发银行、中国农业发展银行、中国农业银行累计发放水利贷款 687 亿元，贷款余额达到 10 620 亿元。

截至目前，国务院常务会议部署的 55 项重大水利工程已开工 10 项；6 项新建大型灌区已开工 1 项。1—4 月，全国水利基础设施建设全面加快，完成水利建设投资实现大幅增长，各地已完成近 2 000 亿元，较去年同期增长 45.5%，广东、山东、浙江、河北、福建、河南、江苏、云南、陕西等 9 个省份，累计完成投资超过 100 亿元。

此外，农村供水工程建设资金完成约 200 亿元，提升了 666 万农村人口供水保障水平；今年安排大中型灌区续建配套与现代化改造投资近 190 亿元，预计将新增粮食生产能力 36 亿公斤，新增节水能力 35 亿立方米。水利基础设施建设的全面加强，有力发挥了水利稳投资、稳增长的重要作用，为稳住宏观经济基本盘贡献了水利力量。

《 人民政协报 》（ 2022 年 05 月 19 日　第 06 版）

我国全面进入汛期
水利部安排部署水旱灾害防御重点工作

人民政协网北京 6 月 1 日电（记者　王菡娟）　记者从水利部获悉，6 月 1 日，我国全面进入汛期，水旱灾害防御形势日趋紧张。水利部安排部署水旱灾害防御重点工作，要求从严、从细、从实采取措施，确保实现"人员不伤亡、水库不垮坝、重要堤防不决口、重要基础设施不受冲击"目标。

国家防总副总指挥、水利部部长李国英召开会商会，分析研判当前雨情、水情、汛情形势，进一步安排部署水旱灾害防御重点工作。会议要求，一是各级水利部门要提高政治站位，坚决扛起防汛抗旱天职，坚持人民至上、生命至上，全面压紧压实防御责任，坚决守住水旱灾害防御底线。二是将隐患排查整治工作贯穿到水旱灾害防御全过程，持续开展河道、水库、蓄滞洪区等突出问题排查整治，消除风险隐患。三是密切监视雨情水情汛情，强化预测预报预警和会商研判，及时启动应急响应，科学调度流域水工程，全力提供抗洪抢险技术支撑。四是督促水库防汛责任人及时上岗到位，加强水库调度运用监管，严禁违规超汛限水位运行，病险水库主汛期原则上一律空库运行，加强巡查值守和抢险转移，严防垮坝事件发生。五是加强中小河流洪水和山洪灾害监测预报，及时发出预警，提请基层政府组织危险区人员转移，保障生命安全。六是严格执行24小时防汛值班制度，第一时间报告重大突发情况。坚持正面宣传，积极发声，主动回应社会关切，提升社会公众防灾避险意识和自救互救能力。

水利部向各省、自治区、直辖市水利（水务）厅（局）、新疆生产建设兵团水利局和各流域管理机构发出通知，就做好水旱灾害防御工作进行再部署、再落实，提出明确具体要求。

今年 1—5 月全国水利建设全面提速

人民政协网北京 6 月 10 日电（记者　王菡娟）　记者 10 日从水利部"加快水利基础设施建设有关情况"新闻发布会上获悉，今年 1—5 月，全国水利建设全面提速，新开工 10 644 个项目，投资规模 4 144 亿元；其中投资规模超过 1 亿元的项目 609 个。

水利部副部长魏山忠在新闻发布会上表示，今年 1—5 月，全国水利建设取得了明显成效。吴淞江整治、福建木兰溪下游水生态修复与治理、雄安新区防洪治理、江西大坳灌区、广西大藤峡水利枢纽灌区等 14 项重大水利项目开工建设，投资规模达 869 亿元。同时，海南南渡江引水工程竣工验收，青海蓄集峡、湖南毛俊、云南车马碧等水利枢纽下闸蓄水，西江大藤峡水利枢纽进入全面挡水运行阶段，一批工程开始发挥效益。

其中，陕西引汉济渭工程秦岭输水隧洞全面贯通；云南滇中引水工程输水隧洞已开挖 438 千米，比计划工期提前半年；安徽引江济淮主体工程完成近 9 成，有望今年 9 月底试通水。同时，已安排实施 3 500 座病险水库除险加固，治理中小河流长度 2 300 多千米；加快 493 处大中型灌区现代化改造，可新增、恢复灌溉面积 351 万亩，改善灌溉面积 2 343 万亩；建设了 6 474 处农村供水工程，完工 2 419 处，提升了 932 万农村人口供水保障水平。

魏山忠表示，水利建设在争取加大财政投入的同时，从利用银行贷款、吸引社会资本等方面出台指导意见，多渠道筹集建设资金。全国已落实投资 6 061 亿元，较去年同期增加 1 554 亿元，增长 34.5%；完成投资 3 108 亿元，较去年同期增加 1 090 亿元，增长 54%，吸纳就业人数 103 万人，其中农民工就业 77 万人，充分发挥了水利对稳增长、保就业的重要作用。

大藤峡工程又有新进展
右岸首台发电机组转轮成功吊装

本报讯（记者　王菡娟） 7 月 5 日上午 11 时 8 分，随着一声令下，大藤峡水利枢纽工程右岸厂房 1 号机组转轮启动吊装，历时 80 分钟精准吊入预定位置，右岸首台发电机组转轮吊装成功。

大藤峡水利枢纽工程共布置 8 台国内单机容量最大的轴流转桨式水轮发电机组，单机容量 200 兆瓦，转轮直径 10.4 米、高 7.5 米、起吊总重量 941 吨。2020 年左岸三台发电机组已投产发电，按照建设计划，右岸首台发电机组将于今年年底实现发电目标，2023 年底全部发电机组投产运行后，将为区域电力安全提供重要支撑。1 号机组转轮的成功吊装为冲刺右岸首台机组投产发电目标奠定了坚实基础。

大藤峡水利枢纽工程是国务院批准的珠江流域防洪控制性枢纽工程，也是珠江—西江经济带和"西江亿吨黄金水道"基础设施建设的标志性工程。

《人民政协报》（2022 年 07 月 07 日　第 06 版）

水利部进一步安排部署
北方地区暴雨洪水防范工作

人民政协网北京 8 月 8 日电（记者　王菡娟）　记者从水利部获悉，7 日至 10 日，西北东北部、华北中部南部、黄淮北部等地将有大到暴雨，局地大暴雨。水利部进一步安排部署北方地区暴雨洪水防范工作。

据预报，海河流域大清河、永定河、漳卫河，黄河流域中游干流及支流汾河、山陕区间部分支流、下游大汶河，淮河流域山东小清河、松辽流域浑河、松花江等河流将出现涨水过程，暴雨区部分河流可能发生超警洪水。

8月7日，水利部副部长刘伟平组织水利部相关司局、单位和南水北调集团进行防汛会商，滚动分析研判北方地区雨情、水情、汛情形势，进一步安排部署暴雨洪水防范应对工作。会商要求加强监测预报预警，强化中小水库、病险水库和淤地坝防洪保安，有效防御中小河流洪水和山洪灾害，做好南水北调中线工程及交叉河道的巡查防守，确保人民群众生命财产安全和重要工程安全。

水利部维持上述地区洪水防御Ⅳ级应急响应，每日向有关省级水利部门"一省一单"发出通知，通报预报50毫米或25毫米降雨量覆盖范围内县级行政区及水库名单，要求有针对性地做好防范工作，加派5个工作组分赴河北、天津、山西、陕西一线指导。水利部黄河水利委员会、海河水利委员会均启动Ⅳ级应急响应。南水北调集团启动防汛Ⅳ级应急响应，相关负责人及时到岗值守、开展防汛督导检查，组织预置抢险力量，做好应急抢险准备。天津、山西、陕西、山东等地水利部门启动水旱灾害防御Ⅳ级应急响应，做好暴雨洪水防御各项工作。

"七下八上"如何护佑江河安澜？

本报记者 王菡娟 今年的"七下八上"依然不太平静。降雨、台风等这些防汛关键期的"常客"依次登场。

7月26日至27日，海河流域大部降中到大雨，局地暴雨到大暴雨，累积最大点雨量为河北衡水油子站238毫米、北京朝阳常营站250.5毫米。

8月7日至10日，西北东北部、华北中部南部、黄淮北部等地有大到暴雨，局地大暴雨。

受台风木兰影响，8月9—11日，华南大部、西南南部等地有强降雨过程，广西西江、郁江、北流河及桂南沿海，广东东江下游、珠江三角洲及粤西沿海，海南南渡江、昌化江等河流出现涨水过程，暴雨区部分中小河流未来几天可能发生超警洪水，山丘区可能发生山洪灾害……

风雨虽无定，但随着近年来大江大河骨干工程体系基本形成，主要支流和中小河流治理取得重要进展，病险水库除险加固等防洪弱项加快建设，监测预警体系精准调度能力得到加强，我国的水旱灾害防御能力明显提升。

强化"四预"：跑赢灾情

预报、预警、预演、预案，作为水旱灾害防御的重要手段和措施，在"七下八上"的防汛关键期，"四预"助力我们跑赢灾情。

早在7月18日，国家防总副总指挥、水利部部长李国英主持专题会商，研判"七下八上"防汛关键期洪旱形势，安排部署水旱灾害防御工作。李国英强调，始终把保障人民群众生命财产安全放在第一位，锚定"人员不伤亡、水库不垮坝、重要堤防不决口、重要基础设施不受冲击"的"四不"目标，坚决守住水旱灾害防御底线。要在充分研究近期洪旱形势和前期汛情特点基础上，精准对象、精准目标、精准措施，提前做好"七下八上"防汛关键期水旱灾害防御应对准备。其中，他也多次强调，一定要扎实做好预报、预警、预演、预案"四预"工作。

水利部副部长刘伟平表示，针对洪水防御过程中"降雨—产流—汇流—演进、总量—洪峰—过程—调度、流域—干流—支流—断面、技术—料物—队伍—组织"四个链条，精准管控全过程、各环节。聚焦洪水各要素，滚动分析演算洪水情况，根据洪水演进和水工程蓄泄预演结果，系统考虑上下游、左右岸、干支流，科学调控江河重点断面洪水，在重点地区、重要工程预置巡查人员、技术专家、抢险力量，牢牢把握洪水防御的主动权。

7月26日至27日，受降雨影响，滦河、北运河、蓟运河、潮白河、大清河、子牙河、漳卫河等河流出现涨水过程。

水利部海河水利委员会启动洪水防御Ⅳ级应急响应，发布洪水预报成果73站次，调度潘家口、大黑汀、岳城水库提前预泄腾出3 000万立方米库容，督促京津冀三省（市）做好信息沟通共享，科学调度骨干水闸枢纽有序分泄洪水。

北京市政府负责同志坐镇指挥强降雨应对工作，市水务局与市气象局联合发布山洪灾害和积水内涝风险预警，启动防洪排涝Ⅳ级应急响应，调度北运河、潮白河等河道预泄腾容、降低水位，调度北运河沙河闸、北关闸等泄洪3 700多万立方米，全市水务系统5 000余人在岗值守，出动巡查水库、水闸、堤防等2 000余人次，排水集团派出防汛人员4 792人次，排除积滞水点30多处。

加固水库：守好"一盆水"

"以前进入5月，只要一下大雨，我就害怕，时不时自己也会去水库大坝上看看情况，生怕水库大坝会垮塌。现在好了，对水库进行了除险加固，水库也不漏水了，进入汛期也不害怕了。"住在安徽省池州市青阳县广德口水库下游的吴老伯激动地说。

广德口水库 2021 年实施除险加固，完善了下游贴坡排水、坝顶道路、右坝肩及溢洪道帷幕灌浆等。除险加固工程完工后，水库保坝能力大大提升，防洪、调蓄能力明显增强，保障了下游 1.4 万亩的农田灌溉。

广德口水库从百姓的"心腹大患"蜕变成安全保障和民生福祉，这只是神州大地上病险水库除险加固壮阔实践中的一个缩影。随着中国病险水库的逐年"摘帽"，水利工程安全状况不断改善，社会经济效益更加凸显。

据水利部运行管理司有关负责人介绍，我国水库大坝总量多，现有 9.8 万座水库星罗棋布在中国大地上，是世界上水库大坝最多的国家，其中约 95% 的水库是小型水库。然而病险水库多，虽然已经开展几轮大规模除险加固工作，但目前仍有大量病险水库存在。土石坝多、老旧坝多，约 92% 的水库大坝是土石坝，约 80% 的水库建于 20 世纪 50 年代至 70 年代，始建标准低。高坝数量多，在世界排名第一，200 米以上的高坝已建 20 座、在建 15 座。

总体数量多、病险水库多、土石坝多、老旧坝多叠加，加之近年来超强暴雨等极端天气频发，给水库安全带来严峻风险和挑战。水库大坝安全事关人民群众生命财产安全，事关公共安全，水库安全问题一直备受社会关注。

水利部联合国家发展改革委、财政部印发《"十四五"水库除险加固实施方案》（以下简称"《方案》"），进一步明确了"十四五"病险水库除险加固、监测预警设施建设、以县域为单元深化小型水库管理体制改革、健全长效运行管护机制等重点任务。《方案》要求，到"十四五"末，全部完成现有及新增的约 1.94 万座病险水库除险加固；实施 55 370 座小型水库雨水情测报设施和 47 284 座小型水库大坝安全监测设施建设；对分散管理的 48 226 座小型水库全面实行专业化管护模式；推进水库管理规范化标准化。

今年端午节期间，湖南省发生长达 5 天的入汛以来最强降雨过程，部分江河水位猛涨。位于麻阳苗族自治县高村镇陶伊村的团结水库，24 小时降雨 299 毫米，洪水翻过坝顶，出现最为凶险的漫坝险情。由于团结水库实施了高质量的除险加固，水库大坝经受住了超标准洪水最严苛的考验，最终化险为夷。

同样，在应对今年以来最强暴雨时，位于山东省济南市莱芜区大王庄镇的照咀 2# 水库也发挥了应有的作用。"以前顶着'病险水库'的帽子，汛期必须空库运行。经历了这轮强降雨，水库不仅充分拦洪削峰，还蓄了满满一水库的水。"济南市莱芜区水利局副局长李金锋说，"这是水库除险加固后最直接的效益。"

2021 年以来，水利部多渠道筹集资金 216 亿元，全力推进 7 695 座小型水库除险加固，截至目前，主体工程完工 4 586 座。协调财政部新增地方政府一般债券额度 64.38 亿元，全力推进 31 013 座小型水库雨水情测报设施和 23 217 座小型水库大坝安全监测设施建设。另外，协调财政部安排中央财政补助资金 9 亿元，开展 2022 年小型水库安全监测能力提升试点项目建设，为提高预报、预警、预演、预案能力提供支撑。

科学防御：护佑"江河安澜"

科学防御江河洪水也是应对汛情的法宝。

刘伟平表示，科学精准调度运用河道及堤防、水库、蓄滞洪区等各类水工程，综合采取"拦、分、蓄、滞、排"等措施，减轻江河防洪压力，充分发挥流域水工程体系防洪减灾效益。强化水工程防洪调度运用监管，确保调度指令执行到位。加强江河堤防巡查防守，发现险情及时有效处置，做到抢早抢小抢住，保障防洪安全。

同时，刘伟平还提到，要确保分蓄洪区分蓄洪功能。以长江、淮河、海河等流域为重点，加强蓄滞洪区布局优化调整和建设，确保蓄滞洪区遇流域大洪水时"分得进、蓄得住、退得出"，在关键时刻能发挥关键作用。分类治理和管理洲滩民垸，确保有序进洪运用和居民生命财产安全。

淮河发源于河南省桐柏山区，原是一条独流入海的河流，滋润良田、泽被两岸。然而，自 12 世纪黄河南迁、夺淮入海以来，淮河旱涝灾害日趋频繁，一度被称为"中国最难治理的河流"。

经过多年治理，淮河流域洪涝灾害防御能力显著增强。其中，通过建设淮河入海水道一期工程等项目，淮河下游的排洪能力由不足 8 000 立方米每秒扩大到 15 270 立方米每秒至 18 270 立方米每秒，洪泽湖及下游防洪保护区达到 100 年一遇的防洪标准。

更让人兴奋的是，7 月 30 日，淮河入海水道二期工程开工，将大幅度提升淮河入海能力。

据测算，淮河入海水道二期工程建成后，一旦发生 100 年一遇洪水，洪泽湖最高洪水位 14.71 米，比现状降低 0.77 米，洪泽湖周边滞洪区减少滞洪量 6.6 亿立方米、滞洪面积 440 平方千米，受影响人口也大为减少。一旦发生 1954 年量级洪水，洪泽湖最高洪水位 14.19 米，比现状降低 0.31 米，不需要启用洪泽湖周边滞洪区滞洪。

7 月 29 日，大陆泽、宁晋泊蓄滞洪区防洪工程与安全建设项目正式开工启动。

该项目是国务院部署实施的 150 项重大水利工程之一，总投资 33.69 亿元。据介绍，项目建成后，北澧新河行洪能力加大，蓄滞洪区启用标准基本达到 5 年一遇，大大提高了对下游天津市、华北油田、黑龙港地区、铁路等重要目标的安全保障能力，提升了海河流域防洪体系建设水平。

水利部：今年已完成水利建设投资 5 675 亿元

本报讯（记者　王菡娟）　记者从水利部新闻发布会上获悉，截至 7 月底，我国新开工重大水利工程 25 项，完成水利建设投资 5675 亿元，较去年同期增加 71.4%.

数据显示，截至 7 月底，南水北调中线引江补汉工程、淮河入海水道二期工程等标志性重大水利工程相继按期开工建设；在建水利项目达到 3.18 万个，投资规模 1.7 万亿元；水利工程施工吸纳就业人数 161 万人，其中农民工 123.3 万人，为稳投资、促就业作出积极贡献。

水利部副部长刘伟平表示，水利是农业的命脉。农村水利是水利基础设施建设的重点领域，农村供水安全事关亿万民生福祉，大中型灌区是端牢中国人饭碗的基础设施保障。今年以来，水利部将农村供水、大中型灌区建设和现代化改造作为惠民生、稳经济、促增长、保就业，实施乡村振兴战略的重要工作，多措并举，全力推进。

《人民政协报》（2022 年 08 月 18 日　第 06 版）

宁夏：多措并举　全力抗旱保供水

人民政协网 8 月 25 日电（记者　王菡娟）　气温偏高、黄河上中游来水偏少，面对高温干旱气候和异常繁重的供水形势，宁夏回族自治区采取精准调度、引黄灌区提前开闸供水等措施，确保灌区灌溉供水。

"今年以来，宁夏（宁夏回族自治区简称）水利厅统筹生活生产生态各业用水需求，全力以赴确保大旱之年群众饮水无虞、安居乐业、社会稳定，灌区灌溉

（张海峰摄影）

供水秩序井然，为先行区建设提供了有力水安全保障。"宁夏回族自治区水利调度中心副主任吴晓峰在接受记者采访时表示。

据介绍，今年以来，宁夏气温偏高、降水偏少，出现阶段性高温天气过程（日最高温度 ≥ 35 摄氏度），全区平均最高气温较常年同期偏高 2.7 摄氏度，平均高温日数偏多 3.3 天，3—6 月全区平均降水量较常年同期偏少 51%，灌区土壤墒情较差。

与此同时，进入 8 月，黄河上中游主要来水区间来水较常年同期偏少三成左右，刘家峡水库日均出库流量较去年同期 1 150 立方米每秒减少 30%，分配宁夏引水指标日均流量仅为 298 立方米每秒（较去年同期少 69 立方米每秒）。

如何抗旱保供水也成为水利工作的重中之重。

在宁夏秦汉渠灌区，秦汉渠管理处处长周小生告诉记者，面对高温、旱情，灌区实行干渠轮灌制度，实现高水位、大流量集中灌溉，提高用水效率。

"比如河东总干渠 4 月 2 日放水，较往年提前一周，重点解决 2.87 万亩春小麦头水旱情问题。面对 6 月持续高温天气，管理处提前行动，四大干渠比去年提前 13 天加水至满负荷，率先度过首轮用水高峰后，调整流量 80 立方米每秒支援河西灌区。"周小生说。

作为宁夏引黄古灌区的重要组成部分，秦汉渠灌区现有总干渠 1 条、干渠 4 条、支干渠 2 条，渠道总长 223 千米，灌溉面积 108 万亩，总引水能力 169 立方米每秒，年均引水量 10.2 亿立方米。

数据显示，今年，秦汉渠灌区累计取黄河水 6.6 亿立方米，占宁夏水利厅下达夏秋灌引水指标的 83%，比去年同期少引 6 000 多万立方米。

"即便是在大旱之年，灌区的灌溉用水也得到了保障。"周小生说。

盐环定扬水工程地处宁夏中部干旱带，作为国家"八五"重点工程，解决了陕西定边、甘肃环县和宁夏盐池等地的饮水困难。

盐环定扬水管理处副处长杨存告诉记者，针对今年6、7月遭遇极端高温天气考验，盐环定扬水管理处吸取去年60年一遇的极端干旱天气抗旱经验，采取多项保灌措施，春灌较往年提前6天开机放水，延期4天停机，大大缓解了供水压力。同时通过"长藤结瓜"方式，协调宁夏盐池县隰宁堡、石山子、杜窑沟等水库提前蓄水355万立方米，与农业用水错峰，有效地缓解了夏秋灌抗旱保灌供水压力。在农业用水高峰期，紧急启动盐池县杜窑沟、隰宁堡及石山子水库抗旱应急水源向农业蓄水池补水380万立方米，全力保障农业灌溉用水。

"目前，灌区主要种植作物黄花夏秋灌供水已结束，玉米及牧草进入最后一轮灌溉期。盐环定供水系统运行正常，在夏秋灌农业用水的最后关键阶段，全力保障灌区42.47万亩农田灌溉及灌区61万群众饮用水。"杨存说。

截至8月23日，盐环定供水系统已安全行水131天，引水1.15亿立方米，完成全年引水计划的77%，较去年同期多运行10天，多引水922万立方米。目前灌域整体用水秩序良好，无大面积旱灾情况。

据宁夏水利厅相关负责人介绍，水利厅还积极协调黄委会（黄河水利委员会的简称）增加8月刘家峡水库下泄流量由700立方米每秒增加至800立方米每秒，有效缓解七星渠、跃进渠引水不足问题。

与此同时，克服机电设备老化、黄河水位低等困难，首次启动红寺堡黄河水源泵站第6台机组，开足马力向高干渠补水，流量达29.95立方米每秒，全力向中部干旱带调水。启动应急工程措施，调集挖掘机、吊车等机械设备和物资，对七星渠、跃进渠进水闸引渠进行扩宽挖深清淤，增加进水断面面积，增大过水流量；同步在进口迎水堤迎水面抛投混凝土四角体，调节水流方向，改善进水条件，提高进水能力。

"同时，加强田间用水管理，密切关注高口高地、渠道梢段等灌溉难点，指导县（区）采取先下游后上游、先高口后低口、编组轮灌等方式，减轻供水压力，坚决杜绝大水漫灌、昼灌夜停等现象，切实提高灌溉用水效率。"这位负责人表示，"下一步，宁夏水利部门将统筹发展与安全，坚持预防为主、防抗结合、因地制宜，早谋划、早研究、早部署、早推进，落实落细各项防范应对措施，最大限度保障各业用水安全。"

三部门联合印发
《关于推进用水权改革的指导意见》
2025年全国统一的用水权交易市场初步建立

人民政协网北京9月1日电（记者　王菡娟）　记者从水利部获悉，为充分发挥市场机制在水资源配置中的作用，近日，水利部、国家发展改革委、财政部联合印发了《关于推进用水权改革的指导意见》（以下简称《意见》），对当前和今后一个时期的用水权改革工作作出总体安排和部署。《意见》提出，2025年全国统一的用水权交易市场初步建立。

《意见》指出，推进用水权改革，是发挥市场机制作用、促进水资源优化配置和集约节约安全利用的重要手段，是强化水资源刚性约束的重要举措。近年来，用水权改革探索取得了积极进展，但仍存在用水权归属不够清晰、市场发育不充分、交易不活跃等问题。

《意见》提出，进一步推进用水权改革，要深入贯彻落实习近平总书记"节水优先、空间均衡、系统治理、两手发力"治水思路和关于治水重要讲话和重要指示批示精神，强化水资源刚性约束，坚持以水而定、量水而行，加快用水权初始分配，推进用水权市场化交易，健全完善水权交易平台，加强用水权交易监管，到2025年，用水权初始分配制度基本建立，区域水权、取用水户取水权基本明晰，用水权交易机制进一步完善，用水权市场化交易趋于活跃，交易监管全面加强，全国统一的用水权交易市场初步建立；到2035年，归属清晰、权责明确、流转顺畅、监管有效的用水权制度体系全面建立，用水权改革促进水资源优化配置和集约节约安全利用的作用全面发挥。

《意见》要求，加快用水权初始分配和明晰。一是加快推进区域水权分配。将江河流域水量分配方案批复的可用水量、地下水管控指标确定下来的地下水可用水量、调水工程相关批复文件规定的受水区可用水量，作为区域的用水权利边界。二是明晰取用水户的取水权。在严格核定许可水量的前提下，通过发放取水许可证，明晰取用水户的取水权。三是明晰灌溉用水户水权。地方可根据需要通过发放用水权属凭证，或下达用水指标等方式，明晰灌区内灌溉用水户水权。四是探索明晰公共供水管网用户的用水权。

《意见》要求，推进多种形式的用水权市场化交易。一是推进区域水权交易。对位于同一流域或者位于不同流域但具备调水条件的行政区域，可以对区域可用水量内的结余或预留水量开展交易。二是推进取水权交易。取用水户在取水许可有效期和取水限额内，可以有偿转让节约下来的取水权。对水资源超载地区，除合理的新增生活用水需求，其他新增用水需求原则上应通过取水权交易解决。三是推进灌溉用水户水权交易。在灌区内部用水户或者用水组织之间进行。地方人民政府或其授权的水行政主管部门、灌区管理单位可以回购灌溉用水户水权，用于重新配置或交易。四是创新水权交易措施。鼓励地方将用水权交易作为生态产品价值实现、生态保护补偿的重要手段。鼓励社会资本通过参与节水供水工程建设运营，转让节约的水权获得合理收益。鼓励将通过合同节水管理取得的节水量纳入用水权交易。因地制宜推进集蓄雨水、再生水、微咸水、矿坑水、淡化海水等非常规水资源交易。

《意见》还要求完善水权交易平台，强化监测计量和监管。强调各地要将推进用水权改革作为落实水资源刚性约束制度的一项重要工作任务，加强组织领导、部门协作和宣传引导，加快推进用水权初始分配，因地制宜推进用水权交易，及时研究解决用水权改革中的有关问题，推动健全完善用水权改革的法规制度体系。水利部将加强跟踪指导，把用水权改革纳入水资源管理考核。

水惠中国

学习时报

■建设数字孪生流域　推动新阶段水利高质量发展

建设数字孪生流域
推动新阶段水利高质量发展

水利部党组书记、部长　李国英　习近平总书记强调，要全面贯彻网络强国战略，把数字技术广泛应用于政府管理服务，推动政府数字化、智能化运行，为推进国家治理体系和治理能力现代化提供有力支撑，并提出了提升流域设施数字化、网络化、智能化水平的明确要求。我们要深入学习贯彻习近平总书记重要讲话精神和重要指示批示精神，加快建设数字孪生流域，构建智慧水利体系，推动新阶段水利高质量发展。

建设数字孪生流域是提升国家水安全保障能力的重要支撑

习近平总书记强调，保护江河湖泊，事关人民群众福祉，事关中华民族长远发展。我国江河水系众多，保护治理是一个庞大复杂的系统工程，必须坚持数字赋能，依托现代信息技术变革治理理念和治理手段。建设数字孪生流域，就是要以物理流域为单元、时空数据为底座、数学模型为核心、水利知识为驱动，对物理流域全要素和水利治理管理全过程的数字化映射、智能化模拟，实现与物理流域同步仿真运行、虚实交互、迭代优化。

党中央、国务院作出了明确部署。国家"十四五"规划纲要明确要求，构建智慧水利体系，以流域为单元提升水情测报和智能调度能力。国家"十四五"新型基础设施建设规划明确提出，要推动大江大河大湖数字孪生、智慧化模拟和智能业务应用建设。黄河流域生态保护和高质量发展规划纲要、长江三角洲区域一体化发展规划纲要等，都对数字孪生流域建设提出了更加具体明确的要求。落实党中央、国务院重大决策部署，必须大力推进数字孪生流域建设。

现代信息技术发展提供了支撑条件。进入新发展阶段，云计算、大数据、人工智能技术快速发展，推动水利发展向数字化、网络化、智能化转变的技术条件已经具备。近年来，水利信息化建设虽取得积极成效，但流域透彻感知算据仍有不足，模型算法距高保真目标尚有差距，计算存储能力也不足，网络安全防护能力偏弱，运行和管理智能水平亟待提升。要加强数字孪生、大数据、人工智能等新一代信息技术与水利业务的深度融合，充分发挥信息技术支撑驱动作用，大力提升水利决策与管理的数字化、网络化、智能化水平。

强化流域治理管理提出了迫切要求。流域性是江河湖泊最根本、最鲜明的特性，治水管水必须以流域为单元，实施统一规划、统一治理、统一调度、统一管理。这就要求数字孪生流域提供强大技术支撑。统一规划方面，通过在数字孪生流域中对规划各要素进行预演分析，全面、快速比对不同规划方案的目标、效果和影响，确定最优规划方案。统一治理方面，通过在数字孪生流域中预演治理工程布局及建设方案，评估治理工程与规划方案的符合性，分析治理工程对周边环境和流域的整体影响，辅助确定治理工程布局、规模标准、运行方式、实施优先序等。统一调度方面，通过在数字孪生流域中综合分析比对各要素，预演防洪、供水、发电、航运、生态等调度过程，动态调整优化调度方案。统一管理方面，通过数字孪生流域动态掌握河湖全貌，实现权威存证、精准定位、影响分析，更好支撑上下游、左右岸、干支流联防联控联治。

加强数字孪生流域算据、算法、算力建设

建设数字孪生流域，原则是坚持需求牵引、应用至上、数字赋能、提升能力，目标是实现数字化场景、智慧化模拟、精准化决策，核心任务是加强算据、算法、算力建设。

夯实算据基础。算据是物理流域及其影响区域的数字化表达，是构建数字孪生流域的数据基础，包括自然地理、干支流水系、河道流场、水利工程、经济社会等信息。要锚定数字化场景目标，构建天、空、地一体化水利感知网，通过优化提档水文、水资源、河床演变、水利工程等地面监测，进一步完善地下水监测站网，加强卫星、无人机、无人船等载体遥感监测，提升应急监测能力，推进物理流域监测系统的科学建设和高频乃至在线运行，为数字孪生流域提供精准物理参数和现实约束条件，保持数字孪生流域与物理流域的精准性、同步性、及时性。按照全国、流域、重要水利工程，分级构建全国统一、及时更新的数据底板，为水利治理管理提供翔实的基础底图。

优化算法模型。算法是构建数字孪生流域的关键性技术，是物理流域自然规律的数学表达，包括水利专业模型、智能分析模型、仿真可视化模型等内容。要锚定智慧化模拟目标，深入研究流域自然规律，充分利用大数据、人工智能等新一代信息技术，融合流域多源信息，升级改造流域产汇流、土壤侵蚀、水沙输移、水资源调配、工程调度等模型，研发新一代高保真水利专业模型，统筹运用好基于机制揭示和规律把握的数学模型，以及基于数理统计和数据挖掘技术的数学模

型，确保数字孪生流域模拟过程和流域物理过程实现高保真。建设水利业务智能仿真模型，构建水利业务遥感和视频人工智能识别模型，实现水利工程运行和安全监测、应急突发水事件等自动化精准识别。

提升算力水平。算力是数字孪生流域高效稳定运行的重要支撑，包括计算、通信、会商等硬件资源。要扩展计算资源，按照"集约高效、共享开放、按需服务"的原则，提升物理分布、逻辑集中、协同工作的高性能算力，满足数据处理、模型计算的需要。要升级通信网络，实现水利系统网络无盲区、无死角互联，满足各类信息及时高效传输，并充分利用北斗、5G等新一代网络技术，保障监测站网在极端恶劣环境下的安全可靠传输。

强化预报、预警、预演、预案能力

习近平总书记强调，要实施自然灾害监测预警信息化工程，提高风险早期识别和预报预警能力；要切实加强重大风险预测预警能力，有切实管用的应对预案及具体可操作的举措。要在数字孪生流域中强化预报、预警、预演、预案能力，实现风险提前发现、预警提前发布、方案提前制订、措施提前实施，确保水利决策精准安全有效。

精准超前预报。预报是基础，通过预报为预警工作赢得先机。要坚持遵循自然规律，以流域为单元，构建下垫面动态变化的数字流场，在总结分析典型历史事件和掌握现状的基础上，以扩展预报内容、提高预报精度、延长预见期为目标，通过机制分析和数据驱动等方法，综合运用气象水文、水文水力学耦合预报以及预报调度一体化等技术，构建多维多时空预报体系，实现洪水、枯季径流、地下水位、墒情、咸潮、泥沙、冰情、台风暴潮、水质等各类水安全要素全覆盖，短期预报、中期预测、长期展望等多尺度无缝衔接，监测站点、水系沿线、流域区域"点线面"相结合的多维展示。

快速直达预警。预警是前哨，通过预警为预演工作提供指引。科学设置风险阈值指标，完善预警发布机制，以预警信息及时精准、预警对象全面覆盖、预警渠道直达一线为目标，构建多种类多渠道的水灾害预警体系。在数字流场内，聚焦未来可能发生的江河洪水、山洪灾害、溃涝灾害、工程灾害、干旱灾害、冰凌灾害、供水危机、水生态损害等各类水灾害，确定降雨量、水位、流量、水量等预警要素。根据预警不同量级、发展态势以及可能造成的危害程度，明确预警等级，依托预警发布平台，及时发布预警信息。结合地区实际，利用各种有效手段，实现预警信息直达一线、直达社会公众，提醒及时采取应急处置措施，做好防灾避险准备，做到防患于未然。

前瞻科学预演。预演是关键，通过预演为预案制订提供支撑。要集成耦合水工程预报信息与流域防洪调度、水资源管理调配、水工程调度运用、突发水事件处置、水生态过程调节等运行信息和其他边界条件，设定不同情景目标，实时分析水利工作面临的风险形势，以贴近实战、发现问题为目标，构建全过程多情景模拟仿真的水利预演体系。在数字孪生流域和数字孪生水利工程基础上，对规划、设计或未来预测预报的场景进行前瞻预演，既可以根据预报预警结果，"正向"预演风险形势和影响，及时发现问题，以在萌芽之时、成灾之前发现问题、提出措施；也可以根据调度目标，"逆向"推演出水利工程安全运行限制条件，制订和优化调度方案，实现预报与调度的动态交互和耦合模拟。

细化实化预案。预案是目的，通过"四预"环环相扣、层层递进，提升流域治理管理的数字化、网络化、智能化水平，为增强国家水安全保障能力提供信息快速感知、智能分析研判、科学高效决策的强大技术驱动。要结合水工程运行状况、经济社会发展现状等，在预演结果基础上进行分析评估，滚动调整水工程运行、应急调度、人员防灾避险等应对措施，迭代优化运行调度方案，有效提高预案的科学性和可操作性。工程措施要考虑最新工况、经济社会情况，明确规定各类水利工程的具体运用方式。非工程措施要明确值班值守、物料设备配置、查险抢险人员配备、技术专家队伍组建、人员转移避险方案等。组织实施要全面落实工作责任，明确各类措施的执行机构、权限和职责，进一步增强预案的科学性、实用性和可操作性。

水惠中国

工人日报

- ■ 55 项重大水利工程已开工 10 项
- ■ 南方部分河流可能发生较大洪水
- ■ 黄河下游"十四五"防洪工程开工建设
- ■ 江西部分地区旱情持续

......

水利部、财政部、国家乡村振兴局
支持补齐农村供水基础设施短板

工人日报客户端(记者 蒋菡) 记者4月18日从水利部获悉,近日,水利部、财政部、国家乡村振兴局联合印发《关于支持巩固拓展农村供水脱贫攻坚成果的通知》(以下简称《通知》),旨在通过建立长效投入机制,强化农村供水工程建设和管理,提升农村供水保障水平,巩固拓展农村供水脱贫攻坚成果。

农村供水工程是农村重要的基础设施,涉及全部农村人口,是一项重大民生工程。截至2021年底,全国共建成农村供水工程827万处,农村自来水普及率达到84%,农村供水取得了突出成效。由于我国国情水情复杂,区域发展不平衡不充分,部分地区仍有一些薄弱环节。

《通知》要求,省级水行政主管部门要组织对脱贫地区和脱贫人口饮水状况进行全面排查和动态监测,切实做到早发现、早干预、早帮扶,及时发现和解决问题,守住农村供水安全底线。要以县为单元,建立在建农村小型水源和供水工程项目清单台账,加快农村供水工程标准化建设,加强工程质量管理,确保建一处、成一处、发挥效益一处。

《通知》强调,脱贫地区要用好涉农资金统筹整合政策,依法依规利用农村供水工程维修养护补助资金等水利发展资金,做好农村小型水源和供水工程维修养护工作。明确中央财政衔接推进乡村振兴补助资金用于支持补齐必要的农村供水基础设施短板。统筹利用现有公益性岗位,优先支持防止返贫监测对象和脱贫人口参与农村供水工程管护。对供水服务人口少、运行成本高、水费等收入难以覆盖成本的农村供水工程,要安排维修养护补助等资金予以支持,确保工程在设计年限内正常运行。

《通知》指出,省级水行政主管部门要会同财政、乡村振兴等相关部门坚持目标导向、问题导向,聚焦短板弱项,把加强脱贫地区农村供水基础设施建设作为巩固拓展脱贫攻坚成果同乡村振兴有效衔接的一项重要任务,压实责任,加强组织摸排,层层抓好落实,切实提升脱贫地区农村供水保障水平。

55 项重大水利工程已开工 10 项

　　本报北京 5 月 16 日电（记者　蒋菡）　记者从水利部获悉，吴淞江整治工程（江苏段）今日开工建设。截至目前，国务院常务会议部署的 55 项重大水利工程已开工 10 项；6 项新建大型灌区已开工 1 项。

　　吴淞江整治工程包括江苏段和上海段，江苏段全长约 61.7 千米，总投资 156 亿元，是《长江三角洲区域一体化发展规划纲要》确定的省际重大水利工程，也是《太湖流域防洪规划》《太湖流域综合规划》等确定的流域综合治理骨干工程。工程实施后，可进一步增加太湖洪水外排出路，提高流域防洪除涝能力，进一步完善太湖地区水网，增强水资源配置能力，发挥改善水环境和航运等综合效益，为长三角高质量一体化发展提供更为有力的水利支撑。

　　1—4 月，全国水利基础设施建设全面加快，完成水利建设投资实现大幅增长，各地已完成近 2 000 亿元，较去年同期增长 45.5%，广东、山东、浙江、河北、福建、河南、江苏、云南、陕西等 9 个省份，累计完成投资超过 100 亿元。

　　此外，农村供水工程建设资金完成约 200 亿元，提升了 666 万农村人口供水保障水平；今年安排大中型灌区续建配套与现代化改造投资近 190 亿元，预计将新增粮食生产能力 36 亿公斤，新增节水能力 35 亿立方米。水利基础设施建设的全面加强，有力发挥了水利稳投资、稳增长的重要作用。

南方部分河流可能发生较大洪水

　　本报北京 6 月 19 日电（记者　蒋菡）　记者今天从水利部获悉，鉴于西江、北江汛情形势，依据水利部《全国流域性洪水划分规定（试行）》，经综合分析研判，珠江流域再次发生流域性较大洪水。受未来降雨影响，广西西江干流及支流柳江、桂江，广东贺江、北江，湖南湘江，江西饶河、信江、修水，安徽青弋江、水阳江，浙江钱塘江等主要江河可能发生超警洪水，广西、广东、湖南、江西、安徽、浙江等地暴雨区内部分中小河流可能发生较大洪水。

　　受近期降雨影响，珠江流域西江干流广西梧州站 6 月 19 日 8 时水位涨至

20.95 米，超过警戒水位 2.45 米，相应流量 34 500 立方米每秒，编号为"西江 2022 年第 4 号洪水"；珠江流域北江干流广东石角站 19 日 12 时流量涨至 12 000 立方米每秒，编号为"北江 2022 年第 2 号洪水"。

水利部要求，加强 24 小时应急值守，密切监视雨情水情汛情，滚动预测预报，科学调度运用水工程，有效减轻西江梧州段等重点河段的洪水防御压力，强化强降雨区水库安全度汛、中小河流洪水和山洪灾害防御，做好预警发布、险情巡查抢护和危险区人员转移避险，保障人民群众生命安全。

南水北调工程开展防汛抢险综合应急演练

本报讯（记者　蒋菡）　6 月 24 日，水利部、河北省政府、南水北调集团联合组织在南水北调中线工程河北段沙河（北）倒虹吸工程开展防汛抢险综合应急演练。

本次演练所在地沙河（北）渠道倒虹吸工程是南水北调中线一期工程大型河渠交叉建筑物之一，演练针对工程沿线发生流域性洪水的可能性，模拟沿线周边山区洪水下泄导致供电和通信中断、管身段下游出现冲坑并持续向管身靠近、倒虹吸进口上游左岸出现管涌等场景。

在综合应急演练指挥机构的统一调度下，各参演单位先后进行了倒虹吸管身冲刷破坏抢险演练、河道疏通演练、人员撤离演练、裹头冲刷防护演练、无人机飞行巡查演练、管涌抢险演练、涝水抽排演练、水质监测演练、应急抢险设备操作演示。通过实战演练和演示，增强了属地协同配合，提高了应急抢险队伍的快速反应能力、抢险处置能力，工程防汛抢险实战水平进一步提升。

南水北调工程自 2014 年全面建成通水以来，已累计调水 540 多亿立方米，受益人口超 1.4 亿人。确保工程安全度汛责任重于泰山。今年，我国气象水文年景总体偏差，南水北调工程沿线已进入主汛期，海河流域子牙河、大清河、北三河预测发生流域性较大洪水。水利部、沿线地方政府、南水北调集团坚持人民至上、生命至上，立足于"防大汛、抗大洪、抢大险"，打好防汛主动仗。

截至目前，汛前小型水库基本完成除险加固主体工程建设或空库运行，交叉河道清理整治工作基本完成，涉及今年中线工程安全度汛的 21 个项目主体工程建设已全部完成，具备安全度汛条件。

黄河下游"十四五"防洪工程开工建设

本报讯（记者　蒋菡）　7月9日，黄河下游"十四五"防洪工程开工动员会在黄河郑州段保合寨控导工程举行，水利部黄河水利委员会主任汪安南宣布工程开工。

黄河下游"十四五"防洪工程是国务院部署实施的150项重大水利工程之一，是国务院常务会议确定的今年重点推进的55项重大水利工程之一。工程建设范围为黄河干流河南省洛阳市孟津区白鹤镇至山东省东营市垦利区入海口，治理河道长878千米，涉及山东、河南两省14个市42个县（区）。主要建设任务是在现有防洪工程基础上，开展控导工程续建，险工和控导工程改建加固，涝河河口堤防、黄河干流河口堤防工程达标建设，堤顶防汛路和险工控导工程管理路改建等。工程总投资31.85亿元，总工期36个月。

黄河下游是举世闻名的"地上悬河"，实施黄河下游"十四五"防洪工程，是加快构建抵御自然灾害防线、补好防灾基础设施短板的重要内容。工程建成后，将进一步完善黄河下游防洪工程体系，有效改善游荡性河段河势，提高河道排洪输沙能力，对确保堤防不决口、保障黄河长治久安、促进流域区域高质量发展具有重要意义。

新开工重大水利工程项目和完成投资均创新高
上半年水利工程建设取得显著成效

本报北京7月11日电（记者　蒋菡）　水利部副部长魏山忠在今天举行的新闻发布会上介绍，上半年，水利工程建设取得显著成效，新开工重大水利工程项目和完成投资均创历史新高。

上半年，新开工水利项目1.4万个、投资规模6 095亿元，其中，投资规模超过1亿元的项目有750个。重大水利工程开工方面，在1—5月开工14项的基础上，6月又开工了8项工程，上半年累计开工达22项，投资规模1 769亿元，对照年度开工目标，时间过半，任务完成过半。

工程建设也明显提速。一批重大水利工程实现重要节点目标，完成投资大幅增加，重庆渝西、广东珠三角水资源配置等工程较计划工期提前。农村供水工程建设 9 000 余处，完成 3 700 余处，提升了 1 688 万农村人口供水保障水平。目前，在建水利项目 2.88 万个，施工吸纳就业 130 万人，其中农民工 95.7 万人。

此外，投资强度明显增大。1—6 月，全国落实水利建设投资 7 480 亿元，较去年同期提高 49.5%，其中广东、浙江、安徽 3 省落实投资超过 500 亿元。

水利部规划计划司司长张祥伟介绍，从投向来看，流域防洪工程体系、国家水网重大工程、河湖生态修复保护完成投资 4 046 亿元，占全国 1—6 月完成投资的 90.9%。

彻底打通淮河入海水道，
破解尾闾不畅的痛点是
一代代水利人接续奋斗的目标
淮河入海水道二期工程开工

中工网讯（工人日报 – 中工网记者　蒋菡）　7 月 30 日，淮河入海水道二期工程开工建设。水利部部长李国英表示，实施这一工程，将扩大淮河下游洪水出路、打通淮河流域泄洪通道、减轻淮河干流防洪除涝压力，对保障淮河流域人民群众生命财产安全、支撑淮河流域经济社会高质量发展具有重要意义。

淮河发源于河南省桐柏山区，原是一条独流入海的河流，滋润良田、泽被两岸。然而，自 12 世纪黄河南迁、夺淮入海以来，淮河旱涝灾害日趋频繁，一度被称为"中国最难治理的河流"。彻底打通淮河入海水道，破解尾闾不畅的痛点是一代代水利人接续奋斗的目标。

经过多年治理，淮河流域洪涝灾害防御能力显著增强。其中，通过建设淮河入海水道一期工程等项目，淮河下游的排洪能力由不足 8 000 立方米每秒扩大到 15 270 立方米每秒至 18 270 立方米每秒，洪泽湖及下游防洪保护区达到 100 年一遇的防洪标准。

淮河下游洪水入江、入海能力得到巩固提升的同时，洪水出路规模依然不够，洪泽湖中低水位泄流能力偏小仍是淮河下游防洪面临的主要瓶颈。

水利部规划计划司副司长乔建华介绍，由于淮河下游入海通道泄流能力不足，在利用洪泽湖周边滞洪区滞洪的情况下，洪泽湖防洪标准才能达到100年一遇，尚达不到国家防洪标准规定的300年一遇的要求。

淮河入海水道二期工程总投资438亿元，被列入国务院今年重点推进的55项重大水利工程清单。据介绍，入海水道二期工程实施后，可使洪泽湖防洪标准提高到300年一遇。工程建成后，将有力保障淮河流域2 000多万人口、3 000多万亩耕地防洪安全。

水利部：有效防御中小河流洪水和山洪灾害

中工网北京8月7日电（记者　蒋菡）　今天，水利部组织防汛会商，要求加强监测预报预警，强化中小水库、病险水库和淤地坝防洪保安，有效防御中小河流洪水和山洪灾害，做好南水北调中线工程及交叉河道的巡查防守，确保人民群众生命财产安全和重要工程安全。

8月6日，华北、东北等地部分地区降了中到大雨，其中北京、河北、吉林等地局部地区降了暴雨。据预报，7日至10日，西北东北部、华北中部南部、黄淮北部等地将有大到暴雨，局地大暴雨；海河流域大清河、永定河、漳卫河，黄河流域中游干流及支流汾河、山陕区间部分支流、下游大汶河，淮河流域山东小清河、松辽流域浑河、松花江等河流将出现涨水过程，暴雨区部分河流可能发生超警洪水。

水利部维持上述地区洪水防御Ⅳ级应急响应，每日向有关省级水利部门"一省一单"发出通知，通报预报50毫米或25毫米降雨量覆盖范围内县级行政区及水库名单，要求有针对性地做好防范工作，加派5个工作组分赴河北、天津、山西、陕西一线指导。

前7月完成水利建设投资5 675亿元

本报北京8月10日电（记者　蒋菡）　今天，水利部副部长刘伟平在水利基础设施建设进展和成效新闻发布会上介绍，截至 7 月底，全国新开工重大水利工程 25 项，南水北调中线引江补汉工程、淮河入海水道二期工程等标志性重大水利工程相继按期开工建设；在建水利项目达 3.18 万个，投资 1.7 万亿元；完成水利建设投资 5 675 亿元，较去年同期增加 71.4%。

据了解，下一步，水利部将锚定年度目标，持续推进水利工程建设。同时，抓好农村供水、大中型灌区建设和改造项目实施，着力推动新阶段水利高质量发展，为保持经济运行在合理区间提供有力的水利支撑。

（本文刊发于《工人日报》2022 年 08 月 11 日 04 版）

江西部分地区旱情持续

鄱阳湖水位下降，湖区的落星墩完全展露出来。

（8 月 17 日摄，无人机照片）

受连日高温少雨天气影响，江西省江河湖泊持续低水位，部分地区旱情持续。针对当前旱情，江西省已启动抗旱Ⅳ级应急响应，采取多种措施保障群众生活、农田灌溉用水需求。

（本文刊发于《工人日报》2022 年 08 月 18 日 04 版）

南水北调东、中线一期
全部设计单元工程通过完工验收

（工人日报客户端记者　蒋菡）　8月25日，南水北调中线穿黄工程通过水利部主持的设计单元完工验收。至此，南水北调东、中线一期工程全线155个设计单元工程全部通过水利部完工验收，其中东线一期工程68个、中线一期工程87个。这是南水北调东、中线一期工程继全线建成通水以来的又一个重大节点，标志着工程全线转入正式运行阶段，为完善工程建设程序，规范工程运行管理，顺利推进南水北调东、中线一期工程竣工验收及后续工程高质量发展奠定了基础。

南水北调东、中线一期工程建设规模大、时间跨度长、涉及行业地域多。为保证工程验收质量，在南水北调一期工程全面开工初期，国务院原南水北调工程建设委员会就明确了验收相关程序和要求，2006年，国务院原南水北调办（国务院南水北调工程建设委员会办公室的简称）制订了《南水北调工程验收管理规定》，明确南水北调一期工程竣工验收前，要对155个设计单元工程分别进行完工验收。设计单元完工验收前还需完成项目法人验收，通水阶段验收，环境保护、水土保持、征迁及移民安置、消防、工程档案等专项验收，以及完工财务决算。

水利部高度重视南水北调工程验收工作，成立了部领导任组长的南水北调工程验收工作领导小组，将完成完工验收和竣工验收准备工作纳入推进南水北调后续工程高质量发展工作计划，坚持高标准、严把关，科学调度、高效协同，积极克服疫情影响、创新工作方式，挂图作战，按月督导，强力协调破解验收难题；中国南水北调（中国南水北调集团有限公司的简称）把工程验收作为推进南水北调后续工程高质量发展的重要任务，按照水利部相关部署，加强组织领导，夯实工作责任，按验收计划全力推动验收工作。通过各方努力，按计划如期保质完成了验收任务。

南水北调东、中线一期工程设计单元全部通过完工验收，将为南水北调后续工程建设管理积累经验，为丰富基本建设验收管理手段、提升大型跨流域调水工程验收管理水平提供参考借鉴。

2002年12月，南水北调工程开工建设，2014年12月，东、中线一期工程全线通水。通水以来，工程运行安全平稳，水质持续达标，工程投资受控，累计调水超过560亿立方米，受益人口超过1.5亿，发挥了显著的经济、社会和生态效益。

此次通过验收的中线穿黄工程是南水北调的标志性、控制性工程，工程规模宏大，是我国首次运用大直径（9.0 米）盾构施工穿越大江大河的工程，在黄河主河床下方（最小埋深 23 米）穿越黄河，工程单洞长 4 250 米，设计流量为 265 立方米每秒，加大流量为 320 立方米每秒。工程于 2005 年开工，攻克了饱和砂土地层超深竖井建造、高水压下盾构机分体始发、复杂地质条件下长距离盾构掘进、薄壁预应力混凝土内衬施工等一系列技术难题。经过 9 年建设、8 年运行，累计输水超过 348 亿立方米，工程各项监测指标显示，工程运行安全平稳。

解决粤西地区水资源问题
环北部湾广东水资源配置工程开工

本报讯（记者　蒋菡）　长期受水资源短缺问题困扰的粤西人民终于迎来了盼望已久的好消息。记者从水利部获悉，环北部湾广东水资源配置工程（以下简称"环北工程"）近日正式开工，标志着这项广东省引水流量最大、输水线路最长、建设条件最复杂、总投资最高的跨流域引调水工程进入实施阶段。

该工程位于广东省西南部，输水线路总长约 499.9 千米。工程从云浮市西江干流地心村河段取水，通过泵站加压提水，穿过云开大山，调水至雷州半岛，供水范围包括云浮、茂名、阳江、湛江 4 市，覆盖人口 1 800 多万，切实发挥了供水生命线的作用。

据了解，粤西地区特别是雷州半岛，自古以来就以干旱闻名，自然调蓄能力弱、丰枯变化大、水资源短缺问题长期困扰粤西人民。

"环北工程建成后，可长远解决粤西地区水资源承载能力与经济发展布局不匹配问题，大幅提高区域供水安全保障能力。"水利部规划计划司副司长乔建华介绍，该工程是国务院确定的今年加快推进的 55 项重大水利工程之一，也是国家水网的重要组成部分。

长江流域水库群抗旱保供水联合调度专项行动再次启动　精打细算用好每一方抗旱水源

本报北京 9 月 12 日电（记者　蒋菡）　记者今天从水利部获悉，为确保群众饮水安全，保障大牲畜饮水和秋粮作物生长关键期时令灌溉用水需求，水利部组织长江水利委员会和江苏省、安徽省、江西省、湖北省、湖南省水利厅，研究制订抗旱联合调度方案，9 月 12 日 8 时，再次启动长江流域水库群抗旱保供水联合调度专项行动，重点保障 9 月中下旬长江中下游中稻、晚稻等秋粮作物灌溉关键期用水和城乡供水需求。

本次行动精准调度以三峡为核心的长江上游水库群、洞庭湖水系水库群和鄱阳湖水系水库群向下游补水；督促指导地方抓住补水的有利时机，精准对接每一个灌区、每一个城乡供水取水口，多引、多调、多提，精打细算用好每一方抗旱水源。

8 月以来，长江流域累积面雨量 72 毫米，较常年同期偏少 64%，长江干流及主要支流来水量较常年同期偏少四成至八成。当前，长江中下游干流及洞庭湖、鄱阳湖水位较常年同期偏低 4.89 米 ~ 7.2 米，江湖水位均为有实测记录以来同期最低。

据预测，9 月中下旬长江流域降雨仍然偏少，长江中下游及洞庭湖、鄱阳湖水系来水偏少，水位将持续下降，旱情可能进一步发展，抗旱形势依然严峻。

本次专项行动实施后，可有效缓解长江中下游干流及洞庭湖、鄱阳湖水位快速下降趋势，为抗旱引水创造更加有利条件，确保长江中下游干流和洞庭湖水系、鄱阳湖水系沿线城乡供水安全，保障 356 处大中型灌区及大量小型灌区秋粮作物生长关键期用水需求。

大藤峡水利枢纽工程通过蓄水验收

本报北京 9 月 28 日电（记者　蒋菡）　从水利部获悉，大藤峡水利枢纽工程今天顺利通过水利部主持的二期蓄水（61 米高程）验收，这是大藤峡工程建设的重大关键节点目标，标志着工程将可蓄水至 61 米正常蓄水位，全面发挥综合效益。

大藤峡水利枢纽是国务院确定的 172 项节水供水重大水利工程的标志性项目，也是珠江流域防洪控制性工程和水资源配置骨干工程，防洪、航运、发电、水资源配置、灌溉等综合效益显著。该项目总投资 357.36 亿元，总工期 9 年，总库容 34.79 亿立方米，正常蓄水位 61 米。2020 年，左岸工程投入运行并发挥初期效益，右岸工程建设按计划稳步推进。

按照"六个重要"新定位，工程建成后将成为流域防洪安全的重要保障，实施国家水网重大工程的重要结点，粤港澳大湾区水安全的重要屏障，建设珠江黄金水道的重要中枢，区域电力安全的重要支撑，地方乡村振兴的重要水源，对提升流域水安全保障能力、促进地方经济社会高质量发展具有重要作用。

水惠中国

中国青年报

■发改委吴晓：进一步对重大水利工程建设给予倾斜
■今年汛期珠江流域汛情可能偏重
■水利部：大藤峡水利枢纽工程具备全线挡水条件
■水利部维持水旱灾害防御Ⅳ级应急响应
……

发改委吴晓：
进一步对重大水利工程建设给予倾斜

中国青年网讯（中青报·中青网记者　高蕾）　4月8日，国务院政策例行吹风会上，国家发展改革委（中华人民共和国国家发展与改革委员会的简称）农村经济司司长吴晓表示，今年我们将持续优化投资结构，进一步对重大水利工程建设给予倾斜。

近年来，国家发展改革委和水利部等部门遵循"节水优先、空间均衡、系统治理、两手发力"的治水思路，持续推动重大水利工程建设，对促进扩大有效投资、增强水旱灾害的防御能力和供水灌溉的保障能力发挥了重要作用。

目前，我们国家的水利基础设施仍然存在一些薄弱环节，需要进一步持续加大补短板的力度，加快构建国家水网，增强水安全保障能力。近期，国务院常务会议决定，今年再开工建设一批已经纳入规划、条件成熟的重大水利项目，这对于促进区域协调发展，做好"六稳""六保"工作，持续改善民生，保持经济运行在合理区间，实现稳字当头、稳中有进，具有重要意义。

吴晓表示，今年我们将把水利工程作为适度超前开展基础设施投资的重要领域，多措并举扩大水利工程的投资力度，加强组织实施和协调推动，积极有序推进项目建设，促进充分发挥重大水利工程建设对稳投资、扩内需的重要作用。主要有三个方面的举措：

一是加快项目前期工作进度。将按照"确有需要、生态安全、可以持续"的重大水利工程论证原则，加快推进重大水利工程项目前期工作。促进项目尽快开工建设，确保中央投资一经下达即可形成实物工作量和有效投资，从而形成储备一批、开工一批、建设一批、竣工一批的滚动接续机制。

二是加大投资支持力度。今年我们将在保证中央预算内水利投资合理支出强度的基础上，持续优化投资结构，进一步对重大水利工程建设给予倾斜，重点保障跨流域跨行政区域、支撑国家重大战略实施、防洪减灾和保障国家粮食安全等方面的重大项目。对于其他水利项目，有关地方要严格落实政府债务风险防控要求，进一步优化支出结构，将水利工程作为政府投资的优先方向。同时，各地要充分发挥专项债券对扩大水利有效投资的重要作用，并用足用好地方政府专项债券可作水利工程项目资本金的政策。

三是深化水利投融资改革。我们将进一步推进水利投融资改革的创新实践，鼓励支持地方依托项目供水、发电等经营性收益建立合理的回报机制，积极引导社会资本依法合规参与工程建设和运营，扩大股权和债权融资规模；对符合条件的水利项目，积极稳妥开展基础设施领域不动产投资信托基金试点，促进形成投资的良性循环。

水利部：推进重大水利工程建设
把节水放在优先位置

中国青年网讯（中青报·中青网记者　高蕾）　4月8日，国务院政策例行吹风会上，水利部规划计划司司长张祥伟表示，在推进重大水利工程建设的过程中，把节水放在优先位置。

近年来，国家发展改革委和水利部等部门遵循"节水优先、空间均衡、系统治理、两手发力"的治水思路，持续推动重大水利工程建设，对促进扩大有效投资、增强水旱灾害的防御能力和供水灌溉的保障能力发挥了重要作用。

在推进重大水利工程建设的过程中，应如何平衡好水利发展与生态环保两者的关系呢？水利部规划计划司司长张祥伟表示，首先，把节水放在优先位置。节水本身就是对生态环境的保护。在推进引调水、水源工程建设中，将充分节水作为前提，落实"四水四定"要求，严格节水评价，严控水资源开发利用规模，细化节水措施，推进水资源合理开发、高效利用、优化配置和有效保护。

其次，科学规划。重大水利工程是经过长期规划论证，综合考虑经济社会发展需求、规划布局、生态环境影响、前期工作进展等情况，从全局、长远上通盘考虑提出来的，具有很好的规划基础。比如黄河古贤，从20世纪50年代，在编制黄河流域综合规划的时候就已经开始规划论证了。

接着，严格前期论证。按照"确有需要、生态安全、可以持续"的重大水利工程论证原则，在工程选址上，避让生态保护红线；在工程规模确定上，合理控制开发强度，明确生态流量下泄的要求，尽可能减少建设用地和移民搬迁；在设计方案上，尽量避免或减缓对生态的不利影响。在项目可研阶段，严格开展环境影响评价。

最后，落实环保措施。在建设过程中，严格落实环评批复的各项生态保护措施。工程建成后，按规定开展环境保护竣工验收。在工程运行调度中，开展生态调度，保障河流基本生态水量。比如，近年来三峡水库实施生态调度，调节生态流量过程，促进下游鱼类自然产卵繁殖。今年第一季度，三峡水利工程为下游补水 78 天，补水总量达到 48.2 亿立方米。

水利部魏山忠：加快推进水利基础设施建设有需求、有条件、有基础

中国青年报客户端北京 4 月 8 日电（中青报·中青网记者　高蕾）　今天在国务院政策例行吹风会上，水利部副部长魏山忠表示，加快推进水利基础设施建设有需求、有条件、有基础。

我国水资源时空分布极不均衡，夏汛冬枯、北缺南丰，水旱灾害多发频发。魏山忠表示，党的十八大以来，加强新老水问题的综合治理、系统治理、源头治理，长江三峡、南水北调东中线一期工程、淮河出山店水库、江西峡江水利枢纽等一大批重大水利工程建成发挥效益，形成了世界上规模最大、范围最广、受益人口最多的水利基础设施体系。

对照高质量发展的要求，目前，水利仍然存在流域防洪工程体系不完善、水资源统筹调配能力不足、水生态水环境治理任务重、水利基础设施系统化网络化智能化程度不高等突出问题。2021 年中央经济工作会议、今年政府工作报告都把加强水利基础设施作为扩大内需的重要领域。

魏山忠表示，水利工程具有较好的规划和前期工作基础，特别是重大水利工程吸纳投资大，产业链条长，创造就业机会多，在保障国家水安全、推动区域协调发展、拉动有效投资需求、促进经济稳定增长等方面具有重要作用，加快推进水利基础设施建设有需求、有条件、有基础。

魏山忠介绍，接下来，水利部将会同有关部门和地方，聚焦保障防洪安全、供水安全、粮食安全、生态安全，加快实施在建水利工程，对符合经济社会发展需要、前期技术论证基本成熟、省际没有重大分歧、地方推动项目建设意愿较为强烈的重大水利项目加快审查审批，推动工程尽早开工建设。在统筹做好新冠肺炎疫情防控、防洪抗旱减灾的同时，抓好水利工程建设的组织实施和协调推动，压实各方责任，多渠道筹集建设资金，强化建设管理和监督检查，保障

工程质量和安全生产，全力推进建设进度，尽可能多地完成实物工作量，确保按期完成年度各项目标任务，推动新阶段水利高质量发展，增强国家水安全保障能力。

建立长效投入机制
补齐农村供水基础设施短板

中国青年报客户端北京 4 月 18 日电（中青报·中青网记者　高蕾）　农村供水工程是农村重要的基础设施，涉及全部农村人口，是一项重大民生工程。记者今天从水利部获悉，截至 2021 年底，全国共建成农村供水工程 827 万处，农村自来水普及率达到 84%，农村供水取得了突出成效。由于我国国情水情复杂，区域发展不平衡、不充分，部分地区仍有一些薄弱环节。

近日，水利部、财政部、国家乡村振兴局联合印发《关于支持巩固拓展农村供水脱贫攻坚成果的通知》（以下简称《通知》），旨在通过建立长效投入机制，强化农村供水工程建设和管理，提升农村供水保障水平，巩固拓展农村供水脱贫攻坚成果。

《通知》要求，省级水行政主管部门要组织对脱贫地区和脱贫人口饮水状况进行全面排查和动态监测，切实做到早发现、早干预、早帮扶，及时发现和解决问题，守住农村供水安全底线。要以县为单元，建立在建农村小型水源和供水工程项目清单台账，加快农村供水工程标准化建设，加强工程质量管理，确保建一处、成一处、发挥效益一处。

《通知》强调，脱贫地区要用好涉农资金统筹整合政策，依法依规利用农村供水工程维修养护补助资金等水利发展资金，做好农村小型水源和供水工程维修养护工作。明确中央财政衔接，推进乡村振兴补助资金用于支持补齐必要的农村供水基础设施短板。统筹利用现有公益性岗位，优先支持防止返贫监测对象和脱贫人口参与农村供水工程管护。对供水服务人口少、运行成本高、水费等收入难以覆盖成本的农村供水工程，要安排维修养护补助等资金予以支持，确保工程在设计年限内正常运行。

《通知》指出，省级水行政主管部门要会同财政、乡村振兴等相关部门坚持目标导向、问题导向，聚焦短板弱项，把加强脱贫地区农村供水基础设施建设作为巩固拓展脱贫攻坚成果同乡村振兴有效衔接的一项重要任务，压实责任，加强组织摸排，层层抓好落实，切实提升脱贫地区农村供水保障水平。

今年汛期珠江流域汛情可能偏重

中国青年报客户端北京 4 月 15 日电（中青报·中青网记者　高蕾）　记者从水利部获悉，4 月 15 日，珠江防总召开 2022 年工作会议。会上，珠江防总总指挥、广西壮族自治区政协主席蓝天立表示，今年汛期珠江流域汛情可能偏重，西江、北江可能发生较大洪水，中小河流可能发生暴雨洪涝灾害。

面对防汛和疫情防控的双重挑战，要坚决扛起流域水旱灾害防御举措的政治责任，统筹发展和安全，加快构建抵御自然灾害坚固防线，补好基础设施和监测预警短板，不断增强水旱灾害防御能力。

水利部副部长刘伟平指出，做好今年珠江流域水旱灾害防御工作，对于保持平稳健康的经济环境、国泰民安的社会环境具有重要意义。他要求，要进一步提高政治站位，增强风险意识，树牢底线思维，落实预报、预警、预演、预案"四预"措施，贯通雨情、水情、险情、灾情"四情"防御，努力实现"人员不伤亡、水库不垮坝、重要堤防不决口、重要基础设施不受冲击"和确保城乡供水安全的目标。

珠江防总常务副总指挥、珠江水利委员会主任王宝恩深入分析了当前防汛形势。他表示，当前，流域龙滩、百色等主要防洪水库已腾空 149 亿立方米库容迎汛备汛，对流域内妨碍河道行洪 1 000 多项突出问题开展排查整治，督促地方逐项落实整改，确保河道行洪通畅。

淮河流域汛期将至
水利部：狠抓防洪重点环节，精准施策

中国青年报客户端讯（中青报·中青网记者　高蕾）　4 月 22 日，淮河防总召开 2022 年工作视频会议，传达全国防汛抗旱工作电视电话会议和水利部系列工作会议部署，总结 2021 年淮河流域水旱灾害防御工作，分析研判今年汛情

4月8日，江苏省淮安市洪泽区高良涧闸正在泄洪。

（图片来源：视觉中国）

旱情形势，安排2022年防汛抗旱工作。

淮河防总总指挥、安徽省省长王清宪强调，当前淮河流域即将进入汛期，要深刻认识淮河流域防汛抗旱面临的严峻形势，切实落实责任，强化措施，抓好淮河流域防汛抗旱各项工作，着力做好风险隐患排查消除、防汛抗旱工作机制完善、重点领域防御、流域防洪统一调度、水旱灾害防御能力提升等方面工作，以淮河安澜为全国安全稳定大局作出贡献。

水利部副部长刘伟平指出，要始终把保障人民群众生命财产安全放在第一位，落实预报、预警、预演、预案"四预"措施，贯通雨情、水情、险情、灾情"四情"防御，努力实现"人员不伤亡、水库不垮坝、重要堤防不决口、重要基础设施不受冲击"和保障城乡供水安全的目标。

刘伟平提出，要扎实做好汛前准备。完善预警信息发布机制，加快数字孪生流域和防洪应用系统建设，持续提升"四预"能力。依法科学调度水工程，充分发挥综合效益。狠抓水库安全度汛、中小河流和山洪灾害防御、蓄滞洪区运用、应急抢险等防洪重点环节，精准施策。动态完善水量调度预案和抗旱保供水预案，实施全流域水资源统一调度，保障城乡供水安全。明确职责定位，完善工作机制，加强淮河防总的统一指挥和水利部淮河水利委员会的统一调度。加强培训宣传工作，坚持主动发声、正面发声，及时回应社会关切。

水利部：
大藤峡水利枢纽工程具备全线挡水条件

中国青年报客户端北京4月25日电（中青报·中青网记者　高蕾）4月25日，记者从水利部获悉，广西大藤峡水利枢纽工程通过水利部珠江委（珠江水利委员会的简称）主持的右岸建筑物挡水（52米高程）

航拍广西大藤峡水利枢纽工程在建大坝。

（图片来源：视觉中国）

验收。这标志着工程具备全线挡水条件，流域防洪安全重要保障作用进一步增强。

据悉，广西大藤峡水利枢纽工程是国务院确定的172项节水供水重大水利工程的标志性项目，也是珠江流域防洪控制性工程。总投资357.36亿元，总工期9年。工程于2014年11月开工建设，目前左岸工程已建成并发挥综合效益。右岸工程自2019年5月开工以来，大藤峡公司（广西大藤峡水利枢纽开发有限公司的简称）团结率领参建各方，克服新冠肺炎疫情等不利因素影响，成功战胜高温多雨、洪水频发、地质复杂等重重困难，全力推动工程建设，提前一个月满足右岸建筑物挡水（52米高程）验收要求。

此次验收范围主要包括右岸泄水闸、右岸厂坝、右岸挡水坝段及鱼道工程等部位。已完成质量评定单元工程6 335个，全部合格，优良率95.6%；已验收分部工程18个，优良率100%。

大藤峡公司有关负责人介绍，据气象水文部门预测，2022年西江汛情可能偏早偏重，大藤峡右岸工程安全度汛面临较大挡水压力和安全风险。大藤峡水利枢纽工程具备全线挡水条件，意味着工程防洪能力进一步提升，流域防洪安全重要保障作用进一步增强。

海河防总：
守住流域防汛抗旱安全底线　拱卫首都安全

天津海河 。

（ 图片来源：视觉中国 ）

中国青年报客户端 4 月 28 日电（中青报·中青网记者　高蕾）　今日，海河防总召开 2022 年工作视频会议，传达贯彻全国防汛抗旱工作电视电话会议要求，分析研判今年汛情旱情形势，安排部署重点工作。

海河防总总指挥、河北省省长王正谱强调，今年将召开党的二十大，做好今年海河流域防汛抗旱工作，对于保持平稳健康的经济环境、国泰民安的社会环境具有极其重要的意义。要提高政治站位，把防汛抗旱作为重大政治任务，坚持人民至上、生命至上，守住流域防汛抗旱安全底线。要突出工作重点，牢牢把握海河流域防汛抗旱主动权，科学防御洪水，拱卫首都安全。要加强统筹协调，牢固树立全流域观念，确保各项措施落到实处。

水利部副部长刘伟平指出，海河流域地处京畿，政治地位特殊，战略作用显著。要以实际行动坚决践行"两个维护"，锚定"人员不伤亡、水库不垮坝、重要堤防不决口、重要基础设施不受冲击"和保障城乡供水安全的目标，从最不利情况出发，向最好方向努力，坚决打赢水旱灾害防御这场硬仗。

刘伟平强调，要压实各项责任，确保责任不缺位、工作不断档。统筹新冠肺炎疫情防控和防汛备汛，抓紧补短板、堵漏洞、强弱项。提升"四预"能力，实现防御关口前移。同时，紧盯重点部位，强化水库安全度汛、蓄滞洪区运用、堤防巡查防守、南水北调等重要设施防护、山洪灾害防御等各项措施。落实抗旱措施，统筹安排好生活、生产、生态用水，保障北京、天津、雄安新区等重点地区及白洋淀等生态敏感区用水需求。强化重要水工程联合调度，做到信息共享、联防联控、协同作战。加强宣传引导，普及防御知识，指导群众掌握防灾避险要点。

水利部：黄河流域汛期将至
做好应对超标准洪水的准备

（图片来源：视觉中国）

中国青年报客户端北京 4 月 28 日电（中青报·中青网记者　高蕾）　4 月 27 日，黄河防总召开 2022 年防汛抗旱工作视频会议，总结 2021 年黄河流域防汛抗旱工作，分析研判今年的汛情旱情形势，安排部署 2022 年防汛抗旱工作。

黄河防总总指挥、河南省省长王凯强调，当前黄河流域即将进入汛期，要切实提高政治站位，增强忧患意识，树牢底线思维，立足防大汛、抗大旱、抢大险、救大灾，突出抓早抓细抓实，做好应对超标准洪水的万全准备，用扎扎实实的工作交出让党中央放心、人民群众安心的优异答卷，用实际行动捍卫"两个确立"，做到"两个维护"。要坚决扛牢保障黄河安澜的重大政治责任，全面深入排查整治度汛风险，切实强化防汛应急准备和保障能力，科学精准做好预报预警和工程调度，众志成城打好黄河防汛抗旱总体战，齐心协力确保黄河安澜。

水利部副部长刘伟平指出，今年将召开党的二十大，做好黄河流域水旱灾害防御工作具有特殊重要意义。要锚定"人员不伤亡、水库不垮坝、重要堤防不决口、重要基础设施不受冲击"和确保城乡供水安全的目标，从思想上、行动上做好充分准备，落实责任，细化措施，坚决打赢今年水旱灾害防御这场硬仗。要提高政治站位，落实防汛责任；全面排查整治，消除风险隐患；强化"四预"措施，提升防御能力；科学调度水工程，保障安全度汛；统筹防汛抗旱，保障供水安全；着眼流域全局，凝聚团结治水合力。

水利部：
做好春灌供水保障　夯实粮食安全水利基础

（图片来源：视觉中国）

中国青年报客户端北京4月29日电（中青报·中青网记者高蕾）　今日，水利部副部长田学斌主持召开视频会议，部署进一步做好春灌供水保障、灌区建设与管理，以灌区高质量发展支撑国家粮食安全保障的水利基础。

水利是农业的命脉，灌区工程是农田灌溉排水的骨干网，是保障粮食安全的生命线。经过多年努力，我国共建成大中型灌区7 000多处，已成为国家粮食和重要农产品生产的主阵地，粮食单产高于全国平均水平，产量约占全国总量的一半。

记者了解到，水利部于今年2月提早印发通知，要求各地全面掌握水情、雨情、工情，做好春灌调度工作。据统计，截至4月28日，已有4 380处大中型灌区开始春灌，累计供水超256亿立方米，灌溉耕地面积达1.86亿亩。

水利部方面表示，目前还处于春灌的关键期、高峰期，各地要采取有力有效措施，最大程度保障农业生产用水需求，夯实粮食丰收基础。

要强化供水保障。充分挖掘水利工程的调蓄能力和供水潜力，采取多蓄、多引、多提、多拦等综合措施，努力增加可供水量。灌区管理单位要加强对泵站、渠系等工程设施的巡查、看护，及时对破损、出险的工程进行维修，确保灌排体系输水顺畅。

同时，加强灌溉用水管理。密切跟踪春灌用水需求变化，统一调配地表水、地下水、本地水和外来水等各种水源，合理制订灌溉供水计划，加强水量调度，维护灌溉秩序，指导农民加强田间管理，确保灌溉正常开展。及时解决群众反映的灌溉问题。及时回应群众的诉求，及时核查群众反映的问题，在最短时间解决，切实不误农时。

水利部：全力打赢长江流域水旱灾害防御硬仗

中国青年报客户端讯（中青报·中青网记者　高蕾）　记者从水利部获悉，5月6日，长江防总召开2022年指挥长视频会议，贯彻全国防汛抗旱工作电视电话会议和水利部水旱灾害防御工作视频会议要求，总结2021年长江流域水旱灾害防御工作，分析研判长江流域水旱灾害形势，安排部署2022年防御工作。

长江防总总指挥、湖北省省长王忠林强调，做好2022年防汛抗旱工作，对于保持平稳健康的经济环境、国泰民安的社会环境意义重大。要站位全局、服务大局，切实增强守护长江安澜的政治自觉、思想自觉、行动自觉；要关口前移、全面备战，牢牢掌握防汛抗旱工作主动权；要精准发力、科学应对，织密织牢水旱灾害防护网；要周密组织、迅捷反应，全面提升防汛抗旱应急处置水平；要知重负重、同向同行，全力以赴打赢长江防汛抗旱这场硬仗。

水利部副部长刘伟平指出，今年将召开党的二十大，做好长江流域水旱灾害防御工作，确保防洪安全和供水安全具有特殊重要意义。要始终把保障人民群众生命财产安全放在第一位，锚定"人员不伤亡、水库不垮坝、重要堤防不决口、重要基础设施不受冲击"和确保城乡供水安全的目标，全力打赢今年长江流域水旱灾害防御硬仗。

刘伟平要求，一是提高政治站位，严格落实各项防汛责任制，细化实化防御措施，强化履职培训和监督问责。二是深入排查隐患，对发现的问题及时进行整改，加快水毁工程修复，提前预置抢险设备和力量，确保安全度汛。三是狠抓"四预"措施，强化预报、预警、预演和预案，掌握防御主动。四是加强联合调度，统筹安排水工程汛前消落、汛期防洪和汛末蓄水，充分发挥综合效益。五是抓好抗旱减灾，强化应急水量调度和应急供水措施，确保城乡居民供水安全。六是密切团结协作，坚持区域服从流域、兴利服从防汛抗旱，坚决服从长江防总统一指挥和长江水利委员会统一调度。七是坚持正面发声、主动发声，创新宣传报道方式，及时回应社会关切。

水利部维持水旱灾害防御Ⅳ级应急响应

中国青年报客户端北京 5 月 11 日电（中青报·中青网记者 高蕾） 今日，记者从水利部获悉，5 月 9 日以来，广东、广西、江西、湖南等地部分地区降大到暴雨，局地大暴雨。受降雨影响，截至 11 日 16 时，广西桂江中游、湖南湘江上中游、广东北江支流滃江、江西赣江支流同江、重庆嘉陵江支流璧北河、四川岷江支流沫溪河等 18 条河流发生超警洪水，最大超警幅度 0.04 ~ 1.04 米。目前，除湘江上中游及北江支流滃江外，其他河流均已退至警戒线以下。预计未来 2 ~ 3 天，华南大部、江南东部南部等地仍将有强降雨，广东、广西主要江河及湖南湘江、江西赣江、福建闽江等将出现明显涨水过程，部分中小河流可能发生超警以上洪水。

针对此次强降雨过程，国家防总副总指挥、水利部部长李国英要求及早着手，严密防范，确保安全。水利部副部长刘伟平连续主持会商，滚动研判雨情汛情，安排部署有关防御工作。有关省（区）严阵以待，全力应对。广东、广西、江西、湖南 4 省（自治区）水利厅均及时启动应急响应，向基层防御一线、相关防汛责任人发送江河洪水和山洪灾害预警信息，派出工作组、专家组赴重点市县加强支持指导，专业防守抢护力量预置下沉一线。有关市（县）防汛责任人迅速上岗到位，加强值班值守和水库堤防巡查，根据预警及时组织危险区域群众转移。

目前，全国主要江河水情总体平稳。水利部维持水旱灾害防御Ⅳ级应急响应，密切关注雨情、水情、汛情、工情，继续指导有关地区做好暴雨洪水防御工作。

水利部：全力加快水利基础设施建设
确保 2022 年新开工 30 项以上

中国青年报客户端北京 5 月 17 日电（中青报·中青网记者 高蕾） 记者从水利部获悉，吴淞江整治工程（江苏段）于 5 月 16 日开工建设。该工程全长约 61.7 千米，总投资 156 亿元，是《长江三角洲区域一体化发展规划纲要》确定的省际重大水利工程，也是《太湖流域防洪规划》《太湖流域综合规划》等确定的流域综合治理骨干工程。

这项工程实施后，可进一步增加太湖洪水外排出路，提高流域防洪除涝能力，进一步完善太湖地区水网，增强水资源配置能力，发挥改善水环境和航运等综合效益，为长三角高质量一体化发展提供更为有力的水利支撑。

据水利部介绍，今年以来，水利部会同有关部委、地方加快推进重大水利工程开工建设，将确保 2022 年新开工 30 项以上。2022 年全国水利基础设施建设将完成 8 000 亿元以上。

截至目前，国务院常务会议部署的 55 项重大水利工程已开工 10 项；6 项新建大型灌区已开工 1 项。1—4 月，全国水利基础设施建设全面加快，完成水利建设投资，实现大幅增长，各地已完成近 2 000 亿元，较去年同期增长 45.5%，广东、山东、浙江、河北、福建、河南、江苏、云南、陕西等 9 个省份，累计完成投资超过 100 亿元。

福建木兰溪下游水生态修复与
治理工程开工建设

中国青年报北京 5 月 19 日电（中青报·中青网记者　高蕾）　记者从水利部获悉，5 月 19 日，福建省召开重大水利项目集中开工动员会，被列入今年重点推进的 55 项重大水利工程的木兰溪下游水生态修复与治理工程开工建设。

水利部副部长魏山忠以视频形式出席开工动员会议并讲话。魏山忠指出，习近平总书记亲自擘画福建生态省建设，推动木兰溪、长汀水土流失治理等一系列生态文明建设重大实践。

魏山忠强调，木兰溪下游水生态修复与治理工程既统筹考虑水资源高效利用、水生态环境修复，又融合数字孪生流域建设，对创新投融资方式，采取市场化运作，具有很好的示范意义。

他提到，福建省要以木兰溪下游水生态修复与治理等重大水利项目建设为契机，充分利用实施扩大内需战略、全面加强水利基础设施建设的良好机遇，多渠道筹集水利建设资金，大力推动重大水利工程建设，全面提升水旱灾害防御、水资源集约节约利用、水资源优化配置和河湖生态保护治理等能力。要强化工程建设管理，严格落实疫情防控要求，确保工程建设质量、安全和进度，把工程建成造福人民的精品工程。

据了解，此次共有 11 个重大水利项目集中开工，总投资 106 亿元，主要建设内容包括水生态修复与治理、城乡供水一体化、中型水库建设、河道岸线整治、海堤提级改造、水闸除险加固等。

水利部门科学防御华南等地暴雨洪水拦洪近 80 亿立方米

中国青年报客户端 5 月 17 日电（中青报·中青网记者　高蕾）　5 月 9 日至 14 日，我国华南、江南、西南东部出现今年以来最强降雨过程，降雨时间长、范围广、强度大。降雨过程历时长达 6 天，覆盖珠江、长江上中游、东南诸河，涉及 11 个省份；过程累积最大点雨量为广东江门长安站 931 毫米，相当于当地年降雨量均值的二分之一，最大日雨量为广东江门大坑站 492 毫米，最大小时雨量为广东阳江赤坎站 149 毫米。

受此次强降雨影响，广东、广西、海南、江西、湖南、重庆、四川等 7 省（自治区、直辖市）共 38 条中小河流发生超警洪水。

各级水利部门密切监视雨情、水情、汛情、工情，落实预报、预警、预演、预案"四预"措施，滚动分析研判汛情发展，提前发布预警信息，及时启动应急响应。

水利部组织指导各级水利部门科学调度骨干水库拦洪削峰错峰，充分发挥水工程防洪减灾效益。据统计，福建、江西、湖南、广东、广西等地大中型水库共拦蓄洪水 79.24 亿立方米，避免了广西西江、广东北江和东江、湖南资水等主要江河发生编号洪水，为下游沿江城市防洪排涝创造了条件。

水利部珠江委组织指导大藤峡、岩滩、长洲等西江骨干水库预泄腾库，调度东江新丰江、贺江合面狮、韩江棉花滩等大中型水库群拦蓄洪水 17 亿立方米，在避免主要江河发生编号洪水的同时，大大缩短了中小河流超警时间。湖南省水利厅科学调度湘江、资水等水系水库群拦蓄洪水近 10 亿立方米，分别降低湘江老埠头段和资水桃江段洪峰水位 1.1 米和 4 米，避免了桃江县城段发生超警洪水。广西壮族自治区水利厅提前组织 16 座大型水库和 39 座中型水库开展预泄调度和拦洪削峰，拦蓄洪水 8.9 亿立方米，减淹城镇 12 座次，减淹耕地面积 7.4 万亩，避免人员转移 2.4 万人。

鉴于华南等地的强降雨过程基本结束，主要江河水情总体平稳，无重大险情灾情报告，水利部于 5 月 15 日 10 时结束洪水防御Ⅳ级应急响应。

水利部方面表示，下一步，将继续密切关注雨情、水情、汛情、工情，滚动预测预报和分析研判，组织指导各地做好监测预报预警、水工程科学调度，水库安全度汛、中小河流和山洪灾害防御等各项工作，牢牢守住水旱灾害防御底线，确保人民群众生命财产安全。

支持各地安全度汛　财政部、水利部安排 5 亿元水利救灾资金

（图片来源：视觉中国）

中国青年报客户端北京 5 月 21 日电（中青报·中青网记者　高蕾）　记者从水利部获悉，近日，财政部、水利部安排水利救灾资金 5 亿元，支持和引导各省（自治区、直辖市）和新疆生产建设兵团做好安全度汛有关工作。

水利部方面表示，我国今年入汛时间偏早，防汛备汛工作十分紧迫。财政部、水利部加大水利救灾资金补助支持力度，指导各地积极有序开展安全度汛工作。水利部要求各级水利部门利用主汛期前有限时间，抓紧补短板、堵漏洞、强弱项，全力做好防洪工程水毁修复、安全度汛隐患排查整改、防洪调度演练、防汛预案修订等各项汛前准备工作，切实保障防洪安全。

雄安新区起步区西北围堤治理工程开工

中国青年报客户端北京 5 月 30 日电（中青报·中青网记者　高蕾）　记者从水利部获悉，5 月 30 日，雄安新区起步区西北围堤治理工程正式开工建设，项目施工单位已进场，计划 2022 年主汛期前完成防洪主体工程建设。

西北围堤作为雄安新区起步区上游西北部洪涝防线，南起新区边界萍河左堤，北接南拒马河右堤，全长 23.45 千米，总投资 17.6 亿元，是雄安新区起步区防洪圈建设的收尾工程。它的开工，标志着雄安新区起步区 200 年一遇标准防洪圈将全面闭合。

雄安新区防洪工程是雄安新区的重要安全保障，已被纳入国家 150 项重大水利工程。目前，已完成防洪工程建设投资 266 亿元。自 2020 年以来，雄安新区起步区防洪主体工程陆续建设完成，基本具备 200 年一遇防洪能力，容城组团、安新组团同步达到 200 年一遇防洪能力。预计到 2025 年，外围组团（含昝岗、寨里、雄县组团）骨干防洪工程全部建成。

水利部启动水旱灾害防御Ⅳ级应急响应

中国青年报客户端北京 5 月 27 日电（中青报·中青网记者　高蕾）　5 月 26 日晚至 27 日晨，云南省东南部部分地区降了大到暴雨，最大点雨量为文山州丘北县石葵站 162 毫米。受强降雨影响，清水江丘北县部分江段发生超保洪水，清水江站 27 日 7 时最高水位 964.98 米，超过保证水位 1.48 米，相应流量 736 立方米每秒，超过保证流量 381 立方米每秒。强降雨造成丘北县局部发生洪涝灾害。

针对云南、广西两省（自治区）部分地区连续降雨，中小河流、山洪灾害防御存在较大风险，根据《水利部水旱灾害防御应急响应工作规程》，水利部于 27 日 11 时启动洪水防御Ⅳ级应急响应，并派出工作组赴云南指导。

云南省水利厅于 27 日 8 时启动水旱灾害防御Ⅳ级应急响应，并派出工作组紧急赶赴灾区协助指导防汛救灾工作。

大藤峡工程高效建设助力"稳经济"

中国青年报客户端北京 6 月 5 日电（中青报·中青网记者　高蕾）　今日，记者从水利部获悉，截至 5 月底，大藤峡工程本年度完成投资 17 亿元，占年度计划的 45.3%，累计完成 289.3 亿元，占初设概算的 81%，有效发挥了水利投资

（图片来源：视觉中国）

拉动作用，推动上下游产业链条运转，工程建设高峰期创造近 4000 个就业岗位。

大藤峡工程是国家 172 项重大水利工程的标志性项目。在工程建设中，大藤峡公司克服新冠肺炎疫情和能耗双控等影响，于 4 月 24 日顺利完成右岸首台机组定子吊装，4 月 25 日提前 5 天实现 "4·30" 挡水目标，5 月 1 日围堰拆除按时启动。当前，主体工程大体积混凝土浇筑任务基本完成，全面进入右岸机组安装调试新阶段。

在 2022 年春节、元宵节等关键时刻，大藤峡工程累计供水 3.3 亿立方米，筑牢珠澳供水保障第二道防线，保障了粤港澳大湾区用水安全。

目前，大藤峡船闸在安全通航条件下保持单日运行 10 闸次以上。截至目前，本年度船舶过闸核载量 2 614 万吨，同比增长 53.6%。

与此同时，在确保水资源配置、航运和枢纽安全的前提下，大藤峡工程本年度发电量 18.4 亿千瓦·时，同比增长 22.4%。

我国全面进入汛期　水利部：
守住水旱灾害防御底线

（图片来源：视觉中国）

中国青年报客户端北京 6 月 1 日电（中青报·中青网记者高蕾）　记者从水利部获悉，6 月 1 日，我国全面进入汛期，水旱灾害防御形势日趋紧张。国家防总副总指挥、水利部部长李国英要求从严从细从实采取措施，确保实现 "人员不伤亡、水库不垮坝、重要堤防不决口、重要基础设施不受冲击"的目标。

水利部召开会商会，进一步安排部署水旱灾害防御重点工作。水利部要求各级水利部门压实防御责任，坚决守住水旱灾害防御底线，将隐患排查整治工作贯穿到水旱灾害防御全过程。同时，密切监视雨情、水情、汛情，强化预测、预报、预警和会商研判，严格执行24小时防汛值班制度，第一时间报告重大突发情况。

四川省水利厅启动水利抗震救灾二级应急响应

中国青年报客户端北京6月2日电（中青报·中青网记者　高蕾）　记者从水利部获悉，6月1日17时，四川省雅安市芦山县发生6.1级地震。地震发生后，四川省水利厅启动水利抗震救灾二级应急响应，派出3个工作组赴震区指导做好水利工程险情排查、重大险情先期处置、应急供水保障等工作，并滚动开展震区及周边影响区域汛情形势分析，加密震区水情监测预报，做好水利抗震救灾各项工作。

航拍震后芦山县城。

（图片来源：视觉中国）

水利部高度重视，密切关注震区水利工程设施运行情况，向四川省水利厅发出通知，指导立即组织专业技术力量对震区水库（水电站）、堤防、闸坝、农村饮水安全工程等各类水利工程开展拉网式排查和风险研判，建立震损水利工程清单，逐一落实应急处置措施，及时排除险情。

特别是对震损水库，水利部要求加强24小时巡查值守，动态掌握水库运行状况，视情况降低水位甚至空库运行，同时立即采取抢护措施消除险情，做好下游危险区群众预警和转移准备，确保人民群众生命安全。

水利部：
推动开发性金融　支持水利信贷规模快速增长

（图片来源：视觉中国）

中国青年报客户端北京5月31日电（中青报·中青网记者　高蕾）　记者从水利部获悉，5月30日，水利部、国家开发银行召开开发性金融支持水利基础设施建设工作推进会。会上，水利部副部长刘伟平表示，地方水利部门、各流域管理机构要积极拓宽水利建设资金筹措渠道，在积极争取加大政府投入的同时，建立健全政银合作机制，推动实现开发性金融支持水利信贷规模快速增长。

水利工程具有公益性强、投资规模大、建设工期长、回报周期长等特点。今年以来，水利部和国家开发银行保持密切合作，双方签订了《开发性金融支持"十四五"水安全保障　推动水利高质量发展合作协议》，并联合印发了《关于加大开发性金融支持力度提升水安全保障能力的指导意见》。

据了解，国家开发银行积极为水利基础设施建设提供融资服务，结合水利项目实际，制订差异化信贷优惠政策。在贷款期限方面，由原来的30—35年进一步延长，国家重大水利工程最长可达45年，宽限期在建设期基础上适当延长；在贷款利率方面，设立水利专项贷款，进一步降低水利项目贷款利率；在资本金比例方面，水利项目一般执行最低达 20% 的要求，对符合条件的社会民生补短板水利基础设施项目，可再下调不超过 5 个百分点。

水利部：全面做好西江第 2 号洪水防御工作

中国青年报客户端北京 6 月 8 日电（中青报·中青网记者 高蕾） 记者今天从水利部获悉，6 月 3 日以来，珠江流域连续发生 2 次强降雨过程，累积面降雨量 71 毫米。受降雨影响，西江干流发生 2022 年第 2 号洪水，中下游干流武宣至都城江段超警，其中广西梧州水文站 8 日 8 时 30 分洪峰水位 20.31 米，超过警戒水位 1.81 米，相应流量 33 800 立方米每秒；流域内福建、广东、广西、贵州、云南等 5 省（自治区）共计 46 条河流发生超警以上洪水，最大超警幅度达 0.01 ~ 3.83 米。目前，西江第 2 号洪水洪峰正在通过广东肇庆德庆江段，桂平江段、平南至都城江段仍超警 0.03 ~ 1.98 米。

针对珠江流域汛情，水利部启动洪水防御Ⅳ级应急响应。水利部珠江水利委员会启动水旱灾害防御Ⅲ级应急响应，科学调度流域骨干水库，充分发挥拦洪错峰作用，减轻下游防洪压力；并派出 3 个督查组暗访检查，压实防汛责任。广西壮族自治区水利厅启动水旱灾害防御Ⅲ级应急响应，派出 6 个工作组赴柳州、桂林、梧州、贵港、贺州、来宾，指导当地做好各项防御工作。

滇中引水工程实现投资、建设双过半

中国青年报客户端北京 6 月 8 日电（中青报·中青网记者 高蕾） 记者今天从水利部获悉，截至 5 月下旬，滇中引水输水工程已实现投资、建设进度双过

滇中引水石鼓水源工程建设场面。
（图片来源：水利部）

半：累计开挖（掘进）438.0千米，占施工总里程755千米的58.0%；一期工程累计完成投资448.4亿元，占动态总投资825.76亿元的54.3%。目前，滇中引水工程建设正在有力推进当中，2022年已完成投资42.93亿元，充分发挥了水利稳投资、稳增长的重要作用。

滇中引水工程是国务院要求加快推进建设的172项重大水利工程之一，是有效缓解滇中地区水资源短缺、保障云南经济社会可持续发展的重大战略工程、支撑工程、民生工程和生态文明工程。滇中引水工程以城镇生活与工业供水为主，兼顾农业和生态用水，供水范围包括丽江、大理、楚雄、昆明、玉溪、红河6个云南省州（市），建成后可有效缓解滇中地区较长时间内的城镇生产生活用水矛盾，改善农业生产条件和区内河道、湖泊生态及水环境状况。

水利部：截至5月底，农村供水工程已开工6 474处

（图片来源：视觉中国）

中国青年报客户端北京6月7日电（中青报·中青网记者 高蕾） 记者今天从水利部获悉，截至5月底，各地农村供水工程已开工6 474处，完工2 419处，提升了932万农村人口供水保障水平。

4月，水利部、财政部、国家乡村振兴局联合印发文件，支持脱贫地区利用中央财政衔接推进乡村振兴补助资金，补齐必要的农村供水基础设施短板。鼓励各地利用地方政府专项债券推动农村规模化供水工程建设。与国家开发银行、农业发展

银行签订合作协议，明确信贷优惠政策，支持各地农村供水工程建设。截至 5 月底，各地农村供水工程已落实投资 516 亿元，其中地方政府专项债券 214 亿元，银行贷款 94 亿元。

从各省份情况来看，云南省开展农村供水保障 3 年专项行动，提高农村供水规模化程度。今年省级财政落实 15 亿元资本金，通过国家开发银行融资 166.94 亿元。截至 5 月底，全省 115 个县（市、区）已开工建设 1 100 个工程，完成投资 47.86 亿元，受益人口 11.6 万人，预计年底可完成投资 150 亿元以上。

江西省 2022 年起开展城乡供水一体化先行县建设行动，市场和政府两手发力，吸引多家大型水务企业作为实施主体参与建设。截至 5 月底，全省落实城乡供水一体化建设资金 39.4 亿元，其中地方政府专项债券 21.1 亿元，开工城乡供水一体化工程 147 处。

宁夏回族自治区依托骨干水源工程建设，积极探索农村供水规模化发展，初步形成"覆盖全域、城乡一体、多源互补、丰枯互济"的城乡供水现代水网体系。目前，全区骨干水源工程建设累计完成投资 62.1 亿元，投资完成率为 74.7%。

福建省按照"建管一体、全域覆盖，以城带乡、城乡融合"的思路，积极推动农村规模化供水工程建设。全省有任务的 73 个县（市、区）中，49 个县（市、区）已开工建设。截至 5 月底，已落实资金 35.8 亿元，启动 157 个规模化水厂建设。

安徽省实施"皖北地区群众喝上引调水工程"，皖北 6 市 25 个县（区）今年计划新建工程 35 处，截至 5 月底，15 处已开工，完成投资 8.4 亿元。淮河以南各地持续提升农村供水保障水平，已完成投资 6.3 亿元。

河南省积极推动农村供水"规模化、市场化、水源地表化、城乡一体化"的"四化"工程建设，截至 5 月底，已落实建设资金 11.67 亿元，15 个县已经开工建设。

下一步，水利部将继续加大工作推进力度，加快农村供水工程建设进度，发挥好农村供水工程点多、量大、面广的优势，采取以工代赈等方式积极吸纳农村劳动力参与工程建设，继续为稳经济、稳增长、稳就业作出应有的贡献。

珠江流域普降大到暴雨
水利部启动洪水防御Ⅳ级应急响应

中国青年报客户端北京 6 月 13 日电（中青报·中青网记者　高蕾）　6 月

10 日以来，珠江流域普降大到暴雨，局地大暴雨。受降雨影响，西江干流广西梧州站 12 日 20 时水位涨至 18.52 米，超过警戒水位 0.02 米，发生西江 2022 年第 3 号洪水；13 日 14 时韩江广东三河坝站水位涨至 42.73 米，超过警戒水位 0.73 米，相应流量 4 890 立方米每秒，为韩江 2022 年第 1 号洪水。据水文气象预报，6 月 13 日至 15 日，珠江流域仍有强降雨过程，西江、北江、韩江等主要江河水位仍将上涨。

针对珠江流域汛情，水利部启动洪水防御Ⅳ级应急响应，有针对性地部署江河洪水防范、山洪灾害防御和水库安全度汛等工作，并向广西、广东派出工作组协助指导洪水防御工作。

水利部珠江水利委员会启动水旱灾害防御Ⅲ级应急响应，及时发布洪水预警，科学调度骨干水库，努力减轻下游防洪压力。广西壮族自治区水利厅启动洪水防御Ⅲ级应急响应，及时发出部署通知，强化水库、山洪易发地区等安全管理。广东省水利厅启动水利防汛Ⅳ级应急响应，发布水情预警 30 次，发送山洪灾害等预警短信 3034 条，派出 3 个工作组赴梅州、肇庆、云浮等市指导防汛工作。

水利部方面表示，将继续密切监视珠江流域雨水情及汛情发展，持续加强预测预报、预警发布和会商研判，强化水工程调度，全力做好各项防御工作。

水利部针对南方七省（区）启动水旱灾害防御Ⅳ级应急响应

中国青年报客户端北京 6 月 12 日电（中青报·中青网记者　高蕾） 记者今天从水利部获悉，6 月 12 日至 14 日，受冷暖空气共同影响，江南南部东部、华南大部、西南东南部等地将有一次强降雨过程。受其影响，珠江流域西江干流部分江段以及广西桂江，广东北江、韩江、贺江，福建闽江，江西赣江、抚河，湖南湘江等主要江河可能发生超警洪水，暴雨区内部分中小河流可能发生较大洪水。

依据《水利部水旱灾害防御应急响应工作规程》，水利部于 6 月 12 日 12 时针对福建、江西、湖南、广东、广西、贵州、云南七省（区）启动洪水防御Ⅳ级应急响应，向相关省级水利部门和水利部长江水利委员会、珠江水利委员会发出通知，要求密切监视雨情、水情、汛情发展变化，及时启动相应等级应急响应，重点做好水库安全度汛、中小河流洪水和山洪灾害防御等工作，确保人民群众生命安全。

今年 1—5 月广东省完成水利投资 363.3 亿元

广东省江门市城区北街水闸城市建筑风光。
（图片来源：视觉中国）

中国青年报客户端北京 6 月 16 日电（中青报·中青网记者　高蕾）记者从水利部获悉，今年 1—5 月，广东全省完成水利投资 363.3 亿元，占年度计划完成投资 800 亿元的 45.4%，比去年同期增加 82.5 亿元。

据悉，广东省政府专门成立了水利重大工程建设总指挥部，统筹推进重大水利工程前期工作和建设进度。全省各地也相应成立了指挥部，形成了省市县上下联动、共同推进水利建设的工作合力。

广东省水利厅组织编制《广东省水利发展"十四五"规划》《广东省万里碧道总体规划（2020—2035 年）》《广东省农村水利治理规划》《广东省生态海堤建设规划》等规划。去年 10 月 12 日，广东省委、省政府召开全省水利高质量发展大会，谋划"851"水利高质量发展蓝图，明确了"十四五"期间全省水利完成投资 4 050 亿元。

广东省已储备近千亿元的水利投资项目，为开展大规模水利建设奠定了坚实基础，在地方政府专项债券申报中推广小型项目"同类打包"、纯公益项目与具有收益的项目"关联打包"等方式，实现水利工程申报地方政府专项债券的新突破，2022 年落实地方政府专项债券 219 亿元，比 2021 年 163 亿元增长 34%。

目前，珠江三角洲水资源配置工程、湛江市引调水工程等一大批重大水利工程正加足马力加快建设，中小河流治理、农村集中供水等民生水利工程也在有序实施中，环北部湾广东省水资源配置工程前期工作正加速推进。

北江预报将发生大洪水
水利部部长李国英现场指导工程调度

中国青年报客户端北京 6 月 20 日电（中青报·中青网记者　高蕾）　记者今天从水利部获悉，6 月 19 日，珠江流域北江发生 2022 年第 2 号洪水，目前水位仍在上涨。不考虑工程调控情况下，预报北江干流广东石角站 21 日上午将出现 11.60 米左右的洪峰水位，超过警戒水位 0.60 米，相应流量 17 000 立方米每秒，北江将发生大洪水。

6 月 20 日，国家防总副总指挥、水利部部长李国英赴北江控制性枢纽飞来峡水库，现场研究指导北江洪水调度。

具体调度措施如下，乐昌峡、湾头等水库拦蓄北江中上游来水，支流锦江、南水、长湖等水库与干流错峰，可削减飞来峡入库流量 1 600 立方米每秒。飞来峡水库 20 日 15 时起控制下泄流量不超过 16 000 立方米每秒，可拦蓄洪水 3.8 亿立方米，削减石角站洪峰流量 1 000 立方米每秒，最高库水位控制在 25 米左右，既尽力为下游拦洪削峰，又避免库区英德市波罗坑等区域进水受淹。潖江滞洪区利用河道天然滞洪，预计滞洪量 0.95 亿立方米，滞洪区内独树围、叔伯塘围、大厂围做好分洪运用准备，提前转移围内群众。最后，视情启用芦苞涌、西南涌分洪，各分泄流量 300 立方米每秒，尽力减轻北江中下游和珠江三角洲防洪压力。

通过采取上述工程联合调度措施后，可将北江石角站洪峰流量削减 1 100 ~ 1 200 立方米每秒，洪峰水位降低 0.5 米，将三水站洪峰流量削减 800 立方米每秒，降低珠江三角洲北干流河段水位 0.4 米，将北江干流及三角洲全线控制在堤防防洪标准之内，确保重要防洪工程及人民群众生命财产安全。

水利部：建构"一二三四"
工作框架体系　助力水利高质量发展

中国青年报客户端讯（中青报·中青网记者　高蕾）　记者从水利部获悉，今年全国水利建设投资完成要超过 8 000 亿元，迫切需要充分发挥市场机制作用，更多利用金融信贷资金和吸引社会资本参与水利建设。

水利部部长李国英在推进"两手发力"助力水利高质量发展工作会议上强调，要建构"一二三四"工作框架体系，推进水利领域"两手发力"工作。

"一"是锚定一个目标，即加快构建现代化水利基础设施体系，推动新阶段水利高质量发展，全面提升国家水安全保障能力。

"二"是坚持两手发力，即坚持政府作用和市场机制两只手协同发力。各级水行政主管部门要全面履行政府职能，把政府该管的事情管到位，同时用好市场机制，发挥市场在资源配置中的决定性作用，更多运用市场手段，增强水利发展生机活力。

"三"是推进三管齐下，充分用好金融支持水利基础设施政策；推进水利基础设施 PPP 模式发展；积极稳妥推进水利基础设施投资信托基金（REITs）试点工作。

"四"是深化四项改革，即深化水价形成机制改革、用水权市场化交易制度改革、节水产业支持政策改革、水利工程管理体制改革，通过改革协同，充分激发市场主体活力。

下一步，水利部将全面贯彻新发展理念，建立健全推进"两手发力"的工作机制和责任体系，鼓励各地积极探索，拓宽水利基础设施长期资金筹措渠道，为加快构建现代化水利基础设施体系、全面提升国家水安全保障能力提供有力支撑。

北江洪峰已通过石角江段

中国青年报客户端北京 6 月 23 日电（中青报·中青网记者　高蕾） 记者从水利部获悉，珠江流域北江飞来峡水库 6 月 22 日 23 时最大入库流量 19 900 立方米每秒，是 1915 年以来的最大值。通过北江干流飞来峡水库拦洪、潖江蓄滞洪区分滞洪等水利工程综合运用，将北江干流下游石角站洪峰流量削减至 18 500 立方米每秒，控制在北江大堤设计行洪流量（19 000 立方米每秒）以内。

当前，石角站水位波动缓降，北江特大洪水洪峰已通过石角江段。西江干流洪峰已通过梧州江段，通过西江上中游水库群特别是大藤峡水库的精准调控，23 日 16 时 25 分，将梧州站洪峰流量由超过 40 000 立方米每秒降为 34 000 立方米每秒。

　　水利部继续统筹调度北江、西江防洪工程，确保北江、西江干堤和珠江三角洲城市群防洪安全。目前，北江飞来峡水库维持大流量下泄，库水位较最高时已下降 2 米左右，为上游尽快退水创造有利条件。浈江蓄滞洪区利用河道天然滞洪，并先后启用独树围、踵头围、大厂围、江咀围、下岳围等，共滞蓄洪水约 3 亿立方米。及时启用北江干流下游的芦苞涌、西南涌分洪 1 300 立方米每秒，进一步减轻北江大堤防守压力。西江大藤峡水库 23 日 8 时运用至最高 51.85 米，接近建设期控制运行水位 52 米，累计拦洪约 7 亿立方米。

　　针对西江、北江沿线堤防长时间、高水位、大流量运行的状况，6 月 23 日，水利部向广东、广西等地发出通知，要求进一步加强堤防水库巡查，重点做好退水期查险抢险，保证工程运行安全。

拦洪约 7 亿立方米！大藤峡工程
全力应对西江 4 号洪水

　　中国青年报客户端北京 6 月 23 日电（中青报·中青网记者　高蕾）　记者从水利部获悉，受持续强降雨影响，6 月 19 日，西江发生 2022 年第 4 号洪水，流域防汛形势十分严峻。根据水利部珠江委（珠江水利委员会的简称）统一调度，6 月 20 日 15 时起，大藤峡工程开启拦洪运用，在保障工程自身安全的前提下，科学调度，精准控泄。截至 6 月 23 日 8 时，工程拦蓄洪水约 7 亿立方米，避免了与桂江洪水叠加，有效减轻了梧州和粤港澳大湾区的防洪压力。

　　迎战西江第 4 号洪水期间，大藤峡公司严格按照水利部珠江委调度指令，科学开展水库调度。提前将库水位降至防洪运用最低水位 44 米运行，预泄腾空 7 亿立方米库容，在确保自身安全的前提下拦洪削峰，动态调整出库流量，有效减轻了下游防洪压力，充分发挥了流域骨干枢纽防洪作用。

　　6 月 20 日 15 时，水库自 44 米水位开始拦蓄，为最大限度错开桂江洪峰，6 月 21 日 17 时，水库开始加大拦蓄洪水力度，22 日 20 时，拦蓄至 50 米水位，23 日 8 时，拦蓄至初期运行最高水位 52 米，拦蓄洪水约 7 亿立方米。

　　当前仍处于防汛关键时期，据气象预报，6 月底大藤峡工程还可能遭遇暴雨洪水影响，防汛任务依然繁重。大藤峡公司方面表示，将按照水利部、水利部珠江委统一部署，全力做好暴雨洪水防御各项工作，确保工程度汛安全和上下游人民群众生命财产安全。

湖南大兴寨水库开工建设

中国青年报客户端北京6月25日电（中青报·中青网记者　高蕾）　6月25日，湖南大兴寨水库工程开工建设。该项目是国务院部署实施的150项重大水利工程之一，也是今年重点推进的55项重大水利工程之一，总投资51.14亿元，总工期36个月。

大兴寨水库以防洪功能为主，结合供水、灌溉，兼顾生态补水，主要建设内容包括枢纽、供水和灌区三个部分，为Ⅱ等大（2）型水库工程。工程坝顶最大坝高为68.5米，坝顶宽度10米，坝顶长度287.5米。水库正常蓄水位为310.0米，总库容1.13亿立方米，平均日供水量28.5万立方米。工程设计灌溉面积2.47万亩，多年平均灌溉水量811万立方米。

工程建成后，将全面提升湘西州府吉首市城市防洪能力和供水保障能力，改善吉首市农业产业灌溉条件，防洪能力由10年一遇提高到50年一遇，同时还将进一步丰富旅游资源，改善峒河流域生态环境，促进民族地区乡村振兴和经济社会高质量发展。

黄河下游引黄涵闸改建工程开工建设

中国青年报客户端北京6月25日电（中青报·中青网记者　高蕾）　记者从水利部获悉，6月25日，黄河下游引黄涵闸改建工程开工建设。该工程是国务院部署实施的150项重大水利工程之一，也是今年重点推进的55项重大水利工程之一，总投资20.70亿元，共涉及山东、河南2省11个市21个县（区）37座涵闸，总工期36个月。

黄河下游引黄涵闸承担了灌区农业引水以及引黄入卫、引黄济津、引黄济青、引黄入冀补淀等跨流域调水任务。近年来，受黄河下游河床下切、河势变化等因素影响，下游引黄涵闸引水能力明显下降。工程建成后，作为我国重要粮食主产区和农业生产基地的引黄灌区的供水保障率将进一步提高，还将改善沿线地区城镇生活、工业及生态供水条件，有效支撑华北地区经济社会高质量发展。

总投资 25.57 亿元
安徽省包浍河治理工程开工建设

中国青年报客户端北京 6 月 25 日电（中青报·中青网记者　高蕾）　记者从水利部获悉，6 月 25 日，安徽省包浍河治理工程开工建设。该项目是国务院部署实施的 150 项重大水利工程之一，也是今年重点推进的 55 项重大水利工程之一，总投资 25.57 亿元，总工期 36 个月。

工程涉及安徽省亳州、淮北、宿州、蚌埠等 4 地（市）的涡阳、濉溪、埇桥、固镇等 4 县（区），治理范围为包浍河省界—浍河九湾段干流。主要建设内容包括疏浚河道 132.39 千米，加固固镇县城浍河右岸堤防 2.57 千米，实施南坪闸、包河闸除险加固，拆除重建沟口涵闸 11 座、新建 25 座、新建护岸 22 处、10.04 千米，兴建防汛道路 157.34 千米。

包浍河流域是安徽省粮食生产基地。工程建成后，将进一步完善包浍河流域防洪除涝工程体系，提高包浍河防洪排涝标准，恢复涵闸蓄水灌溉功能，畅通沿河防汛道路，提升水旱灾害防御能力，有力促进区域经济社会持续健康发展。

http://www.mwr.gov.cn/xw/mtzs/qtmt/202206/t20220628_1582166.html

河南省 7 项重点水利工程集中开工

中国青年报客户端讯（中青报·中青网记者　高蕾）　记者从水利部获悉，6 月 29 日，汉山水库工程开工动员会在河南省南阳市举行，至此，计划于 6 月下旬集中开工的 7 项重点水利工程全部开工建设。

据悉，7 项重点水利工程总投资 576 亿元，包括汉山水库工程、前坪水库灌区汝阳供水工程、黄河三门峡水库清淤试点工程、大型灌区续建配套与现代化改造工程、农村供水四化试点县项目、黄河下游引黄涵闸改建工程、新乡市四县一

2022 年 1 月 19 日，黄河三门峡水库清淤试点工程启动。
（视觉中国 供图）

区南水北调配套工程东线项目等。

这 7 项重点水利工程，既有洪水控制、水源调蓄的重大节点工程，又有城乡供水、引水灌溉的输配水工程，都是配置水源、连通水系、构建水网的重要工程，建成后可恢复和提升供水能力 13.3 亿立方米，发展和改善灌溉面积 855 万亩，年新增粮食 10.5 亿公斤，增加生态补水能力 1.8 亿立方米，对建设"系统完备、丰枯调剂、循环畅通、安全高效、绿色智能"的河南现代水网起到重要促进作用。

近年来，河南已谋划实施 1 724 个"四水同治"项目、完成投资 2 860 亿元。"十四五"期间，河南省共谋划实施 25 项重点水利工程，总投资 2 014 亿元，目前已开工 12 项。

总投资 10.9 亿元
安徽省长江芜湖河段整治工程开工建设

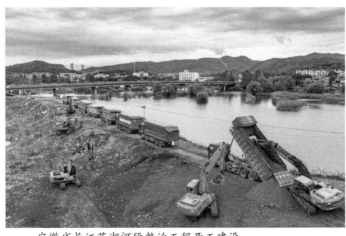

安徽省长江芜湖河段整治工程开工建设。
（水利部 供图）

中国青年报客户端北京 6 月 30 日电（中青报·中青网记者 高蕾） 记者从水利部获悉，6 月 30 日，安徽省长江芜湖河段整治工程开工建设。该项目是国务院部署实施的 150 项重大水利工程之一，也是今年重点推进的 55

项重大水利工程之一，总投资 10.9 亿元，工程总工期 36 个月。

工程治理河段上起芜湖市繁昌区庆大圩，下至大拐，河道全长 51.8 千米。工程主要建设内容为加固长江芜湖河段南岸的庆大圩、芦南圩、荷花圩，加固堤防 12.1 千米，拆除重建 6 座穿堤排涝建筑物，建设 4 段护岸工程，总长为 27.2 千米。

工程以防洪保安为主，兼顾岸线利用和环境保护等综合效益，将长江干堤和已建护岸工程构成完整的防洪工程体系，进一步提升防洪能力，防止河床发生沿程冲刷，有效改善保护区的生态环境，有力促进沿岸地区经济社会高质量发展。

台风"暹芭"生成
水利部启动水旱灾害防御Ⅳ级应急响应

中国青年报客户端北京 6 月 30 日电（中青报·中青网记者 高蕾） 记者从水利部获悉，今年第 3 号台风"暹芭"6 月 30 日 8 时在南海中部海面生成并向北偏西方向移动，预计 7 月 2 日在海南东部至广东西部一带沿海登陆。受其影响，7 月 1 日至 6 日，华南大部将有一次强降雨过程，暴雨区内珠江流域西江干支流和部分中小河流可能发生洪水。此次台风影响区域与前期珠江流域降雨区高度重叠，一些地区土壤含水量趋于饱和，江河湖库底水高，防御形势不容乐观。

2022 年 6 月 29 日，受台风"暹芭"影响，深圳市龙岗坂田上空乌云密布，下起暴雨。 （视觉中国 供图）

依据《水利部水旱灾害防御应急响应工作规程》，水利部 30 日 12 时针对广东、广西、海南等省（区）启动洪水防御Ⅳ级应急响应，向上述地区水利部门和水利部珠江水利委员会发出通知，要求加强监测预报，及时向有关地方和部门通报江河汛情；科学调度水利工程，适时预泄腾出防洪库容；病险水库原则上一律空库运行，小型水库落实防漫坝、防垮坝措施，坚决避免垮坝失事；加密重点堤段、重点部位、险工险段巡查频次，及时加固薄弱海堤；突出抓好中小河流洪水和山洪灾害防御，及时发出预警信息，指导基层政府提前组织危险区域群众转移避险，确保人民群众生命安全。

水利部派出 3 个工作组分赴广东、广西、海南，协助指导地方开展台风强降雨防御工作。

贵州马岭水利枢纽工程顺利完建

鸟瞰马岭水利枢纽工程库区全貌。

（水利部 供图）

中国青年报客户端讯（中青报·中青网记者 高蕾） 记者从水利部获悉，近日，总投资 26.7 亿元的马岭水利枢纽工程全面完成建设任务。截至目前，工程已全面完成供水管线调试，具备供水条件。

据悉，马岭水利枢纽工程位于贵州省西南部，是国务院确定的 172 项节水供水重大水利工程之一，被列入全国第一批 12 个 PPP 水利试点项目，同时也是贵州"三位一体"规划的骨干水利项目。工程任务以城乡供水为主，结合灌溉，兼顾发电等综合利用。工程的建成，为黔西南州的经济社会可持续发展和民生安全用水提供了有力保障。

该工程总投资 26.7 亿

马岭水利枢纽工程蓄水后首次泄洪。

（水利部 供图）

元，总库容 1.29 亿立方米，水库正常蓄水位 1 030 米，规划水平年 2030 年多年平均供水量为 2.12 亿立方米，新增灌溉面积 1.32 万亩。坝后电站装机容量 45 兆瓦，多年平均发电量 1.24 亿千瓦·时。

大藤峡工程右岸首台发电机组转轮成功吊装

大藤峡水利枢纽工程右岸首台发电机组转轮成功吊装。
（水利部 供图）

中国青年报客户端讯（中青报·中青网记者 高蕾） 记者从水利部获悉，7 月 5 日上午 11 时 8 分，随着一声令下，大藤峡水利枢纽工程右岸厂房 1 号机组转轮启动吊装，历时 80 分钟精准吊入预定位置，右岸首台发电机组转轮吊装成功。

大藤峡水利枢纽工程共布置 8 台国内单机容量最大的轴流转桨式水轮发电机组，单机容量 200 兆瓦，转轮直径 10.4 米、高 7.5 米、起吊总重量 941 吨。2020 年左岸三台发电机组已投产发电，按照建设计划，右岸首台发电机组将于今年底实现发电目标，2023 年底全部发电机组投产运行后，将为区域电力安全提供重要支撑。

为确保吊装顺利推进，大藤峡公司（广西大藤峡水利枢纽开发有限责任公司的简称）坚持标准化、专业化、精细化管理要求，组织参建各方严格把控各项环节，吊装前对起吊设备和机坑安装工位进行联合检查验收，并组建转轮吊装临时组织机构，在吊装现场进行周密的安全技术交底，做足应急预案，确保吊装安全顺利进行。1 号机组转轮的成功吊装为冲刺右岸首台机组投产发电目标奠定了坚实基础。

大藤峡公司表示，下一步，将继续贯彻落实推动新阶段水利高质量发展决策部署，奋力推动"四攻坚、两确保"年度工作目标顺利实现。

稳投资　惠民生
——病险水库除险加固实践观察

中国青年网北京　7月6日电（记者　高蕾　通讯员　唐蔚巍）"以前进入5月，只要一下大雨，我就害怕，时不时自己也会去水库大坝上看看情况，生怕水库大坝会垮塌。现在好了，对水库进行了除险加固，水库也不漏水了，进入汛期也不害怕了。"住在广德口水库下游的吴老伯激动地说。

安徽省池州市青阳县广德口水库2021年实施除险加固，完善了下游贴坡排水、坝顶道路、右坝肩及溢洪道帷幕灌浆等。除险加固工程完工后，水库保坝能力大大提升，防洪、调蓄能力明显增强，保障了下游1.4万亩的农田灌溉。

广德口水库从百姓的"心腹大患"蜕变成安全保障和民生福祉，这只是神州大地上病险水库除险加固壮阔实践中的一个缩影。随着中国病险水库的逐年"摘帽"，水利工程安全状况不断改善，社会经济效益更加凸显。

水库安全面临严峻风险和挑战，事关人民群众生命财产安全，事关公共安全，备受社会关注

水库大都居高临下，是城镇、交通干线、重要基础设施头顶上的"一盆水"，一旦失事，将对下游造成毁灭性灾难。

据水利部运行管理司有关负责人介绍，我国水库大坝总量多，现有9.8万座水库星罗棋布在中国大地上，是世界上水库大坝最多的国家，其中约95%的水库是小型水库。我国病险水库多，虽然已经开展几轮大规模除险加固工作，但目前仍有大量病险水库存在。我国土石坝多、老旧坝多，约92%的水库大坝是土石坝，约80%的水库建于20世纪50年代至70年代，始建标准低。我国高坝数量多，在世界排名第一，200米以上的高坝已建20座、在建15座。

总体数量多、病险水库多、土石坝多、老旧坝多叠加，加之近年来超强暴雨等极端天气频发，给水库安全带来严峻风险和挑战。水库大坝安全事关人民群众生命财产安全，事关公共安全，水库安全问题一直备受社会关注。

党中央、国务院高度重视水库安全问题，强调我国现有水库数量多、高坝多、病险水库多，要坚持安全第一，确保现有水库安然无恙。党的十九届五中全会明确，统筹发展和安全，建设更高水平的平安中国，要把保护人民群众生命安全放在首位，加快病险水库除险加固，维护现有水利重大基础设施的安全。

强化顶层设计，明确思路，水利部对水库除险加固工作作出部署，各地迅即响应

水利部联合国家发展改革委、财政部印发《"十四五"水库除险加固实施方案》（以下简称"《方案》"），进一步明确了"十四五"病险水库除险加固、监测预警设施建设、以县域为单元深化小型水库管理体制改革、健全长效运行管护机制等重点任务。《方案》要求，到"十四五"末，全部完成现有及新增的约1.94万座病险水库除险加固；实施55 370座小型水库雨水情测报设施和47 284座小型水库大坝安全监测设施建设；对分散管理的48 226座小型水库全面实行专业化管护模式；推进水库管理规范化标准化。

蓝图已绘就，奋进正当时。今年以来，水利部先后召开水库除险加固工作推进会、水利工程运行管理工作会、水库安全度汛视频会议，对水库除险加固工作作出部署，各地迅即响应……

山东省委、省政府把确保水库安全作为重中之重，将水库除险加固纳入省委"我为群众办实事"清单，要求坚决整治水库短板弱项，确保安全度汛。山东切实发挥规划引领作用，将水库除险加固和运行管护工作纳入省水利发展"十四五"规划统筹谋划实施。将小型病险水库除险加固纳入省政府重点水利工程建设联席会议重点工作，成立小型水库专班，对小型水库除险加固项目实施专门调度管理。截至6月30日，山东现有165座小型病险水库除险加固项目全部通过蓄水验收投入运行，标志着山东在全国率先完成2022年度小型病险水库除险加固任务。至此，山东现有存量小型病险水库实现"全面清零"。

广东省委、省政府高度重视水库安全工作，将水库除险加固等工作作为防洪安全网和防洪能力提升工程的重要内容，纳入"851"水利高质量发展蓝图整体部署、一体推进，并将年度小型病险水库除险加固工作纳入"省十件民生实事"重点推进。截至6月20日，广东1 730座病险水库已实施894座，主体工程完工472座，为2023年"清零"攻坚战奠定良好基础。

小型水库病险问题，成为湖南省委、省政府牵挂的一件大事。湖南要求统筹发展和安全，切实把"人民至上、生命至上"落到实处，在推动水利高质量发展上创造新经验、闯出新路子。

江西省委、省政府把做好水库除险加固工作作为重大政治任务，印发《切实加强全省水库除险加固和运行管护工作实施方案》，明确了"十四五"期间水库

除险加固和运行管护工作的目标任务、工作举措和保障机制。江西省总河（湖）长令中提出水库除险加固和运行管护五年任务三年完成的更高目标，并要求各级河（湖）长将推进水库除险加固工作纳入巡河工作内容。2022 年 3 月，经江西省政府同意，江西省水利厅印发"十四五"期间江西省病险水库除险加固的年度目标任务，提速建设进度，为经济稳、民生安提供坚强保障。

安徽出台了《安徽省加强水库除险加固和运行管护工作方案》，明确了全省水库安全管理的总体思路，即坚持问题导向、系统分类施策，集中消除存量、及时解决增量，政府投入主导、分级落实责任。同时，编制了《安徽省"十四五"病险水库除险加固实施方案》，规划到 2025 年末，全省实施小型病险水库除险加固 730 余座。

明确的思路引领前进的方向。从江南水乡到南粤大地，从赣鄱流域到三湘四水，一场病险水库除险加固的攻坚战在如火如荼地展开……

落实属地责任，构建省负总责、市（县）抓落实的水库除险加固和运行管护责任体系，扎实推进水库除险加固工作

各省级人民政府高度重视除险加固和运行管护工作，全国 29 个省份印发了落实《国务院办公厅关于切实加强水库除险加固和运行管护的通知》（国办发 8 号）的实施意见，将水库除险加固和运行管护纳入河、湖长制考核体系，构建起省负总责、市（县）抓落实的水库除险加固和运行管护责任体系，协调落实地方资金，编制"十四五"实施方案，纳入区域发展总体规划。省级水利部门加强与发展改革、财政等部门的沟通协调，加大对市（县）政府和水利部门的监督检查，督促各项措施实施，扎实推进水库除险加固。

在湖南省水利厅防汛大楼 14 楼会议室的墙上挂满了项目进度表，病险水库除险加固、小型水库雨水情测报和大坝安全监测设施建设等各项进度一目了然。时间紧、任务重，单项投资小、组织协调难，各种困难接踵而来。针对项目特点，湖南从压实责任、简化程序、创新模式等方面入手，加快项目建设进度、确保建设质量。湖南强化属地管理责任，将小型水库除险加固纳入市（县）两级"十四五"水安全保障规划、河长制考核内容，推动市（县）抓落实。市（县）两级均召开政府常务会议进行专题研究。

广东压实市（县）政府责任，地级以上市人民政府对辖区所属水库除险加固工作负总责，县级政府是县级及以下管理水库除险加固工作的责任主体，负责统一组织辖区病险水库除险加固。水库除险加固工作列入省政府重点督办事项、省

级河、湖长制考核事项和政府质量考核事项，省级和市级水利部门还加大加重对参建企业失信行为的处罚力度。建立健全暗访督导机制，开展明察暗访和专项督导，全面强化水库除险加固任务推进滞后、工作不力和工程质量、资金使用的监督考核。

为有效激励小型水库除险加固项目实施，山东建立督办落实机制，将水库除险加固工作纳入对各市高质量发展综合考核，并以省河长办（河长制办公室的简称）名义采用提醒函、约谈、挂牌督办等方式进行督办落实。健全暗访督导机制，成立"一线工作法"暗访专项组和省级核查组，对除险加固项目实施两周一次精准督导，对项目推进实行全过程的跟踪、检查和督导，确保按期保质保量完成建设任务。

多渠道落实资金支持实施小型水库除险加固，各地出台的有效措施保障了项目实施

2021 年以来，水利部协调财政部，多渠道筹集资金约 216 亿元，支持各地实施小型水库除险加固。各地在抓好资金配套、推进除险加固项目方面也采取了行之有效的措施。

为有效推进小型水库除险加固工作，山东明确除险加固资金由省、市、县共同承担，其中省财政按照每座小 (1) 型、小 (2) 型水库 150 万元、57 万元的标准予以补助，有效保障了除险加固项目的推进。

安徽省"十四五"小型病险水库除险加固资金实行单座定额控制、县级总体平衡。除已纳入中央财政补助支持范围的水库外，对其余小型病险水库除险加固，投资按照小（1）型 500 万元 / 座、小（2）型 190 万元 / 座的定额标准，省财政补助 50%，市、县级人民政府统筹财政预算资金和地方政府一般债券资金保障建设需求。合肥市结合"三达标一美丽"项目建设，2021 年安排市、县级财政资金 2 866 万元，实施了 30 座小型病险水库除险加固建设。

广东省创新水库除险加固和运行管护经费筹措机制，充分发挥各级财政资金引导作用，明确各级财政资金筹措分工，积极争取中央财政支持，省级财政给予适当补助。通过加强水费收缴优先用于工程管护、引入社会资本参与经营分担管护费用、捆绑非经营性与经营性的水库一体管护等方式，多元化筹措除险加固和运行管护经费。同时，2021 年以来，合计投入水库除险加固和运行管护资金约 48 亿元，有力保障了各项任务的完成。

而在湖南，则是对小型水库除险加固省级以上补助资金实行总额控制和项目调剂，资金跟着项目走，项目跟着规划走，规划跟着需求走。对项目完工并通过

竣工决算审批后核定的结余资金，由同级水利部门商财政部门统筹用于其他急需水库除险加固和运行管护项目。2021 年，湖南实施小型水库除险加固 549 座，共下达项目资金 12.9 亿元，其中中央资金 4.3 亿元、地方政府一般债券资金 8.6 亿元。

强化行业监管，制订配套文件为加强水库除险加固和运行管护提供制度保障，建立健全除险加固工作责任制

水利部制订印发《坝高小于 15 米的小（2）型水库大坝安全鉴定办法（试行）》《小型病险水库除险加固项目管理办法》《小型水库雨水情测报和大坝安全监测设施建设与运行管理办法》《关于健全小型水库除险加固和运行管护机制的意见》《小型水库除险加固工程初步设计技术要求》等配套文件，为加强水库除险加固和运行管护工作提供了制度保障。

水利部建立周调度、周会商、月通报机制，充分发挥流域管理机构的作用，通过视频连线、现场检查、对进度滞后的地区实施挂牌督办和重点帮扶等多种方式，督促各地加快小型水库除险加固前期工作，优化项目招投标流程，严格项目质量和安全管理，确保按期按质完成目标任务。

遵照水利部有关项目建设管理办法，各地从大坝安全鉴定、初步设计编制审批、项目法人组建、招投标、资金使用、工程质量与进度控制、竣工验收等方面全面规范小型病险水库除险加固项目建设管理，建立健全除险加固工作责任制。

2021 年，安徽省 1 912 座水库大坝完成安全鉴定，同时派出工作组通过"四不两直"方式对小型水库除险加固项目进行现场检查，督促加快工作进展和建设质量监管。

针对项目建设点多、面广、量大，以及基层技术力量薄弱等现实问题，江西省将推进工作的抓手由督导问责为主，向督导、问责、指导、帮扶并重延伸拓展，采取"一对一"协商、"点对点"指导、"面对面"解决等方式，做到问题在一线发现、在一线解决。2021 年以来共组织百余批次专家下沉一线进行帮扶，解难点、疏堵点，现场解决问题 1 400 余个。

水库除险加固惠及民生，众多小型水库不再是心头之患，而成了大地丰收的保障

今年端午节期间，湖南省发生长达 5 天的入汛以来最强降雨过程，部分江河

水位猛涨。位于麻阳苗族自治县高村镇陶伊村的团结水库，24小时降雨299毫米，洪水翻过坝顶，出现最为凶险的漫坝险情。由于团结水库实施了高质量的除险加固，水库大坝经受住了超标准洪水最严苛的考验，最终化险为夷。

同样，在应对今年以来最强暴雨时，位于山东省济南市莱芜区大王庄镇的照咀2#水库也发挥了应有的作用。"以前顶着'病险水库'的帽子，汛期必须空库运行。经历了这轮强降雨，水库不仅充分拦洪削峰，还蓄了满满一水库的水。"济南市莱芜区水利局副局长李金锋说，"这是水库除险加固后最直接的效益。"

在湖南省岳阳市，已有76座小型水库摘去病险"帽子"，恢复和改善灌溉面积13万亩，新增供水受益人口18.9万人。

2021年以来，水利部多渠道筹集资金216亿元，全力推进7695座小型水库除险加固，截至目前，主体工程完工4586座。协调财政部新增地方政府一般债券额度64.38亿元，全力推进31013座小型水库雨水情测报设施和23217座小型水库大坝安全监测设施建设。另外，协调财政部安排中央财政补助资金9亿元，开展2022年小型水库安全监测能力提升试点项目建设，为提高预报、预警、预演、预案能力提供支撑。

水利部运行管理司有关负责同志表示，下一步，将继续会同财政部，督促各地加强资金保障、加快项目实施、强化监督指导，确保完成"十四五"水库除险加固任务，保障小型水库安全运行和效益充分发挥，推动水库管理再上新台阶。

24处新建大型灌区
力争9月底前完成中央投资70%

中国青年报客户端讯（中青报·中青网记者　高蕾） "24处新建大型灌区要争取9月底前完成中央投资70%，年底前所有大中型灌区改造项目中央投资完成率要达到90%以上，力争达到95%。"水利部副部长田学斌在7月1日大中型灌区项目建设调度会商时表示。

灌区是粮食和重要农产品的主要产区，项目点多面广、产业链条长、吸纳投资多，对经济拉动作用明显，是保障国家粮食安全的基础。田学斌强调，各级水利部门要把灌区项目建设作为农村水利工作的重中之重，担负起对保障国家粮食安全、稳定宏观经济大盘的政治责任，及时协调解决关键制约因素和重点难点问

农业灌溉。 （视觉中国 供图）

题,确保工程建设顺利进行。

田学斌指出,要紧盯工程质量、资金使用、安全生产等关键环节,确保工程程序合法、资金合规、质量合格。推进灌区标准化规范化管理,协同推进灌区管理信息系统建设,将责任落实到人,把管理要求贯穿项目建设全过程。同时,多管齐下,在积极争取财政投入的同时,充分用好金融支持水利基础设施优惠政策,通过地方专项债券、政府和社会资本合作模式、不动产投资信托基金等拓宽资金筹集渠道,创新投融资机制,推进农业水价综合改革,足额落实大中型灌区改造项目地方建设资金。

水利部：坚决打赢主汛期防汛硬仗

2022年7月4日,湖南省永州市道县仙子脚镇神仙头村,干群合力转移被困群众。 （视觉中国 供图）

中国青年报客户端讯（中青报·中青网记者 高蕾） “目前已经进入7月,要坚决打赢主汛期防汛硬仗,提前做好各项应急准备；始终以如履薄冰的态度做好每一次暴雨洪水的防御工作。”7月4日晚,国家防总副总指挥、水利部部长李国英主持专题会商,安排部署暴雨洪水防御工作时表示。

据悉,预报未来3天,受3号台风“暹芭”残留云系和北方冷空气共同影响,我国自西南向东北将出现移动性强降雨过程,珠江流域桂江、贺江、北江,长江流域湘江、赣江，淮河流域沂沭泗水系南四湖和辽河干支流等江河湖泊将发生洪水过程，其中广东北江可能再次发生编号洪水，强降雨区部分中小河流可能发生超警洪水，防御形势严峻。

李国英要求，要逐流域明确暴雨洪水防御措施。珠江流域以北江为重点，联合调度上游乐昌峡、湾头和干流飞来峡等水库调控洪水，适时拦洪削峰错峰，加强北江大堤等堤防巡查防守，提前转移低洼地带人员，确保人民群众生命安全和工程安全；沂沭泗水系要科学调度骨干水库和控制性涵闸，充分利用东调工程，努力分泄南四湖、骆马湖洪水，减轻防洪压力；辽河流域要科学调度石佛寺、大伙房、观音阁等骨干水库，充分拦蓄辽河洪水，切实加强超警河段堤防巡查防守，提前预置抢险队伍、物资和设备。

李国英强调，要摸清强降雨区中小型水库和病险水库分布及运行状态，逐一落实防漫坝、防垮坝措施，确保水库不垮坝。逐河流、逐村庄落实中小河流洪水和山洪灾害防御措施，根据前期降雨情况动态调整预警阈值，及时发布预警，果断组织转移避险，做到应撤早撤、应撤必撤、应撤尽撤，确保人民群众生命安全。

"引江补汉"开工　推进南水北调后续工程

记者从水利部获悉，7月7日，湖北省丹江口市引江补汉工程开工建设。该工程是南水北调后续工程首个开工项目，全长194.8千米，施工总工期9年，静态总投资582.35亿元。据测算，工程建成后，南水北调中线多年平均北调水量，将由95亿立方米增加至115.1亿立方米。

"大水缸"与"大水盆"连通　实现南北两利

南水北调工程是世界上建设规模最大、供水规模最大、调水距离最长、受益人口最多的调水工程，分东、中、西三条线路，从长江下游、中游和上游向北方调水，连通长江、淮河、黄河、海河四大流域，形成我国"四横三纵、南北调配、东西互济"的水资源配置格局，受益人口近5亿人。

2014年12月，南水北调东、中线一期工程实现全面通水。7年多来，累计调水540多亿立方米。北上的一渠清水，极大地缓解了北方受水地区供用水矛盾，也在悄然间改变着当地的用水格局。

如今，原本规划设计作为补充水源的中线工程，已成为受水区的主力水源。与此同时，水源区汉江生态经济带的建设，也对汉江流域水资源的保障能力提出了新的要求。长江委（长江水利委员会的简称）副总工程师余启辉指出，一旦遭遇汉江特枯年份，丹江口水库来水量少，在不影响汉江中下游基本用水的前提下，难以充分满足向北方调水的需求。

为了给全面建设社会主义现代化国家提供有力的水安全保障，水利部在深入分析南水北调工程面临的新形势后，"开源"摆上了推进南水北调后续工程高质量发展的重要议事日程。人们将目光投向了位于长江干流的三峡水库。

如果将多年平均入库水量达 374 亿立方米、总库容 339 亿立方米、调节库容 190.5 亿立方米的丹江口水库比作汉江流域的"大水盆"，那么多年平均入库水量超 4 000 亿立方米、总库容 450 亿立方米、调节库容 221.5 亿立方米的三峡水库，可以看作是长江流域的"大水缸"。

"通过实施引江补汉工程，连通南水北调与三峡工程两大国之重器，对保障国家水安全、促进经济社会发展、服务构建新发展格局将发挥重要作用。"水利部南水北调司司长李勇表示，实施引江补汉工程，将进一步打通长江向北方输水新通道，完善国家骨干水网格局，为汉江流域和京津冀豫地区提供更好的水源保障，实现南北两利。

多方协作织密国家水网　助力稳增长

在引江补汉工程开展前期可行性研究过程中，面临着许多的现实挑战：线路长、埋深大，沿线山高谷深，断层褶皱发育，软质岩及可溶岩广泛分布，地形地质条件十分复杂，岩爆、岩溶、软岩大变形等工程地质问题突出。

中国工程院院士、长江设计集团董事长钮新强带领团队，综合考虑地形地质、取水条件、社会环境等因素，于今年 5 月，打出该工程勘察现场的第 4 个千米深孔。该孔深度为 1 105.1 米，在中国水利水电行业排名第二。

在野外现场，勘察工作紧锣密鼓，尽快将获取的基础成果送达后方。在后方，规划、水工、施工等多领域专业人员，加班加点进行工程规模论证、工程布局研究，将需要重点勘察内容及时告知现场作业人员。前后方并肩作战，为最大限度地避开极易导致隧洞灾害的强岩溶区和规模巨大断裂带，寻找最佳线路打下了坚实的基础。

通过技术、经济综合比选，引江补汉工程从长江三峡水库库区左岸龙潭溪取水，经湖北省宜昌市、襄阳市和十堰市，输水至丹江口水库大坝下游汉江右岸安乐河口，采用有压单洞自流输水，是我国在建综合难度最大的长距离引调水隧洞工程。

"引江补汉工程的开工，标志着南水北调后续工程建设拉开序幕，国家水网的主骨架、主动脉将更加坚实、强劲。"水利部规划计划司司长张祥伟表示，下一步，将深化东线后续工程可研论证，推进西线工程规划，积极配合总体规划修编工作。充分发挥南水北调工程优化水资源配置、保障群众饮水安全、复苏河湖生态环境、畅通南北经济循环的生命线作用。

今年1—6月，全国水利建设全面提速，取得了明显成效。重大水利工程具有吸纳投资大、产业链条长、创造就业多的优势。据中国宏观经济研究院估算，重大水利工程每投资1 000亿元，可以带动GDP增长0.15个百分点，新增就业岗位49万个。在织密国家水网的同时，以引江补汉工程为代表的一批重大水利工程近期陆续开工，在提振信心、稳定社会预期和稳增长、促就业、惠民生方面发挥着积极作用。

重庆市观景口水利枢纽工程通过竣工验收

中国青年报客户端讯（中青报·中青网记者　高蕾）　记者从水利部获悉，2022年7月22日，重庆市观景口水利枢纽工程顺利通过竣工验收。

该工程是国家172项节水供水重大水利工程之一，是以城市供水为主，兼顾输水干渠沿线城镇用水、农业灌溉及农村人畜饮水的水利枢纽工程，总投资37.53亿元。建设内容主要包括水库枢纽工程和输水工程两部分，水库枢纽工程主坝坝型为混凝土面板堆石坝，水库总库容1.52亿立方米，输水工程线路总长25.03千米，水库多年平均供水量为1.04亿立方米，设计灌溉面积为5.01万亩。

工程于2016年3月正式开工，2020年12月完成下闸蓄水阶段验收。工程建成后将有效解决重庆市南岸区和巴南区供水及农业灌溉等问题，助推重庆市经济社会高质量发展。

水利部：提前做好"七下八上"防汛关键期水旱灾害防御应对准备

中国青年报客户端讯（中青报·中青网记者 高蕾） "要始终把保障人民群众生命财产安全放在第一位，锚定人员不伤亡、水库不垮坝、重要堤防不决口、重要基础设施不受冲击'四不'目标，坚决守住水旱灾害防御底线。"7月18日，国家防总副总指挥、水利部部长李国英主持专题会商，研判"七下八上"防汛关键期洪旱形势，安排部署水旱灾害防御工作时表示。

李国英指出，据预测，"七下八上"期间，松花江流域、淮河流域沂沭泗及山东半岛诸河、黄河支流大汶河、新疆阿克苏河等可能发生较大洪水，黄河中下游、淮河、辽河、海河南系、长江支流汉江和滁河、云南澜沧江等可能发生超警洪水，珠江流域、海河北系及滦河、太湖等可能发生区域性暴雨洪水；江南南部、华南北部、西北大部、西南东北部、新疆等地可能出现阶段性旱情。要在充分研究近期洪旱形势和前期汛情特点基础上，精准对象、精准目标、精准措施，提前做好"七下八上"防汛关键期水旱灾害防御应对准备。

李国英要求，要迅即进入防汛关键期工作状态，意识、机制、节奏、措施与之相匹配，以"时时放心不下"的高度责任感全力做好各项防御工作。

上半年，四川在建大中型水利工程总投资达 984 亿元

中国青年报客户端北京 7 月 27 日电（中青报·中青网记者 高蕾） 近日，四川省水利基础设施建设"半年报"出炉。记者从四川省水利厅获悉，今年上半年，四川省落实水利投资 387 亿元，较去年同期增加 157 亿元，增幅 68%；上半年已完成水利投资 175 亿元，较去年同期增加 75 亿元，增幅 75%；预计全年可完成水利投资 400 亿元以上，对今年经济稳增长和高质量发展持续贡献动能。

据了解，上半年，四川省 46 个大中型水利工程和病险水库除险加固等面上

项目建设提速、提质、提效，在建大中型水利工程总投资达984亿元，历史上首次接近千亿规模，为历年之最。其中，向家坝灌区北总干渠一期全线重难点控制性工程——猫儿沱江底隧洞正式贯通，这是四川水利建设史上首次使用盾构技术穿越大江大河；渠江流域首座大型防洪控制性水利工程——红鱼洞水库通过正常蓄水位验收，标志着红鱼洞水库开始全面发挥防洪效益。

水利部：黄河中下游、松辽等流域部分河流将现涨水过程

中国青年报客户端北京7月25日电（中青报·中青网记者　高蕾）　记者从水利部获悉，当前我国正处于"七下八上"防汛关键期，预报近期主要雨区位于西南东部南部、西北东部、黄淮、华北、东北大部、江淮东部、江南东北部等地；黄河中下游、淮河沂沭泗、海河、松辽等流域部分河流将出现涨水过程，暴雨区部分中小河流可能发生超警以上洪水，辽河部分河段超警仍将持续；长江中下游地区可能出现阶段性旱情。

7月25日，国家防总副总指挥、水利部部长李国英主持专题会商，安排部署水旱灾害防御工作时强调，要坚决树牢防汛关键期意识，保持如履薄冰、如临深渊的思想认识，保持"时时放心不下"的高度责任感，一切工作都要与防汛关键期相匹配，专心致志、全力以赴做好水旱灾害防御工作。

李国英要求，全力做好精准洪水预报，以流域（河流）为单元滚动预报局地暴雨洪水过程。针对近期可能出现强降雨的黄河三花（三门峡—花园口）区间、中游淤地坝密集地区、海河流域北拒马河、北易水、中易水、瀑河和滦河、蓟运河、北运河、辽河等重点流域，提前制订完善局地暴雨洪水防御方案，做好河道及堤防、水库、蓄滞洪区等流域防洪工程应对准备，细化山洪灾害防御和淤地坝防溃口措施。同时，提前做好重点区域的抗旱预案，确保群众饮水安全，保障牲畜饮水安全和在地农作物时令灌溉用水需求。

大藤峡工程右岸首台发电机组
全面进入总装阶段

大藤峡工程右岸首台发电机组全面进入总装阶段。

（水利部 供图）

中国青年报客户端北京8月1日电（中青报·中青网记者 高蕾） 记者从水利部获悉，8月1日，大藤峡工程右岸首台发电机组主要大件设备全部吊装完成，进入总装阶段，这意味着该机组实现年内发电目标又前进了一步。

据悉，大藤峡工程是国务院确定的172项节水供水重大水利工程的标志性项目，工程建成后，将成为流域防洪安全的重要保障、国家水网重大工程的重要结点、粤港澳大湾区水安全的重要屏障、建设珠江黄金水道的重要中枢、区域电力安全的重要支撑、地方乡村振兴的重要水源。

今年以来，大藤峡公司锚定右岸首台机组发电目标，精心组织参建各方优化施工工艺，倒排节点工期，严抓质量安全，提高组装效率，协调解决了设备安装重点难点问题，分别于4月24日、7月5日成功完成右岸首台机组定子、转轮吊装。目前，右岸发电机组安装工作正加快推进。

水利部针对北方八省（区、市）
启动水旱灾害防御Ⅳ级应急响应

中国青年网北京8月6日电（中青报·中青网记者 高蕾） 据预报，8月6—10日，北京、天津、河北、山西、内蒙古、山东、河南、陕西等地将出现强降雨过程，海河流域大清河、子牙河、永定河、北三河、滦河，黄河流域中游干流及支流汾河、山陕区间皇甫川、窟野河、无定河、秃尾河、漱水河、下游大汶河，淮河流域山东小清河等河流将出现明显涨水过程，暴雨区部分河流可能发生超警洪水。

依据《水利部水旱灾害防御应急响应工作规程》，水利部8月6日12时针对北京、天津、河北、山西、内蒙古、山东、河南、陕西省（区、市）启动洪水防御Ⅳ级应急响应，并发出通知，要求相关地区水利部门和水利部黄河、淮河、海河水利委员会密切关注雨水情变化，加强监测预报、会商分析和值班值守，重点做好水库、淤地坝和在建工程安全度汛、中小河流洪水和山洪灾害防御等工作，确保群众生命安全。水利部信息中心（水文水资源监测预报中心）发布洪水蓝色预警，提醒有关地区和社会公众注意防范。

水利部：落实各项措施　应对"八上"关键期水旱灾害

2022年6月21日，航拍珠江支流北江广东省佛山市紫南村段江面洪水。　（视觉中国　供图）

中国青年报客户端讯（中青报·中青网记者　高蕾）　记者从水利部获悉，8月5日，国家防总副总指挥、水利部部长李国英在安排部署应对"八上"关键期汛情、旱情工作时强调，要牢固树立防汛关键期意识，以"时时放心不下"的责任感，落细落实各项应对措施，坚决打好有准备之仗、有把握之仗。

据预报，"八上"期间，我国主要降雨区呈"一南一北"分布。松辽流域松花江、浑河、太子河、辽河及其支流绕阳河，海河流域滦河、北三河、大清河、子牙河，黄河北干流上段，珠江流域北江、东江、韩江可能发生洪水。长江流域气温偏高、降水偏少，大部分地区将发生干旱。

李国英要求，逐流域提前做好防洪准备。松辽流域控制性水库抓住降雨间歇期腾库迎汛，做好拦洪准备，加强辽河干支流堤防的巡查防守，及时清除河道内阻水障碍等，抓紧做好绕阳河堤防溃口堵复；海河流域上游水库全力拦蓄，充分发挥河道泄流、分流作用；黄河中游地区要加强淤地坝巡查值守，及时发布预警，提前转移危险区域群众；珠江流域要针对前期降雨多、土壤饱和等情况，落实落细各项防御措施，科学调度流域骨干水库。同时，落细落实强降雨区中小水库、病险水库防汛责任和防垮坝措施，确保水库不垮坝。

李国英强调，严密防范山洪灾害，重点关注海河流域太行山东麓、松辽和珠江流域山丘区。密切监视台风态势，提前做好防御准备。确保南水北调中线防洪安全，以干线交叉河道为重点，逐一做好上游水库调度、河道渠道巡查防守，提前做好应对准备。

预筹抗旱水资源，科学调度长江三峡水库及长江上中游水库群和洞庭湖、鄱阳湖水系水库群，千方百计确保旱区群众饮水安全、保障秋粮作物灌溉用水。

长江流域旱情快速发展
水利部启动干旱防御Ⅳ级应急响应

中国青年报客户端北京 8 月 11 日电（中青报·中青网记者　高蕾）　记者从水利部获悉，7 月以来，长江流域降雨量较常年同期偏少 4 成；流域大部高温日超过 15 天，中下游部分地区超过 25 天；部分地区连续无有效降雨天数超过 20 天。当前，长江干流及洞庭湖、鄱阳湖水位较常年同期偏低 4.7 ~ 5.7 米，均为有实测记录以来同期最低；部分地区小型水库蓄水严重不足。

据悉，长江流域旱情快速发展，安徽、江西、湖北、湖南、重庆、四川 6 省（直辖市）耕地受旱面积 967 万亩，有 83 万人因旱供水受到影响。目前，长江流域大中型灌区水源可得到有效保障，部分灌区末端区域和望天田受旱较重；部分以小型水库或山泉水、溪流水作为水源的分散供水工程缺水，群众供水受到一定影响，一些群众需要拉水、送水保障生活用水。

国家防总副总指挥、水利部部长李国英要求摸清旱区缺水状况，科学调度水利工程，落实抗旱预案和兜底措施，确保群众饮水安全，保障大牲畜饮水和农作物时令灌溉用水需求。

水利部于 8 月 11 日 12 时针对安徽、江西、湖北、湖南、重庆、四川 6 省（直辖市）启动干旱防御Ⅳ级应急响应。统筹考虑防洪、抗旱、发电需求，组织编制长江流域应急水量调度方案，针对重点旱区逐流域提出调度措施，并提前谋划三峡、丹江口等 51 座主要水库调度，为抗旱储备水源。同时，要求相关省（直辖市）水利厅（局）提早采取抗旱措施。

据气象预测，未来一周长江流域大部将维持高温少雨天气，四川、重庆、湖北、湖南、安徽、江西等地旱情可能持续发展。水利部方面表示，将继续密切关注长江流域旱情发展形势，全力做好各项干旱防御工作，努力减轻干旱影响和损失。

又一重大水利工程开工建设
将解决 54 万亩耕地灌溉问题

记者从水利部获悉，8 月 16 日，广西龙云灌区工程开工建设。该工程是国务院部署实施的 150 项重大水利工程之一，也是 2022 年国务院第 167 次常务会议确定的今年重点推进开工建设的 6 大灌区之一，总投资 52.78 亿元。

据悉，广西龙云灌区主要解决灌区农业灌溉、城乡生活及工业园区供水问题，并为改善区域水生态环境创造条件。工程主要建设内容为新建蟠龙、中甘岭、云良等 3 座水库；新建引水渠 11.94 千米，新建 4 条输水干管（渠）34.53 千米、新建 29 条支管（渠）34.05 千米，新建泵站 26 座，对现有灌区的骨干渠系进行续建配套和节水改造等。

玉林市是海峡两岸农业合作试验区，正在大力发展特色农业，龙云灌区涉及的北流市列入国家粮食生产核心区，玉州区、福绵区、陆川县被列入国家粮食增产后备区，建设龙云灌区对于保障国家粮食安全具有重大意义。

该工程建成后，可合理配置区域水资源，改善玉林市周边地区农业灌溉条件，预计可新增灌溉面积 21.0 万亩，恢复灌溉面积 8.8 万亩，改善灌溉面积 24.2 万亩；可向周边工业园区及铜石岭旅游度假区、高铁新城等区域供水，年均供水量 3.61 亿立方米，受益人口 226 万人。工程的实施将为强化项目区粮食生产安全和城乡生活及工业用水保障、改善南流江水生态环境、发展热带特色农业和推动当地乡村振兴创造积极条件。

未来一周　我国汛情、旱情将叠加

中国青年报客户端讯（中青报·中青网记者　高蕾） 　记者从水利部获悉，8月19日，国家防总副总指挥、水利部部长李国英主持专题会商，安排部署抗旱防汛工作时强调，要高度重视汛情、旱情叠加的严峻形势，防汛抗旱两手抓、两手都要硬。

预测未来一周，我国面临汛情、旱情叠加的严峻形势。从旱情看，长江中下游和洞庭湖、鄱阳湖地区旱情仍将持续发展；从汛情看，松花江、海河流域部分水系，黄河上中游地区特别是内蒙古河段和北干流上段、渭河，海南及西江流域沿海诸河等将有较强降雨过程，发生洪水的可能性较大。

李国英要求，要以确保旱区群众饮水安全、保障大中型灌区引水灌溉为目标，实施"长江流域水库群抗旱保供水联合调度"专项行动，精细调度以三峡水库为核心的长江上游水库群、洞庭湖"四水"水库群、鄱阳湖"五河"水库群，滚动跟踪补水演进过程，精准对接城镇和灌区取用水。

李国英指出，要抓好局地强降雨导致的山洪灾害防御。强化黄河上中游地区淤地坝防垮坝和中小河流洪水防御措施，做好预报预警，加大巡查力度，逐坝落实防汛责任人、抢险措施和受威胁人员撤离方案。同时，加强台风路径、影响范围、降雨等监测分析研判，提前做好防范应对预案。统筹考虑后汛期水库调度运用，在确保防洪安全前提下，兼顾蓄水，为秋冬季供水提供储备水资源。

南水北调东、中线一期全部设计单元工程
通过完工验收

中国青年报客户端北京8月25日电（中青报·中青网记者　高蕾） 　记者从水利部获悉，8月25日，南水北调中线穿黄工程通过水利部主持的设计单元完工验收。至此，南水北调东、中线一期工程全线155个设计单元工程全部通过水利部完工验收，其中东线一期工程68个、中线一期工程87个。这标志着工程全线转入正式运行阶段。

2002 年 12 月，南水北调工程开工建设，2014 年 12 月，东、中线一期工程全线通水。通水以来工程运行安全平稳，水质持续达标，工程投资受控，累计调水超过 560 亿立方米，受益人口超过 1.5 亿，发挥了显著的经济、社会和生态效益。

为圆满完成南水北调工程验收工作，水利部成立了部领导任组长的南水北调工程验收工作领导小组，将完成完工验收和竣工验收准备工作纳入推进南水北调后续工程高质量发展工作计划；南水北调集团把工程验收作为推进南水北调后续工程高质量发展的重要任务，按照水利部相关部署，全力推动验收工作。通过各方努力，按计划如期保质完成了验收任务。

此次通过验收的中线穿黄工程是南水北调的标志性、控制性工程，工程规模宏大，是我国首次运用大直径（9.0 米）盾构施工穿越大江大河的工程，在黄河主河床下方（最小埋深 23 米）穿越黄河，工程单洞长 4 250 米，设计流量为 265 立方米每秒，加大流量为 320 立方米每秒。工程于 2005 年开工，攻克了饱和砂土地层超深竖井建造、高水压下盾构机分体始发、复杂地质条件下长距离盾构掘进、薄壁预应力混凝土内衬施工等一系列技术难题。经过 9 年建设、8 年运行，累计输水超过 348 亿立方米，工程各项监测指标显示，工程运行安全平稳。

重庆渝西水资源配置工程
累计完成投资 70.89 亿元

中国青年报客户端讯（中青报·中青网记者　高蕾）　记者从水利部获悉，截至 7 月底，重庆市渝西水资源配置工程已全面动工，工程累计完成投资 70.89 亿元，累计完成管道安装 78 千米，隧洞掘进 27.08 千米。吸纳就业人员 3 055 人（其中农村劳动力就业 2 264 人），充分发挥了重大水利工程稳投资、扩内需、保就业的积极作用。

重庆市渝西水资源配置工程是重庆市投资最大、涉及面最广、受益人口最多的重大民生水利项目，工程总投资 143.5 亿元，总工期 54 个月，工程建成后可实现年均新增供水量 10.12 亿立方米（其中城乡生活用水 4.67 亿立方米、工业用水 5.45 亿立方米）。工程被纳入《长江流域综合规划（2012—2030）》《西部大开发"十三五"规划》，是国务院同意实施的 2020—2022 年 150 项重大水利工程之一和国家"十四五"规划中要求加快建设国家水网骨干工程。

作为大（1）型工程，重庆市渝西水资源配置工程建设内容主要包括新建长江金刚沱、嘉陵江草街等7座水源泵站，水库提水泵站8座，加压泵站5座，调蓄水库1座，泵站、隧洞、管线施工作业面共130个，新建输水管道368千米，隧洞80千米。

该工程于2020年12月23日全线开工，2021年12月23日实现德感加压泵站至西彭水厂输水管线工程（含德感加压泵站）提前7天顺利完成通水目标，2022年6月13日，渝西工程东干线—西彭水厂—走马段管线顺利贯通。该工程为重庆市首个全周期应用数字化技术的水利工程，首次引入"环保管家"服务，全面落实生态环境保护措施。

工程设计中，重庆水利部门组织国家及市级相关单位、专家在充分规划论证的基础上，采用"南片大集中、北片小组团"的水资源优化配置格局，连接长江和嘉陵江，实现两江水源互联互通、互补互济的水安全保障网，创新性地提出以干补支、江库互济的水资源配置理念。当地水资源优先满足生态环境用水，抽提长江、嘉陵江过境水配合当地水库调蓄解决生活生产用水，通过水量置换实现"以干补支"。以水资源的可持续利用支撑区域绿色发展，有效缓解了重庆渝西地区的区域性缺水现状，提升了生活、生产、生态等供水需求，助推成渝地区双城经济圈高质量发展。

云南滇中引水二期工程启动全面建设

中国青年报客户端北京8月26日电（中青报·中青网记者　高蕾）　记者从水利部获悉，8月26日，滇中引水二期工程全面建设现场动员大会在云南昆明、大理、楚雄、玉溪、红河五地同步召开，吹响了全面建设滇中引水二期工程的进军号。

据介绍，滇中引水二期工程是滇中引水工程的重要组成部分，是将一期干线水源输往各受水区的关键工程。二期工程线路总长1 883千米，共布置各级干支线线路170条，涉及新建扩建调蓄水库5座、泵站55座，直接供水面积达2.88万平方千米，涉及6州（市）、36个县（市、区），供水水厂112座，穿跨铁路、公路、天然气管道等工程的交叉760余处。二期工程总工期70个月，工程总投资约440亿元。滇中引水工程建成后，每年可引调34亿立方米优质水，惠及国土面积3.7万平方千米，从根本上解决滇中地区水资源空间分配不均的难题。

长江流域部分地区旱情缓解
后期抗旱形势依然严峻

中国青年报客户端北京8月30日电（中青报·中青网记者 高蕾） 记者从水利部获悉，今年7月以来，长江流域持续高温少雨、江河来水偏少、水位持续走低，旱情发展十分迅速。截至8月30日统计，长江流域耕地受旱面积4325万亩，有473万人、71万头大牲畜因旱供水受到影响。据预测，9月长江上游降雨量较常年同期总体偏多1成，对旱情缓解较为有利，但部分重旱区旱情仍可能持续；长江中下游及洞庭湖、鄱阳湖地区降雨量较常年同期偏少2～5成，长江中下游干流及两湖水系江河来水偏少、水位继续走低，旱情可能进一步发展，抗旱形势依然严峻。

国家防总副总指挥、水利部部长李国英多次会商部署抗旱工作，并深入重庆、湖北、湖南、江西等省（直辖市）旱区一线，与相关省（直辖市）党委、政府领导共商抗旱对策。水利部实施"长江流域水库群抗旱保供水联合调度"专项行动，自8月16日12时起，调度以三峡水库为核心的长江上游水库群、洞庭湖水系和鄱阳湖水系水库群，累计为中下游补水31.7亿立方米，指导中下游湖北、湖南、江西、安徽、江苏等省水利部门精准对接每一个灌区和城乡供水取水口，多引、多提、多调，目前农村供水工程受益人口1385万人，353处大中型灌区灌溉农田2856万亩。水利部商财政部已下达中央水利救灾资金65亿元，支持旱区修建抗旱应急水源工程、添置提运水设备和补助抗旱用油用电，并先后派出8个工作组指导旱区做好抗旱保供水保灌溉工作。

水利部针对四川省
启动水旱灾害防御Ⅳ级应急响应

中国青年报客户端北京9月6日电（中青报·中青网记者 高蕾） 今天，记者从水利部获悉，9月5日12时52分，四川省甘孜州泸定县发生6.8级地震。水利部滚动会商研判，根据《水利部水旱灾害防御应急响应工作规程》，6日9

时针对四川省启动水旱灾害防御Ⅳ级应急响应。

地震发生后，国家防总副总指挥、水利部部长李国英立即对水利抗震救灾工作作出部署，要求迅即组织排查各类水利工程震损情况以及堰塞湖形成情况，迅即进行除险工作部署，严防次生灾害，确保人民群众生命安全，保障工程安全、供水安全。

水利部要求，进一步排查震区水利工程，建立震损水利工程清单，逐一落实应急处置措施。密切跟踪大渡河支流湾东河堰塞湖险情，加强应急监测，及时转移受威胁区域群众，科学有效处置险情。同时，密切监视雨情水情汛情发展，滚动会商研判，做好水利工程调度和洪水防范工作。及时报送水利工程震损排查情况和应急处置等信息。

据初步统计，截至 9 月 6 日零时，四川省水利部门共派出 283 支队伍 1 327 人，排查水库 163 座、水电站 1 104 座、堤防 142 处、涵闸 32 座、灌溉工程 28 处、重点供水工程 1 457 处、山洪灾害危险区 656 个，共发现震损中型水电站 1 座、小型水电站 6 座、供水工程 7 处、渠道 5 处、堤防 2 处。

水利部：长江流域抗旱形势依然严峻

中国青年报客户端北京 9 月 12 日电（中青报·中青网记者　高蕾） 记者从水利部获悉，8 月以来，长江流域累积面雨量 72 毫米，较常年同期偏少 64%，长江干流及主要支流来水量较常年同期偏少 4 ~ 8 成。当前，长江中下游干流及洞庭湖、鄱阳湖水位较常年同期偏低 4.89 ~ 7.20 米，江湖水位均为有实测记录以来同期最低。据预测，9 月中下旬长江流域降雨仍然偏少，长江中下游及洞庭湖、鄱阳湖水系来水偏少，水位将持续下降，旱情可能进一步发展，抗旱形势依然严峻。

为确保群众饮水安全，保障大牲畜饮水和秋粮作物生长关键期时令灌溉用水需求，水利部组织长江水利委员会和江苏省水利厅、安徽省水利厅、江西省水利厅、湖北省水利厅、湖南省水利厅，研究制订抗旱联合调度方案，9 月 12 日 8 时再次启动长江流域水库群抗旱保供水联合调度专项行动，重点保障 9 月中下旬长江中下游中稻、晚稻等秋粮作物灌溉关键期用水和城乡供水需求。精准调度以三峡为核心的长江上游水库群、洞庭湖水系水库群和鄱阳湖水系水库群向下游补水；督促指导地方抓住补水的有利时机，精准对接每一个灌区、每一个城乡供水取水口、多引、多调、多提，精打细算用好每一方抗旱水源。

本次专项行动实施后，可有效缓解长江中下游干流及洞庭湖、鄱阳湖水位快速下降趋势，为抗旱引水创造更加有利条件，确保长江中下游干流和洞庭湖水系、鄱阳湖水系沿线城乡供水安全，保障356处大中型灌区及大量小型灌区秋粮作物生长关键期用水需求。

湖北 19 个重大水利项目集中开工

中国青年报客户端北京9月21日电（中青报·中青网记者　高蕾）　记者从水利部获悉，9月21日，湖北省重大水利项目集中开工活动在鄂北地区水资源配置二期工程现场举行。本次集中开工的19个项目，总投资274.8亿元，涉及水资源配置、防洪排涝、供水灌溉等方面。项目的实施，将推动湖北作为国家首批省级水网先导区建设，加快形成省级水网骨干工程布局，提高流域防洪能力、区域供水保障能力和河湖生态持续改善能力，为湖北建设全国构建新发展格局先行区提供坚实水利支撑和保障。

据悉，此次开工的鄂北地区水资源配置二期工程，已纳入国家重点推进的150项重大水利工程项目库。工程总投资90亿元，施工总工期60个月，共包括21处分水建筑物至各受水对象之间的连接工程。目前项目可研报告已审批，环评、用地预审、移民等要件已经完成，具备开工条件。二期工程在不影响南水北调中线工程调水规模和鄂北工程供水任务的前提下，能充分发挥鄂北一期工程最大效益，是打通鄂北岗地供水的"最后一千米"、发挥好鄂北工程效益的关键工程。工程实施后，可以解决鄂北地区588万人、500万亩耕地生活和工农业用水问题，灌溉保证率将达到70%。

据了解，今年湖北省计划完成水利建设投资502亿元，目前已完成392亿元，位居全国第六。湖北结合"荆楚安澜"现代水网规划，目前正在谋划实施恩施姚家平水利枢纽、引江补汉输水沿线补水工程等重大水利工程，争取尽早开工。"十四五"期间，计划投资1 760亿元，力争到2025年，初步构建标准适宜、风险可控、安全可靠的防洪安全保障体系，初步形成多源联调、丰枯互济的供水保障格局。

大藤峡水利枢纽工程通过正常蓄水位验收

大藤峡水利枢纽工程。 （水利部 供图）

中国青年报客户端北京9月28日电（中青报·中青网记者 高蕾） 记者从水利部获悉，9月28日，大藤峡水利枢纽工程顺利通过水利部主持的二期蓄水（61米高程）验收，这是大藤峡工程建设的重大关键节点目标，标志着工程将可蓄水至61米正常蓄水位，全面发挥综合效益。

大藤峡水利枢纽工程是国务院确定的172项节水供水重大水利工程的标志性项目，也是珠江流域防洪控制性工程和水资源配置骨干工程。工程建成后将成为流域防洪安全的重要保障、实施国家水网重大工程的重要结点、粤港澳大湾区水安全的重要屏障、建设珠江黄金水道的重要中枢、区域电力安全的重要支撑、地方乡村振兴的重要水源，对提升流域水安全保障能力、促进地方经济社会高质量发展具有重要作用。

大藤峡水利枢纽工程总投资357.36亿元，总工期9年，总库容34.79亿立方米，正常蓄水位61米。2014年11月工程开工建设，2020年左岸工程投入运行并发挥初期效益，右岸工程建设按计划稳步推进，为稳住经济大盘贡献了大藤峡力量。

两年多来，成功应对5次西江编号洪水，特别是防御2022年西江4号洪水中，共拦蓄洪水7亿立方米，最大削减洪峰3 500立方米每秒，有效避免了西江、北江洪峰遭遇，减轻了西江中下游及珠江三角洲的防洪压力；4次承担应急调水任务，累计补水5.7亿立方米，在春节、元宵节等关键时刻，发挥关键工程作用，实施关键调度，保障澳门、珠海等粤港澳大湾区水安全；船闸累计过闸船舶5.57万艘次，核载量1.23亿吨，测算可带动超90亿元产业发展；发电超82亿度，为地方经济社会发展注入强劲动能。

此次二期蓄水（61米高程）验收范围包括右岸挡水坝段（含黔江鱼道）、右岸厂坝、右岸泄水闸、左岸泄水闸、左岸厂坝，船闸上闸首、闸室、下闸首、上游引航道及上游锚地，以及黔江副坝、南木江副坝、右岸塌滑体处理等，以及与蓄水相关工程的基础开挖、基础处理、混凝土浇筑、机电设备及金属结构安装、安全监测、移民安置、环境保护等项目。

大藤峡公司枢纽管理中心相关负责人介绍，大藤峡水利枢纽工程根据上游来水情况，计划逐步蓄水至61米高程，届时，工程的防洪、航运、发电、水资源配置、灌溉等综合效益将得到充分发挥。

水惠中国

农民日报

■大中型灌区有效灌溉面积 5.2 亿亩

■三部门发文支持补齐农村供水基础设施短板

■水利部专题部署 2022 年山洪灾害防御工作

■水利部：全国水旱灾害防御进入实战阶段

......

大中型灌区有效灌溉面积 5.2 亿亩

4月8日，国务院新闻办举行2022年水利工程建设情况国务院政策例行吹风会，水利部相关负责人解读，中国的粮食从哪儿来？全国农田有效灌溉面积是10.37亿亩，占到耕地面积的54%。在54%的灌溉面积里面，生产了全国75%的粮食和90%的经济作物。现在大中型灌区有7 000多处，有效灌溉面积5.2亿亩，是我国粮食和重要农产品的主要产区，是国家粮食安全的重要保障。

所谓灌区，是旱能灌、涝能排，粮食稳产高产。水利部相关负责人介绍，2022年，水利系统在灌区建设和改造方面，主要有两个举措：一是要加强现有大中型灌区续建配套和改造。2022年，水利系统将实施大约90处大型灌区、480多处中型灌区改造，完善灌溉水源工程、渠系工程和计量监测设施，推进标准化规范化管理，新增恢复和改善灌溉面积2 500余万亩。二是新建一批现代化灌区。加快在建大型灌区的建设，促进尽早建成发挥效益。同时，在水土资源条件适宜、新增储备灌溉耕地潜力大的地区，新建一批灌区。

（农民日报·中国农网记者　李锐）

三部门发文支持补齐农村供水基础设施短板

近日，水利部、财政部、国家乡村振兴局联合印发《关于支持巩固拓展农村供水脱贫攻坚成果的通知》（以下简称《通知》），旨在通过建立长效投入机制，强化农村供水工程建设和管理，提升农村供水保障水平，巩固拓展农村供水脱贫攻坚成果。

农村供水工程是农村重要的基础设施，涉及全部农村人口，是一项重大民生工程。截至2021年底，全国共建成农村供水工程827万处，农村自来水普及率达到84%，农村供水取得了突出成效。由于我国国情水情复杂、区域发展不平衡不充分，部分地区仍有一些薄弱环节。

《通知》要求，省级水行政主管部门要组织对脱贫地区和脱贫人口饮水状况进行全面排查和动态监测，切实做到早发现、早干预、早帮扶，及时发现和解决问题,守住农村供水安全底线。要以县为单元,建立在建农村小型水源和供水工程项目清单台账,加快农村供水工程标准化建设,加强工程质量管理,确保建一处、成一处、发挥效益一处。

《通知》强调,脱贫地区要用好涉农资金统筹整合政策,依法依规利用农村供水工程维修养护补助资金等水利发展资金,做好农村小型水源和供水工程维修养护工作。明确中央财政衔接,推进乡村振兴补助资金用于支持补齐必要的农村供水基础设施短板。统筹利用现有公益性岗位,优先支持防止返贫监测对象和脱贫人口参与农村供水工程管护。对供水服务人口少、运行成本高、水费等收入难以覆盖成本的农村供水工程,要安排维修养护补助等资金予以支持,确保工程在设计年限内正常运行。

水利部专题部署 2022 年山洪灾害防御工作

4月26日,水利部召开山洪灾害防御工作视频会议,认真落实全国防汛抗旱工作电视电话会议、水旱灾害防御工作视频会议部署,分析研判山洪灾害形势,安排2022年山洪灾害防御工作。

近年来,我国极端天气事件频发重发,山洪灾害造成人员伤亡事件仍然时有发生,防御工作仍存在局地极端暴雨天气监测预报精度不高、社会化预警信息覆盖面不足、防御预案不完善、部分干部群众避险自救意识和能力有待增强等短板和薄弱环节,防御任务艰巨。

水利部副部长刘伟平指出,今年将召开党的二十大,做好山洪灾害防御工作,确保人民群众生命安全意义重大。要统筹发展和安全,牢记"国之大者",全力防范化解山洪灾害风险。一是提高政治站位,增强忧患意识,始终以如临深渊、如履薄冰的态度,审慎对待山洪灾害风险,真正将工作责任和各项决策部署落到实处。二是加强项目建管,优化建设流程,强化进度控制和监督管理,高效有序推进山洪灾害防治项目建设,着力夯实防御基础。三是强化"四预"措施,加强山洪灾害风险预报,深入推进精准预警,督促指导基层政府做好转移避险演练,及时修订完善县乡村三级防御预案,牢牢把握山洪防御主动权。四是科学划定转移区域,督促指导基层政府逐河、逐村、逐户、逐人落实人员转移方案和措施,坚决果断转移,做到应撤必撤、应撤早撤、应撤尽撤、不落一人。五是全面开展山洪灾害风险排查整治，紧盯薄弱环节，深入查漏补缺，组织对山洪灾害监测预警系统开展检查检修，确保高效可靠运行。六是严格落实山洪灾害防御各项工作职责，提请基层政府健全防御责任机制、动员机制、预警信息发布机制，实行网格化管理，强化应急值守和信息报送，一旦发生山洪灾害及时有效处置。

（农民日报·中国农网记者　李锐）

水利部：4 380 处大中型灌区开始春灌 灌溉耕地面积达 1.86 亿亩

4月29日，水利部召开视频会议，部署进一步做好春灌供水保障。截至4月28日，全国已有4 380处大中型灌区开始春灌，累计供水超256亿立方米，灌溉耕地面积达1.86亿亩。目前还处于春灌的关键期、高峰期，各地要采取有力有效措施，最大程度保障农业生产用水需求，夯实粮食丰收基础。

水利是农业的命脉，灌区工程是农田灌溉排水的骨干网，是保障粮食安全的生命线，水利部门肩负着抗御旱涝灾害、保障粮食生产的重任。经过多年努力，全国共建成大中型灌区7 000多处，已成为国家粮食和重要农产品生产的主阵地，粮食单产高于全国平均水平，产量约占全国总量的一半。

水利部于今年2月印发通知，要求各地全面掌握水情、雨情、工情，做好春灌调度工作。各地水利部门充分挖掘水利工程的调蓄能力和供水潜力，采取多蓄、多引、多提、多拦等综合措施，努力增加可供水量。灌区管理单位加强对泵站、渠系等工程设施的巡查、看护，及时对破损、出险的工程进行维修，确保灌排体系输水顺畅。密切跟踪春灌用水需求变化，统一调配地表水、地下水、本地水和外来水等各种水源，合理制订灌溉供水计划，加强水量调度，维护灌溉秩序，指导农民加强田间管理，确保灌溉正常开展。

水利部要求，要加快推进大中型灌区建设与管理。要进一步加强大中型灌区改造和管理工作，加大改革创新力度。一是要全力以赴做好前期工作。全面完成《"十四五"重大农业节水供水工程实施方案》大型灌区总体可研审批，提前谋划好2023—2025年中型灌区改造项目，优先将水土资源匹配、地方积极性高的灌区纳入支持范围。二是要紧盯目标任务，确保项目进度和质量。要针对农作物生长、汛期防洪、气候变化、灌区有效施工期短、疫情情况等，立足于早动手、早开工、早完工，加强组织领导，建立工作台账，强化节点控制，确保年底前大型灌区改造项目完成中央投资 90% 以上、中型灌区改造项目完成中央投资 80% 以上目标任务。协同推进灌区现代化改造与高标准农田建设，优先将大中型灌区建成高标准农田。把好招标采购关、设备进场关、质量抽检关、施工工序关和竣工验收关，加强指导监督。三是要切实抓好灌区安全生产工作。坚决执行管行业必须管安全，管业务必须管安全，管生产必须管安全。统筹发展和安全，严格落实行业监管责任，深入开展灌区风险隐患排查整治，紧盯工程施工、设施运行、输水排水等重点环节，防范化解安全风险，消除安全隐患。四是要同步推进灌区改革。以农业水价综合改革为"牛鼻子"，全面深化灌区改革。建设完善计量设施，稳步推进灌区供水成本核算，将水价改革中央补助资金重点用于节水奖励和精准补贴，完成年度新增水价改革覆盖面积任务。结合灌区改造和高标准农田建设，在有条件的地区通过工程托管、合同节水等方式吸引社会资本介入，建立良性运行机制。持续开展灌区标准化规范化管理，积极开展节水型灌区创建，努力打造一批示范标杆。五是要稳步推进数字灌区建设。按照智慧水利建设的总体要求，加快灌区信息化建设，构建灌区一张图、一本台账，全面提升灌区管理水平。在全国选取具备条件的 10 余处大型灌区、20 处中型灌区开展数字灌区先行先试，把工程基础条件好、信息化程度较高、管理规范、积极性高的灌区遴选出来，探索建设标准、实施路径，形成可复制、可推广的建设模式，推进数字灌区建设取得新成效。

（农民日报·中国农网记者　李锐）

水利部：全国水旱灾害防御进入实战阶段

5月9日，水利部召开会商，进一步分析研判当前雨情、水情、汛情形势，就统筹做好水旱灾害防御与疫情防控工作作出安排部署。

据预报，5月9日至13日，珠江流域大部、长江流域南部将出现今年入汛以来的最强降雨过程，黄河流域陕西北部、山西大部以及海河流域河北中部南部将有中到大雨，降雨区内中小河流可能发生超警以上洪水，全国水旱灾害防御进入实战阶段。

会商要求，既要做好大江大河大湖防御大洪水各项准备，又要关注中小河流洪水防御，重点做好山洪灾害、病险水库、淤地坝等薄弱环节以及地震引发水利次生灾害的防范工作。要立足监测预警、指挥调度、巡查抢护等职责，强化值班值守和信息报送，落实"四预"措施，及时启动应急预案，做好巡查防守和危险区群众转移避险，确保人民群众生命安全。

会商指出，要充分认识疫情的不确定性及对防汛工作的影响，从最不利情况出发，制订应对工作预案。进一步加强视频会议系统运维保障，配齐配强相关人员和设备设施。强化移动视频会议支撑，切实做好远程办公准备，支撑居家、在岗等人员共同参加视频会商，最大限度减轻疫情对防汛工作的影响。

会商强调，要严格执行疫情防控政策，强化日常防范措施，确保疫情一天不消除、防护工作一天不放松。针对各地防疫封控政策、人员上岗以及汛情发展等情况，科学调配值守力量，线上线下会商结合，提高会商效率，做好后勤保障。汛情紧张时，要统一动员，集中力量共同做好水旱灾害防御工作，并时刻做好赶赴抗洪一线现场指导的各项准备。

（农民日报·中国农网记者　李锐）

水利部：全力加快水利基础设施建设

5月16日，吴淞江整治工程（江苏段）开工建设。

吴淞江整治工程包括江苏段和上海段，吴淞江整治工程（江苏段）全长约61.7千米，总投资156亿元，是《长江三角洲区域一体化发展规划纲要》确定的省际重大水利工程，也是《太湖流域防洪规划》《太湖流域综合规划》等确定的流域综合治理骨干工程。工程实施后，可进一步增加太湖洪水外排出路，提高流域防洪除涝能力，进一步完善太湖地区水网，增强水资源配置能力，发挥改善水环境和航运等综合效益，为长三角高质量一体化发展提供更为有力的水利支撑。

吴淞江整治工程（江苏段）开工，只是2022年中国水利建设舞台上的精彩篇章之一。今年以来，水利部会同有关部委、地方加快推进水利基础设施建设，加快完善流域防洪工程体系，实施国家水网重大工程，复苏河湖生态环境，全力构建现代化基础设施体系，有效发挥重大水利工程吸纳投资大、产业链条长、创造就业多的优势，为拉动有效投资需求、稳定宏观经济大盘做出水利贡献。

多点发力　打通"堵点"攻克"难点"

今年以来，在国际国内环境出现一些超预期变化、我国经济下行压力进一步加大的情况下，水利部党组书记、部长李国英多次主持召开会议，在部署统筹疫情防控和水利工作时强调，要全面加快推进水利基础设施建设，充分用足用好各项政策，推动重大水利基础设施项目尽早审批立项、开工建设，为稳定宏观经济大盘、实现全年经济社会发展预期目标作出水利贡献。水利部副部长魏山忠主持推动2022年重大水利工程开工建设专项调度会商，坚决落实"疫情要防住、经济要稳住、发展要安全"的要求，加快推进重大水利工程开工建设，确保2022年新开工30项以上。

围绕完成今年水利建设目标任务，水利部多点发力，采取了强有力的措施：

细化实化目标任务。国务院167次常务会议明确加强了2022年重大水利工程、病险水库除险加固、灌区建设和现代化改造、水生态保护和中小河流治理、中小型水库建设等5类项目，水利部制订了工作方案。对于今年重点推进的55项重大水利工程和6项新建大型灌区项目，逐项明确要件办理、可研审批和开工时间节点，确定责任单位、责任人，并建立台账，挂图作战。

健全工作推进机制。建立月报机制，跟踪通报专项债券落实、水利建设完成，以及要件办理、可研审批和开工建设情况；建立调度机制，横向与相关部门不定期开展日常调度会商，纵向与各地每月开展1次专项调度，逐项分析研究，及时协调解决重点问题；建立督导机制，适时对进度滞后的项目和地区，进行通报、约谈、督办，强化责任追究。

加密调度会商频次。李国英部长专题研究重大水利工程推进情况；魏山忠副部长多次开展专项调度，部署推动重大工程前期工作和开工、加快投资计划执行、用好地方政府专项债券等工作。对南水北调中线引江补汉工程前置要件办理进行周调度。反复与国家发改委沟通前期工作、资金筹措等问题，争取支持；与生态环境部、自然资源部座谈协调、多次视频会商，解决要件办理中的难点问题。

扩大投资　拓展资金筹措渠道

水利建设资金筹措一直是水利部党组高度重视的工作。水利项目公益性较强，市场化融资能力弱，长期以来主要以财政投入为主。为了进一步扩大水利投资，水利部在积极争取加大中央财政投入力度的同时，深入研究政策措施，指导地方创新工作思路，拓宽投资渠道，从地方政府专项债券、金融资金、社会资本等方面想办法增加投入，保障水利基础设施建设资金需求，切实发挥水利基础设施建设扩大内需、稳定宏观经济大盘的重要作用。今年，全国水利基础设施建设将完成 8 000 亿元以上。

近日，水利部、国家开发银行签订合作协议，还将联合出台关于加大开发性金融支持力度提升水安全保障能力的指导意见，指导地方用好中长期贷款金融支持政策。加强与相关金融机构沟通，深化合作，不断扩大金融支持水利信贷规模。2022 年第一季度，国家开发银行、中国农业发展银行、中国农业银行累计发放水利贷款 687 亿元，贷款余额达到 10 620 亿元。

水利部还将研究出台推进水利领域不动产投资信托基金（REITs）试点工作的指导意见，以及推动水利项目政府和社会资本合作（PPP）的政策性文件。同时，加强对水利项目利用地方政府专项债券的交流培训，指导督促地方做好申报和落实工作。今年 1—4 月，830 个水利项目已落实地方政府专项债券 720 亿元，较去年同期增加 386 亿元，增长 115%。

截至目前，国务院常务会议部署的 55 项重大水利工程已开工 10 项；6 项新建大型灌区已开工 1 项。1—4 月，全国水利基础设施建设全面加快，完成水利建设投资实现大幅增长，各地已完成近 2 000 亿元，较去年同期增长 45.5%，广东、山东、浙江、河北、福建、河南、江苏、云南、陕西 9 个省份，累计完成投资超过 100 亿元。

此外，农村供水工程建设资金完成约 200 亿元，提升了 666 万农村人口供水保障水平；今年安排大中型灌区续建配套与现代化改造投资近 190 亿元，预计将新增粮食生产能力 36 亿公斤，新增节水能力 35 亿立方米。水利基础设施建设的全面加强，有力发挥了水利稳投资、稳增长的重要作用，为稳住宏观经济基本盘贡献水利力量。

"节水中国　你我同行"
联合行动掀起节水宣传活动热潮

以"积极践行《公民节约用水行为规范》，提升全民节约用水意识"为主题的 2022 年"节水中国　你我同行"联合行动获得社会各界广泛关注和积极参与。截至 5 月 25 日，公众在快手平台发布"节水中国 你我同行"话题短视频 8.8 万个，话题播放量达 20.1 亿次，全国 2 738 家单位在"节水中国"网站联合行动专区上传优秀活动成果，面向社会集中发布展示节水主题活动 2 599 个，点赞量超过 3 100 万人次，形成了良好的社会传播效应。

各地围绕活动主题，开展了丰富多彩的节水宣传活动，展示了公民节约用水的生动实践。有的省份强化部门联动，联合多部门推进节水进机关、进社区、进地铁、进广场、进企业、进校园等，形成宣传合力；有的省份认真谋划制订宣传活动方案，开展形式多样的宣传活动，并在省级宣传平台多渠道宣传推广，扩大影响力；有的省份结合当前新冠肺炎疫情防控要求，及时转化思路，"线下""线上"并举，对中高风险区和低风险区开展不同形式的宣传活动，做到防疫宣传不冲突，宣传效果不打折；有的省份结合当地水文化特色，因地制宜创新活动形式，扩大宣传覆盖面，营造节水、爱水、惜水、护水的良好氛围。

本次联合行动是水利部、中央文明办、国家发展改革委、教育部、工业和信息化部、住房和城乡建设部、农业农村部、国管局、共青团中央、全国妇联共同指导的《公民节约用水行为规范》主题宣传活动的系列活动之一，由全国节约用水办公室主办，中国水利报社承办，号召动员全国各行各业开展丰富多彩的节水宣传活动，展示公民节约用水的生动实践，活动时间从 3 月 22 日持续到 7 月底。

（农民日报·中国农网记者　李锐）

广西大藤峡水利枢纽灌区工程开工建设

6 月 6 日，记者从水利部获悉，大藤峡水利枢纽灌区工程于当日正式开工建设。大藤峡水利枢纽灌区建设总工期为 60 个月，施工准备期约为 5 个月，主要完成场地平整、场内道路、施工工厂、生产和生活用房、供水、供电等项目。第一年拟同时开工建设南木补水干管、十八山输水隧洞建设。今日开工建设的主要内容为南木补水干管部分线路。

该项目是国务院部署实施的 150 项重大水利工程之一，也是 2022 年国务院第 167 次常务会议确定的今年重点推进开工建设的 6 大灌区之一。大藤峡水利枢纽灌区设计灌溉面积 100.1 万亩，利用已建的大型和中小型水库作为主要水源，利用正在建设的大藤峡水利枢纽库区自流引水和黔浔江提水作为补充水源，新建渠（管）道 652 千米，新建及恢复 13 座泵站装机容量 1.28 万千瓦。

大藤峡水利枢纽灌区为新建大型灌区，总投资约 80 亿元，国家按照西部政策给予中央补助投资支持，余下投资由广西多渠道筹集资金解决。目前已落实年度建设资金 6.75 亿元，其中地方债券资金 1.75 亿元、金融贷款 5 亿元。

大藤峡水利枢纽灌区地处区域光热条件优越，水资源及耕地资源丰富，适宜进行农业综合开发，不仅是广西壮族自治区重要粮食基地，也是糖料主要生产基地之一。工程建成后，可进一步发挥大藤峡水利枢纽的灌溉供水效益，有效解决贵港市、来宾市等桂中典型干旱区骨干水利工程缺乏、耕地灌溉保证率较低、旱灾频繁、村镇人畜用水困难等问题，保证项目区粮食生产安全和村镇供水安全，为当地打造优质特色粮食、高产高糖甘蔗等"两高一优"农产品基地创造条件。

（农民日报·中国农网记者 李锐）

水利部：四川启动水利抗震救灾二级应急响应

6 月 1 日 17 时，四川省雅安市芦山县发生 6.1 级地震。水利部密切关注震区水利工程设施运行情况，向四川省水利厅发出通知，指导立即组织专业技术力量对震区水库（水电站）、堤防、闸坝、农村饮水安全工程等各类水利工程开展拉网式排查和风险研判，建立震损水利工程清单，逐一落实应急处置措施，及时排除险情。特别是对震损水库，要求加强 24 小时巡查值守，动态掌握水库运行状况，视情况降低水位，甚至空库运行，同时立即采取抢护措施消除险情，做好下游危险区群众预警和转移准备，确保人民群众生命安全。

四川省水利厅启动水利抗震救灾二级应急响应，派出 3 个工作组赴震区指导做好水利工程险情排查、重大险情先期处置、应急供水保障等工作，并滚动开展震区及周边影响区域汛情形势分析，加密震区水情监测预报，做好水利抗震救灾各项工作。

（农民日报·中国农网记者 李锐）

农村供水工程已开工 6 474 处
提升 932 万农村人口供水保障水平

"今年 1—5 月，各地农村供水工程已开工 6 474 处，完工 2 419 处，提升了 932 万农村人口供水保障水平。"6 月 10 日，在水利部召开的加快水利基础设施建设有关情况新闻发布会上，农村水利水电司司长陈明忠介绍，今年，水利部指导督促各地充分利用地方政府专项债券、银行信贷和社会资本等，多渠道落实农村供水工程建设资金，全力推进农村供水工程开工建设进度，切实提高农村供水保障水平。

4 月，水利部、财政部、国家乡村振兴局联合印发关于支持巩固拓展农村供水脱贫攻坚成果的通知，对巩固农村供水工程脱贫攻坚成果与乡村振兴相衔接作出部署，明确中央财政衔接推进乡村振兴补助资金可用于补齐农村供水基础设施短板，进一步加大对脱贫地区，尤其是国家乡村振兴重点帮扶县的支持力度。各地持续强化对农村人口饮水状况的全面排查和动态监测，畅通农村供水服务的监督举报电话，及时发现问题，及时推动解决，做到动态清零。1—5 月，已经排查推动解决了 68.2 万农村人口饮水不稳定问题。

水利部加快推进农村供水工程建设，将《全国"十四五"农村供水保障规划》目标任务分解到年度和省份，指导督促地方优先利用水库和引调水工程等骨干地表水源，推进农村规模化供水工程建设及小型工程标准化改造，有条件的地区积极推进城乡供水一体化。加强调度协调，督促地方多渠道筹集资金，加快前期工作，对具备条件开工的工程尽早尽快开工，对已经开工的工程加快建设进度，早完工早受益。1—5 月，各地已经落实了农村供水工程投资 516 亿元，已完成投资 293 亿元。

为了强化工程维修养护，水利部会同财政部下达 2022 年度农村供水工程维修养护补助资金 30.69 亿元，比去年增加了 9.6%，进一步加大对中西部地区的支持。针对早期老化失修、建设标准低、管网漏损率高、冬季管网易冻损的农村供水工程与管网，以及各渠道反映的农村供水问题，各级水利部门优先安排实施。截至 5 月底，累计维修养护农村供水工程 2.4 万处，服务农村人口 5 120 万人。

下一步，水利部将加快农村供水工程建设进度，发挥好农村供水工程点多量大面广的优势，采取以工代赈等方式积极吸纳农村劳动力参与工程建设。

（农民日报·中国农网记者　李锐）

水利部：中央投资 137 亿元支持 493 处大中型灌区现代化改造

6 月 10 日，记者从水利部召开的加快水利基础设施建设有关情况新闻发布会上获悉，今年，水利部安排中央投资 137 亿元，支持 493 处大中型灌区现代化改造，已有 349 处完成招标，320 处开工。此外，计划今年新开工的 6 处新建大型灌区已开工 2 处。

党中央、国务院历来高度重视农田灌排设施建设，现已建成大中型灌区 7 330 处。目前，全国耕地灌溉面积达到 10.37 亿亩，在占全国耕地面积 54% 的灌溉面积上生产了 75% 以上的粮食和 90% 以上的经济作物。

"十四五"以来，国家持续推进大中型灌区现代化建设与改造，水利部会同国家发改委专门印发了《"十四五"重大农业节水供水工程实施方案》，明确提出"十四五"对 124 处大型灌区开展现代化改造。在水土资源匹配地区新建 30 处大型灌区，会同财政部印发了《全国中型灌区续建配套与节水改造实施方案（2021—2022 年）》，支持 461 处中型灌区实施节水改造。

农村水利水电司司长陈明忠介绍，今年，水利系统围绕粮食的播种生产，以大中型灌区为单元，建立了春灌台账，深挖水利工程供水潜力，优化灌区供水调度，合理配置水资源，做到了科学用水、计划用水、节约用水，有效保障今年春灌农业用水。截至 5 月底，全国大中型灌区春灌累积灌溉面积达到 3 亿亩，供水 449 亿立方米，全面完成今年春灌任务，为粮食生产，尤其是夏粮的丰收提供了有效保障。

加快 493 处大中型灌区现代化改造，可新增、恢复灌溉面积 351 万亩，改善灌溉面积 2 343 万亩。

（农民日报·中国农网记者　李锐）

水利部：农村供水工程已开工 6 474 处

"今年 1—5 月，各地农村供水工程已开工 6 474 处，完工 2 419 处，提升了 932 万农村人口供水保障水平。"近日，在水利部召开的加快水利基础设施建设有关情况新闻发布会上，农村水利水电司司长陈明忠介绍，今年，水利部指导督促各地充分利用地方政府专项债券等多渠道落实农村供水工程建设资金，全力推进农村供水工程开工建设进度，切实提高农村供水保障水平。

4月，水利部、财政部、国家乡村振兴局联合印发通知，对巩固农村供水工程脱贫攻坚成果与乡村振兴相衔接作出部署，明确中央财政衔接推进乡村振兴补助资金可用于补齐农村供水基础设施短板，进一步加大对脱贫地区尤其是国家乡村振兴重点帮扶县的支持力度。据统计，1—5月，已经排查推动解决了68.2万农村人口饮水不稳定问题。

水利部将《全国"十四五"农村供水保障规划》目标任务分解到年度和省份，推进农村规模化供水工程建设及小型工程标准化改造，有条件的地区积极推进城乡供水一体化。据了解，1—5月，各地已经落实了农村供水工程投资516亿元，已完成投资293亿元。

为了强化工程维修养护，水利部会同财政部下达2022年度农村供水工程维修养护补助资金30.69亿元，比去年增加了9.6%，进一步加大了对中西部地区的支持。截至5月底，累计维修养护农村供水工程2.4万处，服务农村人口5 120万人。

水利部：137亿元支持大中型灌区现代化改造

本报讯（农民日报·中国农网记者 李锐） 日前，记者从水利部召开的加快水利基础设施建设有关情况新闻发布会上获悉，今年水利部安排中央投资137亿元，支持493处大中型灌区现代化改造，已有349处完成招标，320处开工。此外，计划今年新开工的6处新建大型灌区已开工两处。

党中央、国务院历来高度重视农田灌排设施建设，现已建成大中型灌区7 330处。目前，全国耕地灌溉面积达到10.37亿亩，在占全国耕地面积54%的灌溉面积上生产了75%以上的粮食和90%以上的经济作物。

"十四五"以来，国家持续推进大中型灌区现代化建设与改造，水利部会同国家发改委专门印发了《"十四五"重大农业节水供水工程实施方案》，明确提出"十四五"对124处大型灌区开展现代化改造。在水土资源匹配地区新建30处大型灌区，会同财政部印发了《全国中型灌区续建配套与节水改造实施方案（2021—2022年）》，支持461处中型灌区实施节水改造。

水利部农村水利水电司司长陈明忠介绍，今年水利系统围绕粮食的播种生产，以大中型灌区为单元，建立了春灌台账，深挖水利工程供水潜力，优化灌区供水调度，合理配置水资源，做到了科学用水、计划用水、节约用水，有效保障今年春灌农业用水。截至今年5月底，全国大中型灌区春灌累积灌溉面积达到3亿亩，供水449亿立方米，全面完成今年春灌任务，为粮食生产尤其是夏粮的丰收提供了有效保障。

水利部："两手发力"，
今年要完成水利建设投资超过 8 000 亿元

6月17日，水利部召开推进"两手发力"助力水利高质量发展有关情况新闻发布会。水利部副部长魏山忠指出，全面加强水利基础设施建设投资需求巨大，在加大政府投入的同时，必须更多运用改革的办法解决建设资金问题。就今年来讲，全国要完成水利建设投资超过8 000亿元，迫切需要落实"两手发力"（政府作用和市场机制）要求，充分发挥市场机制作用，更多利用金融信贷资金和吸引社会资本参与水利建设，多渠道筹集建设资金，满足大规模水利建设的资金需求。

大规模水利建设资金从哪儿来？魏山忠表示，资金来源为政府财政资金、金融信贷、社会资本三个方面，金融支持在水利基础设施建设中长期发挥着重要的支撑作用。

近期，水利部、中国人民银行联合召开金融支持水利基础设施建设推进工作电视电话会议，进一步加强银行、政府和水利企业、项目对接，共同推进加强金融支持服务水利工作，进一步深化全方位、多层次、宽领域的战略合作，共同开创水利基础设施建设加快推进、金融事业更好发展的"共赢"局面。一是加大政策优惠。推动相关金融机构加大对水利项目的信贷投放力度，在延长贷款期限、优惠贷款利率和降低项目资本金比例要求等方面给予信贷优惠支持。二是立足职能定位。推动政策性、开发性银行用好新增的8 000亿元信贷额度，抓好任务分解，强化考核激励，加大对国家重大水利项目的支持力度。在这个基础上还要充分发挥商业银行资金和网点优势，加大对商业可持续水利项目的信贷投放。三是创新服务模式。推动金融机构进一步拓宽水利贷款还款来源及担保方式，包括允许以水费收益权、生态价值权益等作为还款来源和抵押担保，并大力支持符合条件的水利企业扩大水利项目股权和债券融资规模。

近年来，水利部持续深化与国家开发银行、中国农业发展银行、农业银行等金融机构的战略合作，加强金融产品和融资模式创新，不断加大金融支持水利力度。特别是今年以来，水利部与金融机构共同部署推进金融支持水利基础设施建设，不断扩大水利信贷规模。据统计，今年1—5月，国家开发银行、中国农业发展银行、农业银行3家银行共发放水利贷款1 576亿元，贷款余额15 133亿元，较去年同期增长9.33%，重点支持了国家重大水利工程、水资源配置、农村供水及城乡供水一体化、水生态保护治理等重点领域，充分发挥了金融信贷资金支持水利建设、稳定投资和保障民生的重要作用。

今年的政府工作报告明确安排地方政府专项债券3.65万亿元，重点用于交通基础设施、能源、农林水利等九大领域，并允许将专项债券作为符合条件的重大项目资本金使用。水利部规划计划司副司长乔建华表示，水利是扩大内需的重要领域，也是地方政府专项债券的重点支持领域。截至5月底，有1 318个水利项目已落实地方政府专项债券1 110亿元，较去年同期增加了719亿元，增长184%。项目覆盖重大水利工程、病险水库除险加固等各类水利工程，有9个地区落实的规模超过50亿元。

2015年以来，水利部、国家发展改革委、财政部选择了一批重大水利工程项目，吸引社会资本参与建设和运营。各地大胆探索，先行先试，贵州马岭、广东高陂水利枢纽等一批重大水利工程PPP项目落地实施，取得了明显成效。根据《全国PPP综合信息平台管理项目库2021年年报》统计，截至2021年底，水利领域累计入库项目450个、占入库项目总数的4.4%，投资额3 940亿元、占入库项目总投资额的2.4%。累计签约落地的水利建设项目329个、占落地项目数的4.3%，投资额2 972亿元、占落地项目总投资的2.3%。

为深入推进水利基础设施PPP模式规范发展、阳光运行，最近，水利部制订出台了《关于推进水利基础设施政府和社会资本合作（PPP）模式发展的指导意见》，聚焦国家水网重大工程、水资源集约节约利用、农村供水工程建设、流域防洪工程体系建设、河湖生态保护修复和智慧水利建设等六大领域，采取投资补助、合理定价等有效措施，吸引社会资本参与，拓宽水利建设长期的资金筹措渠道。

下一步，水利部将建构"一二三四"工作框架体系，推进水利领域"两手发力"工作。

"一"就是锚定一个目标。即加快构建现代化水利基础设施体系，推动新阶段水利高质量发展，全面提升国家水安全保障能力。

　　"二"就是坚持"两手发力"。即坚持政府作用和市场机制"两只手"协同发力。各级水行政主管部门要全面履行战略、规划、标准、政策、监督、服务等政府职能，把政府该管的事情管好、管严、管到位，同时要善用、会用、用好市场机制，发挥市场在资源配置中的决定性作用，更多运用市场手段，增强水利发展生机活力。

　　"三"就是推进"三管齐下"。一是充分用好金融支持水利基础设施政策。近期，水利部已与中国人民银行联合召开会议，分别与国家开发银行、中国农业发展银行联合印发指导意见，部署金融支持水利基础设施建设工作。二是推进水利基础设施 PPP 模式发展。在"十三五"以来开展重大水利工程 PPP 项目试点的基础上，总结经验，印发指导意见，明确合作领域、合作方式和支持政策，鼓励和吸引更多社会资本参与水利基础设施建设运营，推动水利基础设施 PPP 模式规范发展、阳光运行。三是积极稳妥推进水利基础设施投资信托基金（REITs）试点工作。水利部已印发指导意见，落实国家有关部门出台的基础设施不动产投资信托基金政策，指导各级水利部门和水利企业，将具有供水、灌溉、水力发电等功能，具备一定收益能力的水利基础设施项目，通过 REITs 方式盘活存量资产，扩大水利有效投资。

　　"四"就是深化四项改革。即深化水价形成机制改革、用水权市场化交易制度改革、节水产业支持政策改革、水利工程管理体制改革，通过改革协同，充分激发市场主体活力。

　　（农民日报·中国农网记者　李锐）

水利部：上半年新开工重大水利工程项目和完成投资均创历史新高

　　7 月 11 日，水利部召开"2022 年上半年水利基础设施建设进展和成效"新闻发布会，水利部相关负责人介绍，上半年，新开工水利项目 1.4 万个，投资规模 6 095 亿元，其中重大水利工程累计开工数量达 22 项，投资规模 1 769 亿元，对照年度开工目标，时间过半，任务完成过半，新开工重大水利工程项目和完成投资均创历史新高。

上半年，水利工程建设明显提速，一批重大水利工程实现重要节点目标，完成投资大幅增加，重庆渝西、广东珠三角水资源配置等工程较计划工期提前。农村供水工程建设 9 000 余处，完成 3 700 余处，提升了 1 688 万农村人口供水保障水平。病险水库除险加固、中小河流治理、大中型灌区改造、中小型水库建设等项目建设进度加快。目前，在建水利项目 2.88 万个，施工吸纳就业人数 130 万人，其中农民工 95.7 万人。此外，水利工程建设投资坚持政府和市场"两手发力"，在加大政府投入的同时，地方政府债券持续增加，金融支持、水利 PPP 模式、水利 REITs 试点"三管"齐下，投资保障力度明显增强。1—6 月，全国落实水利建设投资 7 480 亿元，较去年同期提高 49.5%，水利落实投资和完成投资均创历史新高。

水利部规划计划司相关负责人表示，从水利工程建设投资的投向来看，流域防洪工程体系、国家水网重大工程、河湖生态修复保护完成投资 4 046 亿元，占了全国 1—6 月完成投资的 90.9%。一是聚焦保障防洪安全。加快完善流域防洪工程体系，完成投资 1 313 亿元。重点推进西江大藤峡水利枢纽、广东湛江蓄滞洪区、四川青峪口水库等重点防洪工程。另外，推进中小河流治理、病险水库除险加固、重点涝区等防洪排洪薄弱环节建设。二是聚焦保障供水安全和粮食安全，实施国家水网重大工程，完成投资 1 898 亿元。重点推进引江济淮、云南滇中引水、珠江三角洲水资源配置、湖南犬木塘水库、贵州凤山水库等重大水资源配置和重点水源工程建设，以及灌区新建和改造、农村供水、中小型水库建设等。三是聚焦保障生态安全，完成投资 835 亿元，复苏河湖生态环境。重点推进永定河、吉林查干湖、福建木兰溪等重要河湖治理和生态修复，以及农村水系综合整治、坡地水土流失治理、地下水超采区综合治理等项目建设。

（农民日报·中国农网记者　李锐）

财政部、水利部拨付水利救灾资金 4.68 亿元

7 月 18 日，记者从水利部获悉，财政部、水利部近日拨付水利救灾资金 4.68 亿元，支持广东等 10 个省（自治区、直辖市）做好水毁修复工作。

今年入汛以来，我国强降雨过程多，珠江发生流域性较大洪水，北江发生特

大洪水，西江发生4次编号洪水，长江流域湘江、赣江也相继发生编号洪水，四川发生两次6级以上强震，水利工程水毁震损严重，防汛形势严峻。财政部、水利部迅速调度各地受灾情况，及时研究救灾资金分配方案，下达水利救灾资金用于支持受灾地区水利工程设施修复等救灾工作，及时恢复防洪功能，切实保障防洪安全。

水利部部署"七下八上"防汛关键期水旱灾害防御工作

7月18日，国家防总副总指挥、水利部部长李国英主持专题会商，研判"七下八上"防汛关键期洪旱形势，安排部署水旱灾害防御工作。李国英强调，要始终把保障人民群众生命财产安全放在第一位，锚定人员不伤亡、水库不垮坝、重要堤防不决口、重要基础设施不受冲击"四不"目标，坚决守住水旱灾害防御底线。

据预测，"七下八上"期间，松花江流域、淮河流域沂沭泗及山东半岛诸河、黄河支流大汶河、新疆阿克苏河等可能发生较大洪水，黄河中下游、淮河、辽河、海河南系、长江支流汉江和滁河、云南澜沧江等可能发生超警洪水，珠江流域、海河北系及滦河、太湖等可能发生区域性暴雨洪水；江南南部、华南北部、西北大部、西南东北部、新疆等地可能出现阶段性旱情。

李国英要求，要迅即进入防汛关键期工作状态，意识、机制、节奏、措施与之相匹配，以"时时放心不下"的高度责任感全力做好各项防御工作。一要扎实做好预报、预警、预演、预案"四预"工作；二要全面检查和落实重点流域防洪工程体系（控制性水库、河道及堤防、蓄滞洪区）应对准备工作；三要提前做好各类水库防垮坝工作，逐库落实防汛"三个责任人"和"三个关键环节"；四要提前做好淤地坝防溃坝工作，逐坝落实责任人、抢险措施；五要提前做好山洪灾害防御工作，强化局地短临降雨预报预警，提前转移危险区群众，做到应撤必撤、应撤尽撤、应撤早撤、应撤快撤；六要提前做好中小河流洪水防御工作，逐河检查落实各级河长防汛责任，抓紧清除行洪障碍，加强薄弱堤段巡查防守，及时组织群众转移避险；七要提前做好抗旱工作，确保旱区群众饮水安全，保障在地农作物时令灌溉用水需求；八要全链条、全过程紧盯每一场次洪水和每一区域干旱防御工作，及时复盘检视，及时查漏补缺，全面提高水旱灾害防御能力。

千里淮河直入海

——写在淮河入海水道二期工程开工之际

淮河发源于河南省桐柏山区，原是一条独流入海的河流，滋润良田、泽被两岸。然而，自12世纪黄河南迁、夺淮入海以来，淮河旱涝灾害日趋频繁，一度被称为"中国最难治理的河流"。

彻底打通淮河入海水道，破解尾闾不畅的痛点，是一代代水利人接续奋斗的目标。7月30日，淮河入海水道二期工程开工，将大幅度提升淮河入海能力。

据介绍，入海水道二期工程实施后，可使洪泽湖防洪标准由现状100年一遇提高到300年一遇，同时减轻淮河中游防洪除涝压力，减少洪泽湖周边滞洪区启用，改善苏北灌溉总渠以北地区排涝条件，并为今后洪泽湖周边滞洪区调整创造条件，对保障流域经济社会发展具有重大意义。

提升入海能力　保障流域防洪安全

淮河流域人口稠密，在我国经济社会发展大局中地位突出，但气候多变、水旱灾害频繁，治淮一直是国家治水的重中之重。

2020年8月，习近平总书记在安徽考察期间，首先来到的是被称为千里淮河"第一闸"的王家坝闸。在王家坝防汛抗洪展厅，习近平总书记详细了解了淮河治理历史和淮河流域防汛抗洪工作情况。他强调，淮河是中华人民共和国成立后第一条全面系统治理的大河。70年来，淮河治理取得了显著成效，防洪体系越来越完善，防汛抗洪、防灾减灾能力不断提高。要把治理淮河的经验总结好，认真谋划"十四五"时期淮河治理方案。

经过多年治理，淮河流域洪涝灾害防御能力显著增强。其中，通过建设淮河入海水道一期工程等项目，淮河下游的排洪能力由不足8 000立方米每秒扩大到15 270立方米每秒至18 270立方米每秒，洪泽湖及下游防洪保护区达到100年一遇的防洪标准。

淮河下游洪水入江、入海能力得到巩固提升的同时，洪水出路规模依然不够，洪泽湖中低水位泄流能力偏小仍是淮河下游防洪面临的主要瓶颈。

2022年初，水利部部长李国英在全国水利工作会议上部署2022年重点工作时强调，要提高河道泄洪及堤防防御能力，加快淮河下游入海水道二期等重点工程建设，保持河道畅通和河势稳定，解决平原河网地区洪水出路不畅问题。

水利部规划计划司副司长乔建华介绍，由于淮河下游入海通道泄流能力不足，在利用洪泽湖周边滞洪区滞洪的情况下，洪泽湖现状防洪标准才能达到100年一遇，尚达不到国家防洪标准规定的300年一遇的要求。目前，淮河下游入江、入海的设计泄洪能力要在洪泽湖水位较高时才能达到，洪泽湖中低水位时，入江、入海、入沂的泄流能力较小，洪水出路严重不足。

"因此，加快建设淮河入海水道二期工程，扩大淮河下游排洪出路，提高洪泽湖及下游防洪保护区的防洪标准，减轻淮河中游防洪除涝压力，显得尤为迫切和必要。"乔建华指出，开工建设淮河入海水道二期工程，是实现淮河安澜的重大举措。

据江苏省水利厅规划计划处处长喻君杰介绍，淮河入海水道一期工程2003年建成通水，设计行洪流量2 270立方米每秒。二期工程是在一期工程已经确定并形成的河道范围内，通过挖宽挖深泓道、培高加固堤防、扩建控制枢纽，使设计行洪流量扩大到7 000立方米每秒。二期工程建成后，将进一步扩大淮河下游洪水出路，可使洪泽湖防洪标准达到300年一遇，提高了洪泽湖的洪水调蓄能力，加快了淮河中游洪水下泄、减轻了淮河中游防洪压力。

减少滞洪区启用　支撑经济社会发展

淮河上中游洪水主要通过洪泽湖调蓄后入江、入海。作为淮河中下游接合部的巨型综合利用平原水库，洪泽湖承泄淮河上中游15.8万平方千米的洪水。

洪泽湖大堤保护区面积为2.7万平方千米，涉及耕地1 951万亩，人口1 800万人，包括扬州、淮安、盐城、泰州等数十座大中型工业城市，是我国重要的商品粮棉基地之一，也是我国经济发展程度较高的地区之一。

目前，洪泽湖防洪标准为100年一遇，如发生100年一遇以上洪水，需要采用非常分洪措施，下游地区将受到不同程度的洪水灾害。如遇300年一遇洪水，洪泽湖最大入湖流量为25 700立方米每秒，超过现状总泄流能力的41%，非常分洪量将达38.3亿立方米，苏北灌溉总渠以北、白宝湖、里下河等地区将面临受淹风险，当地数十年来建设的基础设施和积累的巨额财富或将毁于一旦，直接经济损失据估算将达 2 700 亿元。

"可以说，如果没有淮河入海水道二期工程，洪泽湖一旦发生 300 年一遇洪水，给下游造成的经济社会损失将是难以承受的。"中水淮河规划设计研究有限公司规划一处副处长何夕龙指出。

不仅可帮助下游地区抵御特大洪水、减少灾害损失，对于洪泽湖周边滞洪区而言，淮河入海水道二期工程建成后，还将减少该地区进洪风险，可以局部使用或不用滞洪区，为滞洪区调整创造了条件。

洪泽湖周边滞洪区是淮河流域防洪体系中的重要组成部分，洪泽湖目前设计防洪标准要在利用洪泽湖周边滞洪区滞洪的情况下才能达到。

据测算，入海水道二期工程建成后，一旦发生 100 年一遇洪水，洪泽湖最高洪水位达 14.71 米，比现状降低 0.77 米，洪泽湖周边滞洪区减少滞洪量 6.6 亿立方米、滞洪面积 440 平方千米，受影响人口也大为减少。一旦发生 1954 年量级洪水，洪泽湖最高洪水位达 14.19 米，比现状降低 0.31 米，不需要启用洪泽湖周边滞洪区滞洪。

为通航创造条件　助力淮河生态经济带建设

淮河中上游是我国重要的矿产资源产地，煤炭、铁矿石、水泥灰岩储量丰富。江苏省沿海中部地区港口目前处于起步阶段，未来发展空间较大。从长远发展看，淮河沿线河南、安徽和江苏三省水运需求具有较大的增长空间。

有专家指出，结合入海水道二期工程的建设开通淮河下游段航道，实现与海港的有效衔接，将显著完善和提升淮河流域的航运功能，促进淮河沿线地区统筹协调发展，也可为淮河生态经济带建设提供重要支撑。

据介绍，目前淮河出海航道在洪泽湖南线段现状基本达 Ⅲ 级标准；苏北灌溉总渠（高良涧船闸至京杭运河）段现状基本达 Ⅲ 级标准；京杭运河至六垛段达 Ⅴ 级标准；通榆运河段为 Ⅲ ~ Ⅳ 级航道；灌河段为 Ⅲ 级及以上航道；淮河入海水道段目前不通航。

"淮河入海水道二期工程项目在江苏、效益在全流域。江苏将秉承团结治水的精神，坚持流域协同治理，将入海水道二期工程打造成为淮河流域的安全水道、江淮平原的生态绿道、苏北振兴的黄金航道。"江苏省水利厅厅长陈杰表示，淮河入海水道二期工程实施后，河道水域宽阔，水深条件优良，适当浚深，改扩建沿线枢纽和跨河桥梁可满足 Ⅱ 级航道通航要求，为提高淮河出海航道等级、增加运输能力创造了条件，对促进淮河流域沿线经济社会发展具有重要意义。

（水利部宣教中心供稿）

水利部针对南方5省（区）启动洪水防御Ⅳ级应急响应

本报讯（农民日报·中国农网记者　李锐）　记者从水利部发布的汛情通报获悉，南海热带低压已于8月8日14时生成，9日10时加强为今年第7号台风"木兰"，预计10日中午至晚上在海南岛东北部至广东西部一带沿海登陆。受其影响，8月9—11日华南大部、西南南部等地将有一次强降雨过程，广西西江、郁江、北流河及桂南沿海，广东东江下游、珠江三角洲及粤西沿海，海南南渡江、昌化江等河流将出现涨水过程，暴雨区部分中小河流可能发生超警洪水，山丘区可能发生山洪灾害。

根据《水利部水旱灾害防御应急响应工作规程》，水利部已于8月9日12时针对广东、广西、海南、贵州、云南5省（区）启动洪水防御Ⅳ级应急响应，并发出通知，要求相关省级水利部门和水利部珠江水利委员会密切关注雨情、水情，做好监测预报预警、水工程调度、堤防巡查防守、值班值守等各项防御工作，确保人民群众生命财产安全和重要工程安全。

（农民日报·中国农网记者　李锐）

广西玉林市龙云灌区工程开工建设

8月16日，广西龙云灌区工程开工建设。该工程是国务院部署实施的150项重大水利工程之一，也是2022年国务院第167次常务会议确定的今年重点推进开工建设的6大灌区之一。

广西龙云灌区总投资52.78亿元，主要解决灌区农业灌溉、城乡生活及工业园区供水问题，并为改善区域水生态环境创造条件。工程主要建设内容为新建蟠龙、中甘岭、云良等 3 座水库；新建引水渠 11.94 千米，新建 4 条输水干管（渠）34.53 千米、新建 29 条支管（渠）34.05 千米，新建泵站 26 座，对现有灌区的骨干渠系进行续建配套和节水改造等。

据了解，广西龙云灌区总工期 54 个月，其中施工准备期为 6 个月，主体工程施工工期为 52 个月。施工准备期主要完成场地平整、场内道路、施工工厂、生产和生活用房、供水、供电等项目。今日开工建设的主要内容为中甘岭水库施工。

玉林市是海峡两岸农业合作试验区，正在大力发展特色农业，龙云灌区涉及的北流市列入国家粮食生产核心区，玉州区、福绵区、陆川县列入国家粮食增产后备区，建设龙云灌区对于保障国家粮食安全具有重大意义。

工程建成后，可合理配置区域水资源，改善玉林市周边地区农业灌溉条件，预计可新增灌溉面积 21.0 万亩，恢复灌溉面积 8.8 万亩，改善灌溉面积 24.2 万亩；可向周边工业园区及铜石岭旅游度假区、高铁新城等区域供水，年均供水量 3.61 亿立方米，受益人口 226 万人。工程的实施，将为强化项目区粮食生产安全和城乡生活及工业用水保障、改善南流江水生态环境、发展热带特色农业和推动当地乡村振兴创造积极条件。

（农民日报·中国农网记者　李锐）

水利部：未来一周面临汛情旱情叠加严峻形势

本报讯（农民日报·中国农网记者　李锐）　日前，国家防总副总指挥、水利部部长李国英主持专题会商，滚动分析研判近期旱情、汛情形势，进一步安排部署抗旱防汛工作。预测未来一周，我国将面临汛情、旱情叠加的严峻形势。从旱情看，长江中下游和洞庭湖、鄱阳湖地区旱情仍将持续发展；从汛情看，松花江、海河流域部分水系，黄河上中游地区特别是内蒙古河段和北干流上段、渭河，海南及西江流域沿海诸河等将有较强降雨过程，发生洪水的可能性较大。

会商要求，一要全力以赴做好抗旱工作。要精准掌握旱区人员饮水以及大牲畜、规模化养殖饮用水困难情况，提前有针对性地采取保供水措施；以确保旱区群众饮水安全、保障大中型灌区引水灌溉为目标，实施"长江流域水库群抗旱保供水联合调度"专项行动，精细调度以三峡水库为核心的长江上游水库群、洞庭湖"四水"水库群、鄱阳湖"五河"水库群，滚动跟踪补水演进过程，精准对接城镇和灌区取用水。二要抓好局地强降雨导致的山洪灾害防御。进一步完善预报预警信息"贯通到底"和信息反馈机制，确保预警信息到岗到人，根据预警信息落实人员撤离和管控措施。三要强化黄河上中游地区淤地坝防垮坝和中小河流洪水防御措施，做好预报预警，加大巡查力度，逐坝落实防汛责任人、抢险措施和受威胁人员撤离方案。四要加强台风路径、影响范围、降雨等监测分析研判，提前做好防范应对预案。五要统筹考虑后汛期水库调度运用，在确保防洪安全前提下，兼顾蓄水，为秋冬季供水提供储备水资源。

精准调度　提前开灌　错峰灌溉
宁夏灌区破解旱情期间灌溉供水困局

平均最高气温较常年同期偏高 2.7 摄氏度，3—6 月平均降水量较常年同期偏少 51%，8 月黄河上中游主要来水区间来水较常年同期偏少三成左右……

面对大旱之年的气候变化、黄河水情等因素叠加，宁夏水利系统采取加快大中型灌区现代化改造、建设抗旱水源工程、引黄灌区提前开闸供水等措施，确保灌区灌溉供水。目前，宁夏水资源优化配置和调控保障能力不断增强，灌区灌溉供水稳定有序。

"今年，秦汉渠灌区累计取黄河水 6.6 亿立方米，占宁夏水利厅下达夏秋灌引水指标的 83%，比去年同期少引 6 000 多万立方米。即便是在大旱之年，灌区的灌溉用水也得到了保障。"8 月 19 日，宁夏秦汉渠管理处处长周小生站在东干渠边，看着黄河水通过渠道流向河东灌区。

秦汉渠灌区是宁夏引黄古灌区的重要组成部分，现有总干渠 1 条，干渠 4 条，支干渠 2 条，渠道总长 223 千米，灌溉面积 108 万亩，总引水能力 169 立方米每秒，年均引水量 10.2 亿立方米。

周小生介绍，面对高温、旱情，灌区实行干渠轮灌制度，实现高水位、大流量集中灌溉，提高用水效率。河东总干渠 4 月 2 日放水，较往年提前一周，重点解决 2.87 万亩春小麦头水旱情问题。面对 6 月持续高温天气，管理处提前行动，四大干渠比去年提前 13 天加水至满负荷，率先度过首轮用水高峰后，调整流量 80 立方米每秒支援河西灌区。

"管理处严格总量控制和定额管理，合理安排灌区用水，充分发挥调蓄水库、应急抗旱井等补灌作用，统筹解决渠道稍段、高口高地和扬水等灌溉难题。近期，管理处筹备停水前最后一轮农业灌溉任务，以及停水后东干渠上下游砌护工程的准备工作。"周小生说。

在由东干渠引水的盐环定扬黄工程八泵站，黄河水以 4.9 立方米每秒的速度流淌，灌区的玉米长势良好，戈壁的植被绿意盎然。盐环定扬水管理处副处长杨存告诉记者，截至 8 月 19 日，盐环定供水系统已安全行水 126 天，引水 1.11 亿立方米，完成全年引水计划的 74%，较去年同期多运行 10 天，多引水 928 万立方米。目前，灌域整体用水秩序良好，无大面积旱灾情况。

针对今年六、七月遭遇极端高温天气考验，盐环定扬水管理处吸取去年 60 年一遇的极端干旱天气抗旱经验，采取四大抗旱保灌措施：一是强化水资源最大刚性约束，从严从细管好水资源，持续规范灌区用水秩序。二是面对今年引水量达历史之最、供水任务繁重的形势，春灌（4 月 2 日开机）较往年提前 6 天开机放水，延期 4 天停机（5 月 17 日停水），大大缓解了供水压力。三是通过"长藤结瓜"方式，协调宁夏盐池县隰宁堡、石山子、杜窑沟等水库提前蓄水 355 万立方米，与农业用水错峰，有效地缓解了夏秋灌抗旱保灌供水压力。四是在农业用水高峰期，紧急启动盐池县杜窑沟、隰宁堡及石山子水库抗旱应急水源向农业蓄水池补水 380 万立方米，限制工业用水，全力保障农业灌溉用水。

"目前，灌区主要种植作物黄花夏秋灌供水已结束，玉米及牧草进入最后一轮灌溉期。盐环定供水系统运行正常，在夏秋灌农业用水的最后关键阶段，全力保障灌区 42.47 万亩农田灌溉及灌区 61 万群众饮用水。"杨存说。

（农民日报·中国农网记者　李锐）

重庆市长寿区：
龙溪河桃花溪水系为 1.2 万亩农作物解"渴"

8 月 17 日热浪翻腾的下午，重庆市长寿区石堰镇普子村蔬菜基地的负责人戴茂德正忙着铺设塑料水管、安装抽水机，为夜里抽上灌溉水做积极的准备。

"眼下旱情正紧，每天从桃花溪抽水用于蔬菜基地灌溉，这一季收成总算保住了。"戴茂德是石堰镇的蔬菜种植大户，承包了 80 多亩地种植茄子、豇豆、丝瓜等蔬菜。今年 7 月以来，长寿区雨水较少，特别是最近 20 天来，连晴高温，不过，戴茂德一家没有灰心，而是每天精心管理着蔬菜，一天早晚各抽一次水，由于灌溉与管理得当，他种下的茄子、丝瓜长势还不错。

在戴茂德的蔬菜基地里，四五个村民正忙碌着采摘、收获着蔬菜。丝瓜丛里，戴茂德开心地采摘着丝瓜。"这丝瓜可是我抽了30多天的水换来的收获，一天摘一次，每次都在几百斤。"戴茂德说。

戴茂德告诉记者，往年夏天出现短暂干旱，基地没有足够的水源进行灌溉，完全是看天吃饭，现在水利部门从龙溪河向桃花溪调水，他也不会因为蔬菜基地没水灌溉而烦恼了。

戴茂德口中的龙溪河向桃花溪调水，得益于三峡后续项目龙溪河桃花溪水系连通工程。自7月工程建成以来，从龙溪河向桃花溪调水4次，补水33天，共330万立方米，惠及桃花溪沿岸群众42万人，覆盖沿线农作物1.2万亩。

（丁恩宇　农民日报·中国农网记者　李锐）

节水优先，建设高质量发展的生态灌区
——"节水中国行·黄河流域深度节水控水"走进宁夏

地处西北内陆的宁夏回族自治区气候干旱，生态脆弱，人均可利用水资源量仅为576立方米，不到全国平均水平的1/3，是全国水资源最为匮乏的省（区）之一。

为了推动黄河流域生态保护和高质量发展先行区建设，宁夏坚持"四水四定"（以水定城、以水定地、以水定人、以水定产）原则，形成了总量控制、指标到县、用途管控的"硬约束"体系。在农业方面，通过调整种植业结构、推广节水灌溉技术、安装灌溉用水数字化管控设备及应用信息化系统、实施农业综合水价改革等"一揽子"措施，力争到2025年，实现农业耗水量控制在27.76亿立方米以内、取水量控制在49.47亿立方米以内的目标。

调结构、重实效，节约用水与增产高效并重

8月18日，在属于贺兰县现代化生态灌区的立岗镇幸福村，村民石建军流转了3 200亩种植玉米、蔬菜、大豆、小麦。"去年我还种植了水稻，但因为水稻的亩用水定额是1 000方[①]，所以调整了种植结构，以亩用水定额270方的玉米、

---
① 1方=1立方米，下同。

290 方的小麦以及高效益的蔬菜为主。"石建军告诉记者，调整后的作物属于既高效又节水的作物，省水省肥省工，收益也不差。以亩均用水定额 600 方的蔬菜作物菜心为例：菜心生育期短，以前没有采用喷灌技术的时候，一茬菜心亩均用水超过 300 方。采用喷灌技术以后，用水多次少量，一茬菜心用水在 200 方，一年种植菜心可节水 300 方。

立岗镇的现代化生态灌区面积 12 万亩，包括 9 000 亩水稻、1.5 万亩小麦、4 万多亩玉米、2 万多亩玉米套种的大豆、蔬菜及瓜类近 2 万亩，其中采用高效节水灌溉面积超过 4 万亩，占灌区总面积的 1/3。"立岗镇农业用水指标是 8 800 万方，预计今年可节水 2 000 万方。"立岗镇水利站站长谢建平说。

同样，宁夏红寺堡灌区节水从渠系增效、田间配套上"入手"。灌区开展高标准农田建设，配套完善支、斗、农渠设施，混凝土板衬砌率达到 100%，提高了渠系输配水效率。通过激光平田整地、小畦灌溉、水肥一体化等提高田间管理水平，实现节水与农业生产提质增效双赢。红寺堡扬水管理处处长王瑞斌介绍，灌区推广应用喷灌、滴灌、微灌、膜下滴灌等节灌技术，压减玉米等高耗水农作物，发展葡萄、枸杞、黄花菜等高效节水灌溉特色农业 34.37 万亩，节水效益和经济效益显著。

宁夏坚持"以水定地"，严控灌区规模，优化种植结构，压减水稻 20 余万亩、供港蔬菜 1 万亩，腾出水资源近 2 亿立方米，保障枸杞、酿酒葡萄、奶牛、肉牛、滩羊等特色产业发展用水。同时，宁夏实施高效节水农业"三个百万亩"工程，截至 2021 年，全区高效节水灌溉累计达到 487 万亩，占灌溉总面积 46%。

上设备、细操作，信息化助力水资源利用更精准

在调整种植业结构、推广应用节水灌溉技术的基础上，宁夏水利部门融合测控一体化技术、水联网数字技术，在青铜峡市等 15 个县（区）推进现代化灌区试点建设，引黄灌区累计配套安装自动化量测水设备 3 835 台（套），近 40% 的干渠直开口实现测控一体化，打造云灌区 130 万亩，加速灌区管理由人工向远程智能转变。

盐池县冯记沟乡马儿庄村全村 407 户、1 104 人，耕地面积 1.07 万亩，草原 9.36 万亩，靠农牧业为生。"以前大水漫灌时，玉米亩均用水超过 500 方。水权确权以后，亩均用水定额 210 方，只能满足 6 000 余亩玉米的灌溉需求，3 600 多亩处于没有水'喝'的状态。"马儿庄村支部书记关尚锋说。

盐池县水务局农村水利工作站站长王永智告诉记者，盐池县处于宁夏中部干

旱带，干旱少雨，光能丰富，日照充足，多年平均降雨量 280 毫米，蒸发量高达 2 100 毫米。而盐池县人均水资源量 424 方，不足全国平均水平的 1/5；亩均水资源量 156 立方米，不到全区平均值的 1/3。

如何让有限的水资源产生更大的效益？2017 年，马儿庄村争取到高标准农田建设项目，进行节水灌溉改造，2018 年正式运行。2019 年，争取到盐池县马儿庄片区控制及计量设施试点工程，对项目区进行全自动化控制改造，安装测控一体化闸门 42 座，在 3 个片区安装了 900 多个电磁阀，配套建成 1.07 万亩田间自动化控制系统。2020 年，马儿庄节水灌溉区作为水协会社会化综合服务改革试点，在全区推广学习。

关尚锋告诉记者，马儿庄灌区已经成为集自动化监控体系、先进高效的水利信息化体系、科学完备的水管理保障体系等功能特点于一体的现代化生态灌区。灌区实现了"四省一增一调"，即省工，由原来一家一户的田间管理 580 余人减少到现在的 11 人全程管理；省水，灌溉用水由原来的每亩 500 立方米，降到 215 立方米；省肥，由原来的每亩 160 斤降到 102 斤；省地，由大水漫灌时的 6 000 亩到现在的 1.07 万亩全覆盖；增收，由原来的玉米亩产 1 200 斤增加到 1 400 斤以上，亩均增加收入 200 元以上；调结构，由种植玉米发展到青储、黄花特色产业。

为进一步推动现代化生态灌区建设，盐池县在扬黄渠道安装测控一体化闸门 66 座，实现了自动化控制、精细化管理。目前，盐池县高效节水灌溉是宁夏唯一的"全国高效节水灌溉示范县"，盐池县农田灌溉水有效利用系数达到 0.672，高于全区 0.561 的平均值，高效节水灌溉面积实现基本全覆盖。

调水价、同管理，水权改革树立节水理念

宁夏全面实施深度节水控水行动，以用水权改革作为引领，创新用水权确权理论和技术新模式，建成确权交易监管平台和数据库。在农业方面，确权灌溉面积 1 042.8 万亩，确权水量 41.6 亿立方米，核查黑户灌溉土地 124.8 万亩。全区末级渠系供水成本测算和水价批复全部完成，2022 年开始全部执行新水价。

在吴忠市利通区高闸镇高闸村，村民尹国胜的生活比较清闲。谈起农事日常操作时，他说："我今年流转了 500 亩土地种植玉米，政府投入资金实施了高效节水灌溉项目，安装了水肥一体化设备，而且镇里又成立了专业管水的合作社，灌溉、施肥、管理一体化，我只等着收割，没什么活可干。而且，以前一亩地水电费 85 元，现在是 60 元，各项生产成本都降下来了，一亩地纯收入少说也能有

700 元以上。"

吴忠市利通区水务局局长马铁告诉记者，长期以来，当地老百姓习惯大水漫灌，对农业节水没有意识，总觉得临近黄河不愁没有水。水资源是稀缺资源，2021 年，利通区推行农业用水权改革，以村为单位，核定了全年用水量，同时，强化水资源管理全方位服务，农业灌溉实行"社会化、专业化、精准化"管理模式。

"过去水费定价是 0.030 5 元每方，现在涨到 0.071 元每方，水费单价上升了，可一亩地的水费却减少了 20 多元，这得益于镇里成立了民鑫农业灌溉服务专业合作社。"高闸镇镇长王耀林告诉记者，合作社的成立，在农业灌溉方面有四个好处：一是统一管理灌区的农业灌溉，涉水纠纷减少，减轻了政府负担；二是利用农业用水权改革的机会重新核定了耕地面积，按照面积及灌水定额决定用水户的用水总量；三是通过实施水利信息化建设，政府和合作社精准掌握每个地块的灌溉用水量，多省水多补贴多返还，是多赢的事情；四是以前灌溉设施维修养护由政府负担，现在由合作社负责，资金使用节水返还奖励，自收、自管、自支。

2021 年，高闸镇全镇节约农业灌溉用水 1 400 多万方，返还给合作社节水奖励资金 32.28 万元。"32 万元用于三部分，一部分奖励给种植户，一部分奖励给合作社管水员，一部分用于辖区内水利工程设施维修养护。而且，我们还要把节省下来的水进行跨地区或者跨行业水权交易，变成经济效益。"王耀林说。

2021 年，宁夏深入推进用水权交易，累计交易水量 1.477 亿方、金额 12.72 亿元，向宁东基地累计供黄河水超 20 亿立方米，促进了水资源高效流转，推动了水资源配置由"政府主导"向"市场主导"转变。

（农民日报·中国农网记者 李锐）

贵州威宁：村村"有水喝" 人人"喝好水"

"以前村民要跑四五千米，才能挑上水，光路上来回就要 4 个小时。"8 月 26 日，站在贵州省威宁彝族回族苗族自治县大街乡大街村村民张灵的家门前，大街乡党委书记禄浩讲述多年前的场景，脸上满是无奈。

大街乡位于威宁彝族回族苗族自治县城北部，全乡占地 112 平方千米，辖 52 个村民小组，现有 5 193 户 20 802 人。多年来，大街乡因山高坡陡，石漠化严重，水资源极度匮乏，深陷"吃水难，用水难"的困境。

从 2012 年开始，大街乡村民曾尝试在乡镇周围打下第一口井，并将井水抽到高位水池，虽然解决了部分村民的用水问题，但水量、水质没有保障，吃水问题依然无法根本解决。

2015 年，威宁彝族回族苗族自治县开始实施农村饮水安全巩固提升工程建设，在全乡总投入 1 000 多万元，修建 9 个水窖。"每年夏秋时节，村民将雨水引入水窖储存，这一窖水就是村民和牲畜一年的'命根子'。"禄浩告诉记者，由于受天气影响，每年 12 月至次年 5 月，天干少雨，部分村民们又面临用水紧张状况。

为帮助大街乡迈过"水贫困"这道难关，2019 年以来，贵州水投水务集团威宁乡镇公司实施城乡供水巩固提升工程建设。"通过建水泵站，将 10 千米外的新隆河河水经 2 级提升送到水厂，经过水厂一体化净水设备处理，成功解决 1 053 户村民，1.2 万人饮水安全问题，再通过加压泵站将水送至海拔 910 米的高位水池，最终解决兴隆村、高河村、大松村等村的用水需求。"贵州水投水务集团威宁乡镇公司负责人褚勇介绍。

在村民张灵家中，记者打开水龙头，清澈的自来水潺潺流出，"现在家家都通了水，日子有奔头，我们也能多腾出点时间干农活，去年收成不错，家里收入有 1 万多元。"张灵说。

受益的不只是大街乡，曾经乌蒙山深处最边远的一块脱贫攻坚"硬骨头"，地处威宁彝族回族苗族自治县东北部的石门乡，因实施农村饮水安全巩固提升工程建设，而发生了翻天覆地的变化。

走进石门乡石门坎村新营苗寨，83 幢二层小洋房被绿树环绕，道路干净整洁，生活在这里半辈子的村民韩庆安告诉记者："以前没有自来水，吃水全靠到几千米以外的雨撒湾挑水喝，现在家家都通了水，住上了新房子，日子越来越好过，都是党的政策好啊。"聊起这些年发生在自己身边的变化，韩庆安用苗语唱起了《我和我的祖国》以感谢党的恩情。

2015 年以来，石门乡累计实施农村饮水安全巩固提升工程项目 54 个，总投资 4 223 万元，覆盖全乡 14 个行政村 86 个自管委，受益村民 2.5 万余人。"现在石门乡真正实现了从'没水喝'到'有水喝'，再到'喝好水'的转变，村民的饮水安全问题得到了全面解决。"石门乡副乡长张镭说。

事实上，石门乡只是全县实施农村饮水安全巩固提升工程建设的一个缩影。威宁彝族回族苗族自治县水务局农村水利水电股负责人浦绍友介绍，自实施农村饮水安全巩固提升工程以来，共建设项目 1 306 个，其中分散式供水工程 38 处，覆盖 41 个乡镇、街道，超过 130 万人受益。"为确保农村饮水安全巩固提升工程能更好地服务群众，威宁自治县已成立农村饮水安全工程运行管理中心，聘请公益性管水员 1 224 名，落实 24 小时值班制度，每日加强巡查管护。"浦绍友说。

贵州省水利厅数据显示，近十年来，贵州通过实施农村饮水安全巩固提升工程、脱贫攻坚农村饮水安全挂牌督战等行动，累计投入农村饮水安全保障省级以上资金 113.42 亿元，解决和巩固 740 万农村居民饮水安全问题，农村自来水普及率升至 90%，现行标准下全省农村饮水安全问题全面解决。

（丁恩宇　农民日报·中国农网记者　李锐　王子涵）

安徽省怀洪新河灌区工程开工

9 月 22 日，总投资 104 亿元的安徽省怀洪新河灌区工程开工建设。至此，国务院今年重点推进的 6 处新建大型灌区工程已全部开工。

怀洪新河是淮河左岸的重要支流，其流域总集水面积 1.25 万平方千米。1999 年怀洪新河建成后，较好地发挥了分洪、排涝、航运、供水等综合功能。为最大程度发挥怀洪新河的灌溉功能，经过数年努力，2012 年，怀洪新河灌区列入《全国现代灌溉发展规划》，2015 年列入国家"十三五"重大水利项目计划，2022 年列入国家 150 项重大水利工程，是水利部要求的今年开工的重点项目之一。

怀洪新河灌区是安徽第一大河灌区，灌区范围南至淮河干流及涡河下游，西抵蚌埠与亳州、淮北及宿州市界，北依南沱河，东达天井湖，涉及蚌埠市怀远县、固镇县、五河县及淮上区，面积 3 850 平方千米，设计灌溉面积 343 万亩，其中改善灌溉面积 171 万亩，新增灌溉面积 172 万亩。工程以农业灌溉为主，结合除涝，兼顾城镇供水和改善水生态环境。工程建设工期为 48 个月。工程在提高农民收益、保障国家粮食安全、积极发挥水利有效投资作用等方面都将起到重要作用。

国务院今年重点推进的 6 处新建大型灌区工程分别是江西省大坳、梅江灌区，广西壮族自治区大藤峡、龙云灌区，海南省牛路岭灌区和安徽省怀洪新河灌区。

（农民日报·中国农网记者　李锐）

水利部：今年以来新开工水利项目 1.9 万个

　　9 月 14 日，记者从水利部召开的 2022 年水利基础设施建设进展和成效新闻发布会上获悉，今年水利基础设施建设呈现开工多、投资规模大、建设进度快、吸纳就业广的特点。截至 8 月底，新开工水利项目 1.9 万个，重大水利工程开工 31 项；在建水利工程投资的总规模超过 1.8 万亿元，落实水利建设投资 9 776 亿元，完成水利投资达 7 036 亿元，均创历史新高；完成中小河流治理 6 800 多千米，建成农村供水工程 8 173 处，改造大中型灌区 505 处；水利建设累计吸纳就业人数 191 万人，其中农村劳动力 153 万人。

　　水利部规划计划司相关负责人介绍，新开工的重大水利工程从数量上来讲是历史同期最多的。主要集中在以下四个方面：第一类是防洪工程。主要是流域防洪工程体系里的一些骨干项目，有河道治理项目，有水库项目，还有蓄滞洪区项目，这些都是非常典型的流域防洪工程体系里面的一些骨干工程。第二类是水资源配置项目。主要是国家层面，包括区域的和省级水网里面的一些骨干工程。比如南水北调中线引江补汉工程、环北部湾广东水资源配置工程，以及滇中引水二期等项目。通过实施这些水资源配置工程能够有效地完善国家、区域，包括省级的水网格局。第三类是灌溉项目。比如广西的大藤峡和龙云灌区、江西的大坳和梅江灌区、海南的牛路岭灌区等。这些灌区项目实施以后能够提升粮食安全保障能力。第四类是复苏河湖生态环境的一些重大项目。比如山西的七河五湖水生态治理项目、福建的木兰溪下游水生态修复治理项目，目的是修复河湖生态环境。

　　新开工的一些重大水利工程，效益非常显著。从当前看，主要的效益不仅能够拉动有效的水利投资，带动就业岗位，而且能够作为稳定宏观经济大盘的一个重要抓手。从长远看，也能够为防洪安全、供水安全、粮食安全，包括生态安全提供有力支撑，而且也有助于国家中长期的发展战略顺利实施。

　　（农民日报·中国农网记者　李锐）

中国再添4处世界灌溉工程遗产

北京时间10月6日上午，在澳大利亚阿德莱德召开的国际灌排委员会第73届执行理事会上，2022年（第九批）世界灌溉工程遗产名录公布，中国四川省通济堰、江苏省兴化垛田、浙江省松阳松古灌区和江西省崇义上堡梯田等4个工程全部申报成功。至此，中国的世界灌溉工程遗产已达30项。

通济堰始建于公元前141年，距今已有2163年的历史，渠首位于成都市新津县南河、西河、金马河交汇处，采取了引水方向和自然河流方向呈大自然黄金角（137.5°），是我国历史上规模最大、运用时间最长的活动坝，是重要的水利工程技术进步典范。在长期的治水实践中，通济堰自成一体运行，总结出了"冬闭春开，平梁分水"的治水原则，创造了"以篾易石""砌石硬堰""铁壁筒"等工程技术，形成了"堰工局""堰长制"等独具特色的水利管理体制，体现了"道法自然、天人合一"的治水智慧，是人水和谐的典范工程。《华阳国志》表述：水旱从人，不知饥馑，时无荒年。灌溉工程为古城眉州的社会安定、文化繁荣提供了有力的物资支撑，孕育了东坡文化、长寿文化、忠孝文化、竹文化，诞生了一派繁荣的天府之国。通济堰灌区作为都江堰灌区的重要组成部分，主要承担着向成都、眉山2市4县（区）提供生活、生产、生态用水，灌溉面积52万亩。

兴化垛田灌排工程体系是国内外唯一、里下河腹地独有的、分布在兴化湖荡区的高地旱田灌排工程、体系。唐代以来，兴化先民为了应对水患灾害，筑捍海堤、筑圩堤、兴建排灌设施，并架木浮田、垒土成垛，形成高出水面1米以上的田块即明代中后期创建与初步发展的垛田，发展成拥有配套的圩堤、灌排渠道、水闸等复合灌排工程体系和独特的灌溉方式的灌溉工程系统，沿用至今。兴化垛田灌排工程体系是江淮之间、滨海平原创造性的工程体系，有别于其他水网地区的圩田、垸田，体现了协调黄河、淮河、运河关系前提下国家洪水管理的意志，在灌溉与排水工程史上有重要的地位和独特的代表性，具有很高的历史、科学、文化价值，至今仍在发挥灌溉排水、防洪抗旱排涝、生态农业、景观旅游等多方面效益。

松古灌区是特色鲜明的灌溉工程遗产"活态博物馆"，是中小流域古代灌溉工程典范。自汉代开始，先民因地治水，在松阴溪流域依势筑堰建渠，分片"开圳引水"，逐步建成以松阴溪主支流为水源，堰堤密布、圳渠交错的灌溉网络。

灌区工程体系在明清时期臻于完善，至明末清初，境内有古堰 120 处，古塘、古井百余处，至今仍在滋润着松阴溪两岸 16.6 万亩良田。数百年来，松古灌区先民以榜文、碑刻、文选等形式，翔实记录了"七三法"立项选址、"借地建圳"，采用"人字形"坝体结构等建设机制，以及"汴石分水""定期轮灌""圳田制""堰董制、圳董制""水权管理"等创造性的灌区管理机制，真实反映了当地官民的治水精神和治水智慧。

上堡梯田位于江西省赣州市崇义县西北部山区，面积约有 5.1 万亩，主要分布在上堡、丰州、思顺三个乡（镇）26 个行政村。梯田最高海拔 1 260 米，最低 280 米，垂直落差近千米，最高达 62 梯层，被称为"世界最大客家梯田"。据《山海经》等文献记载，上堡梯田开发历史最早可追溯至先秦时期，兴起于秦汉时期，成熟于宋元时期，完善于明清时期，距今至少 2 200 年历史。上堡梯田，梯山为田，因山成形、因水而兴，属于陡坡梯田。它不仅包含了完善的农田水利灌溉工程系统（可持续利用的水源蓄水工程、科学的灌排系统工程、先进的节水工程、完备的储水工程、完整的田间配套工程），而且包含了良好的上堡梯田生态保护系统（"森林—水系—梯田—村落"山林农业生态体系，由森林子系统、水系子系统、梯田子系统和村落子系统组成，充分展示了森林的水源涵养功能、水系的灌溉功能、梯田的水保功能、村落的生产功能）。上堡梯田灌溉工程，它以最简易的工程设施、最少的维养管护、可持续的工程管理，实现了有效的自流灌溉，有力推动了当地的土地垦殖和农业生产，不断提升了粮食产量，目前上堡梯田粮食平均亩产已达 1 000 余斤。同时，积淀的厚重生态理念和建造管护经验，为现代坡耕地治理工程、水土保持工程提供了积极宝贵的借鉴。并且至今遗留大量的遗址遗存，是上堡梯田开垦及其灌溉工程修建的历史痕迹和文化印记，具有极高的科学价值、历史价值和考古价值。

灌溉是农业发展的基础支撑，对人类文明发展具有重要意义。世界灌溉工程遗产名录自 2014 年设立，旨在梳理世界灌溉文明发展脉络、促进灌溉工程遗产保护、总结传统灌溉工程优秀的治水智慧，为可持续灌溉发展提供历史经验和启示。今年与中国的 4 项遗产同时列入第九批世界灌溉工程遗产名录的，还有来自澳大利亚、印度、伊拉克、日本、韩国、斯里兰卡的 15 个项目。目前世界灌溉工程遗产总数量已达到 140 项，遍布亚洲、欧洲、非洲、北美洲和大洋洲五大洲的 18 个国家。

中国灌溉工程的建设发展伴随和支撑中华文明的历史发展。特有的自然气候条件，使灌溉成为中国农业经济发展的基础支撑，历史上建设了数量众多、类型多样、区域特色鲜明的灌溉工程，许多至今仍在发挥功能。中国的世界灌溉工程遗产几乎涵盖了灌溉工程的所有类型，是灌溉工程遗产类型最丰富、分布最广泛、灌溉效益最突出的国家。中国古灌溉工程遗产是中华文化遗产的重要组成部分，科学保护灌溉工程遗产体系、挖掘传承区域特色水利历史文化，是乡村振兴战略实施的重要组成部分。延续至今的灌溉工程遗产是生态水利工程的经典范例，以世界灌溉工程遗产的申报与可持续保护利用为契机，深入挖掘并向世界展现中国灌溉历史文化，研究总结其科学技术、文化价值及管理经验，对助推乡村振兴、生态文明建设和水利工程的可持续发展，具有重要现实意义。

国际灌排委员会成立于 1950 年，是以国际灌溉、排水及防洪前沿科技交流及应用推广为宗旨的专业类国际组织，成员包括 91 个国家和地区委员会，覆盖了全球 90% 以上的灌溉面积。第 24 届国际灌排大会暨国际灌排委员会第 73 届执行理事会于 10 月 3—10 日在澳大利亚阿德莱德召开。

（农民日报·中国农网记者　李锐）

水惠中国

法治日报

- ■压实各方责任增强国家水安全保障能力　我国今年可完成水利投资约 8 000 亿元
- ■水利部：南水北调后续工程首个项目引江补汉工程开工　"牵手"国之重器夯实国家水网主骨架
- ■水利部：上半年水利工程建设取得显著成效
- ■水利部针对五省（区）启动水旱灾害防御IV级应急响应
  ……

压实各方责任增强国家水安全保障能力
我国今年可完成水利投资约 8 000 亿元

国务院近日召开常务会议。会议指出，今年再开工一批已纳入规划、条件成熟的项目，包括南水北调后续工程等重大引调水、骨干防洪减灾、病险水库除险加固、灌区建设和改造等工程。

"这些工程加上其他水利项目，全年可完成投资约 8 000 亿元。"在近日召开的国务院政策例行吹风会上，水利部副部长魏山忠指出，根据有关机构的研究成果，重大水利工程每投资 1 000 亿元，可以带动 GDP 增长 0.15 个百分点，新增就业岗位 49 万个。今年完成 8 000 亿元的水利投资，一定会对做好"六稳""六保"工作、稳定宏观经济大盘，发挥重大作用。

魏山忠透露，水利部将会同有关部门和地方，加快实施在建水利工程，对符合经济社会发展需要、前期技术论证基本成熟、省际没有重大分歧、地方推动项目建设意愿较为强烈的重大水利项目，加快审查审批，推动工程尽早开工建设。

魏山忠表示，水利部将在统筹做好新冠肺炎疫情防控、防洪抗旱减灾的同时，抓好水利工程建设的组织实施和协调推动，压实各方责任，多渠道筹集建设资金，强化建设管理和监督检查，保障工程质量和安全生产，全力推进建设进度，尽可能多地完成实物工作量，确保按期完成年度各项目标任务，增强国家水安全保障能力。

平衡开发环保关系

在推进重大水利工程建设中，如何平衡好水利发展与生态环保两者的关系？水利部规划计划司司长张祥伟认为，把节水放在优先位置。节水本身就是对生态环境的保护。

张祥伟说，在推进引调水、水源工程建设中，将充分节水作为前提，落实"四水四定"要求，严格节水评价，严控水资源开发利用规模，细化节水措施，推进水资源合理开发、高效利用、优化配置和有效保护。

同时，严格前期论证。张祥伟说，按照"确有需要、生态安全、可以持续"的重大水利工程论证原则，在工程选址上，避让生态保护红线；在工程规模确定上，合理控制开发强度，明确生态流量下泄的要求，尽可能减少建设用地和移民搬迁；在设计方案上，尽量避免或减缓对生态的不利影响；在项目可研阶段，严格开展环境影响评价。

此外，落实环保措施。在建设过程中，严格落实环评批复的各项生态保护措施。工程建成后，按规定开展环境保护竣工验收。在工程运行调度中，开展生态调度，保障河流基本生态水量。

提升灾害防御能力

据介绍，今年的水利工程建设聚焦"四个安全"，即保障防洪安全、供水安全、粮食安全、生态安全。张祥伟介绍说，围绕推动新阶段水利高质量发展，提升水旱灾害防御能力、水资源集约节约利用能力、水资源优化配置能力和大江大河生态保护治理能力。

在完善流域防洪减灾体系方面，水利部今年开工长江芜湖河段整治、黄河下游防洪治理、淮河入海水道二期、太湖吴淞江整治工程（江苏段）等流域骨干防洪工程，积极推进黄河古贤等水利工程建设，提高大江、大河、大湖宣泄洪水能力。

"防洪一个是泄洪，一个是靠蓄。"张祥伟说，推进湖北洪湖东分块蓄洪区、鄱阳湖康山蓄滞洪区、四川青峪口水库等建设，提高江河蓄滞洪水能力。继续推进病险水库除险加固、中小河流治理、山洪灾害防治等防洪薄弱环节建设。

同时，提升水资源优化配置能力。加快国家水网工程建设，在推进重大引调水工程的同时，建设贵州花滩子、西藏帕孜等重点水源工程，提高流域区域供水安全的保障能力。

张祥伟透露，在复苏河湖生态环境方面，开展母亲河复苏行动，加快河湖生态保护治理，推进永定河、潮白河、西辽河、木兰溪等一批河湖水生态修复与治理。持续推进华北等地区地下水超采治理。

此外，在智慧水利建设方面，加快推进数字孪生流域和数字孪生水利工程建设。张祥伟说，在数字孪生流域，今年的重点是长江、黄河等七大流域。与此同时，今年重点推进长江三峡、南水北调、黄河小浪底、西江大藤峡等重大工程的数字孪生工程建设。

张祥伟表示，通过数字孪生流域和数字孪生工程建设，强化预报、预警、预演、预案功能，提升水利的数字化、网络化、智能化监测调度管理水平，实现水安全风险从被动应对向主动防控的转变。

完善激励约束机制

水利工程是民生工程，是发展工程，也是安全工程。财政部农业农村司负责人姜大峪指出，财政部会同有关部门加强政策顶层设计，加大投入力度，加快推进水利改革发展。

在政策方面，积极研究出台水利支持政策。比如，经报国务院批准同意，出台"十四五"时期财政支持小型水库安全运行的一揽子政策。

"在资金方面，做到了稳中有增。"姜大峪透露，从 2019 年到 2021 年，财政部通过一般公共预算累计安排超过 4 400 亿元，其中安排水利发展资金 1 700 亿元，重点支持防汛抗旱水利提升工程、地下水超采区综合治理，以及中型灌区节水改造等。

2022 年，中央财政按照"政策适度靠前发力"要求，加大支持力度、优化支出结构、提升政策效能。姜大峪透露，今年通过一般公共预算安排 1 507 亿元，其中水利发展资金达到 606 亿元；通过政府性基金安排 572 亿元。同时，地方政府债券也加大了对水利项目的支持力度。

姜大峪指出，在加大力度的同时，中央财政还进一步完善激励约束机制，督促地方落实投入责任。坚持扶强扶优导向，形成正向激励，特别是对水利建设成效明显、投入保障有力的地方，在分配相关资金时予以倾斜。

姜大峪表示，下一步，财政部将按照预算法要求，抓紧下拨相关资金，支持地方加快推进水利项目建设，更好发挥水利建设惠民生、促投资、稳增长的重要作用。

水利部：南水北调后续工程首个项目
引江补汉工程开工 "牵手"国之重器
夯实国家水网主骨架

（**法治日报全媒体记者 侯建斌**） 7 月 7 日，湖北省丹江口市三官殿街道格外不同，备受瞩目的引江补汉工程在这里拉开建设帷幕。

据了解，引江补汉工程是南水北调后续工程首个开工项目，是全面推进南水北调后续工程高质量发展、加快构建国家水网主骨架和大动脉的重要标志性工程。

工程全长 194.8 千米，施工总工期 9 年，静态总投资 582.35 亿元。据测算，工程建成后，南水北调中线多年平均北调水量将由 95 亿立方米增加至 115.1 亿立方米。

连通"大水缸"与"大水盆"

2014 年 12 月，南水北调东、中线一期工程实现全面通水。7 年多来，累计调水 540 多亿立方米，受益人口超 1.4 亿人。

北上的一渠清水，极大地缓解了北方受水地区供用水矛盾，也在悄然间改变着当地的用水格局。原本规划设计作为补充水源的中线工程已经成为受水区的主力水源。以北京为例，人们每喝的 10 杯水中，就有约 7 杯来自南水。

与此同时，水源区汉江生态经济带的建设，也对汉江流域水资源的保障能力提出了新的要求。专家指出，一旦遭遇汉江特枯年份，丹江口水库来水量少，在不影响汉江中下游基本用水的前提下，难以充分满足向北方调水的需求。

2021 年 5 月 17 日晚，水利部党组书记、部长李国英主持召开党组会议，强调要心怀"国之大者"，推进南水北调后续工程高质量发展，为全面建设社会主义现代化国家提供有力的水安全保障。会后，水利部抓紧制订贯彻落实工作方案，对重大问题开展专题研究，对重要任务实行清单管理，提出务实举措，完善责任机制，强化节点控制，以高度的政治责任感和历史使命感做好各项工作。

面对新形势、新任务，"开源"摆上了推进南水北调后续工程高质量发展的重要议事日程。人们将目光投向了位于长江干流的三峡水库。

如果将多年平均入库水量达 374 亿立方米、总库容 339 亿立方米、调节库容 190.5 亿立方米的丹江口水库比作汉江流域的"大水盆"，那么多年平均入库水量超 4 000 亿立方米、总库容 450 亿立方米、调节库容 221.5 亿立方米的三峡水库可以看作是长江流域"大水缸"，而且是一个水量充沛且稳定的"大水缸"。

"通过实施引江补汉工程，连通南水北调与三峡工程两大国之重器，对保障国家水安全、促进经济社会发展、服务构建新发展格局将发挥重要作用。"水利部南水北调司司长李勇表示，实施引江补汉工程，将进一步打通长江向北方输水的新通道，完善国家骨干水网格局，为汉江流域和京津冀豫地区提供更好的水源保障，实现南北两利。

前期可研力求最优解

历经 90 天奋斗，一个千米钻孔诞生，深 1 105.1 米……2022 年 5 月，引江补汉工程勘察现场再次传来捷报。据介绍，该钻孔是引江补汉工程勘察现场打出的第 4 个千米深孔，其深度在中国水利水电行业排名第二。

线路长、埋深大，沿线山高谷深，断层褶皱发育，软质岩及可溶岩广泛分布，地形地质条件十分复杂，岩爆、岩溶、软岩大变形等工程地质问题突出，是引江补汉工程开展前期可行性研究过程中面临的现实挑战。

中国工程院院士、长江设计集团董事长钮新强带领团队，开展地质勘察、规模论证、线路比选等工作，综合考虑地形地质、取水条件、社会环境等因素，力求找到最优解决方案。

在野外现场，勘察工作紧锣密鼓，尽快将获取的基础成果送达后方，以便迅速开展分析研判。在后方，规划、水工、施工等多领域专业人员加班加点进行工程规模论证、工程布局研究，将需要重点勘察内容及时告知现场作业人员。

前后方并肩作战，上千位工程师采用航测、常规钻探、复合定向钻探、大地电磁等传统加高科技手段，对工程区 8 000 多平方千米，相当于 1.5 个上海市的面积进行了全面"体检"，为最大限度地避开极易导致隧洞灾害的强岩溶区和规模巨大断裂带，寻找最佳线路打下了坚实的基础。

通过技术、经济综合比选，引江补汉工程从长江三峡水库库区左岸龙潭溪取水，经湖北省宜昌市、襄阳市和十堰市，输水至丹江口水库大坝下游汉江右岸安乐河口，采用有压单洞自流输水，是我国在建综合难度最大的长距离引调水隧洞工程。

高峰期，引江补汉工程勘察设计项目现场工作人员达 1 500 余人，钻探机等仪器设备达 80 多台（套）。大家奔波在山间田野，行走在茂密丛林，经历着炙热与雨水的考验，只为"工期不落、目标不改"。

同样星夜兼程的，还有水利部规划计划等部门。为了加快引江补汉工程前期工作，他们细化工程用地预审、项目环评、可研批复、开工时间等项目推进全链条的关键节点，明确责任分工、工作措施和时间表、路线图，实现台账管理。每周通报引江补汉前期工作包括节点的推进情况，精准地推进项目前期工作。

2022 年 4 月 11 日，水利部会同国家发展改革委、生态环境部在京联合召开南水北调中线引江补汉工程前期工作专题视频调度会，研究推进可研前置要件办理和开工准备有关工作，推进引江补汉工程前期工作再提速。"引江补汉工程是深入贯彻落实党中央、国务院决策部署的重要项目，在依法合规的前提下，我们要提高政治站位，凝聚共识，密切配合，加强协同，紧盯开工目标不放松，推进工程顺利立项建设。"水利部规划计划司司长张祥伟说。

水利基础设施建设步伐加速

2022 年 4 月召开的中央财经委员会第十一次会议强调，要加强交通、能源、水利等网络型基础设施建设，把联网、补网、强链作为建设的重点，着力提升网络效益。

南水北调工程规划提出构建"四横三纵、南北调配、东西互济"的格局，即建设东、中、西三条调水线路，沟通长江、淮河、黄河、海河水系。与规划目标相比，南水北调目前仅东、中线一期工程建成运行，需要继续联网补网，进一步提升调配南水水资源的能力。

"引江补汉工程的开工，标志着南水北调后续工程建设拉开序幕，国家水网的主骨架、主动脉将更加坚实、强劲。"张祥伟表示，下一步将深化东线后续工程可研论证，推进西线工程规划，积极配合总体规划修编工作。充分发挥南水北调工程优化水资源配置、保障群众饮水安全、复苏河湖生态环境、畅通南北经济循环的生命线作用。

2022 年 1—6 月，全国水利建设全面提速，取得了明显成效。重大水利工程具有吸纳投资大、产业链条长、创造就业多的优势。研究表明，重大水利工程每投资 1 000 亿元，可以带动 GDP 增长 0.15 个百分点，新增就业岗位 49 万。在织密国家水网的同时，以引江补汉工程为代表的一批重大水利工程近期陆续开工，在提振信心、稳定社会预期和稳增长、促就业、惠民生方面发挥着积极作用。

随着以引江补汉为代表的多项重大水利工程陆续开工，水利基础设施建设步伐不断加速，一张"系统完备、安全可靠，集约高效、绿色智能，循环通畅、调控有序"的国家水网正徐徐展开。

水利部：上半年水利工程建设取得显著成效

（**法治日报全媒体记者 侯建斌**）   7 月 11 日，水利部召开新闻发布会，水利部副部长魏山忠透露，为充分发挥水利有效投资对拉动经济增长、增加就业岗位、增进民生福祉等方面的重要作用，水利部会同有关部门和地方，加快项目审查审批，着力畅通资金来源渠道，强化工程建设管理，加强督导检查，以超常规工作力度，加快在建工程实施进度，推进新开项目多开早开。今年上半年，水利工程建设取得显著成效，新开工重大水利工程项目和完成投资均创历史新高。

魏山忠指出，一是项目开工明显加快。上半年，新开工水利项目 1.4 万个、投资规模 6 095 亿元，其中，投资规模超过 1 亿元的项目有 750 个。在重大水利工程开工方面，在 1 月至 5 月开工 14 项的基础上，6 月又开工 8 项工程，上半年累计开工数量达 22 项，投资规模 1 769 亿元，对照年度开工目标，时间过半，任务完成过半。

二是工程建设明显提速。一批重大水利工程实现重要节点目标，完成投资大幅增加，重庆渝西、广东珠三角水资源配置等工程较计划工期提前。农村供水工程建设 9 000 余处，完成 3 700 余处，提升了 1 688 万农村人口供水保障水平。病险水库除险加固、中小河流治理、大中型灌区改造、中小型水库建设等项目建设进度加快。目前，在建水利项目 2.88 万个，施工吸纳就业人数 130 万人，其中农民工 95.7 万人。

三是投资强度明显增大。坚持政府和市场两手发力，在加大政府投入的同时，地方政府债券持续增加，金融支持、水利 PPP 模式、水利 REITs 试点"三管"齐下，投资保障力度明显增强。1 月至 6 月，全国落实水利建设投资 7 480 亿元，较去年同期提高 49.5%，其中广东、浙江、安徽 3 省落实投资超过 500 亿元。在地方政府专项债券方面，水利项目落实 1 600 亿元，较去年同期翻了近两番。水利建设投资完成 4 449 亿元，较去年同期提高 59.5%，广东、云南、河北 3 省完成投资 300 亿元以上。上半年，水利落实投资和完成投资均创历史新高。

魏山忠强调，下一步，水利部将继续深入贯彻落实党中央、国务院决策部署，坚决落实"疫情要防住、经济要稳住、发展要安全"的要求，进一步加大组织推动力度，做好工程安全度汛，抓好安全生产，强化质量控制，确保完成年度水利建设各项目标任务，为保持经济运行在合理区间作出水利贡献。

水利部部署做好农村供水应对洪旱灾害工作
对饮水安全问题全部建立台账

本报北京 8 月 3 日讯（记者　徐强　见习记者　刘欣）　记者今天从水利部获悉，当前我国正处于"七下八上"防汛关键期和高温伏旱天气。据预测，未来一些地区还可能出现洪涝灾害和阶段性旱情，对农村供水保障造成风险挑战。近日，水利部办公厅印发通知，部署做好农村供水应对洪旱灾害工作。

通知强调，相关地区要切实提高政治站位，全面落实农村供水保障地方人民政府主体责任、水行政主管部门行业监管责任、供水单位运行管理责任等"三个责任"，树牢风险意识、底线思维，采取妥善防范和应对措施，千方百计确保农村人畜饮水安全。

通知明确，地方各级水利部门要加强与相关部门沟通，实时掌握雨情、水情、汛情、旱情信息；综合考虑水源水量、农村供水工程运行状况等因素，开展农村供水洪旱风险研判，绘制农村供水风险图，提出针对性强的应对措施。

通知要求，受洪旱灾害影响的地区，要立即组织摸排农村供水工程受损状况和群众饮水安全情况，做到不漏一户、不落一人。对排查出的饮水安全问题要全部建立台账，及时妥善解决，确保动态清零。

水利部针对五省（区）启动水旱灾害防御Ⅳ级应急响应

（法治日报全媒体记者　徐强　见习记者　刘欣） 记者从水利部获悉，今年第9号台风"马鞍"8月23日8时加强为强热带风暴，预计24日凌晨移入南海东北部海面，之后逐渐向广东沿海靠近并于25日登陆。受其影响，24日至26日，珠江流域将有一次强降雨过程，西江、郁江、桂南粤西沿海诸河、珠江三角洲、南渡江等河流将出现涨水过程，暴雨区部分中小河流可能发生超警洪水。

国家防总副总指挥、水利部部长李国英要求密切关注台风发展态势，提前精准预报台风行进路径、影响范围，有针对性地落实暴雨洪水防御措施。水利部滚动会商研判，根据《水利部水旱灾害防御应急响应工作规程》，23日12时针对广东、广西、海南、贵州、云南五省（区）启动洪水防御Ⅳ级应急响应，向相关省级水利部门和水利部珠江水利委员会发出通知，要求强化应急值守和预报预警，落实山洪灾害和中小河流洪水防御措施，确保人民群众生命安全；在保证水库防洪安全的前提下，抓好后汛期水库蓄水工作，为城乡供水和工农业用水储备水源。水利部派出2个工作组分赴广东、广西协助指导地方做好台风强降雨防御工作。

2025 年用水权初始分配制度基本建立

（本报讯　记者　徐强　见习记者　刘欣）　水利部、国家发展和改革委员会、财政部近日联合印发《关于推进用水权改革的指导意见》（以下简称《意见》），对用水权改革工作作出总体安排和部署。

《意见》提出，进一步推进用水权改革，强化水资源刚性约束，坚持以水而定、量水而行，加快用水权初始分配，推进用水权市场化交易，健全完善水权交易平台，加强用水权交易监管，到 2025 年，用水权初始分配制度基本建立，区域水权、取用水户取水权基本明晰，用水权交易机制进一步完善，用水权市场化交易趋于活跃，交易监管全面加强，全国统一的用水权交易市场初步建立；到 2035 年，归属清晰、权责明确、流转顺畅、监管有效的用水权制度体系全面建立，用水权改革促进水资源优化配置和集约节约安全利用的作用全面发挥。

《意见》强调，各地要将推进用水权改革作为落实水资源刚性约束制度的一项重要工作任务，加强组织领导、部门协作和宣传引导，加快推进用水权初始分配，因地制宜推进用水权交易，及时研究解决用水权改革中的有关问题，推动健全、完善用水权改革法规制度体系。水利部将加强跟踪指导，把用水权改革纳入水资源管理考核。

三部门印发指导意见推进用水权改革
促进水资源优化配置和集约节约安全利用

推进用水权改革，是发挥市场机制作用促进水资源优化配置和集约节约安全利用的重要手段，是强化水资源刚性约束的重要举措。近日，水利部、国家发展改革委、财政部联合印发《关于推进用水权改革的指导意见》（以下简称《意见》），对当前和今后一个时期的用水权改革工作作出总体安排和部署。

《意见》提出推进用水权改革的工作目标：到 2025 年，用水权初始分配制度基本建立，区域水权、取用水户取水权基本明晰，用水权交易机制进一步完善，用水权市场化交易趋于活跃，交易监管全面加强，全国统一的用水权交易市场初步建立。到 2035 年，归属清晰、权责明确、流转顺畅、监管有效的用水权制度体系全面建立，用水权改革促进水资源优化配置和集约节约安全利用的作用全面发挥。

加快用水权初始分配

党的十八大以来，党中央、国务院对统筹推进自然资源资产产权制度改革作出部署，提出完善全民所有自然资源资产收益管理制度，明确要求建立健全用水权初始分配制度，推进用水权市场化交易。今年3月，中共中央、国务院印发了《关于加快建设全国统一大市场的意见》，明确要求建设全国统一的用水权交易市场。

水利部水资源管理司负责人介绍，近年来，水利部在用水权改革方面进行了积极探索，加快江河流域水量分配，开展地下水管控指标确定，加强取水许可管理，开展水权试点，组建中国水权交易所，出台《水权交易管理办法》，指导地方因地制宜开展水权交易实践，取得了积极进展。这位负责人同时坦承，"用水权改革仍存在用水权归属不够清晰、市场发育不充分、交易不活跃等问题。"

据悉，《意见》是当前和今后一个时期推进用水权改革的指导性文件。《意见》要求强化水资源刚性约束，坚持以水而定、量水而行，加快用水权初始分配，推进用水权市场化交易，健全完善水权交易平台，加强用水权交易监管，加快建立归属清晰、权责明确、流转顺畅、监管有效的用水权制度体系，加快建设全国统一的用水权交易市场，提升水资源优化配置和集约节约安全利用水平，促进生态文明建设和高质量发展。

这位负责人说，广义上，水权是与水资源有关的各种权利的总称，既包括水资源所有权，也包括水资源使用权。我国水资源属于国家所有，明晰水权主要是明晰水资源的使用权，也就是用水权。在实践中，用水权主要表现为四种类型，即区域水权、取用水户的取水权、灌溉用水户水权、公共供水管网用户的用水权，《意见》对每类用水权的分配和明晰作出了规范性要求。

强化用水权交易监管

这位负责人介绍，《意见》根据相关法律法规和政策的规定，结合地方近年来的实践做法，重点对推进三类用水权交易提出了政策要求，即推进区域水权交易、推进取水权交易、推进灌溉用水户水权交易。在推进以上三类用水权交易的同时，鼓励地方将用水权交易作为生态产品价值实现、生态保护补偿的重要手段，创新水权交易措施。

《意见》提出,鼓励社会资本通过参与节水供水工程建设运营,转让节约的水权获得合理收益;鼓励将通过合同节水管理取得的节水量纳入用水权交易;因地制宜推进集蓄雨水、再生水、微咸水、矿坑水、淡化海水等非常规水资源交易,以及利用非常规水源置换的用水权交易;加强与金融机构沟通协调,协同研究探索通过用水权质押、抵押、担保等方式,为水资源节约保护和开发利用等提供融资支持。

用水权事关区域长远发展和用水主体切身利益,为再分配和交易过程中加强监管,《意见》提出,强化取用水监测计量,强化水资源用途管制,强化用水权交易监管。

在强化用水权交易监管方面,要求流域管理机构和省级水行政主管部门按照管理权限切实加强对各类用水权交易实施情况的动态监管,重点跟踪检查用水权交易水量的真实性、交易程序的规范性、交易价格的合理性、交易资金的安全性等,及时组织开展交易水量核定、用水权交易评估工作。

这位负责人强调,"对监管中发现的未经批准擅自转让取水权、用水权交易弄虚作假、水权交易程序不规范等问题,将依法依规处理。水权交易平台运营单位要按照水利部制订的统一交易规则,规范交易行为,建立信息披露制度,主动接受社会监督,定期向有关水行政主管部门、金融监管等部门报告交易情况"。

纳入水资源管理考核

用水权改革涉及面广、情况复杂、创新性强,为保障用水权改革工作顺利推进,《意见》重点从加强组织领导、强化部门协作、加大宣传引导、做好信息报送四个方面强化组织保障。

《意见》要求,各地要将推进用水权改革作为落实水资源刚性约束制度的一项重要工作任务,加强组织领导,落实工作责任,积极探索实践,加快推进用水权初始分配,因地制宜推进用水权交易,及时研究解决用水权改革中的有关问题,推动健全完善用水权改革的法规制度体系。这位负责人表示,"水利部将加强跟踪指导,把用水权改革纳入水资源管理考核"。

为强化部门协作,《意见》要求,各地水利、发展改革、财政等部门要加强协作,做好与金融、行政审批、公共资源交易等有关部门的沟通协调,多渠道筹措资金,对用水权改革工作等予以支持。国家水权交易平台要做好用水权交易系统开发、用水户水权交易 APP 的建设应用、用水权交易标准规范拟订以及交易的服务保障等工作。

在加大宣传引导方面，《意见》要求，各流域管理机构和地方水行政主管部门要及时公开用水权改革有关信息，加大对用水权改革工作的宣传报道，及时总结推广各地在用水权改革方面的经验做法，充分调动取用水户支持、参与用水权改革工作的积极性，营造推进用水权改革的良好氛围。

此外，要做好信息报送。《意见》要求，各省级水行政主管部门应当及时将本省（区）的用水权改革情况报送水利部和相关流域管理机构；各流域管理机构及时将本级负责的用水权初始分配和交易情况报送水利部，并同时抄送有关省级水行政主管部门。

水惠中国

中国新闻社

■水利部：一季度水利项目已落实地方政府专项债券近 500 亿元

■中国东北地区 40 条河流发生超警以上洪水

■中国多地遭强降雨袭击　官方部署洪涝灾害防御

■水利部：我国水旱灾害防御能力实现整体性跃升

......

水利部：一季度水利项目已落实
地方政府专项债券近 500 亿元

中新财经 4 月 8 日电　4 月 8 日上午，在国新办举行 2022 年水利工程建设情况国务院政策例行吹风会上，水利部副部长魏山忠提出，根据有关机构的研究成果，重大水利工程每投资 1 000 亿元，可以带动 GDP 增长 0.15 个百分点，新增就业岗位 49 万。今年完成 8 000 亿元的水利投资，一定会对稳定宏观经济大盘发挥重大作用。

魏山忠表示，为完成好今年水利建设任务，水利部将会同有关部门和地方，采取有力有效措施，保障工程顺利实施，具体将采取五个方面的措施。

一是要细化工作责任。对今年要重点推进的重大水利工程项目，水利部实行清单化管理，逐项细化前置要件的办理时限，明确责任单位、责任部门和责任人，对其他水利工程项目，也将年度建设任务逐一分解落实到有关省（市），压实地方主体责任。

二是要抓好前期工作。水利部门将扎实做好重大水利工程前期论证，加快项目技术审查，与有关部门积极沟通协调，做好用地、移民、环评等要件办理，为加快项目立项审批、尽快开工建设奠定好基础。

三是要落实建设资金。水利建设资金需求大，需要充分发挥政府和市场作用。在中央预算内水利投资、中央财政水利发展资金继续倾斜支持的同时，地方也要加大投入。同时，水利部门还将组织进一步创新思路，多渠道筹措建设资金。比如今年 1—3 月，水利项目已经落实地方政府专项债券接近 500 亿元。水利部还将进一步加强指导，尽可能多地争取地方政府专项债券用于水利工程建设。

此外，水利部正在与有关部门、金融机构积极沟通协调，在水利项目利用金融资金、水利领域不动产的投资信托基金 REITs 试点等方面，计划要提出相关的支持举措。我们还要积极吸引社会资本参与水利工程建设运营。

四是要加快项目建设，发挥水利有效投资对经济的拉动作用。关键是要加快工程建设进度，尽可能多地形成实物工作量。水利部门要督促项目法人，组织好项目实施，优化资源配置，全力推进工程建设。

五是要加大监管力度。建立项目台账，及时跟踪掌握项目前期工作、投资落实、工程开工、计划执行、建设进度等情况，强化调度会商和分析研判，及时解决工程建设过程中的突出问题。

大藤峡水利枢纽灌区工程开工建设
将解决 100 万亩耕地灌溉问题

中新社北京 6 月 6 日电（记者　陈溯）　记者 6 日从水利部获悉，当天，大藤峡水利枢纽灌区工程开工建设，该工程将解决 100 万亩耕地灌溉问题。

大藤峡水利枢纽灌区项目是我国 2022 年重点推进开工建设的 6 大灌区之一，总投资 80.08 亿元，设计灌溉面积 100.1 万亩。工程利用已建的大型和中小型水库作为主要水源，利用正在建设的大藤峡水利枢纽库区自流引水和黔浔江提水作为补充水源，新建渠（管）道 652 千米，新建及恢复 13 座泵站装机容量 1.28 万千瓦。

大藤峡水利枢纽灌区地处区域光热条件优越，水资源及耕地资源丰富，适宜进行农业综合开发，不仅是广西重要的粮食基地，也是糖料的主要生产基地之一。建设大藤峡水利枢纽灌区工程，是我国保障国家粮食安全、全面加强水利基础设施建设的重要举措。

据介绍，大藤峡水利枢纽灌区建设总工期为 60 个月。施工准备期约为 5 个月，主要完成场地平整、场内道路、施工工厂、生产和生活用房、供水、供电等项目。第一年拟同时开工建设南木补水干管、十八山输水隧洞建设。6 日开工建设的主要内容为南木补水干管部分线路。

水利部有关负责人表示，工程建成后，可进一步发挥大藤峡水利枢纽的灌溉供水效益，有效解决贵港市、来宾市等桂中典型干旱区骨干水利工程缺乏、耕地灌溉保证率较低、旱灾频繁、村镇人畜用水困难等问题，保证项目区粮食生产安全和村镇供水安全，为当地打造优质特色粮食、高产高糖甘蔗等农产品基地创造条件，促进地区乡村振兴和经济社会发展。

中国东北地区 40 条河流发生超警以上洪水

中新社北京 7 月 14 日电（记者　陈溯）　记者 14 日从水利部获悉，受近期强降雨影响，东北地区 40 条河流发生超警以上洪水。

据水利部门监测，6 月下旬以来，东北地区辽河、松花江等流域出现 4 次强降雨过程，辽河流域累积面雨量 223 毫米，列 1961 年以来同期第 1 位，松花江流域累积面雨量 135 毫米，列 1961 年以来同期第 2 位。

受强降雨影响，辽河及支流东辽河、招苏台河，松花江支流伊通河、饮马河，嫩江支流雅鲁河等 40 条河流发生超警以上洪水，其中 11 条河流发生超保洪水，伊通河伊通站 7 月 13 日 23 时洪峰流量 836 立方米每秒，列 1957 年有实测资料以来第 1 位。

14 日 14 时，辽河干流福德店至通江口、珠尔山以下河段超警 0.29～1.04 米，洪水正向下游平稳演进，预计超警时间可能持续至 8 月初。黑龙江上游干流开库康至呼玛江段水位超警 0.20～0.52 米，预计大兴安岭地区三道卡至黑河市张地营子乡江段将超警。

为应对东北地区汛情，水利部会商研判，提前发出通知安排部署暴雨洪水防范，并派出工作组赴黑龙江等地指导。

水利部松辽水利委员会启动水旱灾害防御Ⅳ级应急响应，会同有关省份科学调度骨干水库，提前预泄腾库，适时拦洪削峰。辽宁省强化辽河、浑河、太子河等重点江河堤防巡查防守，转移受威胁地区民众 400 余人。吉林、黑龙江省水利厅启动水旱灾害防御Ⅳ级应急响应，加强中小水库安全度汛、中小河流洪水和山洪灾害防御。

中国多地遭强降雨袭击
官方部署洪涝灾害防御

中新社北京 7 月 18 日电（记者　陈溯）　中国已进入防汛关键期，近日多地遭遇强降雨袭击，防汛形势严峻，官方多部门紧急会商部署防范应对。

今年入汛以来，中国强降雨过程多，珠江发生流域性较大洪水，北江发生特大洪水，西江发生 4 次编号洪水，长江流域湘江、赣江也相继发生编号洪水。随着进入主汛期，强降雨范围进一步扩大，近期，北方、西南等地部分地区遭受强降雨袭击，辽河发生编号洪水，黄河最大支流渭河发生超警戒流量洪水。

国家防汛抗旱总指挥部办公室（简称国家防总办公室）、应急管理部 18 日组织防汛专题视频会商调度指出，近期局地强降雨多发频发，多地接连发生山洪灾害，造成重大人员伤亡，教训极为深刻。新一轮强降雨范围广、移动快、局地强度大，防汛救灾形势复杂严峻。

会商指出，要全面压实以行政首长负责制为核心的防汛抗洪各项责任，切实把民众生命安全放在第一位，落到实处，紧盯重要水情、汛情和防洪薄弱环节，始终坚持防汛关口前移，突出做好危险区人员转移避险工作。强化统筹协调和预警响应联动，及时发布预警，加强上下游雨情、水情和洪水调度等信息共享。根据汛情、险情发展，强化抢险救援力量预置，早做准备，快速反应。

当天，水利部召开专题会商会指出，据预测，七月下旬至八月上旬期间，松花江流域、淮河流域沂沭泗及山东半岛诸河、黄河支流大汶河、新疆阿克苏河等可能发生较大洪水，黄河中下游、淮河、辽河、海河南系、长江支流汉江和滁河、云南澜沧江等可能发生超警洪水，珠江流域、海河北系及滦河、太湖等可能发生区域性暴雨洪水。要全面检查和落实重点流域防洪工程体系应对准备，提前做好淤地坝防溃坝和山洪灾害防御工作，强化局地短临降雨预报预警，提前转移危险区民众。

17日，国家防总办公室向四川等11个省份防指和长江、淮河流域防总下发通知，要求做好新一轮强降雨防范应对工作。

18日，国家防总办公室派出工作组赴辽宁协助指导防汛救灾，国家防总办公室四川工作组和专家组继续在四川协助指导山洪灾害抢险救援。

中国最大淡水湖鄱阳湖提前进入枯水期
为71年来最早记录

中新网南昌8月6日电（记者 刘占昆） 8月6日2时，中国最大淡水湖鄱阳湖代表站星子站水位退至11.99米，为有记录以来同期最低水位，这标志着鄱阳湖提前进入枯水期，2022年成为1951年有记录以来最早进入枯水期的年份。

记者当日从江西省水文监测中心获悉，今年6月23日，鄱阳湖星子站出现年最高水位19.43米，较多年同期均值偏高2.81米；鄱阳湖出峰后，受持续高温少雨和长江来水偏少的共同影响，鄱阳湖水位快速下降，7月9日开始，水位由偏高转为偏低。自6月23日以来，鄱阳湖星子站水位44天内下降7.44米，日均退幅 0.17 米，日最大退幅 0.31 米 (8 月 4 日)。

数据显示，8 月 6 日 2 时，鄱阳湖星子站水位退至 11.99 米，为 1951 年有记录以来最早进入枯水期的年份，较原最早出现年份 (2006 年 8 月 22 日) 提前 16 天，较 1951—2002 年平均出现时间提前 100 天，较 2003—2021 年平均出现时间提前 69 天。

根据气象预测，未来十天，江西省仍以高温少雨天气为主，加之长江流域来水正常偏少，鄱阳湖水位将持续走低。江西水文部门建议关注鄱阳湖水位快速下降对湖区生产生活生态带来的不利影响，做好用水管理及抗旱保水工作。

水利部：
我国水旱灾害防御能力实现整体性跃升

中新网 9 月 13 日电 水利部部长李国英 13 日表示，十年来，我国水旱灾害防御能力实现整体性跃升。近十年，我国洪涝灾害年均损失占 GDP 的比例由上一个十年的 0.57% 降至 0.31%。今年面对长江流域 1961 年以来最严重干旱，坚持精准范围、精准对象、精准措施，实施"长江流域水库群抗旱保供水联合调度专项行动"，保障了 1 385 万群众饮水安全和 2 856 万亩秋粮作物灌溉用水需求。

中宣部 13 日举行"中国这十年"系列主题新闻发布会，介绍党的十八大以来的水利发展成就。李国英在会上介绍，我国水资源短缺、时空分布极不均匀、水旱灾害多发频发，是世界上水情最为复杂、江河治理难度最大、治水任务最为繁重的国家之一。党的十八大以来，社会各界关注治水、聚力治水、科学治水，解决了许多长期想解决而没有解决的水利难题，办成了许多事关战略全局、事关长远发展、事关民生福祉的水利大事要事，我国水利事业取得历史性成就，发生了历史性变革。

十年来，水旱灾害防御能力实现整体性跃升。深入贯彻落实"两个坚持、三个转变"防灾减灾救灾理念，坚持人民至上、生命至上，不断完善流域防洪工程体系，强化预报、预警、预演、预案措施，科学精细调度水利工程，成功战胜黄河、长江、淮河、海河、珠江、松花江、辽河、太湖等大江、大河、大湖严重洪涝灾害，近十年我国洪涝灾害年均损失占 GDP 的比例由上一个十年的 0.57% 降至 0.31%。去年以来，黑龙江上游发生特大洪水、黄河中下游发生历史性罕见秋汛、珠江流域北江发生历史罕见洪水，全国有 8 135 座 (次) 大中型水库投入拦洪运用、拦洪量 2 252 亿立方米，12 个国家蓄滞洪区投入分洪运用，减淹城镇 3 055 个 (次)，减淹耕地 3 948 万亩，避免人员转移 2 164 万人，同时有力抗击了珠江流域等多区域严重干旱，保障了大旱之年基本供水无虞。今年面对长江流域 1961 年以来的最严重干旱，坚持精准范围、精准对象、精准措施，实施"长江流域水库群抗旱保供水联合调度专项行动"，保障了 1 385 万群众饮水安全和 2 856 万亩秋粮作物灌溉用水需求。

十年来，农村饮水安全问题实现历史性解决。锚定全面解决农村饮水安全问题这一打赢脱贫攻坚战的重要指标，全面解决了 1 710 万建档立卡贫困人口饮水安全问题，十年来，共解决 2.8 亿农村群众饮水安全问题，农村自来水普及率达到 84%，困扰亿万农民祖祖辈辈的吃水难问题历史性地得到解决。加强农田灌溉工程建设，建成 7 330 处大中型灌区，农田有效灌溉面积达到 10.37 亿亩，在占全国耕地面积 54% 的灌溉面积上，生产了全国 75% 的粮食和 90% 以上的经济作物，为"把中国人的饭碗牢牢端在自己手中"奠定了坚实基础。

十年来，水资源利用方式实现深层次变革。坚持"节水优先"方针，实施国家节水行动，强化水资源刚性约束，推动用水方式由粗放低效向集约节约转变。2021 年，我国万元 GDP 用水量、万元工业增加值用水量较 2012 年分别下降 45% 和 55%，农田灌溉水有效利用系数从 2012 年的 0.516 提高到 2021 年的 0.568。近十年，我国用水总量基本保持平稳，以占全球 6% 的淡水资源养育了世界近 20% 的人口，创造了世界 18% 以上的经济总量。

十年来，水资源配置格局实现全局性优化。立足流域整体和水资源空间均衡配置，加快实施一批重大引调水工程和重点水源工程。南水北调东、中线一期工程建成通水，累计供水量达到 565 亿立方米，惠及 1.5 亿人。开工建设南水北调中线后续工程引江补汉工程和滇中引水、引江济淮、珠三角水资源配置等重大引调水工程，以及贵州夹岩、西藏拉洛等大型水库，"系统完备、安全可靠，集约高效、绿色智能，循环通畅、调控有序"的国家水网正在加快构建。全国水利工程供水能力从 2012 年的 7 000 亿立方米提高到 2021 年的 8 900 亿立方米。

十年来，江河湖泊面貌实现根本性改善。坚持绿水青山就是金山银山的理念，深入推进流域水生态保护治理。全面建立河长制、湖长制体系，省、市、县、乡、村五级 120 万名河、湖长上岗履职。实施母亲河复苏行动，华北地区地下水水位总体回升，2021 年治理区浅层地下水、深层承压水较 2018 年平均回升 1.89 米、4.65 米，白洋淀水生态得到恢复，永定河等一大批断流多年的河流恢复全线通水，京杭大运河实现百年来首次全线贯通。十年来，共治理水土流失面积 58 万平方千米，全国水土流失面积和强度"双下降"，实现荒山披绿、"火焰山"变"花果山"。越来越多的河流恢复生命，越来越多的流域重现生机，越来越多的河湖成为造福人民的幸福河湖。

十年来，水利治理能力实现系统性提升。强化水利体制机制法治管理，深化流域统一规划、统一治理、统一调度、统一管理，推进水治理体系和治理能力现代化。《长江保护法》《地下水管理条例》等重要法律法规颁布实施，水行政执法与刑事司法衔接、与检察公益诉讼协作等机制不断健全。用水权市场化交易等重点领域改革加快推进，水利投融资改革取得重大突破，今年以来，银行贷款、社会资本投入水利金额达到 2 388 亿元，创历史纪录。数字孪生流域、数字孪生水网、数字孪生水利工程加快建设，水利科技"领跑"领域不断扩大。

长江流域旱情或继续发展
中国水利部再启抗旱保供水联合调度

中新社北京 9 月 12 日电（记者　陈溯）　记者 12 日从水利部获悉，9 月中下旬，长江流域旱情可能进一步发展，当天，水利部再次启动长江流域水库群抗旱保供水联合调度专项行动。

据水利部统计，8 月以来，长江流域累积面雨量 72 毫米，较常年同期偏少 64%，长江干流及主要支流来水量较常年同期偏少四成至八成。当前，长江中下游干流及洞庭湖、鄱阳湖水位较常年同期偏低 4.89 米至 7.20 米，江湖水位均为有实测记录以来同期最低。据预测，9 月中下旬长江流域降雨仍然偏少，长江中下游及洞庭湖、鄱阳湖水系来水偏少，水位将持续下降，旱情可能进一步发展，抗旱形势依然严峻。

为确保居民饮水安全、保障大牲畜饮水和秋粮作物生长关键期时令灌溉用水需求，水利部组织长江水利委员会和江苏、安徽、江西、湖北、湖南省水利厅，研究制订抗旱联合调度方案，9 月 12 日 8 时再次启动长江流域水库群抗旱保供水联合调度专项行动。

该行动重点保障 9 月中下旬长江中下游中稻、晚稻等秋粮作物灌溉关键期用水和城乡供水需求。精准调度以三峡为核心的长江上游水库群、洞庭湖水系水库群和鄱阳湖水系水库群向下游补水；督促指导地方抓住补水的有利时机，精准对接每一个灌区、每一个城乡供水取水口，多引、多调、多提，精打细算用好每一方抗旱水源。

水利部有关负责人表示，本次专项行动实施后，可有效缓解长江中下游干流及洞庭湖、鄱阳湖水位快速下降趋势，为抗旱引水创造更加有利条件，确保长江中下游干流和洞庭湖水系、鄱阳湖水系沿线城乡供水安全，保障356处大中型灌区及大量小型灌区秋粮作物生长关键期用水需求。

【奇迹中国　天河筑梦】
南水北调为何在这里拐弯穿城而过？

世纪工程——南水北调的中线自丹江口水库一泓清水永续北送。那么，自然流淌的南水北调中线为何在河南省焦作市形成"Z"字弯，绕道穿城而过？ 29日，中新网记者随"奇迹中国　天河筑梦"——南水北调工程网上主题宣传活动采访团走进南水北调中线焦作段总干渠了解到，原来是南水北调中线水源地的丹江口大坝加高了14.6米，中线工程全线高差控制在98.8米，实现全程自流，而焦作地势为西高东低、北高南低，北上的"南水"在焦作境内需要拐弯自西向东流至焦作市东部，再拐弯北上。

焦作市南水北调建设发展有限公司董事长王东向记者介绍，焦作市中心城区段总干渠虽短，仅有8.82千米，但这条线路的规划选定却大费周折。因焦作市位于太行山南麓，依山而建，南、北高差近100米。南水北调如绕城而过，需深挖100余米，按照工程建设需要，占用土地面积要增加近2倍，如选定在城市南侧，需建设高达10余米的地上悬河，增加施工量、建设成本。因此，渠道穿越焦作市中心城区是最科学的选择。此外，总干渠穿城而过，对焦作市具有重要意义，有助于城中村改造，通过安置小区建设，为群众提供更舒适的居住环境。

SHUI HUI ZHONGGUO · SHUI HUI ZHONGGUO · SHUI HUI ZHONGGUO

水惠中国

中国财经报

- ■重大水利工程每投资 1 000 亿元可以带动 GDP 增长 0.15 个百分点，新增就业岗位 49 万
- ■坚决打赢水旱灾害防御这场硬仗，海河防总召开 2022 年工作视频会议　安排部署水旱灾害防御工作

......

重大水利工程每投资 1 000 亿元可以带动 GDP 增长 0.15 个百分点，新增就业岗位 49 万

（本报讯 记者 李存才 报道） 水利部副部长魏山忠日前对媒体表示，今年重点推进建设重大水利工程项目，实施完成以后将在防洪、供水、灌溉、生态等方面发挥显著的效益。

魏山忠说，根据有关机构的研究成果，重大水利工程每投资 1 000 亿元，可以带动 GDP 增长 0.15 个百分点，新增就业岗位 49 万。今年完成 8 000 亿元的水利投资一定会对做好"六稳""六保"工作、稳定宏观经济大盘发挥重大作用。为完成好今年水利建设任务，水利部将会同有关部门和地方，采取五个方面有力有效措施保障工程顺利实施。

一是细化工作责任。对今年要重点推进的重大水利工程项目实行清单化管理，逐项细化前置要件的办理时限，明确责任单位、责任部门和责任人，对其他水利工程项目，也将年度建设任务逐一分解落实到有关省（市），压实地方主体责任。

二是抓好前期工作。水利部门将扎实做好重大水利工程前期论证，加快项目技术审查，与有关部门积极沟通协调，做好用地、移民、环评等要件办理，为加快项目立项审批、尽快开工建设奠定好基础。

三是落实建设资金。水利建设资金需求大，需要充分发挥政府和市场作用。在中央预算内水利投资、中央财政水利发展资金继续倾斜支持的同时，地方也要加大投入。同时，水利部门还将组织进一步创新思路，多渠道筹措建设资金。比如今年 1—3 月，水利项目已经落实地方政府专项债券接近 500 亿元，还将进一步加强指导，尽可能多地争取地方政府专项债券用于水利工程建设，还要积极吸引社会资本参与水利工程建设运营。

四是加快项目建设，发挥水利有效投资对经济的拉动作用。关键是要加快工程建设进度，尽可能多地形成实物工作量。水利部门要督促项目法人，组织好项目实施，优化资源配置，全力推进工程建设。

五是加大监管力度。建立项目台账，及时跟踪掌握项目前期工作、投资落实、工程开工、计划执行、建设进度等情况，强化调度会商和分析研判，及时解决工程建设过程中的突出问题。

锚定 85%！水利部日前召开的农村供水规模化发展信息化管理视频会　明确今年目标任务

本报讯　4月15日，水利部召开农村供水规模化发展信息化管理视频会，总结交流工作，明确目标任务。水利部副部长田学斌部署推动农村供水信息化建设等重点工作，推进农村供水高质量发展。总工程师仲志余出席会议。

田学斌指出，《中共中央、国务院关于做好2022年全面推进乡村振兴重点工作的意见》明确提出推进农村供水工程建设改造。近日，水利部、财政部、国家乡村振兴局联合印发通知，明确中央财政衔接推进乡村振兴补助资金用于支持补齐必要的农村供水基础设施短板，巩固拓展农村供水脱贫攻坚成果。各地要锚定2022年底全国农村自来水普及率达到85%的任务，扎实推进农村供水工程建设和维修养护，确保如期完成农村供水保障年度任务。

田学斌强调，要按照"需求牵引、应用至上、数字赋能、提升能力"的要求，聚焦高质量发展，推进信息化建设和智慧化应用。一要做好需求分析。瞄准农村供水安全、稳定、高效的业务需求，加强顶层设计，深入做好需求分析，把信息化与工程同步设计、同步建设、同步实施。强化信息技术与农村供水业务深度融合，统筹考虑系统建设和维护费用、后期用户使用操作与管理维护难度，不断优化调整需求分析方案。二要强化数据采集。以县为单元，以农村集中供水工程为对象，建立全国农村供水管理数据电子台账。加强农村供水信息化标准的编制，构建全国统一的农村供水数据底板。有条件的地区和规模化供水工程，要优化完善水源、水厂和管网等供水部位的监测网点布局，加强数据监测，保持与物理工程的精准性、同步性、及时性。三要做好信息管理。抓紧填报更新农村供水管理信息系统数据，加快推进规模化供水工程上图，制作好全国农村供水管理一张图。加强农村供水风险识别，建立评价指标体系，打造农村供水风险一张图。四要探索智慧应用。加强水费收缴系统和供水服务微信公众号等平台建设，让数据多跑路，让群众少跑腿。强化规模化供水工程自动化监控和视频安防系统建设，保障供水安全。有条件的地区，要融合水文、水环境、气象等多源信息，加快推进数字孪生供水系统建设，实现预报、预警、预演、预案功能。支持地方开展先行先试，打造智慧供水样板。

田学斌要求，要统筹发展和安全，坚持稳字当头、稳中求进，全面梳理农村供水安全隐患，健全完善安全生产体系，坚决守住农村供水安全底线。要落实地方主体责任，善始善终做好"我为群众办实事"实践活动，切实解决群众急难愁盼的饮水问题。

驻部纪检监察组、水利部相关司局、在京直属单位有关负责同志在主会场参加会议，相关省（区、市）和新疆生产建设兵团水行政主管部门、各流域管理机构有关负责同志在分会场参加会议。

坚决打赢水旱灾害防御这场硬仗，海河防总召开 2022 年工作视频会议安排部署水旱灾害防御工作

本报讯　为深入贯彻落实习近平总书记关于做好防汛抗旱救灾工作的重要指示精神，认真落实李克强总理批示要求，4 月 28 日，海河防总召开 2022 年工作视频会议，传达贯彻全国防汛抗旱工作电视电话会议要求，分析研判今年汛情旱情形势，安排部署重点工作。海河防总总指挥、河北省省长王正谱、水利部副部长刘伟平出席会议并讲话。北京、天津、河北、山西、河南、山东 6 省（直辖市）人民政府以及海河流域气象业务服务协调委员会负责同志作会议交流发言。海河防总办公室作工作报告。

王正谱强调，今年将召开党的二十大，大事要事多，做好今年海河流域防汛抗旱工作，对于保持平稳健康的经济环境、国泰民安的社会环境，具有极其重要的意义。要提高政治站位，切实把思想和行动统一到习近平总书记重要指示精神上，统一到党中央、国务院决策部署上，把防汛抗旱作为重大政治任务，坚持人民至上、生命至上，统筹发展和安全，守住流域防汛抗旱安全底线。要突出工作重点，牢牢把握海河流域防汛抗旱主动权，立足于早、立足于防、立足于细，顺应自然、尊重规律，扎扎实实完善应急预案、健全预警体系、加快工程建设、排查风险隐患、强化应急准备，科学防御洪水，拱卫首都安全。要加强统筹协调，牢固树立全流域观念，确保各项措施落到实处。

刘伟平指出，海河流域地处京畿，政治地位特殊，战略作用显著。要以实际行动坚决践行"两个维护"，锚定人员不伤亡、水库不垮坝、重要堤防不决口、

重要基础设施不受冲击和保障城乡供水安全的目标，从最不利情况出发，向最好方向努力，坚决打赢水旱灾害防御这场硬仗。

一是压实各项责任，确保责任不缺位、工作不断档。二是统筹新冠肺炎疫情防控和防汛备汛，抓紧补短板、堵漏洞、强弱项。三是提升"四预"能力，实现防御关口前移。四是紧盯重点部位，强化水库安全度汛、蓄滞洪区运用、堤防巡查防守、南水北调等重要设施防护、山洪灾害防御等各项措施。五是落实抗旱措施，统筹安排好生活、生产、生态用水，保障北京、天津、雄安新区等重点地区及白洋淀等生态敏感区用水需求。六是流域统筹联动，强化重要水工程联合调度，做到信息共享、联防联控、协同作战。七是加强宣传引导，普及防御知识，指导群众掌握防灾避险要点。

水利部启动水旱灾害防御Ⅳ级应急响应派出 2 个工作组赴广东、广西指导

本报讯 5 月 9 日，贵州东部、湖南中部和西北部、江西西北部、广西东北部部分地区降了暴雨，最大点雨量江西宜春黄岗 256 毫米、广西百色海城 138 毫米。受降雨影响，广西桂江支流灵渠、江西赣江支流同江等 5 条中小河流发生小幅超警洪水，目前已出峰回落。预计 10 日至 11 日，广东大部、广西中部、江西和云南等地局部有暴雨到大暴雨，部分中小河流将发生超警以上洪水。

5 月 10 日，水利部副部长刘伟平主持会商，进一步研判雨情、汛情，部署有关防御工作。会商决定，根据《水利部水旱灾害防御应急响应工作规程》有关规定，水利部于 10 日 10 时针对广东、广西等地启动洪水防御Ⅳ级应急响应，并派出 2 个工作组分赴广东、广西防御一线，督促指导地方做好监测预报预警、水工程调度、堤防和水库巡查防守、中小河流洪水和山洪灾害防御等有关工作。

目前，水利部珠江水利委员会已启动水旱灾害防御Ⅳ级应急响应，广东、广西两省（自治区）水利厅分别启动了Ⅳ级、Ⅲ级应急响应，正在按照规定开展各项暴雨洪水防御工作。

避免江河发生编号洪水，
水利部会商部署华南等地暴雨洪水防御工作

本报讯　5月12日，国家防总副总指挥、水利部部长李国英主持防汛会商，分析研判当前雨情、水情、汛情，安排部署华南等地暴雨洪水防御工作。李国英强调，要坚决贯彻落实习近平总书记关于防汛工作重要讲话和重要指示批示精神，认真落实李克强总理批示要求，始终把保障人民群众生命财产安全放在第一位，树牢底线思维、极限思维，克服麻痹思想、侥幸心理，提前做足、做细、做实各项防御准备工作，坚决打赢暴雨洪水防御硬仗。国家防总秘书长、应急管理部副部长兼水利部副部长周学文、水利部副部长刘伟平参加会商。

李国英要求，要密切监视雨情、水情、汛情，滚动预测预报和分析研判，依据预报情况及时调整应急响应级别，提早落实防范应对措施。要科学调度珠江流域北江、东江、韩江等主要江河骨干水库，有效拦蓄上游来水，避免江河发生编号洪水，为下游沿江城市防洪排涝创造有利条件。要突出抓好山洪灾害防御，精准划定风险区域，尽早发布预警，确保预警信息直达防御一线、直达相关责任人，及时撤离受威胁人员，做到应撤必撤、应撤尽撤、应撤早撤。强降雨区病险水库和中小水库要落实各项防御措施，"三个责任人"迅速上岗到位，病险水库一律空库运行，水库溢洪道务必保持畅通，确保水库不垮坝。要做好暴雨区内城市内涝防御，畅通城市排洪排涝河道，保障防洪安全。要高度重视中小河流洪水防御，充分发挥水库拦蓄作用，加强堤防巡查防守，提前转移受威胁区域人员。要充分发挥流域防总组织、指挥、监督、协调的作用，强化预报、预警、预演、预案"四预"措施，加强干支流、上下游、左右岸防洪的统筹协调，做到统一指挥调度、流域协调联动、科学有序防控。

首仗告捷！水利部门科学有序防御
华南等地今年以来最强暴雨洪水

本报讯　5月9日至14日，我国华南、江南、西南东部出现今年以来最强降雨过程，降雨时间长、范围广、强度大。降雨过程历时长达 6 天，覆盖珠江、长江上中游、东南诸河，涉及 11 个省份；过程累积最大点雨量广东江门长安站 931 毫米，相当于当地年降雨量均值的二分之一，最大点日雨量广东江门大坑站 492 毫米，最大小时雨量广东阳江赤坎站 149 毫米。受强降雨影响，广东、广西、海南、江西、湖南、重庆、四川等 7 省（自治区、直辖市）共 38 条中小河流发生超警洪水。

各级水利部门坚决贯彻落实习近平总书记关于防汛工作重要讲话和重要指示批示精神，认真落实李克强总理批示要求，始终把保障人民群众生命财产安全放在第一位，做足、做细、做实各项暴雨洪水防范应对工作。

一是高度重视，超前部署压实责任。国家防总副总指挥、水利部部长李国英要求及早着手，严密防范，确保安全，自 5 月 7 日至 14 日，水利部李国英部长和刘伟平副部长连续主持会商，分析研判雨情、水情、汛情，安排部署暴雨洪水防御工作。水利部两次发出通知，要求统筹防疫与防汛，做好值班值守、监测预报预警、水工程调度、水库和堤防巡查防守、中小河流洪水和山洪灾害防御等工作。广东、广西、福建、江西、湖南、重庆、四川等省（自治区、直辖市）党委、政府主要负责同志就暴雨洪水防御工作提前进行部署，落细、落实各项防御措施。

二是强化"四预"，及时启动应急响应。水利部门密切监视雨情、水情、汛情、工情，落实预报、预警、预演、预案"四预"措施，滚动分析研判汛情发展，提前发布预警信息，及时启动应急响应。水利部 5 月 10 日发布洪水蓝色预警，针对广东、广西等地汛情启动水旱灾害防御Ⅳ级应急响应，先后派出 4 个工作组赴一线检查指导；联合中国气象局连续 5 次发布山洪灾害气象橙色或蓝色预警。水利部珠江委、长江委和太湖局及时启动Ⅲ级、Ⅳ级应急响应，指导做好本流域水旱灾害防御工作。广东水利厅启动Ⅳ级应急响应，落实厅领导双人 24 小时轮岗带班工作制，根据暴雨洪水发展趋势和风险预判成果，及时与市（县、区）视频连线，指导防御工作；各级水利部门共派出 1 113 个工作组 5 570 人次开展督导检查，预置抢险队伍 467 支，支持做好水库安全度汛、中小河流洪水和山洪灾害防御、城市防洪排涝等工作。湖南省水利厅启动Ⅳ级应急响应，抽查相关市（县、区）防汛值班情况 166 次、水库和山洪灾害危险区责任人 141 人次，降雨最强时段点对点视频调度湘西、永州、衡阳、邵阳、株洲等地市（县、区），确保各级各类责任人到岗履职。福建、广西、江西、重庆、云南等省（自治区、直辖市）及时启动水旱灾害防御Ⅲ级、Ⅳ级应急响应，有序做好防范应对工作。

三是统筹协调，科学调度骨干水库。水利部组织指导各级水利部门科学调度骨干水库拦洪削峰错峰，充分发挥水工程防洪减灾效益。据统计，福建、江西、湖南、广东、广西等地大中型水库共拦蓄洪水 79.24 亿立方米，避免了广西西江、广东北江和东江、湖南资水等主要江河发生编号洪水，为下游沿江城市防洪排涝创造条件。水利部珠江委组织指导大藤峡、岩滩、长洲等西江骨干水库预泄腾库，调度东江新丰江、贺江合面狮、韩江棉花滩等大中型水库群拦蓄洪水 17 亿立方米，在避免主要江河发生编号洪水的同时，大大缩短了中小河流超警时间。湖南省水利厅科学调度湘江、资水等水系水库群拦蓄洪水近 10 亿立方米，分别降低湘江老埠头段和资水桃江段洪峰水位 1.1 米和 4 米，避免了桃江县城段发生超警洪水。广西壮族自治区水利厅提前组织 16 座大型水库和 39 座中型水库开展预泄调度和拦洪削峰，拦蓄洪水 8.9 亿立方米，减淹城镇 12 座次，减淹耕地面积 7.4 万亩，避免人员转移 2.4 万人。

四是落实措施，确保水库安全度汛。针对强降雨区内的病险水库和中小水库，水利部督促严格落实各项防御措施，"三个责任人"迅速上岗到位，病险水库一律空库运行，每天抽查强降雨区内不少于 100 座水库责任人履职情况。江西省落实了 10 593 座水库、3 767 座农村水电站、12 163 座重点山塘、204 座万亩及重点堤防、881 座千亩堤防的防汛责任人，各级各类责任人坚守岗位，其中吉安市根据小型水库风险分级成果，向极高风险、高风险的小型水库行政责任人发出 117 份履职提醒函，派出 8 个工作组到包片（县、区）督查指导防汛工作。湖南省双峰县组成联合督察组，到乡镇（街道）、水库进行汛情督查，至县域主要河流沿线察看汛情，督促指导做好值守巡查等工作。广西壮族自治区水利厅每日抽查强降雨区 20 座水库特别是小型水库值守情况，确保安全度汛责任和措施落实到位。

五是精准防御，有效防御中小河流洪水和山洪灾害。水利部指导各地精准划定中小河流洪水和山洪灾害风险区域，提前发布预警，预警信息直达防御一线、直达相关责任人，及时撤离受威胁人员，做到应撤必撤、应撤尽撤、应撤早撤。福建省组织"三大运营商"靶向发布山洪灾害预警信息 924 万条次，出动专业技术支撑队伍 583 人次，开展群测群防巡查 4.54 万人次，累计排查隐患点 8 070 处、高陡边坡 2.21 万处；按照"干部沉下去、群众转出来"的要求，包村干部进村入户，累计下沉一线干部力量 8.78 万人次，转移危险区域群众 1.71 万人。强降雨导致湖南省衡山县部分河流水位猛涨，部分临山房屋护坡、地基受到冲刷，出现塌方等险情，当地水利部门及时发布预警，镇（乡）干部连夜转移群众近百人，未发生人员伤亡。广东省向相关防汛责任人发出预警信息 7.2 万条，向社会公众发送预警短信 4 942 万条，基层人民政府及时组织受威胁群众转移避险，保障了人民群众生命安全。

鉴于华南等地的强降雨过程基本结束，主要江河水情总体平稳，无重大险情灾情报告，水利部于 5 月 15 日 10 时结束洪水防御Ⅳ级应急响应。下一步，水利部将继续加强值班值守，密切关注雨情、水情、汛情、工情，滚动预测预报和分析研判，组织指导各地做好监测预报预警、水工程科学调度，水库安全度汛、中小河流和山洪灾害防御等各项工作，牢牢守住水旱灾害防御底线，确保人民群众生命财产安全。

为拉动有效投资需求
稳定宏观经济大盘贡献力量
——水利部全力加快水利基础设施建设综述

5 月 16 日，吴淞江整治工程（江苏段）开工建设。

吴淞江整治工程包括江苏段和上海段，吴淞江整治工程（江苏段）全长约 61.7 千米，总投资 156 亿元，是《长江三角洲区域一体化发展规划纲要》确定的省际重大水利工程，也是《太湖流域防洪规划》《太湖流域综合规划》等确定的流域综合治理骨干工程。工程实施后，可进一步增加太湖洪水外排出路，提高流域防洪除涝能力，进一步完善太湖地区水网，增强水资源配置能力，发挥改善水环境和航运等综合效益，为长三角高质量一体化发展提供更为有力的水利支撑。

吴淞江整治工程（江苏段）开工，只是 2022 年中国水利建设舞台上的精彩篇章之一。今年以来，水利部积极贯彻落实中央财经委员会第十一次会议精神和国务院常务会议部署，主动担当作为，敢于迎难而上，会同有关部委、地方加快推进水利基础设施建设，加快完善流域防洪工程体系，实施国家水网重大工程，复苏河湖生态环境，全力构建现代化基础设施体系，有效发挥重大水利工程吸纳投资大、产业链条长、创造就业多的优势，为拉动有效投资需求、稳定宏观经济大盘做出水利贡献。

多点发力，打通"堵点"攻克"难点"

今年以来，在国际国内环境出现一些超预期变化、我国经济下行压力进一步加大的情况下，水利部会同有关部委及地方，采取有力举措推进水利基础设施建设，有力推动经济社会发展，助力稳住宏观经济基本盘。

水利部党组书记、部长李国英多次主持召开会议，研究部署统筹疫情防控和水利工作。他强调，要全面加快推进水利基础设施建设，充分用足、用好各项政策，推动重大水利基础设施项目尽早审批立项、开工建设，为稳定宏观经济大盘、实现全年经济社会发展预期目标作出水利贡献。水利部副部长魏山忠主持推动2022年重大水利工程开工建设专项调度会商，坚决落实"疫情要防住、经济要稳住、发展要安全"的要求，加快推进重大水利工程开工建设，确保2022年新开工30项以上。

围绕完成今年水利建设目标任务，水利部多点发力，采取了强有力的措施：

细化实化目标任务。国务院167次常务会议明确加强2022年重大水利工程、病险水库除险加固、灌区建设和现代化改造、水生态保护和中小河流治理、中小型水库建设等5类项目，水利部制订了工作方案。对于今年重点推进的55项重大水利工程和6项新建大型灌区项目，逐项明确要件办理、可研审批和开工时间节点，确定责任单位、责任人，并建立台账，挂图作战。

健全工作推进机制。建立月报机制，跟踪通报专项债券落实、水利建设完成，以及要件办理、可研审批和开工建设情况；建立调度机制，横向与相关部门不定期开展日常调度会商，纵向与各地每月开展1次专项调度，逐项分析研究，及时协调解决重点问题；建立督导机制，适时对进度滞后的项目和地区，进行通报、约谈、督办，强化责任追究。

加密调度会商频次。李国英部长专题研究重大水利工程推进情况；魏山忠副部长多次开展专项调度，部署推动重大工程前期工作和开工、加快投资计划执行、用好地方政府专项债券等工作。对南水北调中线引江补汉工程前置要件办理进行周调度。反复与国家发展改革委沟通前期工作、资金筹措等问题，争取支持；与生态环境部、自然资源部座谈协调、多次视频会商，解决要件办理中的难点问题。

扩大投资，拓展资金筹措渠道

水利建设资金筹措一直是水利部党组高度重视的工作。水利项目公益性较强，市场化融资能力弱，长期以来主要以财政投入为主。为了进一步扩大水利投资，水利部在积极争取加大中央财政投入力度的同时，深入研究政策措施，指导地方创新工作思路，拓宽投资渠道，从地方政府专项债券、金融资金、社会资本等方面想办法增加投入，保障水利基础设施建设资金需求，切实发挥水利基础设施建设扩大内需、稳定宏观经济大盘的重要作用。今年，全国水利基础设施建设将完成 8 000 亿元以上。

近日，水利部、国家开发银行签订合作协议，还将联合出台关于加大开发性金融支持力度提升水安全保障能力的指导意见，指导地方用好中长期贷款金融支持政策。加强与相关金融机构沟通，深化合作，不断扩大金融支持水利信贷规模。2022 年第一季度，国家开发银行、中国农业发展银行、中国农业银行累计发放水利贷款 687 亿元，贷款余额达到 10 620 亿元。

水利部还将研究出台推进水利领域不动产投资信托基金（REITs）试点工作的指导意见，以及推动水利项目政府和社会资本合作（PPP）的政策性文件。同时，加强对水利项目利用地方政府专项债券的交流培训，指导督促地方做好申报和落实工作。今年 1—4 月，830 个水利项目已落实地方政府专项债券 720 亿元，较去年同期增加 386 亿元，增长 115%。

截至目前，国务院常务会议部署的 55 项重大水利工程已开工 10 项；6 项新建大型灌区已开工 1 项。1—4 月，全国水利基础设施建设全面加快，完成水利建设投资实现大幅增长，各地已完成近 2 000 亿元，较去年同期增长 45.5%，广东、山东、浙江、河北、福建、河南、江苏、云南、陕西等 9 个省份，累计完成投资超过 100 亿元。

此外，农村供水工程建设资金完成约 200 亿元，提升了 666 万农村人口供水保障水平；今年安排大中型灌区续建配套与现代化改造投资近 190 亿元，预计将新增粮食生产能力 36 亿公斤，新增节水能力 35 亿立方米。水利基础设施建设的全面加强，有力发挥了水利稳投资、稳增长的重要作用，为稳住宏观经济基本盘贡献了水利力量。

总投资 106 亿元，
木兰溪下游水生态修复与治理工程开工建设

本报讯 5 月 19 日，福建省召开重大水利项目集中开工动员会，列入今年重点推进的 55 项重大水利工程之一——木兰溪下游水生态修复与治理工程开工建设。水利部副部长魏山忠以视频形式出席开工动员会议并讲话。水利部总工程师仲志余出席会议。

魏山忠指出，习近平总书记亲自擘画福建生态省建设，推动木兰溪、长汀水土流失治理等一系列生态文明建设重大实践。11项重大水利项目开工建设，是深入践行习近平生态文明思想、习近平总书记"节水优先、空间均衡、系统治理、两手发力"治水思路的生动实践；是贯彻落实习近平总书记在中央财经委员会第十一次会议上的重要讲话精神和党中央、国务院关于全面加强水利基础设施建设决策部署的具体体现；是落实中央"疫情要防住、经济要稳住、发展要安全"的要求，充分发挥了水利有效投资作用，切实担负稳定宏观经济责任的重要举措。

魏山忠强调，木兰溪下游水生态修复与治理工程既统筹考虑水资源高效利用、水生态环境修复，又融合数字孪生流域建设，创新投融资方式，采取市场化运作，具有很好的示范意义。福建省要以木兰溪下游水生态修复与治理等重大水利项目建设为契机，充分利用实施扩大内需战略、全面加强水利基础设施建设的良好机遇，多渠道筹集水利建设资金，大力推动重大水利工程建设，全面提升水旱灾害防御、水资源集约节约利用、水资源优化配置和河湖生态保护治理等能力。要强化工程建设管理，严格落实疫情防控要求，确保工程建设质量、安全和进度，把工程建成造福人民的精品工程。

切实做好2022年黄河流域水旱灾害防御工作，水利部黄河水利委员会组织开展黄河防御大洪水调度演练

本报讯 为贯彻落实习近平总书记关于防灾减灾救灾重要指示精神和李克强总理对防汛抗旱工作的批示要求，切实做好2022年黄河流域水旱灾害防御工作，按照水利部工作部署，5月25日，水利部黄河水利委员会（以下简称黄委）组织开展2022年黄河防御大洪水调度演练。演练在黄委设指挥部，在小浪底水利枢纽管理中心，山东黄河河务局、河南黄河河务局、山西黄河河务局、陕西黄河河务局，三门峡枢纽局设立分指挥部。水利部副部长刘伟平在北京指导演练并讲话，黄河防总常务副总指挥、黄委主任汪安南担任演练指挥长。河南、山东两省防汛抗旱指挥部、水利厅参加演练。

演练结合今年汛期天气形势预测，以黄河中游发生较大洪水和三门峡至花园

口区间发生类似 2021 年河南郑州 "7·20" 暴雨洪水为背景，基于黄河干支流三门峡、小浪底、陆浑、故县、河口村、东平湖等水工程联合调度运用现状，依托黄河中下游防汛会商预演系统，重点演练了水文监测预报预警、调度方案和洪水演进模拟预演、滩区迁安、险情抢护与指挥决策等环节。在精准水文监测预报基础上，充分利用河道排泄洪水，有效发挥以小浪底水库为核心的骨干水库群拦洪削峰作用，利用东平湖蓄洪区调蓄洪水，最大限度挖掘防洪工程体系潜力，实现减轻洪涝灾害损失的目标。

刘伟平对本次演练予以充分肯定，认为此次演练准备充分，演练内容全面，过程贴近实战，会商预演实现了新突破，达到了预期目的，为做好今年黄河水旱灾害防御工作提供了重要基础支撑。刘伟平要求各参演单位认真总结提炼此次演练的经验做法，把黄河洪水防御方案预案做得更完善、更细致，把分析、决策和调度做得更科学、更规范、更精细，不断提高洪水防御能力；并从切实履行防御责任、扎实开展隐患排查整治、抓实"四预"措施、科学调度水工程、切实做好转移避险、突出防御重点和强化协同配合等七个方面，对今年黄河水旱灾害防御工作提出明确要求。

汪安南要求黄委有关单位、部门要以本次演练为契机，坚决扛牢保障黄河安澜的政治责任，持续深入开展各项防汛准备工作，从思想上、组织上、行动上做好充分准备，坚决打赢今年水旱灾害防御这场硬仗。一要提高政治站位，坚决扛牢防汛责任；二要坚持"预"字当先，做好监测预报预警；三要强化多目标统筹，修订完善方案预案；四要突出科学规范，强化流域统一调度；五要加快数字赋能，提升防汛指挥决策能力；六要强化隐患排查，保障水工程安全度汛。

为扩内需保增长稳经济提供有力支撑，大藤峡工程高效建设运行助力经济大盘稳固

本报讯 截至 5 月底，大藤峡工程本年度完成投资 17 亿元，占年度计划的 45.3%，累计完成 289.3 亿元，占初设概算的 81%，有效发挥了水利投资拉动作用，推动上下游产业链条运转，工程建设高峰期创造近 4 000 个就业岗位。

右岸首台机组定子吊装、工程全线具备挡水条件、二期导流围堰拆除启动、船舶过闸和发电量同比大幅增长、年度投资完成近半……今年以来，大藤峡工程

建设和运行管理捷报频传，为稳定国家经济大盘贡献了大藤峡力量。

大藤峡工程是国家 172 项重大水利工程的标志性项目，工程建成后，将成为流域防洪安全的重要保障、实施国家水网重大工程的重要节点、粤港澳大湾区水安全的重要屏障、打造珠江黄金水道的重要中枢、区域电力安全的重要支撑、地方乡村振兴的重要水源。

2022 年初，大藤峡公司深入贯彻落实水利部党组、珠江委党组决策部署，确立了"四攻坚、两确保"年度工作目标，坚决打赢"4·30"挡水、围堰拆除、61 米蓄水验收、右岸首台机组发电等四大攻坚战，全力确保工程安全高效运行，确保数字孪生大藤峡初见成效。

在工程建设中，大藤峡公司坚持高质量党建引领一流水利工程建设，以水利部在珠江委唯一的"党建进工地"试点为抓手，选优配强一线党组织力量，强化人员、资金、技术等投入，研究制订考核节点 29 项，改进施工工艺 19 项，混凝土浇筑速度较左岸同比提升 30%。克服新冠肺炎疫情和能耗双控等影响，于 4 月 24 日顺利完成右岸首台机组定子吊装，4 月 25 日提前 5 天实现"4·30"挡水目标，5 月 1 日围堰拆除按时启动。当前主体工程大体积混凝土浇筑任务基本完成，全面进入右岸机组安装调试新阶段。

公司始终把安全生产和工程质量摆在首要位置。全年开展各级各类安全检查 400 多次，隐患整改完成率 100%，安全监管高压态势持续加强，安全管理水平不断提升，在水利安全生产状况评价中，连续五个季度位居部直属工程前列。采取四不两直、联合巡查等方式，全面排查质量隐患，实施样板指路计划，将标准工艺推广至全工区。右岸工程单元工程评定优良率 94%，分部工程优良率 100%。

"预"字当头、"实"字托底，大藤峡工程在 2022 年春节、元宵节等关键时刻，发挥关键工程作用，实施关键调度，抗大旱、战咸潮，累计供水 3.3 亿立方米，打赢了抗旱保供水这场硬仗，筑牢珠澳供水保障第二道防线，保障了粤港澳大湾区用水安全。

大藤峡公司积极履行社会责任，不断创新举措，着力做好船闸通航保障工作。目前，大藤峡船闸在安全通航条件下保持单日运行 10 闸次以上。截至目前，本年度船舶过闸核载量 2 614 万吨，同比增长 53.6%。

大藤峡公司紧紧抓住上游来水丰沛的有利时机，在确保水资源配置、航运和枢纽安全的前提下，争取发电效益最大化。本年度发电量 18.4 亿千瓦·时，同比增长 22.4%。

截至 5 月底，大藤峡工程本年度完成投资 17 亿元，占年度计划的 45.3%，累计完成 289.3 亿元，占初设概算的 81%，有效发挥了水利投资的拉动作用，推动上下游产业链条运转，工程建设高峰期创造近 4 000 个就业岗位。据估算，整个工程会采购水泥 280 万吨、钢筋 30.9 万吨、砂石骨料 1 450 多万吨、金属结构和机电设备约 13 万吨，为扩内需、保增长、稳经济提供了有力支撑。

我国全面进入汛期，
水利部安排部署水旱灾害防御重点工作

本报讯 6 月 1 日，我国全面进入汛期，水旱灾害防御形势日趋紧张。国家防总副总指挥、水利部部长李国英要求从严、从细、从实采取措施，确保实现"人员不伤亡、水库不垮坝、重要堤防不决口、重要基础设施不受冲击"目标。水利部召开会商会，分析研判当前雨情、水情、汛情形势，进一步安排部署水旱灾害防御重点工作。一是各级水利部门要提高政治站位，坚决扛起防汛抗旱天职，坚持人民至上、生命至上，全面压紧、压实防御责任，坚决守住水旱灾害防御底线。二是将隐患排查整治工作贯穿到水旱灾害防御全过程，持续开展河道、水库、蓄滞洪区等突出问题排查整治，消除风险隐患。三是密切监视雨情、水情、汛情，强化预测预报预警和会商研判，及时启动应急响应，科学调度流域水工程，全力提供抗洪抢险技术支撑。四是督促水库防汛责任人及时上岗到位，加强水库调度运用监管，严禁违规超汛限水位运行，病险水库主汛期原则上一律空库运行，加强巡查值守和抢险转移，严防垮坝事件发生。五是加强中小河流洪水和山洪灾害监测预报，及时发出预警，提请基层政府组织危险区人员转移，保障生命安全。六是严格执行 24 小时防汛值班制度，第一时间报告重大突发情况。坚持正面宣传，积极发声，主动回应社会关切，提升社会公众防灾避险意识和自救互救能力。

水利部向各省、自治区、直辖市水利（水务）厅（局）、新疆生产建设兵团水利局和各流域管理机构发出通知，就做好水旱灾害防御工作进行再部署、再落实，提出明确具体要求。

闻震而动，水利部指导做好四川雅安芦山县震区水利抗震救灾工作

本报讯 6月1日17时，四川省雅安市芦山县发生6.1级地震。水利部高度重视，密切关注震区水利工程设施运行情况，向四川省水利厅发出通知，指导立即组织专业技术力量对震区水库（水电站）、堤防、闸坝、农村饮水安全工程等各类水利工程开展拉网式排查和风险研判，建立震损水利工程清单，逐一落实应急处置措施，及时排除险情。特别是对震损水库，要求加强24小时巡查值守，动态掌握水库运行状况，视情况降低水位甚至空库运行，同时立即采取抢护措施消除险情，做好下游危险区群众预警和转移准备，确保人民群众生命安全。

四川省水利厅启动水利抗震救灾二级应急响应，派出3个工作组赴震区指导做好水利工程险情排查、重大险情先期处置、应急供水保障等工作，并滚动开展震区及周边影响区域汛情形势分析，加密震区水情监测预报，做好水利抗震救灾各项工作。

推动新阶段水利高质量发展传佳音：1—5月全国水利建设投资规模4 144亿元

本报讯（记者 李存才 报道） 记者6月10日从水利部加快水利基础设施建设有关情况新闻发布会上获悉，今年1—5月，全国水利建设全面提速，新开工10 644个项目，投资规模4 144亿元，取得了明显成效。

水利部副部长魏山忠说，党中央、国务院高度重视水利工作，对全面加强水利基础设施建设作出重大决策部署，习近平总书记在中央财经委员会第十一次会议上发表重要讲话，强调要加强交通、能源、水利等网络型基础设施建设，把联网、补网、强链作为建设重点，着力提升网络效益。李克强总理主持国务院常务会议，多次对加快水利工程建设、扩大有效投资工作作出部署，提出明确要求。全国稳住经济大盘电视电话会议和国务院出台的扎实稳住经济一揽子政策措施，将"加快推进一批论证成熟的水利工程"作为稳投资的

一项重要措施。

水利部坚决贯彻党中央、国务院决策部署，深入落实习近平总书记"节水优先、空间均衡、系统治理、两手发力"治水思路，按照"疫情要防住、经济要稳住、发展要安全"的要求，切实担负起水利对于稳定宏观经济大盘的政治责任，多次做出专门部署，成立了以李国英部长为组长的全面加强水利基础设施建设领导小组，提出了19项工作举措，明确了引调水、重点水源、控制性枢纽、蓄滞洪区建设等重大水利工程，以及病险水库除险加固、中小河流治理、灌区建设和改造、农村供水、水土保持等项目的推进措施，精准落实责任；细化项目台账，建立周会商、月调度机制，清单管理、上下联动、挂图作战，举全行业之力，以超常规措施、超常规力度，努力克服疫情影响，以钉钉子精神全力加快水利基础设施建设。

今年1—5月，全国水利建设全面提速，取得了明显成效。在推进项目开工方面，新开工10 644个项目，投资规模4 144亿元；其中投资规模超过1亿元的项目609个。吴淞江整治、福建木兰溪下游水生态修复与治理、雄安新区防洪治理、江西大坳灌区、广西大藤峡水利枢纽灌区等14项重大水利项目开工建设，投资规模达869亿元。

在加快实施进度方面，海南南渡江引水工程竣工验收，青海蓄集峡、湖南毛俊、云南车马碧等水利枢纽下闸蓄水，西江大藤峡水利枢纽进入全面挡水运行阶段，一批工程开始发挥效益。陕西引汉济渭工程秦岭输水隧洞全面贯通；云南滇中引水工程输水隧洞已开挖438千米，比计划工期提前半年；安徽引江济淮主体工程完成近9成，有望今年9月底试通水。同时，已安排实施3 500座病险水库除险加固，治理中小河流长度2 300多千米；加快493处大中型灌区现代化改造，可新增、恢复灌溉面积351万亩，改善灌溉面积2 343万亩；建设了6 474处农村供水工程，完工2 419处，提升了932万农村人口供水保障水平。

在扩大建设投资方面，在争取加大财政投入的同时，从利用银行贷款、吸引社会资本等方面出台指导意见，多渠道筹集建设资金。全国已落实投资6 061亿元，较去年同期增加1 554亿元，增长34.5%；完成投资3 108亿元，较去年同期增加1 090亿元，增长54%，吸纳就业人数103万人，其中农民工就业77万人，充分发挥了水利对稳增长、保就业的重要作用。

魏山忠表示，下一步，水利部在以习近平同志为核心的党中央坚强领导下，深入贯彻落实党中央、国务院决策部署，完整、准确、全面贯彻新发展理念，在做好防汛抗旱和安全生产的同时，进一步加强组织推动，采取更加有力的措施，以旬保月、以月保季，确保完成年度建设任务，推动新阶段水利高质量发展，为保持经济运行在合理区间做出水利贡献。

锚定"四不"目标，水利部专题会商部署南方地区暴雨洪水防御工作

本报讯 6月16日，国家防总副总指挥、水利部部长李国英主持防汛专题会商，视频连线水利部珠江水利委员会，进一步传达贯彻习近平总书记在四川考察时关于做好防汛救灾工作的重要指示精神和李克强总理等国务院领导同志批示要求，分析研判珠江等流域雨情、水情、汛情形势，研究部署防汛工作。李国英强调，要坚决贯彻习近平总书记重要指示精神和李克强总理等国务院领导同志批示要求，立足于防大汛、抗大险、救大灾，坚持底线思维、极限思维，提前做好各种应对准备，锚定人员不伤亡、水库不垮坝、重要堤防不决口、重要基础设施不受冲击"四不"目标，抓细抓实各项防御措施，切实保障人民群众生命财产安全。国家防总秘书长、应急管理部副部长兼水利部副部长周学文，水利部副部长刘伟平参加会商。

李国英指出，今年入汛以来，我国降雨量和强降雨过程多，大江大河编号洪水次数多，且主要集中在珠江流域。预报近期南方地区仍将有大范围强降雨过程，西江、北江可能再次发生编号洪水，珠江流域可能发生流域性大洪水，长江流域湘江、赣江等可能发生超警洪水，防汛形势十分严峻。

李国英强调，要进一步强化预报、预警、预演、预案措施，针对"降雨—产流—汇流—演进、总量—洪峰—过程—调度、流域—干流—支流—断面、技术—料物—队伍—组织"四个链条，精准管控洪水防御的全过程、各环节，滚动开展分析演算，精细精准调度水库等工程，充分发挥水库拦洪削峰错峰作用。要落实山洪灾害防御措施，贯通纵向到底、横向到边的责任链条，根据前期降雨情况科学调整预警阈值，及时发布预警信息，对危险区域群众应撤尽撤、应撤必撤、应撤早撤，全力避免人员伤亡。要严防水库特别是病险水库垮坝，将暴雨预警信息直达小型水库防汛"三个责任人"，督促立即上岗到位，提前做好洪水漫坝防范准备，落实放空水库、检查溢洪道、防护坝顶坝坡、开挖临时溢洪道等措施，病险水库原则上一律空库运行，确实难以空库的逐一落实防漫

坝溃坝措施。要全面落实流域防总、地方政府、工程管理单位及防汛各岗位责任，强化流域防汛统一指挥、水工程联合调度，组织做好巡堤查险和险情抢护，确保防洪安全。

目前，水利部维持水旱灾害防御Ⅲ级应急响应，派出 5 个工作组即赴江西、广东、广西防汛一线，协助指导做好暴雨洪水防御工作。

广东重大水利工程建设跑出"加速度"，
今年 1—5 月完成投资 363.3 亿元

本报讯 为切实发挥水利对稳投资、稳增长的重要作用，广东省认真贯彻党中央、国务院关于稳经济各项决策部署，把水利工程作为适度超前开展基础设施投资的重要领域，明确提出要加大水利基础设施投资力度。今年 1—5 月，广东全省完成水利投资 363.3 亿元，占年度计划完成投资 800 亿元的 45.4%，比去年同期增加 82.5 亿元。

加强组织领导，高位推动部署。广东省政府专门成立了省水利重大工程建设总指挥部，由省领导牵头，省发展改革委、财政厅、自然资源厅、生态环境厅、水利厅等部门及工程沿线地级以上市政府负责同志为成员，按季度召开全省推进重大项目建设，积极做好稳投资工作电视电话会议和重大项目推进专题工作会议，统筹推进重大水利工程前期工作和建设进度。全省各地也相应成立了指挥部，形成了省、市、县上下联动、共同推进水利建设的工作合力。

加强项目谋划，做实做优水利有效需求。部署安排水利厅组织编制《广东省水利发展"十四五"规划》《广东省万里碧道总体规划（2020—2035 年）》《广东省农村水利治理规划》《广东省生态海堤建设规划》等规划，并按照上年度投资规模的 2 倍，督促各地扎实做好项目储备工作。去年 10 月 12 日，广东省委、省政府召开全省水利高质量发展大会，谋划"851"水利高质量发展蓝图，明确了"十四五"期间全省水利完成投资 4 050 亿元。全省已储备近千亿元的水利投资项目，为开展大规模水利建设奠定了坚实基础。

多渠道落实建设资金，拓展水利投资来源渠道。在地方政府专项债券申报中推广小型项目"同类打包"、纯公益项目与具有收益的项目"关联打包"等方式，实现水利工程申报地方政府专项债券新的突破。2022 年落实地方政府专项债券

219 亿元，比 2021 年 163 亿元增长 34%。

目前，广东省全省掀起在建水利工程大干热潮。珠江三角洲水资源配置工程、湛江市引调水工程等一大批重大水利工程正加足马力加快建设，中小河流治理、农村集中供水等民生水利工程也在有序实施中，环北部湾广东水资源配置工程前期工作正加速推进。

水利部财务司司长回答本报记者提问时表示：做大融资规模，合力推进水利高质量发展

本报讯（记者　李存才　报道）　6 月 17 日下午，水利部召开推进"两手发力"助力水利高质量发展有关情况新闻发布会，水利部财务司司长在回答本报记者现场提问时表示：做大融资规模，合力推进水利高质量发展。

今年以来，党中央、国务院多次召开会议，对加快水利建设作出了重要部署，要求各地区各部门要担负起稳定宏观经济大盘的责任，政策发力适当靠前，适度超前开展基础设施投资。

为贯彻落实党中央、国务院决策部署，近期，水利部会同国开行印发《关于加大开发性金融支持力度提升水安全保障能力的指导意见》，签订《开发性金融支持"十四五"水安全保障推动水利高质量发展合作协议》；会同农发行印发《关于政策性金融支持水利基础设施建设的指导意见》，签订《政策性金融支持"十四五"水利基础设施建设推动水利高质量发展战略合作协议》，分别召开工作推进会，打好一套组合拳，形成强大合力，聚焦水利基础设施建设的重点领域和重大项目，进一步深化政银合作，明确信贷优惠政策，充分发挥水利对扩大有效投资、稳定经济大盘的重要支撑保障作用。

两家银行主要从几个方面细化优化了水利差异化信贷政策：一是贷款期限，国开行由原来的 30—35 年进一步延长，国家重大水利工程最长可达 45 年，其他项目最长可达 35—40 年，宽限期在建设期基础上适当延长；农发行由原来的 20—25 年进一步延长，对国家重大水利工程最长可达 45 年，对水利部和农发行联合确定的重点水利项目、纳入国家及省级相关水利规划中的重点项目和中小型水利工程以及水利领域政府和社会资本合作（PPP）项目最长可达 30 年，宽限期可基于项目建设期合理设定。二是贷款利率，国开行设立水利专项贷款，进一

步降低水利项目贷款利率，符合国开行认定标准的重大项目执行相关优惠利率；农发行对水利建设贷款执行优惠利率，对国家重大水利工程进一步加大利率优惠力度。三是资本金比例，两家银行对水利项目一般执行最低要求 20%，在此基础上，对符合条件的社会民生补短板水利基础设施项目，再下调不超过 5 个百分点。除此之外，两家银行还从资金筹集、担保方式、还款计划、贷款评审等方面，给予水利项目一揽子信贷优惠政策，支持力度可以说是近年来最大。

据悉，在部行合力推动下，各地水利部门与银行分支机构迅速行动，在前期合作基础上，深入座谈对接，建立项目融资对接机制，逐个推动加快信贷资金落地，为全面加强水利工程建设、拉动投资提供了坚实支撑。目前，国开行、农发行重点支持了江西赣江下游尾闾综合整治工程、环北部湾广东水资源配置工程、福建九龙江调水工程、山东广饶水源保护提升工程、宁夏清水河流域城乡供水工程等项目。

李国英赴大藤峡水利枢纽 现场指挥调度珠江流域防汛工作

本报讯 6 月 19 日，珠江流域西江发生今年第 4 号洪水。国家防总副总指挥、水利部部长李国英赶赴珠江流域防洪关键控制性工程——大藤峡水利枢纽，现场指挥调度防汛抗洪工作。

李国英深入大藤峡水利枢纽右岸在建工程和左岸已投入运行各重要部位，详细了解工程防洪运用和建设运行管理情况，听取当前珠江流域雨情、水情、汛情和流域防汛情况汇报，现场分析研判流域汛情发展形势。

李国英强调，要立足流域全局，强化预报、预警、预演、预案措施，及时准确分析预判降雨和产汇流情况，精确计算洪水演进、洪峰流量等汛情，科学精细实施流域水库群联合调度。提前调度龙滩、天一、光照等西江上游水库群拦蓄红水河以上流域洪水，调度红水河岩滩水库拦洪择机错柳江洪峰，调度落久、麻石、拉浪等柳江干支流水库拦蓄柳江洪水，调度百色、西津等郁江水库群拦蓄郁江来水错黔江洪峰。同时，大藤峡水利枢纽虽在建设期，但已具备 52 米高程控制运用水位下全线挡水条件，且前期提前预泄至 44 米水位，具备 7 亿立方米洪水拦蓄能力。要综合分析流域防洪工程体系调度运用情况和洪水演进发展形势，选准时机启用大藤峡水利枢纽实施防洪运用，精准拦洪削减西江洪水洪峰，有效减轻西江中下游乃至珠江三角洲防洪压力。

据分析，通过西江干支流水库群联合调度，可将西江干流梧州河段水位降低1.8米、珠江三角洲西干流河段水位降低0.7米，将洪水量级全线压减至西江及珠江三角洲主要堤防防洪标准之内。

确保人民群众生命财产安全和城乡供水安全，水利部专题会商部署当前水旱灾害防御工作

本报讯 6月25日，国家防总副总指挥、水利部部长李国英主持专题会商，贯彻落实习近平总书记关于做好防汛救灾工作重要指示和李克强总理等国务院领导同志批示要求，分析研判当前全国汛情、旱情形势，进一步安排部署水旱灾害防御工作。李国英强调，坚持关口前移，逐流域、逐区域有针对性地细化实化洪涝和干旱灾害防御各项措施，确保人民群众生命财产安全和城乡供水安全。

李国英指出，预报6月25—29日，我国将迎来一次西南—东北向强降雨过程，主要覆盖珠江、淮河、黄河、海河、辽河等流域，部分地区降雨强度大，可能引发区域性洪水，必须提前做好防范准备。同时，淮河、黄河、海河流域部分地区旱情比较严重，必须加大抗旱工作力度，确保人民群众饮水安全。

李国英要求，要及时将雨情、汛情、旱情预报结果直达相关流域和区域防御一线，逐流域、逐区域提出防范应对指导意见。前期持续强降雨的珠江流域西江要抓紧时间预泄腾库，做好新一轮洪水调控运用准备；淮河流域沂沭泗水系洪水形成快、涨势猛，中小型水库和病险水库要落实防漫坝、防垮坝应急措施；黄河流域要重点关注大汶河洪水，加强上游水库调度和堤防巡查抢险；辽河流域要特别重视水库安全和河道堤防安全，强化安全度汛各项措施。要突出加强山洪灾害防御，根据前期降雨情况滚动调整预警阈值，及时发布预警，果断组织转移避险，做到应撤必撤、应撤尽撤、应撤早撤，确保人民群众生命安全。要督促强降雨区水库防汛"三个责任人"上岗到位、"三个重点环节"落实到位，病险水库原则上一律空库运行，因特殊原因难以放空的要逐一落实防垮坝措施。针对旱情要完善预警信息—响应行动—责任落实全链条防控，及时发布旱情预警，依规启动响应机制，落实防御责任和具体措施，确保人民群众饮水安全。

大力推广政府和社会资本合作（PPP）等模式，更好满足省级水网建设资金需求

本报讯 6月29日至30日，水利部党组书记、部长李国英在调研四川省级水网建设工作时强调，要深入贯彻落实习近平总书记"节水优先、空间均衡、系统治理、两手发力"的治水思路和关于治水重要讲话指示批示精神，锚定"系统完备、安全可靠，集约高效、绿色智能，循环通畅、调控有序"的目标，遵循"确有需要、生态安全、可以持续"的重大水利工程论证原则，立足流域整体和水资源空间均衡配置，科学推进省级水网规划建设，提高水资源集约利用能力和水平。

李国英先后深入四川省成都市、宜宾市、凉山彝族自治州，实地调研并详细了解引大济岷工程、长征渠引水工程、向家坝灌区工程、安宁河流域水资源配置工程规划论证、前期工作和建设进展情况。他强调，要继承发扬都江堰水利工程优秀治水经验和智慧，"乘势利导、因时制宜"，实现高水高用、低水低用、自流输水、互连互通。

李国英指出，省级水网在国家水网中处于承上启下的关键地位。要根据国家水网总体布局，围绕国家重大战略部署和区域发展需求，全面分析省域自然河湖水系本底条件和水利基础设施基础，谋篇布局"纲、目、结"，做好省级水网系统规划和顶层设计，科学确定省级水网结构、功能和发展模式，维护和保障水网良性运行、安全运行、长效运行。

李国英强调，要扎实做好前期工作，加快推动省级水网项目落地实施，积极开展省级水网先导区建设。要坚持"两手发力"，深化水利投融资体制机制改革，用足用好金融信贷支持政策，大力推广政府和社会资本合作（PPP）等模式，更好满足省级水网建设资金需求。

强降雨区部分中小河流可能发生超警洪水，水利部专题会商部署当前暴雨洪水防御工作

本报讯 7月4日晚，国家防总副总指挥、水利部部长李国英主持专题会商，

分析研判当前雨情水情汛情形势，安排部署暴雨洪水防御工作。李国英强调，目前已经进入7月，要认真贯彻落实习近平总书记关于做好防汛救灾工作的重要指示精神，树立主汛期意识，坚决打赢主汛期防汛硬仗；立足于防大汛、抗大险、救大灾，提前做好各项应急准备；坚决打有准备之仗、有把握之仗；精准对象、精准目标、精准措施，始终以如履薄冰的态度做好每一次暴雨洪水的防御工作。国家防总秘书长、应急管理部副部长兼水利部副部长周学文、水利部副部长刘伟平参加会商。

李国英指出，预报未来3天，受3号台风"暹芭"残留云系和北方冷空气共同影响，我国自西南向东北将出现移动性强降雨过程，珠江流域桂江、贺江、北江，长江流域湘江、赣江，淮河流域沂沭泗水系南四湖和辽河干支流等江河湖泊将发生洪水过程，其中广东北江可能再次发生编号洪水，强降雨区部分中小河流可能发生超警洪水，防御形势严峻。

李国英要求，要逐流域明确暴雨洪水防御措施。珠江流域以北江为重点，联合调度上游乐昌峡、湾头和干流飞来峡等水库调控洪水，适时拦洪削峰错峰，加强北江大堤等堤防巡查防守，提前转移低洼地带人员，确保人民群众生命安全和工程安全；沂沭泗水系要科学调度骨干水库和控制性涵闸，充分利用东调工程，努力分泄南四湖、骆马湖洪水，减轻防洪压力；辽河流域要科学调度石佛寺、大伙房、观音阁等骨干水库，充分拦蓄辽河洪水，切实加强超警河段堤防巡查防守，提前预置抢险队伍、物资和设备。要摸清强降雨区中小型水库和病险水库分布及运行状态，逐一落实防漫坝、防垮坝措施，确保水库不垮坝。要逐河流、逐村庄落实中小河流洪水和山洪灾害防御措施，根据前期降雨情况动态调整预警阈值，及时发布预警，果断组织转移避险，做到应撤早撤、应撤必撤、应撤尽撤，确保人民群众生命安全。

黄淮海地区旱情基本解除，西北地区东部旱情持续

本报讯 4月至6月中旬，受降雨偏少影响，我国北方部分地区旱情露头后快速发展。6月下旬以来，北方地区连续出现大范围较强降雨过程，山东、安徽、河南、河北等省旱情陆续解除，山西省旱情明显缓解，内蒙古西部、陕西、甘肃

等地旱情仍然持续或发展。截至目前，全国耕地受旱面积 2 468 万亩（其中农作物受旱面积 2 070 万亩，待播耕地面积 398 万亩），有 11 万人、129 万头大牲畜因旱发生饮水困难，主要集中在内蒙古、陕西、甘肃等省（自治区）。

针对旱情，国家防总副总指挥、水利部部长李国英主持专题会商会，要求完善预警信息—响应行动—责任落实的全链条防控，及时发布旱情预警，依规启动响应机制，明确防御责任和具体措施，确保人民群众饮水安全。水利部副部长田学斌、刘伟平多次召开会商会或视频会，对抗旱保人饮保灌溉作出安排部署。水利部启动干旱防御Ⅳ级应急响应，派出 3 个工作组赴内蒙古、陕西、甘肃 3 省（自治区）协助指导抗旱工作；精细调度黄河龙羊峡、刘家峡、万家寨等骨干水利工程，为沿河城市和灌区引水创造有利条件；组织旱区强化供水保障措施，确保群众饮水安全。

内蒙古、陕西、甘肃等省（自治区）因地制宜、分类施策，全力做好抗旱保人饮保灌溉工作。旱区党政领导对抗旱减灾工作作出部署，水利部门启动抗旱应急响应，科学调度大型灌区、引调水工程等加大灌溉供水保障力度，努力保灌扩灌；加强农村饮水工程维修养护，全力保障群众饮水安全；积极筹措资金支持旱区建设抗旱应急水源工程、添置抗旱设备等，提升供水保障能力。

增强农业生产能力惠民生！赣抚平原灌区 "十四五" 续建配套与现代化改造工程（二期）开工，投资 2.21 亿元

本报讯 6 月 29 日，江西省赣抚平原灌区 "十四五" 续建配套与现代化改造工程（二期）开工仪式在南昌县举行，标志着该工程正式开工建设。

江西省赣抚平原灌区 "十四五" 续建配套与现代化改造工程是国家 "十四五" 期间确定的 150 项重大水利工程之一，是江西省重点建设项目，既是一项增强农业生产能力的基础设施建设，又是一项改善民生的德政工程。

江西省赣抚平原灌区 "十四五" 续建配套与现代化改造工程（二期）总投资 2.21 亿元，建设内容主要包括新建岗前倒虹吸、修缮岗前渡槽、新建岗前渡槽进出口节制闸、拆除重建机耕桥及总干一支灌溉闸等。工程建设对保障灌区粮食生

产安全，保障南昌市及其周边市（县）的农业、工业、生活、生态用水安全，提高区域生态治理和生态保护水平，促进南昌乃至全省经济又好又快发展都具有十分重要的意义。

稳投资　促就业　惠民生
——上半年我国水利基础设施建设完成投资 4 449 亿元综述

近日，位于河北省保定市的环堤河基础设施及生态环境综合治理项目正在加紧建设之中。"该项目总投资 52 亿元，为做好项目建设资金保障，我们在大力压减非急需非刚性支出，把有限的资金用在刀刃上的同时，引入专项债达 39 亿元，占总投资的 75%。同时，建立债券资金支出进度月报制度，定期对抓建措施不力、支出进度慢的地区或单位实施预警，确保债务资金当年全部支出，尽早形成实物工作量。"保定市财政局负责同志对记者说。

"今年上半年，水利工程建设取得显著成效，新开工重大水利工程项目和完成投资均创历史新高。"7 月 11 日，水利部副部长魏山忠在水利部召开的 2022 年上半年水利基础设施建设进展和成效新闻发布会上对记者如是表示。

助力"六稳""六保"和乡村振兴，重大水利建设快马加鞭

记者通过视频连线了解到，今年以来，各地严格落实党中央"疫情要防住、经济要稳住、发展要安全"的要求，安全和发展"两手抓、两促进"，积极筹措资金，确保重大水利建设项目密集开工建设，为助力"六稳""六保"和乡村振兴、稳经济大盘做出了积极贡献。

滇中引水工程是国务院批准的 172 项重大节水供水工程中的标志性工程之一，也是云南省有史以来单体投资规模最大的工程项目。工程由水源工程和输水工程两部分组成，多年平均引水量 34 亿立方米，总投资 825.76 亿元。水源工程设计流量 135 立方米每秒、最大提水净扬程 219 米、装机总量 480 兆瓦，建成后将成为世界最大地下泵站。截至 6 月 30 日，滇中引水工程完成年度投资 68.01 亿元，占年度投资计划 115 亿元的 59.1%，开工至今累计完成投资 492.44 亿元，占工程总投资 59.6%。工程在拉动经济方面作用重大。根据研究统计，滇中引水工程建

设期可直接创造国内生产总值（GDP）约 800 亿元，间接拉动国内生产总值（GDP）约 2 400 亿元；创造的直接就业岗位有 2.5 万余个，间接创造上下游产业就业机会约 1 240 万个，有效发挥重大水利工程在稳投资、稳经济、保增长、保就业、保市场主体中的重要作用，助力"六稳""六保"和乡村振兴工作。

广西大藤峡水利枢纽开发有限责任公司董事长吴小龙通过视频连线表示，大藤峡工程是国务院 172 项节水供水重大水利工程的标志性项目之一，也是珠江流域控制性枢纽。工程将于 2023 年底全面建成，建成后水库总库容 35 亿立方米，防洪库容 15 亿立方米。左岸工程 21 孔泄水闸、3 台发电机组和船闸等，已于 2020 年全部按期投入运行；右岸工程正在进行发电机组安装和围堰拆除，5 孔泄水闸已提前具备泄流条件。目前枢纽已实现全线挡水，基本具备了 7 亿立方米库容的调节能力，防洪和供水保障能力显著提升。

安徽省引江济淮集团有限公司董事长张效武通过视频连线表示，引江济淮工程安徽省境内总投资 875.35 亿元。截至今年 6 月底，工程累计完成投资 767.31 亿元，占总投资的 87.7%，主体工程超序时进度平稳推进。经过积极努力，他们确保年底前实现试通水、试通航目标。

上半年新开工水利项目 1.4 万个，完成投资 4 449 亿元

魏山忠说，今年以来，各地深入贯彻习近平总书记在中央财经委员会第十一次会议上的重要讲话精神，认真落实李克强总理关于加快水利工程建设、扩大有效投资的重要指示，按照全国稳住经济大盘电视电话会议和国务院出台的扎实稳住经济一揽子政策措施的部署，完整、准确、全面贯彻新发展理念，增强使命感、责任感、紧迫感，迎难而上，担当作为，切实担负起水利建设对于稳定宏观经济大盘的政治责任。加强组织领导和协调推动，细化目标任务，精准落实责任，建立周会商、月调度、月通报机制，挂图作战，节点管控，形成上下联动、分工明晰、推进有力的工作格局。

为充分发挥水利有效投资对拉动经济增长、增加就业岗位、增进民生福祉等方面的重要作用，水利部会同有关部门和地方，加快项目审查审批，着力畅通资金来源渠道，强化工程建设管理，加强督导检查，以超常规工作力度，加快在建工程实施进度，推进新开项目多开早开。

一是项目开工明显加快。上半年，新开工水利项目 1.4 万个，其中投资规模超过 1 亿元的项目有 750 个。

二是工程建设明显提速。一批重大水利工程实现重要节点目标，完成投资大

幅增加，重庆渝西、广东珠三角水资源配置等工程较计划工期提前。农村供水工程建设 9 000 余处，完成 3 700 余处，提升了 1 688 万农村人口供水保障水平。病险水库除险加固、中小河流治理、大中型灌区改造、中小型水库建设等项目建设进度加快。目前，在建水利项目 2.88 万个，施工吸纳就业人数 130 万人，其中农民工 95.7 万人。

三是投资强度明显增大。坚持政府和市场两手发力，在加大政府投入的同时，地方政府债券持续增加，金融支持、水利 PPP 模式、水利 REITs 试点"三管"齐下，投资保障力度明显增强。1—6 月，全国落实水利建设投资 7 480 亿元，较去年同期提高 49.5%，其中广东、浙江、安徽 3 省落实投资超过 500 亿元。在地方政府专项债券方面，水利项目落实 1 600 亿元，较去年同期翻了近两番。水利建设投资完成 4 449 亿元，较去年同期提高 59.5%，广东、云南、河北 3 省完成投资 300 亿元以上。

11 个省份投资超过 200 亿元，三大领域成投资热点

水利部规划计划司司长张祥伟对记者表示，今年以来，国家把联网、补网、强链作为重点，全力推进水利基础设施网络建设。1—6 月，全国完成水利建设投资 4 449 亿元，与去年同期相比增加了 1 659 亿元，有 11 个省份完成的投资都超过了 200 亿元。其中，广东、云南、河北这些省份完成的投资都超过了 300 亿元。这 11 个省份完成的投资占整个全国 1—6 月完成投资的 68%。

从投向来看，流域防洪工程体系、国家水网重大工程、河湖生态修复保护完成投资 4 046 亿元，占全国 1—6 月完成投资的 90.9%。

一是聚焦保障防洪安全，加快完善流域防洪工程体系，完成投资 1 313 亿元。重点推进西江大藤峡水利枢纽、广东港江蓄滞洪区、四川青峪口水库等重点防洪工程。另外，推进中小河流治理、病险水库除险加固、重点涝区等防洪排洪薄弱环节建设。

二是聚焦保障供水安全和粮食安全，实施国家水网重大工程，完成投资 1 898 亿元。重点推进引江济淮、云南滇中引水、珠江三角洲水资源配置、湖南犬木塘水库、贵州凤山水库等重大水资源配置和重点水源工程建设，以及灌区新建和改造、农村供水、中小型水库建设等。

三是聚焦保障生态安全，复苏河湖生态环境。重点推进永定河、吉林查干湖、福建木兰溪等重要河湖治理和生态修复，以及农村水系综合整治、坡地水土流失治理、地下水超采区综合治理等项目建设。这些项目完成投资 835 亿元。另外，

还有其他水利工程完成了 403 亿元。

"下一步，我们还将继续采取有效措施，加快工程建设进度，促进工程早日建成，发挥好水利基础设施网络作用。同时更多地完成投资，充分发挥拉动经济的重要作用。"相关方面负责人在接受记者采访时如是表示。

坚持"预"字当先 "实"字托底，水利部专题会商部署主汛期水旱灾害防御工作

本报讯 7月8日，国家防总副总指挥、水利部部长李国英主持专题会商，进一步研判主汛期洪旱形势，提前安排部署水旱灾害防御工作。李国英强调，要坚决贯彻习近平总书记关于做好防汛救灾工作的重要指示精神，认真落实李克强总理批示要求，立足防大汛、抗大险、救大灾，树立底线思维、极限思维，坚持"预"字当先、"实"字托底，提前做好各项应对准备，确保人民群众生命财产安全。

李国英指出，预测主汛期（7—8月）我国气候状况总体偏差，极端天气事件偏多，洪水干旱情势偏重；珠江、汉江、黄河、海河、辽河、松花江可能发生较大洪水；华东中部、华中南部、西北西部可能发生夏旱。要全面进入主汛期工作状态，意识、机制、节奏、措施立即匹配到位，绷紧"降雨—产流—汇流—演进""流域—干流—支流—断面""总量—洪峰—过程—调度""技术—料物—队伍—组织"四个链条，强化预报、预警、预演、预案"四预"措施，构建纵向到底、横向到边的防御矩阵。

李国英要求，要以流域为单元，做到精准对象、精准目标、精准措施，提前做好防御预案。一要科学调度各流域骨干水库，做好蓄滞洪区运用准备，充分发挥流域防洪工程体系防洪功能，变被动防御为主动防控。二要深入排查、全面清除河道行洪障碍，加强堤防管理和巡查防守，逐一落实穿堤建筑物度汛措施。三要做好中小河流洪水和山洪灾害防御，特别要充分考虑前期暴雨洪水和流域下垫面条件变化情况，科学调整后续洪水防御预警阈值，及时预警转移，确保人民群众生命安全。四要紧盯小型水库、病险水库、淤地坝安全度汛，提前落实防漫坝垮坝措施。五要做好抗旱工作，滚动开展旱情预报预警，统筹江河来水、水库蓄水、生活生产生态用水，精细开展水资源调度，确保旱区群众饮水安全，力保农

作物需水。六要依法依规分解落实防御责任，使各方面各岗位各责任人坚决做到守土有责、守土负责、守土尽责。

锚定"四不"目标坚决守住水旱灾害防御底线，水利部专题会商部署"七下八上"防汛关键期水旱灾害防御工作

本报讯 7月18日，国家防总副总指挥、水利部部长李国英主持专题会商，研判"七下八上"防汛关键期洪旱形势，安排部署水旱灾害防御工作。李国英强调，要认真学习贯彻落实习近平总书记关于做好防汛救灾工作的重要指示，始终把保障人民群众生命财产安全放在第一位，锚定人员不伤亡、水库不垮坝、重要堤防不决口、重要基础设施不受冲击"四不"目标，坚决守住水旱灾害防御底线。

李国英指出，据预测，"七下八上"期间，松花江流域、淮河流域沂沭泗及山东半岛诸河、黄河支流大汶河、新疆阿克苏河等可能发生较大洪水，黄河中下游、淮河、辽河、海河南系、长江支流汉江和滁河、云南澜沧江等可能发生超警洪水，珠江流域、海河北系及滦河、太湖等可能发生区域性暴雨洪水；江南南部、华南北部、西北大部、西南东北部、新疆等地可能出现阶段性旱情。要在充分研究近期洪旱形势和前期汛情特点基础上，精准对象、精准目标、精准措施，提前做好"七下八上"防汛关键期水旱灾害防御应对准备。

李国英要求，要迅即进入防汛关键期工作状态，意识、机制、节奏、措施与之相匹配，以"时时放心不下"的高度责任感全力做好各项防御工作。一要扎实做好预报、预警、预演、预案"四预"工作；二要全面检查和落实重点流域防洪工程体系（控制性水库、河道及堤防、蓄滞洪区）应对准备工作；三要提前做好各类水库防垮坝工作，逐库落实防汛"三个责任人"和"三个关键环节"；四要提前做好淤地坝防溃坝工作，逐坝落实责任人、抢险措施；五要提前做好山洪灾害防御工作，强化局地短临降雨预报预警，提前转移危险区群众，做到应撤必撤、应撤尽撤、应撤早撤、应撤快撤；六要提前做好中小河流洪水防御工作，逐河检查落实各级河长防汛责任，抓紧清除行洪障碍，加强薄弱堤段巡查防守，及时组织群众转移避险；七要提前做好抗旱工作，确保旱区群众饮水安全，保障在地农

作物时令灌溉用水需求；八要全链条、全过程紧盯每一场次洪水和每一区域干旱防御工作，及时复盘检视，及时查漏补缺，全面提高水旱灾害防御能力。

防汛关键期，全力以赴做好水旱灾害防御工作

本报讯 7月25日，国家防总副总指挥、水利部部长李国英主持专题会商，分析研判防汛关键期雨情、水情、汛情、旱情，安排部署水旱灾害防御工作。李国英强调，要坚决贯彻落实习近平总书记关于做好防汛救灾工作的重要指示，坚决树牢防汛关键期意识，保持如履薄冰、如临深渊的思想认识，保持"时时放心不下"的高度责任感，一切工作都要与防汛关键期相匹配，专心致志、全力以赴做好水旱灾害防御工作。水利部副部长刘伟平参加会商。

李国英指出，当前我国正处于"七下八上"防汛关键期，预报近期主要雨区位于西南东部南部、西北东部、黄淮、华北、东北大部、江淮东部、江南东北部等地；黄河中下游、淮河沂沭泗、海河、松辽等流域部分河流将出现涨水过程，暴雨区部分中小河流可能发生超警以上洪水，辽河部分河段超警仍将持续；长江中下游地区可能出现阶段性旱情。

李国英要求，一是全力做好精准洪水预报，以流域（河流）为单元滚动预报局地暴雨洪水过程，强化以测补报，根据前期汛情灾情检视雨水情监测站点布设是否满足防御要求，滚动修订"降雨—产流—汇流—演进"模型，不断提高预报水平。二是针对近期可能出现强降雨的黄河三花区间、中游淤地坝密集地区，海河流域北拒马河、北易水、中易水、瀑河和滦河、蓟运河、北运河，辽河等重点流域，提前制订完善局地暴雨洪水防御方案，做好河道及堤防、水库、蓄滞洪区等流域防洪工程应对准备，细化山洪灾害防御和淤地坝防溃口措施，落实相关流域管理机构、地方水行政主管部门、工程管理单位的防御责任。三是提前做好重点区域的抗旱预案，掌握旱区范围和受干旱影响对象，作出有针对性抗旱部署，确保群众饮水安全，保障牲畜饮水安全和在地农作物时令灌溉用水需求。四是统筹做好引江济太水量调度，提前研判蓝藻暴发风险，算准水量、水位和流量要求，精准控制引调水、输排水过程和太湖水位，有效防控流域水生态、水资源、水环境风险。五是充分做好南水北调中线工程防洪工作，落实相关河长的防汛责任，提前预置抢险队伍、料物，强化抢险组织和技术支撑，确保安全度汛。六是抓紧

复盘前期局地强降雨防御情况，及时查漏补缺，修订完善中小河流洪水和山洪灾害防御体系，有力保障人民群众生命财产安全。

浙江：今年计划完成水利投资 660 亿元

上半年完成投资 332.9 亿元，社会资本投入超四成

近年来，在水利部支持下，浙江水利积极践行习近平总书记"节水优先、空间均衡、系统治理、两手发力"的治水思路，坚持政府与市场两手发力，通过推进政府和社会资本合作，吸引社会资本参与水利项目建设运营，"十三五"以来累计引入社会资本 211 亿元。截至目前，专项债券、社会资本、金融信贷占浙江水利总投入的比值已超四成，水利投资结构持续优化。

高位推动，搭建政企合作平台

浙江省委、省政府高位推动，多次召开全省重点项目银项对接大会，促成百项千亿防洪排涝、农饮水达标提标等项目形成合作意向。早在 2017 年，浙江省水利厅便召开水利投融资项目对接会，推介重大水利项目，吸引专业经验丰富且具有较强投资实力的大型央企参与浙江水利建设。今年，浙江省水利厅出台深化水利投融资改革指导意见和水利稳经济 11 条具体措施，明确将水利投融资改革、吸引社会资本作为一项扩大水利有效投资的重要政策举措，压实责任，确保政策落地见效。

规范有序，推进政企合作模式

"十四五"以来，浙江省水利厅不断深化政银企合作，先后与国开行、农发行等签订战略合作协议，争取金融信贷支持浙江水网以及山区 26 个县水利基础设施建设。同时，不断加大向央企的推介力度，积极探索特许经营权转让、打捆统一运作等方式，吸引南水北调集团、三峡集团参与开化水库、诸暨陈蔡水库加固改造和松阳县水网建设等 3 项重大水利项目建设运营，总投资 84 亿元，引入社会资本近 40 亿元。

其中，列入国家重点推进的 150 项重大水利工程项目之一的开化水库，采用特许经营权模式开展建设，回报来源主要是原水供应和水力发电，并优先开发水库周边资源，成功引入南水北调集团参与建设运营，破解了重大项目资金筹措难、工期保障难、超概风险大等问题，仅用 10 天完成了移民签约；松阳县聚焦县级水网创建，结合全域土地整治和水厂建设，回报来源为净水水费、土地指标交易费等，成功引入三峡集团参与建设运营，吸引社会资本 23 亿元。

分类施策，创造政企合作条件

为进一步盘活存量资产扩大有效投资，浙江精打细算、分类施策，对于具有稳定现金流的项目，全力推向市场，争取与社会资本开展合作；对没有直接收益的项目，通过结合周边拆迁、土地综合整治、功能融合、砂石资源利用等方式提高项目综合收益。例如，余姚、上虞等地做大做强县级水利投资平台，盘活水库、岸线、砂石等资源，资产规模超 200 亿元；义乌市全国首例将原水水权作质押获得农发行固定资产贷款 10 亿元；柯城区寺桥水库等 10 个工程疏浚砂石料量 400 余万吨，获近 4 亿元资金反哺项目……

强化储备，打好政企合作基础

走一步，看百步。按照适度超前开展基础设施投资的要求，浙江建立"推进一批、储备一批"滚动机制，新谋划绍兴镜岭水库、龙游佛乡水库、椒江河口水利枢纽、浙东水资源配置通道等一批重大水利项目开展市场化融资方案研究，符合条件的争取申报纳入水利部 PPP 项目储备库，为后续引入社会资本打好基础。同时，抓住"三区三线"划定工作窗口期，加快完成一批重大项目立项审批，全力争取落实空间要素保障。

今年，是浙江水利"大干项目、大干民生"之年，按照适度超前开展基础设施投资要求，计划全年完成水利投资 660 亿元。在资金来源方面，强化政府投入，突出市场化改革，围绕政府和社会资本合作、REITs、专项债券、金融信贷等融资重点，积极拓宽水利投融资渠道，用足用好各项优惠政策，全力加快基础设施建设，切实发挥水利工程吸纳投资大、产业链条长、创造就业多的优势，为全省稳住经济大盘作出水利贡献。

截至 6 月底，浙江省已落实水利投资 675.2 亿元，落实率达 102.3%；共完成水利投资 332.9 亿元、完成率达 60.5%，较上年同期增长 10.2%。今年 45 项新开工项目中，已开工 30 项，开工率达 66.7%；已完成可研批复或行业审查意见 40 项，储备投资规模达到 531.3 亿元！

上半年四川在建大中型水利工程总投资达 984 亿元

本报讯 近日，四川省水利基础设施建设"半年报"出炉。记者从四川省水利厅获悉，作为四川水利"强推进"之年，全省抢抓历史机遇期和窗口期，以重大水利工程为牛鼻子和突破口带动水利全面发展。今年上半年，四川省落实水利投资 387 亿元，较去年同期增加 157 亿元，增幅 68%；上半年已完成水利投资 175 亿元，较去年同期增加 75 亿元，增幅 75%；预计全年可完成水利投资 400 亿元以上，对今年经济稳增长和高质量发展持续贡献动能。

今年以来，四川省认真落实"加快水利工程建设、扩大有效投资"的相关决策部署，"两手发力"扩大水利有效投资，充分发挥水利有效投资对拉动经济增长、增加就业岗位、增进民生福祉等方面的重要作用。

在建工程方面，上半年，全省 46 个大中型水利工程和病险水库除险加固等面上项目建设提速、提质、提效，在建大中型水利工程总投资达 984 亿元，历史上首次接近千亿规模，为历年之最。其中，向家坝灌区北总干渠一期全线重难点控制性工程——猫儿沱江底隧洞正式贯通，这是四川省水利建设史上首次使用盾构技术穿越大江大河；渠江流域首座大型防洪控制性水利工程——红鱼洞水库通过正常蓄水位验收，标志着红鱼洞水库开始全面发挥防洪效益。

引大济岷工程、安宁河流域水资源配置（打捆）工程、长征渠引水工程、毗河二期工程等重大水利工程前期工作加力加速推进。总投资 761 亿元的引大济岷工程加快推进，四川仅用 1 年时间就完成了该工程的可研报告、28 个审批专题和 48 个科研课题编制，可研报告已于 5 月上报水利部待审批，创造了水利工程前期推进新纪录。安宁河流域水资源配置（打捆）工程立足"第二个成都平原""天府第二粮仓"定位，四川省委、省政府先后召开发展专题会、现场推进会，拉开该项工程建设大幕，省水利厅成立工作专班，印发工作方案，出台《水利支持安宁河流域高质量发展十条措施》，全力分类推进 6 个在建、12 个拟建项目建设。

全面加强水利基础设施建设投资需求巨大，四川省坚持政府、市场"两手发力"，在加大政府投入的同时，利用银行贷款、吸引社会资本等方面创新工作机制、出台指导意见，多渠道筹集建设资金，拉动了全省水利投资再创新高。四川省水利厅创新运用"1+3"（水利厅与地方政府、金融机构、建设单位）水利投融资四方合作等机制，联合财政、发改等部门印发《关于加强地方政府专项债券支持水利建设的通知》，印发《关于抓紧落实地方政府债券推进水利建设的函》等政策文件，积极扩大债券使用规模，形成"债券需求、储备发行、债券使用"三本台账。全省水利项目纳入专项债券需求库393个，总投资规模1 994亿元，其中年度债券需求461亿元，上半年已落实123亿元，同比增加55亿元，增幅达81%；此外，上半年已落实一般债券14亿元，用于重大水利工程和小型病险水库除险加固。

李国英：加强淮河入海水道二期工程建设，造福流域广大人民群众

本报讯 7月30日，淮河入海水道二期工程开工建设。水利部党组书记、部长李国英以视频形式出席开工动员会并讲话。水利部副部长刘伟平出席会议。

李国英指出，以习近平同志为核心的党中央高度重视淮河治理。淮河入海水道二期工程建设是贯彻落实党中央、国务院关于全面加强水利基础设施建设决策部署的一项重大举措，是淮河流域防洪工程体系的标志性、战略性工程，是淮河流域亿万人民翘首以盼的民生工程、发展工程。实施这一工程，将扩大淮河下游洪水出路、打通淮河流域泄洪通道、减轻淮河干流防洪除涝压力，对保障淮河流域人民群众生命财产安全、支撑淮河流域经济社会高质量发展具有十分重要的意义。

李国英强调，要以对历史极端负责的精神，加强淮河入海水道二期工程建设的组织实施，严格执行建设管理制度，精心组织施工，强化安全生产管理，高标准、高质量推进工程建设，力争早日建成发挥效益，努力把工程打造成为经得起历史和实践检验的精品工程、安全工程、长效工程，造福流域广大人民群众。

淮河入海水道二期工程总投资438亿元，被列入国务院今年重点推进的55项重大水利工程清单。工程建成后，将进一步打通淮河流域洪水排泄入海通道，

大幅提升洪泽湖防洪标准，有力保障淮河流域 2 000 多万人口、3 000 多万亩耕地防洪安全。

水利部贯彻落实国务院常务会议精神，专题会商部署"八上"关键期水旱灾害防御工作

本报讯 7 月 31 日，国家防总副总指挥、水利部部长李国英主持专题会商，传达贯彻国务院常务会议关于防汛抗旱的部署要求，滚动研判"八上"防汛关键期洪旱形势，进一步安排部署水旱灾害防御工作。李国英强调，要坚决贯彻习近平总书记关于做好防汛救灾工作的重要指示精神，认真落实国务院常务会议部署要求，立足防大汛、抢大险、救大灾，继续保持专心致志、全力以赴"打硬仗、打赢仗"的精神状态和奋斗姿态，将各项应对准备工作做在洪水干旱前面。水利部副部长刘伟平参加会商。

李国英指出，当前即将进入"八上"防汛关键期，预报此期间，我国局地洪涝和干旱并存，松辽流域松花江、辽河、浑河、太子河，海河流域北系和滦河，黄河中游北干流，珠江流域北江和东江下游等河流可能发生洪水；长江中下游地区可能发生干旱，水旱灾害防御形势严峻。

李国英要求，一要提前做好防洪应对准备。针对预报可能发生洪水的流域，迅即调度大中型水库腾出防洪库容，使其有足够的能力对洪水实施精准调控；加强对河流堤防特别是险工险段、薄弱堤段的防守，提前预置抢险队伍、料物和设备，确保不决口；逐库落实中小型水库、病险水库防汛"三个责任人"和"三个重点环节"，确保不垮坝；严格落实山洪灾害防御责任，降低预警阈值，对受威胁区域人员坚决做到早撤、快撤、尽撤，重点落实景区管控和山丘区跨河桥梁可能堵塞河道防御措施，确保人员不伤亡。二要提前做好防台风准备。密切跟踪第 5 号台风"桑达"移动路径，做好其影响流域、区域的洪水防御；密切关注后续台风动态，加强监测预报，提前做好防范预案。三要提前做好冰川堰塞湖溃决洪水防御准备。加强冰川堰塞湖洪水监测和动态跟踪预报，掌握洪水影响范围和对象，提前撤离受威胁区域人员。四要提前做好抗旱准备。强化旱情监测预报，科学精细调度长江三峡水库及长江上游水库群和洞庭湖"四水"、鄱阳湖"五河"水库群，做好抗旱水资源准备，确保旱区群众饮水安全，保障牲畜饮水和秋粮作物时令灌溉需求。五要扎实做好引

江济太水量调度。做好水情预测预报，加强水文水质和流场监测，精准控制调水过程、流量、水量、水位等，避免蓝藻暴发，确保太湖水资源、水生态、水环境安全。

海河流域关键防洪工程！总投资 33.69 亿元的大陆泽、宁晋泊蓄滞洪区防洪工程与安全建设项目正式开工启动

本报讯 7 月 29 日，大陆泽、宁晋泊蓄滞洪区防洪工程与安全建设项目正式开工启动。该项目是国务院部署实施的 150 项重大水利工程之一，总投资 33.69 亿元。

大陆泽、宁晋泊（分为小宁晋泊、小南海和老小漳河区间三部分）蓄滞洪区又称滏阳河中游洼地，位于京广铁路以东、河北省邢台市东北部，为历史上形成的自然洼地，是河北省第一大蓄滞洪区、全国第三大蓄滞洪区，为海河流域的关键防洪工程，南北长 69 千米，东西宽 39 千米，总面积 2 041 平方千米。项目主要建设内容为：北澧河扩挖、堤防加固、桥梁涵洞重建、艾辛庄枢纽维修加固、新建北陈海防洪工程、安全区建设以及撤退路等。工程涉及邢台市任泽区、隆尧县、宁晋县、巨鹿县、南和区、平乡县、新河县、柏乡县共 2 区 6 县。

大陆泽、宁晋泊蓄滞洪区防洪工程与安全建设项目建设总工期为 36 个月。大陆泽、宁晋泊蓄滞洪区承担着蓄滞滏阳河流域洪水和当地涝水的任务，对保护下游黑龙港地区、天津市等重要区域和设施安全及减轻相邻河系防洪压力起着非常重要的作用。

项目建成后，北澧新河行洪能力加大，蓄滞洪区启用标准基本达到 5 年一遇，大大提高了对下游天津市、华北油田、黑龙港地区、铁路等重要目标的安全保障能力，提升了海河流域防洪体系建设水平。安全区、撤退路等安全避险设施的建设，也将全面提升蓄滞洪区防灾减灾能力和水平，能有效减小发生低标准洪水时对蓄滞洪区内人民群众生命财产安全造成的灾害，切实增强群众的安全感、幸福感、获得感。同时，大陆泽、宁晋泊蓄滞洪区防洪工程与安全建设项目作为重大水利工程，是落实"稳经济大盘"要求的具体抓手，该项目工程投资大、产业链长，创造就业机会多，在推动地方协调发展、拉动有效投资需求、促进经济稳定

增长等方面具有重要作用，对促进当地城市规划、招商引资、项目建设、营商环境等方面发挥了积极影响。项目实施后，还将提升河北省邢台市雨洪资源利用的能力和水平，通过科学合理调度运用蓄滞洪区工程，对涵养地下水源、提升地下水位、巩固百泉复涌成果、保持"河河有水"常态化起到了积极作用，为加快全市水系连通，构建多源互补、丰枯调剂、循环通畅、生态良好的水美宜居生态环境提供了坚实的基础。

新疆大石峡：当惊世界殊！

本报讯 大坝已填筑至 1 521.6 米高程的新疆大石峡水利枢纽工程正在紧张施工之中，高趾墩已完成基础开挖，8 月底完成高趾墩混凝土浇筑；12 月底大坝填筑至高程 1 545 米，实现大坝填高 85 米。

新疆大石峡水利枢纽工程是塔里木河流域规划建设的山区控制性骨干枢纽工程之一，是国家 172 项节水供水重大水利工程之一，是国家层面联系的第一批 12 个 PPP 试点重大水利项目之一，是新疆维吾尔自治区重点建设项目。工程总工期 102 个月，2017 年 12 月开工，计划 2025 年 10 月下闸蓄水、2026 年 7 月首批 2 台机组发电、2026 年 10 月完工。大石峡工程建成后，将结束阿克苏河流域无山区控制性调节水库的历史，将对优化塔里木河流域水资源配置、缓解流域春旱缺水矛盾、消除洪旱灾害、有效实施生态输水、促进南疆社会经济发展发挥重要作用。

大石峡工程规模大，为超高坝，施工周期长，合理使用年限达 150 年，耐久性要求高且具有"五高一新"特点，具体为：高坝，最大坝高 247 米，为目前世界在建最高混凝土面板堆石坝；高边坡，两岸山体高耸，边坡倾角接近 70 度；高地震烈度，工程建设区地震烈度为Ⅷ度；高泄洪流速，最大泄洪流速达 50 米每秒；高挖填强度，大坝最大填筑强度达到 80 万立方米每月；实施模式新，采用 PPP 模式，是国家层面的重大水利工程试点项目。

设计和实施过程中，大石峡项目公司、项目部联合科研院所、知名院士和博士后工作站组成咨询团队，针对"受河谷和河道地形条件影响，坝体变形规律复杂；绝对变形控制难度大；沙砾料的渗透安全性和抗震安全性要求高，造成坝体分区布置复杂"等技术难点进行了 9 大项 16 个子专题和一般科研项目 13 个大项的科研攻关，从技术层面保障工程实现"150年生命周期内大坝的长效安全运行"。截至目前，各参建单位进场施工人员1 613人，各类机械设备305台（套），从人力、硬件层面保障现阶段工程建设需要。

水利部、农业银行联合发布金融支持水利基础设施建设指导意见

本报讯 7月25日，水利部、中国农业银行联合召开金融支持水利基础设施建设工作推进会，贯彻落实中央财经委员会第十一次会议和全国稳住经济大盘电视电话会议精神，落实扎实稳住经济一揽子政策措施相关工作要求，分析形势，解读相关政策，部署加大金融支持水利基础设施建设工作。7月26日，水利部、中国农业银行联合印发关于金融支持水利基础设施建设的指导意见。

《水利部 中国农业银行关于金融支持水利基础设施建设的指导意见》全文如下。

为深入贯彻习近平总书记"节水优先、空间均衡、系统治理、两手发力"的治水思路和关于治水重要讲话和重要指示批示精神，认真落实中央财经委员会第十一次会议部署要求，加快构建现代化水利基础设施体系，推动新阶段水利高质量发展，现就进一步加大商业性金融支持水利基础设施建设力度，提升"十四五"水安全保障能力提出如下指导意见。

一、充分认识加大金融支持水利基础设施建设的重要意义

（一）加大金融支持是全面加强水利基础设施建设的迫切要求。水利工程是民生工程、发展工程、安全工程，是全面加强基础设施建设的重点领域，对保障国家水安全、推动区域协调发展、拉动有效投资需求、促进经济稳定增长具有重要作用。全面加强水利基础设施建设，着力提升水旱灾害防御能力、水资源集约节约利用能力、水资源优化配置能力、大江大河生态保护治理能力，迫切需要畅通水利投融资渠道，扩大水利有效投资。要在继续加大政府投入的同时，坚持两手发力、多轮驱动，更多运用市场手段，积极拓宽水利领域长期资金筹措渠道，进一步加大金融支持水利基础设施建设力度。

（二）加大金融支持是服务水利基础设施建设的重要保障。中国农业银行是面向"三农"、服务城乡的重要商业性金融机构，高度重视金融支持水利基础设施建设，聚焦黄河流域生态保护和高质量发展等重点方向，不断加大贷款投放力度，提供优质金融服务。中国农业银行具备国有大型商业银行的网点优势、信贷资金优势和集团协同优势，通过优化水利差异化信贷政策，加大对商业可持续水利项目的信贷投放，创新融资模式，丰富服务手段，持续扩大水利信贷规模，将更好地助力"十四五"水安全保障规划实施，服务新阶段水利高质量发展，发挥水利扩大有效投资的重要作用。

二、聚焦金融支持水利基础设施重点领域

（一）支持水资源优化配置工程体系建设。包括引调水工程、水源工程、区域水资源配置工程等。

（二）支持农村供水工程建设。包括中小型水库、农村规模化供水工程、城乡供水一体化建设、老旧供水工程和管网更新改造、小型供水工程标准化建设和改造等。

（三）支持灌区建设与改造。包括大中型灌区续建配套与现代化改造、新建大中型灌区、农业节水设施建设、灌溉排水泵站更新改造、小型水利设施标准化改造、灌区末级渠系建设和田间工程配套等。

（四）支持流域防洪工程体系建设。包括流域控制性枢纽等工程、堤防建设和河道整治、蓄滞洪区建设、病险水库水闸及淤地坝除险加固、中小河流治理、重点区域治涝、洲滩民垸整治、山洪灾害防治、沿海防台防潮、水利设施灾后重建等。

（五）支持水生态保护治理。包括河湖生态环境复苏、地下水超采综合治理、水资源超载治理、水土保持生态建设、水源涵养与保护、水美乡村建设、非常规水源利用、合同节水管理等。

（六）支持智慧水利建设。包括数字孪生流域、数字孪生水利工程、水利行业信息化基础设施、水网智能化、取水监测计量、遥感监测、智能视频监控、水文监测预报、山洪预警、水利网络安全体系等智慧水利建设。

三、完善金融支持水利基础设施优惠政策

（一）优化水利信贷政策。在贷款期限方面，国家重大水利工程、水利部和中国农业银行联合确定的重点水利项目的贷款期限最长可达45年，纳入省级相关水利

规划中的重点项目和中小型水利工程的贷款期限最长可达 30 年，水利领域政府和社会资本合作（PPP）项目的贷款期限执行中国农业银行有关规定，具体根据项目类型、现金流测算等因素合理确定，宽限期可基于项目建设期合理设定。在贷款利率方面，对国家重大水利工程、水利部和中国农业银行联合确定的重点水利项目贷款，执行相应的利率授权政策。对于省级及以上发展改革部门批准的水利项目的法人贷款，一级分行可实施优惠利率，并在权限范围内适度扩大利率转授权水平。在资本金比例方面，水利项目资本金比例要求一般执行 20%，对符合国家有关规定的社会民生补短板水利基础设施项目，在投资回报机制明确、收益可靠、风险可控的前提下，可再降低不超过 5 个百分点。在信贷评审方面，将国家重大水利工程、水利部和中国农业银行联合确定的重点水利项目，纳入享受差异化政策的总行重大项目名单管理，按规定对水利项目实行容缺受理，并在客户准入、客户评级、授信额度等方面享受差异化政策。对一级分行的水利贷款审批权实施差异化授权，提升信贷审批额度，具体以总行授权书为准。对于国家重大水利工程、水利部和中国农业银行联合确定的重点水利项目，可比照总行授权书规定的水利重点项目执行差异化授权。

（二）细化水利金融服务。在金融产品方面，充分发挥集团合成优势，探索通过债券发行与承销、股权投资、金融租赁、投资顾问等多种方式和各类金融产品工具，拓宽水利基础设施建设项目融资渠道。积极参与水利基础设施投资信托基金（REITs）试点工作，助力盘活存量资产，扩大水利有效投资。将纳入省级及以上水利规划中的重点项目，纳入中国农业银行现行的信贷政策、制度、产品的适用范围，在产品创新、政策保障等方面实施差异化的服务措施。在符合国家法律法规、监管规定以及贷款风险可控的前提下，各分行可统筹运用项目前期贷款、水利贷款、城市基础设施贷款、经营性固定资产贷款、项目融资业务贷款等产品，创新还款来源、抵押担保等模式，满足水利设施建设、调整融资结构的需求。在客户服务方面，对省级及以上发展改革部门批准的水利项目的法人，优先认定为一级分行级核心客户；符合总行级核心客户条件的，优先纳入总行级核心客户管理。对一级分行级（含）以上的核心客户，各分行在安排信贷规模、行业限额、存贷款定价、财务费用等资源时，优先满足水利项目建设需要。在业务流程方面，对于国家重大水利工程、水利部和中国农业银行联合确定的重点水利项目，开辟办贷绿色通道，执行信用审查审批优先办结或快办机制的相关规定，切实提高办贷效率。对于一级分行审批权限内的水利贷款，允许一级分行在总行授权书范围内整合业务环节，将项目法人的评级、分类、授信、用信、定价审批权集中在同一层级，推行多事项一并审批，着力提高贷款审查审批效率。

四、强化金融支持水利工作保障机制

（一）深化政银合作长效机制。各流域管理机构、各省级水行政主管部门、中国农业银行各分行要建立健全政银合作长效机制，加强业务交流与信息共享，不断加大商业性金融支持水利基础设施建设力度。各级水行政主管部门要加强信贷政策研究，善用、会用、用好金融信贷政策，结合项目实际和融资需求，会同中国农业银行各级分支机构，加强项目融资方案设计，提升项目融资能力。

（二）全面建立项目对接机制。各级水行政主管部门与中国农业银行各级分支机构要建立对接机制，分类梳理项目融资清单，形成水利重点领域和重大项目融资台账，及时掌握、定期调度项目融资工作进展。对计划当年开工的水利融资项目，要逐个落实责任，紧盯项目进展，做好信贷评审相关工作，确保信贷资金及时到位，加快推进工程建设。

（三）推动水利重点领域改革。各省级水行政主管部门、中国农业银行各分行要坚持目标引领和问题导向，深化水价形成机制、用水权市场化交易制度、节水产业支持政策、水利工程管理体制等改革。要建立健全有利于促进水资源节约和水利工程良性运行、与投融资体制相适应的水价形成机制。要总结用水权交易实践经验，结合建立水资源刚性约束制度，建立健全用水权交易制度体系。要坚持政策激励和市场主导相结合，建立健全节水产业政策，完善节水管理服务产业链，提升节水服务水平。要坚持产权明晰、责任明确、管护规范的原则，加快健全水利工程管理体制和良性运行机制，确保工程安全运行、效益充分发挥。

（四）建立健全风险防控机制。地方各级水行政主管部门要统筹发展和安全，坚持底线思维，加强水利资金监管，着力防范化解资金风险。中国农业银行各级分支机构要严格遵守国家法律法规和监管规定，坚持以合规风控引领高质量发展，坚守商业性金融职能定位，加强授信管理，严格资金投向，落实还款来源，管好担保资源，不得以任何形式造成地方政府债务或地方政府隐性债务，着力防范水利基础设施信贷资金风险。

（五）强化内部考核激励。中国农业银行总行将水利贷款和国家重大水利工程贷款纳入绩效考核。对纳入总行重大项目名单管理的水利项目发放的贷款，在战略经济资本配置上予以倾斜，实施经济资本减免，并加大新增正常类贷款落账拨备的分担比例。在内部宏观审慎调控体系（IMPA）中设置专项指标，对国家重大水利工程贷款投放进度快、力度大的分行，总行给予经济奖励。

完善防洪减灾体系，
不断提升水旱灾害防御现代化能力

本报讯 今年以来，河北省聚焦进一步完善防洪减灾体系，从3个方面固底板、补短板、锻长板，水旱灾害防御现代化能力和智慧化水平显著提升。

在工程体系方面，加快重点地区防洪控制性工程建设。建立健全水库水闸常态化安全鉴定、除险加固机制，推进现有病险水库水闸除险加固。继续实施江河主要支流、独流入海和内陆河流系统治理，确保重点河段达到规划确定的防洪标准。加快实施中小河流治理，持续推进河湖"清四乱"（乱占、乱采、乱堆、乱建）常态化规范化，确保防洪安全和行洪畅通。推进水利工程管护维养专业化和市场化，落实责任主体，提高管护水平。做好工程巡查，发现险情立足"抢早抢小"，全力避免和减轻灾害损失。

在"四预"方面，按照水利部要求，加快推进数字孪生流域试点建设，逐步实现数字化场景、智慧化模拟、精准化决策。加强智慧水利流域防洪业务体系建设，强化预报、预警、预演、预案"四预"措施，以超前的情报预报、精准的数字模拟、科学的调度指挥，坚决守住水旱灾害防御底线。加强实时雨水情信息的监测报送和分析研判，利用水文气象数据耦合、大数据、人工智能等技术，努力提高预报精准度、延长预见期。完善预警发布机制，做好江河洪水、山洪灾害等预警发布工作，一旦水库、堤防出现险情，及时向可能受影响的相关部门和地区发布预警，提醒提前做好避险防范。在应对洪水过程中，运用数字化、智慧化手段，根据雨水情预报情况，对水库、河道、蓄滞洪区蓄泄情况进行模拟预演，为工程调度提供科学决策支持。

在管理体系方面，进一步理顺部门工作机制，建立以保障防洪安全为主的防洪工程建设、管理、运行、维护、调度、抢险等工作体系。落实水利部"把确保河道行洪安全列入河长制工作目标"的要求，压实河长责任，强化汛期河道巡查，积极参与应急抢险，加强防汛安全宣传，推动建立南水北调中线干线度汛保障机制，全力确保河道行洪安全和南水北调工程度汛安全。

李国英主持专题会商，滚动研究部署
"八上"关键期水旱灾害防御工作

本报讯 8月5日，国家防总副总指挥、水利部部长李国英主持专题会商，滚动研判"八上"关键期汛情、旱情形势，安排部署应对准备工作。李国英强调，牢固树立防汛关键期意识，坚持底线思维、极限思维，始终绷紧"防"的神经，毫不松懈、预之在先，以"时时放心不下"的责任感，落细落实各项应对措施，坚决打好有准备之仗、有把握之仗。水利部副部长刘伟平参加会商。

李国英指出，据预报，"八上"期间，我国主要降雨区呈"一南一北"分布。松辽流域松花江、浑河、太子河、辽河及其支流绕阳河，海河流域滦河、北三河、大清河、子牙河，黄河北干流上段，珠江流域北江、东江、韩江可能发生洪水。长江流域气温偏高、降水偏少，大部分地区将发生干旱。

李国英要求，一是逐流域提前做好防洪准备。松辽流域控制性水库抓住降雨间歇期腾库迎汛，做好拦洪准备，加强辽河干支流堤防特别是沙基沙堤段、险工险段、穿堤建筑物堤段的巡查防守，及时清除河道内阻水障碍等，抓紧做好绕阳河堤防溃口堵复，防范后续洪水；海河流域上游水库全力拦蓄，及时清除河道行洪障碍，充分发挥河道泄流、分流作用；黄河中游地区要加强淤地坝巡查值守，及时发布预警，提前转移危险区域群众；珠江流域针对前期降雨多、土壤饱和等情况，落实落细各项防御措施，科学调度流域骨干水库。二是落细落实强降雨区中小水库、病险水库防汛责任和防垮坝措施，确保水库不垮坝。三是严密防范山洪灾害，重点关注海河流域太行山东麓、松辽和珠江流域山丘区，及时发布预警，提前转移群众。四是密切监视台风态势，精准预报移动路径、影响范围、江河洪水等，提前做好防御准备。五是确保南水北调中线防洪安全，以干线交叉河道为重点，逐一做好上游水库调度、河道渠道巡查防守，在易出险段点预置抢险力量、物料、设备等，提前做好应对准备。六是预筹抗旱水资源，科学调度长江三峡水库及长江上中游水库群和洞庭湖、鄱阳湖水系水库群，千方百计确保旱区群众饮水安全、保障秋粮作物灌溉用水。七是依法依规分解落实流域管理机构、地方水行政主管部门、水库及河道管理单位、责任岗位及责任人防汛抗旱责任，做到全方位、无死角、不落一项。

1—7 月全国完成水利建设投资 5 675 亿元

　　本报讯（记者　李存才　报道）　　"截至 7 月底，全国新开工重大水利工程 25 项，南水北调中线引江补汉工程、淮河入海水道二期工程等标志性重大水利工程相继按期开工建设；在建水利项目达 3.18 万个，投资规模 1.7 万亿元；完成水利建设投资 5 675 亿元，较去年同期增加 71.4%；水利工程施工吸纳就业人数 161 万人，其中农民工 123.3 万人，为稳投资、促就业作出了积极贡献。" 8 月 10 日上午，水利部副部长刘伟平在水利部举行的水利基础设施建设进展和成效新闻发布会上作上述表示。

　　刘伟平说，今年以来，水利部坚决贯彻落实党中央、国务院决策部署，全力推进水利基础设施建设。在上半年水利建设取得重要进展的基础上，水利部会同地方再接再厉，继续扩大水利投资，优质高效推进水利建设，不断取得新成效。

　　在回答记者关于农村供水工程建设、大中型灌区建设改造等问题时，刘伟平表示，水利是农业的命脉。农村水利是水利基础设施建设的重点领域。农村供水安全事关亿万民生福祉、大中型灌区是端牢中国人饭碗的基础设施保障，是国之大者。今年以来，水利部将农村供水、大中型灌区建设作为惠民生、稳经济、促增长、保就业，实施乡村振兴战略的重要工作，多措并举，全力推进。

　　一是强化部署推动。水利部多次专题部署加快推动农村供水工程建设、大中型灌区建设和现代化改造工作，将工作任务分解到省、落实到项目，明确节点目标，层层压实责任，加强前期工作，尽快开工建设，指导各地全力推进工程建设进度和年度投资计划执行，力争早完工、早受益。

　　二是加大资金支持。联合财政部、国家乡村振兴局出台文件，支持脱贫地区积极利用乡村振兴有效衔接资金，补齐农村供水设施短板；各地统筹财政资金、地方政府专项债券、银行贷款、社会资本，落实农村供水工程建设资金 743 亿元。此外，安排农村供水工程维修养护中央补助资金 30.7 亿元。安排投资 388 亿元，用于 24 处在建大型灌区建设和 505 处大中型灌区现代化改造。

　　三是实施台账管理。分省份建立农村供水、大中型灌区建设改造项目台账，将工程建设任务分解到周。水利部和省、市、县各级专人盯办，上下联动，强化调度，在保障施工质量的前提下，以周保月、以月保季、以季保年，加快项目实施。

　　四是加强督促指导。定期通报投资完成和建设进展情况，对进度较慢的省份实行"一对一"联系督导，赴现场实地调研指导，帮助协调疏通堵点问题，特别是深入分析解决普遍存在的共性问题，有力推动工程建设。

据统计，截至 7 月底，各地共完成农村供水工程建设投资 466 亿元，是去年同期的 2 倍多；已开工农村供水工程 10 905 处，提升了 2 531 万农村人口供水保障水平；农村供水工程维修养护完成投资 25.1 亿元，维修养护工程 6.7 万处，服务农村人口 1.3 亿人。大中型灌区建设改造完成投资 178 亿元。国务院明确今年重点推进的 6 处新建大型灌区已开工 3 处，大中型灌区建设、改造项目开工 455 处。农村供水工程及大中型灌区建设和改造吸纳农村劳动力就业 35.9 万人，在保障粮食安全、提升农村供水保障水平、促进农民工就业方面发挥了重要作用。

刘伟平表示，下一步，水利部将锚定年度目标，持续推进水利工程建设。同时，抓好农村供水、大中型灌区建设和改造项目实施，着力推动新阶段水利高质量发展，为保持经济运行在合理区间提供有力的水利支撑。

水利部和有关省（市）全力防范应对海河流域暴雨洪水，城市运行未受影响

本报讯 8 月 6 日至 8 日，海河流域发生强降雨过程，累积面雨量 40 毫米，累积最大点雨量河北邢台任县 302 毫米、北京通州永乐店 111 毫米、天津滨海新区工农兵闸上 69 毫米。受强降雨影响，海河流域滏阳河及其部分支流出现明显涨水过程，最大涨幅 0.53 ~ 1.97 米。

国家防总副总指挥、水利部部长李国英 8 月 5 日主持专题会商部署太行山东麓强降雨防范及南水北调中线工程安全度汛等工作。水利部 8 月 6 日启动洪水防御 IV 级应急响应，逐日会商研判海河流域雨情汛情形势，"一省一单"将预报信息直达强降雨覆盖的县（区）及水库，要求有针对性地做好防范工作，并派出 3 个工作组赴河北、天津指导。水利部海河水利委员会启动 IV 级应急响应，多次视频连线北京、天津、河北等省（市）水利部门，启动流域水文应急响应协作机制，发布洪水预报 18 站次，指导做好暴雨洪水防范应对。南水北调集团公司组织加强中线工程巡查值守，预置 4 支抢险队伍和机械设备 35 台（套），做好应对准备。

北京市政府主要负责同志指挥强降雨应对工作，市水务局及时发布洪水、山洪、内涝预测预报信息，调度北运河、凉水河、城市河湖等河道提前预泄降低水

位，北运河北关枢纽、清河羊坊闸等全力分泄洪水，加强水库、水闸、堤防、积水风险点等重点部位巡查检查，及时排除内涝积水。天津市政府主要负责同志对强降雨防御工作提出明确要求，市水务局启动Ⅳ级应急响应，按照易积水点"一处一预案"，迅速采取应急排水措施，调度海河二道闸、海河口泵站等工程将城区雨沥水及时排泄入海。河北省委、省政府主要负责同志赴水利厅检查调度防汛工作，对暴雨洪水防御作出安排；省水利厅启动Ⅳ级应急响应，派出 6 个工作组分赴重点市（县）加强指导，累计发布洪水预报 219 站次，调度大中型水库拦蓄洪水近 1 亿立方米；有关市（县）组织力量加强小型水库、山洪灾害隐患点等巡查值守，提前转移危险区域群众 8 100 多人，保障了人民群众生命财产安全。

目前，海河流域此次降雨过程已基本结束，城市运行未受影响，南水北调中线工程运行正常，江河水情平稳，未发生重大险情灾情。

战旱魔，全力保供水保丰收惠民生
——宁夏回族自治区加强水利基础设施建设管理
促进经济社会生态协调发展纪实

（**本报记者　李存才　通讯员　唐蔚巍**）"今年以来，面对多年不遇的旱情，政府帮助建设的人畜饮水工程和农田灌溉设施有效保证了我们的用水需求，为全年增产增收、安居乐业打下了坚实基础。"8 月 19 日，正在田间作业的种粮农民、护水员尹国胜在接受记者采访时感慨万千。

尹国胜今年 60 岁，是宁夏回族自治区（简称宁夏）吴忠市利通区高闸镇高闸村农民，全家 13 口人，除经营 30 亩承包田之外，还流转了周边村民 500 亩农田种植玉米、蔬菜等作物。尽管今年发生了严重的旱情，但由于依靠完善的农田水利基础设施，530 亩农田及时喝上了甘甜的黄河水。目前，这些农作物长势良好，丰收在望。

"过去，种植一茬玉米需要浇水 7 至 8 次，亩均耗水量大。今年，由于采用现代化的灌溉设施，避免了大水漫灌，节水效果十分突出，特别是水肥一体化高效节水灌溉技术的推广使用，使作物能更好地吸收养分，玉米长势喜人，同时还节省了人工费用，减少了肥料使用，合计下来，亩均至少节省费用 60 元，节支增收效果十分明显。"尹国胜对记者说。

如今，在宁夏回族自治区，数以百万计像尹国胜一样的农民群众，大旱之年保障了人畜饮水安全和农业灌溉用水安全，促进了增产增收。

抗旱保灌：现代化生态灌区功不可没

"截至 8 月 19 日，盐环定供水系统已安全行水 126 天，引水 1.11 亿立方米，完成全年引水计划的 74%，较去年同期多运行 10 天，多引水 928 万立方米。目前，灌域整体用水秩序良好，无大面积旱灾情况。"站在盐环定八泵站一隅，盐环定扬水管理处（简称盐环定管理处）副处长杨存对记者表示。

横亘在黄河流域、辐射宁夏盐池、甘肃环县、陕西定边的盐环定扬水工程，是国家"八五"时期兴建的大型水利工程。近年来，在中央财政的大力支持下，经过改造，灌域功能日臻完善，成为国家现代化生态灌区。

针对今年遭遇极端高温天气考验，盐环定管理处积极采取抗旱保灌措施：一是强化水资源最大刚性约束，全方位落实"四水四定"原则，从严从细管好水资源，持续规范灌区用水秩序。二是面对今年引水量达历史之最、供水任务繁重的形势，春灌于 4 月 2 日开机，较往年提前 6 天放水，5 月 17 日停水，较往年延期 4 天停机（往年 5 月 13 日停水），多引水 928 万立方米，大大缓解了供水压力。三是通过"长藤结瓜"方式，协调宁夏盐池县隰宁堡、石山子、杜窑沟等水库提前蓄水 355 万立方米，同时为陕甘宁三省六县（区）的人畜饮水及工业库池蓄水 1 438 万立方米，与农业用水错峰，有效地缓解了夏秋灌抗旱保灌供水压力。四是在农业用水高峰期，紧急启动盐池县杜窑沟、隰宁堡及石山子水库抗旱应急水源向农业蓄水池补水 380 万立方米，适度限制工业用水，全力保障农业灌溉用水，取得了积极成效。

扬黄工程：托起百姓脱贫增收奔小康梦想

"得益于国家财政的大力支持，红寺堡扬水工程成为宁夏扶贫扬黄灌溉工程的重要组成部分，是支撑宁夏中部干旱带脱贫攻坚、乡村振兴的命脉工程。工程从黄河中宁泉眼山水源泵站和七星渠高干渠取水，运送至同心县预旺镇，地跨中宁县、红寺堡区、利通区、同心县，控制面积约 4 390 平方千米，承担着百万亩农田灌溉及区域城乡人饮、产业发展、生态用水保障任务。在今年的抗旱保供水保丰收攻坚战中，工程发挥了积极作用。"在接受记者采访时，红寺堡扬水管理处负责人王瑞斌信心满满。

王瑞斌说，红寺堡扬水工程始建于 1998 年，设计流量 25 立方米每秒，设计灌溉面积 55 万亩，建设泵站 14 座（主泵站 5 座、支泵站 8 座、水源泵站 1 座），总装机容量 11.66 万千瓦，总扬程 305.8 米，干（支）渠 149 千米。2017 年至 2020 年，完成红寺堡一至五泵站、一至五干渠更新改造，设计流量增加到 28 立方米每秒，规划灌溉面积调整为 101.4 万亩（其中发展高效节灌面积 61 万亩），总装机容量达到 14.59 万千瓦。改造后，主体工程安全性、可靠性、供水能力和防洪标准进一步提高，迈出了向自动化信息化转型升级和高质量发展的坚实步伐。

2022 年，高温天气来势猛，持续时间长，出现频次多，宁夏气象台共发布高温预警 13 次之多，红寺堡灌区旱情较上年提前约 20 天，抗旱保灌形势十分严峻。管理处多措并举，全力以赴保运行、保安全、保供水、保灌溉，努力为稳经济保增长促发展贡献水利力量。

精准编制供水计划。逐斗口精细摸排掌握控灌面积、作物结构、灌溉方式，精准编制月、旬、候、日供水、配水计划，严格执行交接水制度，"先交后用、交够再用"，保障均衡。

科学预判提早加机。夏秋灌期间，系统较上年提前 18 天满负荷、高水位、大流量运行，日最大提水近 250 万立方米；近期黄河泵站首次满负荷运行有效应对黄河小水量带来的引水"困局"。

保障系统安全运行。强化除险保安，大修主设备 50 台，保养维修 1 100 台（套），维修渠道及建筑物 30 处，运行人员勤查勤巡、查隐消缺 24 起，确保了运行安全、可靠供水。

动态优化配水方案。统筹人饮、灌溉、特色产业等用水需求，动态优化水量调配方案，因地制宜、因时制宜、因水制宜，针对不同土质、作物、旱情，科学灵活调配水量，重点解决好特色产业和新庄集、新圈、韦州、下马关等灌溉难题，以点促面，实现"面上线上"不出问题目标。

渠库联调调峰错峰。乌沙塘、新庄集、金庄子水库和洪沟、马渠、下马关、预旺泵站与主干渠联合调度，春灌低谷蓄水，夏秋灌高峰补水，调蓄水库累计向干渠补水 399 万立方米，有效缓解了供需矛盾。

严格水权指标管理。依据"总量控制、定额管理"原则，严格控制各灌域、斗口用水量，适时核算直开口灌溉进度，直开口月用水指标达到 90% 时提前书面预警，指标调整"点对点"进行，做到精准有序。

优质服务赢取民心。持续开展"干部下灌区、倾情服务保灌溉"活动，进村入户，深入田间，宣传水情、灌情，理顺群众情绪，关注难点堵点问题，指导群众科学用水，以优质服务赢得群众理解与支持。

多措并举：统筹生活生产生态各业用水需求

日前，宁夏回族自治区水利厅相关处室负责人在与记者座谈交流时表示，面对严重旱情，自治区坚持将抗旱保供水作为防风险、保安全、促发展、惠民生的首要工作，统筹生活生产生态各业用水需求，全力以赴确保大旱之年群众饮水无虞、安居乐业、社会稳定，灌区灌溉供水秩序井然，湖泊湿地生态持续向好，为建设黄河流域生态保护和高质量发展先行区提供了有力水安全保障。

加快工程建设，强化供水网络建设。落实自治区"扩大有效投资攻坚年"活动部署，加快推进清水河流域城乡供水、银川都市圈城乡西线、东线供水和"互联网＋城乡供水"示范省（区）建设等项目，加快固海扩灌扬水更新改造、青铜峡和固海等大中型灌区现代化改造，建设银川都市圈中线、贺兰山东麓葡萄长廊、海原西安、西吉供水、抗旱调蓄水库等水源工程，全区水资源优化配置和调控保障能力不断增强，有力支撑先行区建设用水需求。都市圈东线工程利通片区、清水河流域城乡供水工程同心以北片区已实现通水。完成固海扩灌12座主泵站更新改造，西吉供水取得重大进展，将于10月通水。沙坡头红圈等5座抗旱调蓄水库开工建设。

加强用水调度，优化水资源配置。科学分析研判用水形势，及时完成供水工程岁修和跨临渠系建设，确保渠道安全畅通，引黄灌区提前20天开闸放水，解决工业园区、灌区农作物、重点养殖业用水及典农河、沙湖等重点湖泊湿地补水问题。针对局部地区出现的人畜饮水困难，采取集雨窖水和拉送水相结合方式，保障供水。加强田间用水管理，密切关注高口高地和灌溉难点热点，采取先下游、后上游、先高口、后低口、提前开灌、轮灌、错峰补灌等措施，削减灌溉用水高峰期供水压力。发挥"长藤结瓜"式抗旱保障体系的调蓄能力和供水潜力，中部干旱带扬水泵站全部满负荷运行，唐徕渠、惠农渠首次实现跨渠道、跨县（区）、跨沟道的"三跨步"水网联调供水，沙坡头南、北干渠向七星渠、跃进渠跨渠联调补水，全力保障各业用水安全。

加强供水服务，提升管理水平。积极协调黄委增加8月刘家峡水库下泄流量由700立方米每秒增加至800立方米每秒，有效缓解七星渠、跃进渠引水不足问题。加强在建水利工程及渠道、水库、泵站等水工建筑物的安全运行，针对重点区域、重点部位、重点时段，加大巡护力度、加密巡护频次；强化实时调度过程管理，建立渠道行水预警机制，严格控制超加大水位运行；运用"巡渠通"APP等信息化技术，消除问题隐患，确保渠道行水安全。成立抗旱保灌工作组，赶赴一线实地指导，确保各项措施落到实处。

宁夏水利厅相关负责人对记者表示，下一步，区水利部门将统筹发展与安全，坚持预防为主、防抗结合、因地制宜，早谋划、早研究、早部署、早推进，落实落细各项防范应对措施，最大限度保障各业用水安全。

李国英主持专题会商　滚动研究部署近期抗旱防汛工作

本报讯　8月19日，国家防总副总指挥、水利部部长李国英主持专题会商，滚动分析研判近期旱情、汛情形势，进一步安排部署抗旱防汛工作。李国英强调，要坚决贯彻落实习近平总书记重要指示精神，高度重视汛情、旱情叠加的严峻形势，防汛抗旱两手抓、两手都要硬，加强风险研判和预警预报，紧盯薄弱环节，提前查漏补缺，强化责任落实，坚决打赢防汛抗旱两场硬仗。水利部副部长刘伟平参加会商。

李国英指出，预测未来一周，我国面临汛情、旱情叠加的严峻形势。从旱情看，长江中下游和洞庭湖、鄱阳湖地区旱情仍将持续发展；从汛情看，松花江、海河流域部分水系，黄河上中游地区特别是内蒙古河段和北干流上段、渭河，海南及西江流域沿海诸河等将有较强降雨过程，发生洪水的可能性较大。

李国英要求，一要全力以赴做好抗旱工作。要精准掌握旱区人员饮水以及大牲畜、规模化养殖饮用水困难情况，提前有针对性地采取保供水措施；以确保旱区群众饮水安全、保障大中型灌区引水灌溉为目标，实施"长江流域水库群抗旱保供水联合调度"专项行动，精细调度以三峡水库为核心的长江上游水库群、洞庭湖"四水"水库群、鄱阳湖"五河"水库群，滚动跟踪补水演进过程，精准对接城镇和灌区取用水。二要抓好局地强降雨导致的山洪灾害防御。要进一步完善预报预警信息"贯通到底"和信息反馈机制，确保预警信息到岗到人，根据预警信息落实人员撤离和管控措施。三要强化黄河上中游地区淤地坝防垮坝和中小河流洪水防御措施，做好预报预警，加大巡查力度，逐坝落实防汛责任人、抢险措施和受威胁人员撤离方案。四要加强台风路径、影响范围、降雨等监测分析研判，提前做好防范应对预案。五要统筹考虑后汛期水库调度运用，在确保防洪安全前提下，兼顾蓄水，为秋冬季供水提供储备水资源。

守护黄河流域水安全，助力高质量发展
——宁夏回族自治区实施深度节水控水行动纪实

（本报记者　李存才　通讯员　唐蔚巍）"统计数据显示，'十三五'以来，宁夏全区人口增加52万，灌溉面积扩大156万亩，粮食生产实现'十七连丰'，GDP、工业增加值分别增长54.5%、69.0%，单位GDP水耗、单位工业增加值水耗分别下降37.6%、43.2%，在用水需求刚性增长的情况下，以有限的水资源支撑了经济社会高质量发展，水资源消耗总量和强度双控指标达到国家考核要求。"日前，宁夏回族自治区（简称宁夏）水利厅有关负责人在接受记者采访时如是表示。

深处西北内陆的宁夏，生态脆弱，3/4国土面积处于干旱半干旱地带，人均可利用水资源量仅572立方米，不到全国平均水平的1/3，是全国水资源最为匮乏的省（区）之一。近年来，该区坚持把节水作为破解水资源短缺瓶颈的革命性措施和根本出路，全面贯彻"节水优先"方针，实施深度节水控水行动，推进水资源集约节约安全利用，为黄河流域生态保护和高质量发展先行区和美丽新宁夏建设提供水支撑。

"拧紧水龙头！"：校园节水活动方兴未艾

"小水管低着头，滴滴答答泪直流；问他哭什么，低头不开口；你要替我擦眼泪，快去拧紧水龙头！"这首题为《生命之歌　节约用水》的少儿诗歌海报，张贴在石嘴山市第十五小学教育集团南校区的节水科普走廊里，令各地参观学习者啧啧称赞。

"这是我校五年级学生自发创作的节水科普作品，彰显了莘莘学子惜水爱水节水护水的情怀！"学校副校长戚淑芳、张小静在陪同记者观摩时深情表示。

石嘴山市第十五小学教育集团南校从2012年开始围绕"减少漏失，杜绝浪费，建设节水型校园"的宣传主题，认真开展节水型学校建设系列活动。近年来，依托社会力量，该校多方筹集资金对学校用水设备进行改造：将绿化灌溉方式由浇灌改为喷灌；将办公室、教室普通水龙头改为按压式水龙头；将卫生间洗手池普通水龙头改为全自动感应水龙头；将水箱式冲洗厕所改为沟槽厕所感应节水器，并做到随坏随换，坚决杜绝跑冒滴漏现象。通过这些节水措施，起到"教育一个学生，带动一个家庭，辐射整个社会"的作用。

变废为宝：财政奖补机制　助力合同化节水试点渐行渐广

近年来，宁夏水利厅采取财政奖补机制，借助社会力量在厅机关探索实施合同化节水试点，促进了生活污水资源化和水资源节约利用。如今，这种合同节水模式在宁夏各地逐渐推广，成效积极。

站在平罗中学草坪一隅，校党委书记李占龙指着一个智能节水装置对记者说："得益于国家财政的大力支持，我校分布式污水处理中水回用一体化合同节水试点项目顺利实施，对节水技术的推广普及产生了良好示范效果！"

记者在平罗中学项目现场了解到，该项目采用财政资金补助和社会融资方式，充分利用现有排水、输水管道和土地条件，新建污水处理站1座，利用学校生活污水，经污水处理设备设施处理、泵站加压后，再经新建管网输送至现有西区教学楼、报告厅、宿舍楼及公厕和24 000平方米绿地，绿化灌水方式采用喷灌技术，同时解决了卫厕冲洗和绿化中水回用问题。

本项目污水处理及中水回用量为日处理150立方米，每年节约水3.3万立方米，节约经济成本11.03万元。自2021年7月试运行以来至今，共处理输送中水43 004立方米，基本满足了设计要求的冲厕及绿化用水需求。"项目的实施不仅取得了显著的节水效益，而且提高了学校供水安全保障能力。"项目承建方——内蒙古中谊环保科技有限公司相关负责人对记者表示。

自我加压：依靠科技进步　做企业节水控水探路者

谈起企业节水工作，73岁的企业家、平罗县阳光焦化有限公司董事长司全义日前在接受记者采访时低调朴实："我们做得不好！"

成立于2002年11月的平罗县阳光焦化有限公司占地31.46万平方米，注册资金1.92亿元，职工人员680余人，现已形成年产焦炭100万吨、煤焦油4.5万吨、粗苯1.3万吨、合成天然气（SNG/CNG）3 500万立方米、硅锰合金12万吨生产规模的中型企业，今年1月至7月为国家贡献税收7 300余万元。

司全义说，为支持黄河流域生态保护和高质量发展，公司于2020年起依托"焦炉升级改造项目"转型升级时机，并结合节水型企业创建要求，投入2 000余万元对原有污水处理设施进行升级、增加污水深度处理设施等措施实现节水降耗。几年来，公司在节水控水方面采取了三个方面措施，成效显著。

一是先在原有投入 1 050 万元建设的污水处理站基础上，再投入 720 万元对其进行升级改造，增设预曝气池、更换升级污水处理设备以及增设环保收集罩等设施设备，以适应新建焦化项目对污水处理需要。处理后水质达到《炼焦化学工业污染物排放标准》（GB 16171—2012）排放标准要求后，再进入中水深度处理回用工程，制中水再利用。

二是为提高污水使用效率，2021 年投入 1 070 万元建设一座每小时处理 150 立方米、反渗透膜处理污水深度处理设施——"150 立方米每小时中水回用工程"，解决干熄焦系统投用后污水处置难题。该系统可将处理后生产废水、干熄焦锅炉废水、生活污水处理至符合《工业循环冷却水处理设计规范》（GB/T 50050—2017）间接冷却水水质要求后，再次用于循环冷却水补水、硅锰合金冷却冲渣等再利用。该系统整体运行后，年可实现处理污水 75 万立方米，回收利用中水 60 万立方米，以保证其他耗水工序的正常用水。

三是为进一步提升熄焦水处理能力，2022 年投入 370 万元，建设 200 立方米每小时熄焦水一体化处理工程，处置后的熄焦废水可以达到《炼焦化学工业污染物排放标准》（GB 16171—2012）作为中水处理的源水，减少新鲜水使用量，达到节水目的。

如今，在宁东工业基地等地，多家企业自我加压，在确保"不向黄河排放一滴废水"的基础上，通过技术改造，将企业产生的尾水废水处理后实现资源化利用，为经济转型升级、高质量发展做出了积极贡献。

六措并举：实行最严格水资源管理　遏制不合理用水需求

水利厅有关负责人在接受记者采访时表示，为贯彻落实国家关于做好黄河流域节水控水工作的精神，自治区综合施策，六措并举，成效可期。

一是以制度保障节水。出台了《自治区水资源管理条例》《宁夏计划用水管理办法》《宁夏水资源税改革试点实施办法》《宁夏水权交易管理办法（试行）》《宁夏非常规水源开发利用管理办法（试行）》等一系列地方性节水法规规章制度，修订颁布了覆盖农业、工业、服务业和城乡生活在内的各行业用水定额标准，建立了以水资源论证与节水评价、计划用水与定额管理、水价与水资源税杠杆调节为主体的框架，涵盖取、供、用、排各环节的节水制度体系。非农业用水全面开征水资源税，22 个县（市、区）农业末级渠系水价全部达到运行成本，城镇居民用水基本实行阶梯水价，非居民用水实行超定额累进加价，促进各类用水主体节水。

二是以改革驱动节水。率先将国家分配的可耗用黄河水初始水权分配到市、县（区）和各干渠，建立了区、市、县三级水权指标控制体系。率先在全国实施用水权改革，农业应确尽确、工业全面覆盖；实行用水权有偿取得，驱动闲置指标退出和用水节约；发布用水权价值基准，赋予用水权融资功能，变水资源为"水资产"；深入推进用水权交易，累计交易水量 1.477 亿立方米、金额 12.72 亿元，向宁东基地累计供黄河水超 20 亿立方米，促进了水资源高效流转，推动了水资源配置由"政府主导"向"市场主导"转变。

三是以技术强化节水。融合测控一体化技术、水联网数字技术，在青铜峡市等 11 个县（区）推进现代化灌区试点建设，引黄灌区累计配套安装自动化量测水设备 3 835 台（套），近 40% 的干渠直开口实现测控一体化，打造云灌区 130 万亩，加速灌区管理由人工向远程智能转变。积极推广工业水循环利用、重复利用等节水技术，新建热电厂生产用水基本采用城市中水，新建火电机组全部采用空冷技术，宁东煤化工园区建成国内首套 3 000 立方米每小时的化工废水及矿井水处理装置，成为全国首个废水"近零排放"大型综合工业园区。在高等院校、行政中心、居民小区等试点应用分布式污水处理中水回用一体化技术，探索生活污水就地处理回用新途径，年新增污水就地利用量 50 万立方米。

四是以示范带动节水。规模化发展高效节水灌溉，实施高效节水农业"三个百万亩"工程，全区高效节水灌溉累计达到 487 万亩，占灌溉总面积 46%，盐池县高效节水灌溉面积占比超过 98%，中南部山区示范推广覆膜保墒、水肥一体化、集雨补灌等旱作节水技术 22 万亩。5 个地级市达到国家节水型城市标准，宝丰能源集团产品用水单耗处于全区领先水平，50% 的县（区）建成全国节水型社会达标建设县（区），重点用水行业 90% 的规上企业、90% 的省级机关、25% 的高校建成节水型单位。

五是以监管倒逼节水。建立了区、市、县三级水资源消耗总量和强度双控指标体系，按年度实行最严格水资源管理制度和推进节水型社会建设进行考核，对取水总量超过控制指标的地区实行项目和取水许可"双限批"。考核结果与节约用水奖惩、水资源税收入分配紧密挂钩。新增取用水项目全面开展节水评价，用水水平达不到用水定额先进值的，取水许可审批实行"一票否决"，从源头上叫停不符合节水要求的项目，遏制不合理用水需求。

六是以理念引领节水。每年以"中国水周""世界水日"为节点，以进机关、进学校、进企业、进社区、进灌区为载体，广泛开展节水宣传，为全区节水汇聚了正能量。

大旱之年，贺兰山下绿意浓
——宁夏贺兰县利用 PPP 机制打造投建管服一体化生态灌区优化水资源配置　促进农村经济社会协调发展

（本报记者　李存才　通讯员　唐蔚巍）　8 月中下旬，辽阔的塞上宁夏旱情不减。尽管如此，地处贺兰山脚下的贺兰县立岗镇幸福村，成片成片的玉米长势良好，四周绿意盎然。"得益于现代化生态灌区提供的供水设施，我承包的千余亩玉米地及时喝上了甜蜜的黄河水，今年春播以来已累计浇灌 8 次，丰收在望！"48 岁的种粮大户石建军在接受记者采访时感慨。

为石建军等乡亲提供灌溉用水的生态灌区，是贺兰县利用 PPP 机制打造的集投资、建设、管理、服务于一体的现代化生态灌区。这一现代化生态灌区的建设运营，优化了水资源配置，为当地经济社会发展提供了有力支撑，成为政府与社会资本合作的范例。

创新模式：助力农业设施现代化

站在石建军承包的农田一隅，贺兰县水务局局长许晖在接受记者采访时表示，为满足现代农业用水需求，更好地提升水利设施运营效率和服务质量，构建全县统一的管理运行与服务体系，贺兰县通过 PPP 建设模式，确定了京蓝沐禾节水装备有限公司、北京奥特美克科技股份有限公司（联合体）成为贺兰县现代化生态灌区投建管服一体化 PPP 项目的合法社会资本方。

按照 PPP 合作协议，贺兰县政府及社会资本方共同出资成立了京蓝沐禾（贺兰县）灌溉服务有限公司，吸引社会资本方投资约 1.9 亿元参与水利工程建设，旨在解决以往水利工程规划不一、建设质量不一、建后缺乏统一管理或无人管理、多主体建管等矛盾。同时，缓解当前县级财政资金紧张，提高公共服务质量和效率，从而实现政府和企业双赢的目标。另外，主动调动镇村两级及用水管理组织的积极性，不断探索技术设备节水的管理经验，实现自动化节水设施和设备有效运行、管理和维护。

该 PPP 项目建设内容主要包括四个方面：

实施渠道砌护改造。通过引入社会资本投资，砌护支、斗、农渠共计 337.94 千米。改善灌区渠道运行条件，提高渠道输水能力，为区域农业生产提供基础保障。

完善量测水设施建设。整合政府类项目安装各种型号的测控水设备 1 100 余套，干渠直开口实现自动化测控全覆盖，田间支、斗渠测控技术改造覆盖率为 31%，涉及灌溉面积 22.28 万亩。

发展高效节水灌溉。结合全县土地集约化经营面积逐年扩大的优势，在全县范围内逐片推进微喷灌工程技术。目前，全县共完成高效节水灌溉面积约 17 万亩，覆盖率 24%。其中，社会资本方出资建设高效节水灌溉面积 3.47 万亩。

推进灌区管理信息化。建设县级总控中心，实现全县灌域自动化测控闸门在线监控、输配水调度、水费计收等功能。同时，系统平台与干渠管理平台和自治区水利厅水调中心云平台可进行实时数据交换，实现信息共享，最终为实现灌区现代化监控管理、调度决策及数字化、信息化治水提供技术支撑。

最终建设目标是：利用 5 年时间，逐步完成全县约 72 万亩农业灌溉取水口量测控一体化配套设施的安装和改造任务。新增高效节水面积约 11 万亩，项目建设期结束时，全县高效节水面积达到 23 万亩，农业灌溉水利用系数由 0.48 提高到 0.55。逐步建立健全农业水价形成机制，提高农业用水效率，促进农业节水、水权交易，实现灌区专业化、信息化管理。

"四水四定"：以水资源可持续利用促农村经济社会可持续发展

在 PPP 模式实践中，贺兰县坚持"先建机制、后建工程、建管并重、注重实效"的基本原则，贯彻新发展理念，全面深化用水权改革，转变用水方式、提高用水效益，推动水资源利用由粗放低效向节约高效根本转变，全面推进灌区现代化改造，加快补齐工程和制度"短板"，建立设施完善、用水高效、管理科学、保障有力的灌区工程建设和运行管护体系。

围绕"以水资源可持续利用促农村经济社会可持续发展"这一目标，贺兰县 PPP 项目的主要做法及成效体现在三个方面：

总量控制、刚性约束，在深化推进用水权改革工作上持续发力。把水资源作为最大的刚性约束，坚持"四水四定"（以水定城、以水定地、以水定人、以水定产）原则，以用水指标为红线，严控用水总量，以用水定额管理和"水效"为抓手，破解制约黄河流域生态保护和高质量发展先行区建设水资源短缺困境。贺兰县印发《贺兰县农业用水确权方案及确权成果》《贺兰县工业、养殖业用水确权方案及确权成果》，坚持总量控制，定额管理的原则，核定全县灌溉面积71.86万亩，明确取水总量控制指标为5.57亿立方米。同时，对于取用地下水的农业、工业用水户全部办理取水许可证，下达用水指标，建立台账，按季度进行统计。建立地下水监测系统平台，对重点取用水户进行在线监测。

破立并举，用活水权，在深入推进农业水价综合改革上持续发力。建立健全能够合理反映供水成本、促进节水高效、强化农田水利工程良性管护的精准补贴和节水奖励，以及与投融资体制相适应的农业水价形成机制，农业用水价格总体满足运行维护成本需求，实施农业节水，促进水权交易。按照贺兰县《深化农业水价综合改革实施方案》重点任务要求，已完成自流灌区终端水价批复，批复水价0.067元每立方米。近两年，贺兰县农业向工业用水指标交易水量533.4万立方米，农业向农业用水指标交易水量961万立方米，交易总金额1.45亿元。交易所得继续用于全县农田水利建设，并作为用水户精准补贴和节水奖励资金来源。同时，贺兰县成立了8家灌溉服务公司，管理全县农田灌溉及收费工作，水费全部由县财政统一管理，实行收支两条线，按照实际灌溉面积进行收费，打破了以往缴费不公平、不合理及淌大锅水的问题。

完善机制，提高管理，在促进农业节水上持续发力。坚持两手发力，由政府指导，专业化灌溉服务公司负责运维管理，全面推动农业用水的专业化和社会化管理，提高农业用水效率，促进农业节水。通过成立SPV公司（为实施PPP项目而设立的公司），将全县境内最大的支渠"太子渠"（总长13千米，灌溉面积2.3万亩）交由SPV公司进行管理并摸索经验。同时，按照《贺兰县农业水价综合改革精准补贴和节水奖励办法（试行）》相关规定，政府拿出一定资金对节水予以奖励，通过经济杠杆撬动管理者的积极性。渠道交由社会资本方管理后，灌溉周期平均缩短3～5天，极大地缓解了以往农田灌溉难、灌溉周期长等问题。通过工程及管理措施，极大地解决了产业发展和四水四定的矛盾问题，助力全县经济持续健康发展。

规范管理：推进生态灌区高效运行

贺兰县负责农业农村及水利的副县长王继斌在接受记者采访时表示，在总结PPP合作模式成效的基础上，他们将坚持问题导向，建机制、强引领、重实效，采取针对性措施，缓解用水矛盾、降低用水费用、规范用水管理，不断推进现代化生态灌区有序、规范、高效运行。

一是探索建立长期意向与短期协议相结合的水权交易动态调整机制。根据投资及收益比例，科学签订投资协议实效，确保社会资本方投资利益，给企业吃下

"定心丸"。让社会资本良性运行，充分发挥共建共享效果，推进我县现代化生态灌区项目建设取得实效。

二是强化节水管理措施，优化分配用水量，合理分配使用水资源。坚持适水种植、量水生产，优化种植结构，压减高耗水作物种植面积，合理布置水稻种植区域，扩大高效节水作物比例，进一步提升节水能力。

三是构建市场化交易机制。执行《贺兰县水权交易收益分配机制》《贺兰县用水权收储交易管理办法》，全面推广"合同节水 + 水权交易"模式，鼓励社会资本直接参与节水改造工程建设暨运行养护，优先获得节约的水资源使用权，可在用水权市场进行交易。

贵州：百亿财政投入　破解千年饮水难题

（**本报记者　李存才　通讯员　丁恩宇**）　2012 年以来，全省累计投入农村饮水安全保障省级以上资金 113.42 亿元，解决和巩固提升 740 万农村居民饮水安全问题，其中脱贫人口 252.30 万人。

"2012 年以来，在国家财政的大力支持下，贵州省将脱贫攻坚农村饮水安全工作作为首要任务、头等大事和第一民生工程来抓，通过农村饮水安全巩固提升、实施农村饮水安全问题攻坚决战行动和深入推进挂牌督战、农村饮水安全成果巩固督导等专项行动，脱贫攻坚农村饮水安全取得全面胜利，现行标准下农村饮水安全问题全面解决，为巩固拓展脱贫攻坚成果同乡村振兴有效衔接提供坚实的水利支撑。"日前，贵州省水利厅有关负责人在接受本报记者采访时如是表示。

统计数据显示，2012 年以来，贵州省累计投入农村饮水安全保障省级以上资金 113.42 亿元，解决和巩固提升 740 万农村居民的饮水安全问题（其中脱贫人口 252.30 万）。通过持续发力，全省形成了较为完整的农村供水工程体系，农村集中供水率达到 96%，自来水普及率达到 90.4%。在脱贫攻坚普查、国家脱贫攻坚成效省级交叉考核中，农村饮水安全均已"零问题"高质量通过。

财政奖补：助力山区群众安全用水

在黔南布依族苗族自治州龙里县冠山街道高坪村，72 岁的陈光明一直义务守护着全村的储水管网，因为这里面是全村人的"生命之水"。

高坪村属于典型的喀斯特地貌，缺水问题一直非常突出。陈光明告诉记者，经过多方找水与协商，村里拿出 8 800 元积蓄买下了临近的贵定县谷汪村水源的使用权。在县财政、水利部门筹措的 20 万元补助资金的支持下，全村集资并投工投劳，建成了一条长 8.5 千米的饮水管网，并在村里建设一个储水量 100 立方米的储水池。为破解管网入户难题，村民们每户集资 257 元，从贵阳购买了管线和分户水表。历经一年的努力，终于将谷汪村的水引入村里，送入各家各户，解决了大家的用水难题。

为了解决管护维修的费用，高坪村通过民主协商，实施用水收费制度——每人每月限额 2 吨水，水费为每吨 0.3 元；超额者累计加价，人均月用水量超过 8 吨者，水费为每吨 1 元。同时，推举陈光明等 3 人担任水管员，共同负责将村民缴纳的水费存入银行账户，需要提取维修资金时，3 人按照职责分工前往银行取款，确保资金万无一失。

今年 82 岁的杨继民曾是高坪村 20 个建档立卡贫困户之一。捧着从自家厨房里接到的自来水，他感慨地对记者表示："高坪村过去因缺水出了名，现在又因水而兴、因水而美。我们这些脱贫户做梦都没有想到，太幸福啦！"

得益于良好的管水用水机制，高坪村在饮水工程运营维护方面没向国家伸手要一分钱。如今，该村收取的水费除去 4 万多元的维修开支费之外，银行账户上还有 14.1 万元的结余。

龙里县供水公司负责人对记者表示，在高坪村引水用水管水经验的启发下，近年来，龙里县依靠国家财政支持，筹资 2 013 万元，铺设 8.99 千米的管网，解决了 4 500 名群众的饮水安全问题，直接受益贫困户 1 500 人。同时，在保证群众生活用水的前提下，还为当地学校和 110 家企业解决了用水难题。截至目前，龙里县共建成集中供水厂 16 座，设计日供水 14.98 万吨，覆盖 12 万人。镇镇实现了集中供水，乡乡有稳定水源，村村有自来水供水设施，家家户户用上了安全水、放心水。

统筹谋划：着力构建农村饮水安全良性运行长效机制

近日，贵州省水利厅农村水利水电处负责人在与记者座谈时表示，为着力构建农村饮水安全良性运行长效机制，先后出台《贵州省农村供水管理办法（试行）》《贵州省"十四五"巩固农村供水脱贫攻坚成果同乡村振兴有效衔接工作方案》《贯彻落实水利部 2021 年巩固拓展水利扶贫成果同乡村振兴水利保障有效衔接工作要点实施方案》《贵州省"十四五"农村供水保障规划》等一系列文件和措施，联合省生态环境厅编制《贵州省"十四五"集中式饮用水水源地环境保护规划》

经省政府批准印发实施，进一步健全完善农村供水"三个责任""三项制度"，着力推动多部门合力推动农村饮用水水源地保护，强化水质保障。同时，加快出台农村供水保障省级指导意见，目前《关于进一步做好农村供水保障工作的意见（送审稿）》已经省人民政府审定，近期将会同省财政厅、省发改委等8家省直单位印发实施，高位推动全省农村供水保障发展，稳步推进全省农村饮水安全向农村供水保障转变。

在不断深化农村供水体制机制改革方面，贵州省出台了五项措施。一是创新运行管护、水费收缴机制。选取碧江区、七星关区等县（区）作为试点，开展农村供水工程长效运行管护机制、农村供水水费收缴机制探索，以点带面破解农村供水工程管护、水费收缴难题。二是健全农村供水工程应急供水预案和快速响应机制。健全省、市、县三级快速响应机制，加强与气象、水文等部门对接，强化应急演练，抓实应急备用水源、应急调水、拉水送水等措施，防止出现规模性饮水不安全问题发生。三是探索水价形成机制。会同省发展改革委、省财政厅制订并印发《关于推进水利工程供水价格改革的实施意见》，系统性完善价格形成机制、强化价格监管政策措施，并就协同推进水利投融资和建管体制机制改革、城乡供水一体化等相关领域改革提出一揽子改革举措。四是强化财政补贴帮扶机制。严格落实"四个不摘"要求，积极筹措资金1亿多元，用于农村供水保障工程查缺补漏，补齐工程短板；强化农村饮水工程维修养护，2022年落实中央维修养护资金15 630万元，用于8 348处工程维修养护，受益人口1 369万人。五是形成良好的政企合作格局。积极支持省水投集团公司与地方开展合作。目前，省水投集团公司已经与全省48个县（市、区）开展供水产业合作，先后在平坝、息烽、锦屏等地打造了水务产业改革发展的新模式，为全省城乡供水一体化发展积累经验。

为大力推进农村供水管网建设，贵州省立足本地实际多措并举。一是强化规划引领。按照贵州省委、省政府安排部署，在《贵州省"十四五"水利发展规划》《贵州省水网建设规划》和《贵州省"十四五"农村供水保障规划》的基础上，印发贵州省农村供水管网建设规划编制指导意见及编制参考提纲，要求以县域为单元，逐个乡镇全面梳理水源、输配水管网、水厂、入户设施、水量需求"五个清单"，进一步理清供水家底和发展需求，形成包含"一码两库"（对100人以上集中供水工程设施赋予红黄绿码，分级管控、重点解决，并建立新建项目库、维修项目库）的县级农村供水管网建设规划，督促各地力争在今年11月底前完成规划编制和审批。二是推进城乡供水一体化。以农村供水管网建设规划为引领，依托稳定水源，结合已建和在建管网布局，建设和完善农村供水管网，大力推进以农村供水工程规模化、企业化、标准化、信息化为主要内容的城乡供排水一体化，重点推进规模化供水工程建设和小型供水工程标准化改造。

综合施策：稳步提升农村供水保障水平

贵州省水利厅有关负责人对记者表示，未来，立足于稳步提升农村供水保障水平这个主题，全省将着力做好几个方面的工作。一是推动农村供水保障长效机制尽快出台。尽快推动《关于进一步做好农村供水保障工作的意见》印发实施，压紧压实各级各单位责任。二是继续争取农村供水保障资金。争取国家对贵州省农村供水保障资金、项目加大投入。通过地方专项债券、"四化基金"、金融信贷、社会资本投入等渠道筹措建设资金。三是强化监督考核成果运用。继续将农村饮水安全保障作为对市县党政领导班子和领导干部推进乡村振兴实绩考核、高质量发展考核和最严格水资源管理制度考核等指标体系内容，强化考核结果运用，倒逼地方责任落实。四是加快推进农村供水管网建设工作。在当前着力构建"大水网"建设的总体框架下，按照"以大带小、以城带乡""能延则延、能并则并、能扩则扩"和"高水高用、低水低用"和"建大、并中、减小"等原则，省、市、县分级编制农村供水管网建设规划，并加快推进实施。

同时，持续推进中型灌区续建配套与节水改造工作。督促 2021 年 16 个中型灌区续建配套与节水改造尽快完成扫尾工作；推进 2022 年 16 个中型灌区续建配套与节水改造建设工作，高质量完成灌区项目每季度的工作节点目标；继续推进灌区一张图工作。

另外，有序推进完成国家下达的农业水价综合改革目标任务。统筹推进"十四五"时期的农业水价综合改革工作，确保在时限内完成改革任务并有序推进验收工作。督促各级发改、财政、水务、农业等部门加强沟通协作，落实具体工作责任，加快供水计量体系建设，落实农业用水总量控制和定额管理，明确工程产权和管护主体，指导农民用水合作组织规范组建和发展，多渠道筹集、落实精准补贴和节水奖励资金，稳妥做好水价定价和调价工作。加强对各地的督促指导，确保国家对农业水价综合改革的决策部署落实落细落到位。

精准调度　错峰轮灌
宁夏多措并举让农田"喝"饱水

　　气温偏高、黄河上中游来水偏少，面对高温干旱气候和异常繁重供水形势，宁夏回族自治区（简称宁夏）采取精准调度、引黄灌区提前开闸供水等措施，确保灌区灌溉供水。

　　"今年以来，宁夏水利厅统筹生活生产生态各业用水需求，全力以赴确保大旱之年群众饮水无虞、安居乐业、社会稳定，灌区灌溉供水秩序井然，为先行区建设提供了有力水安全保障。"宁夏回族自治区水利调度中心副主任吴晓峰在接受记者采访时表示。

　　据介绍，今年以来，宁夏气温偏高、降水偏少。3—6月全区平均降水量较常年同期偏少51%，灌区土壤墒情较差。与此同时，进入8月，黄河上中游主要来水区间来水较常年同期偏少三成左右。

　　如何抗旱保供水成为水利工作的重中之重。

　　在宁夏秦汉渠灌区，秦汉渠管理处处长周小生告诉记者，面对高温、旱情，灌区实行干渠轮灌制度，实现高水位、大流量集中灌溉，提高用水效率。

　　"比如河东总干渠4月2日放水，较往年提前一周，重点解决2.87万亩春小麦头水旱情问题。面对6月持续高温天气，管理处提前行动，四大干渠比去年提前13天加水至满负荷，率先度过首轮用水高峰后，调整流量80立方米每秒支援河西灌区。"周小生说。

　　今年，秦汉渠灌区累计取黄河水6.6亿立方米，占宁夏水利厅下达夏秋灌引水指标的83%，比去年同期少引6 000多万立方米。

　　"即便是在大旱之年，灌区的灌溉用水也得到了保障。"周小生说。

　　盐环定扬水工程地处宁夏中部干旱带，作为国家"八五"重点工程，解决了陕西定边、甘肃环县和宁夏盐池等地的饮水困难。

　　盐环定扬水管理处副处长杨存告诉记者，针对今年6、7月遭遇极端高温天气考验，盐环定扬水管理处吸取去年60年一遇的极端干旱天气抗旱经验，采取多项保灌措施，春灌较往年提前6天开机放水，延期4天停机，大大缓解了供水压力。同时通过"长藤结瓜"方式，协调宁夏盐池县隰宁堡、石山子、杜窑沟等水库提前蓄水355万立方米，与农业用水错峰，有效地缓解了夏秋灌抗旱保灌供水压力。

截至 8 月 23 日，盐环定供水系统已安全行水 131 天，引水 1.15 亿立方米，完成全年引水计划的 77%，较去年同期多运行 10 天，多引水 922 万立方米。目前灌域整体用水秩序良好，无大面积旱灾情况。

据宁夏水利厅相关负责人介绍，水利厅还积极协调黄委增加 8 月刘家峡水库下泄流量由 700 立方米每秒增加至 800 立方米每秒，有效缓解七星渠、跃进渠引水不足问题。

与此同时，克服机电设备老化、黄河水位低等困难，首次启动红寺堡黄河水源泵站第 6 台机组，开足马力向高干渠补水，流量达 29.95 立方米每秒，全力向中部干旱带调水。启动应急工程措施，调集挖掘机、吊车等机械设备和物资，对七星渠、跃进渠进水闸引渠进行扩宽挖深清淤，增加进水断面面积，增大过水流量；同步在进口迎水堤迎水面抛投混凝土四角体，调节水流方向，改善进水条件，提高进水能力。

源源西江水奔腾入粤西
——环北部湾广东水资源配置工程开工记

长期受水资源短缺问题困扰的粤西人民终于迎来了盼望已久的好消息。

8 月 31 日，环北部湾广东水资源配置工程（以下简称"环北工程"）正式开工，标志着这项广东省历史上引水流量最大、输水线路最长、建设条件最复杂、总投资最高的跨流域引调水工程进入实施阶段。

据了解，该工程位于广东省西南部，由水源工程、输水干线工程、输水分干线工程等组成，输水线路总长约 499.9 千米。工程从云浮市西江干流地心村河段取水，通过泵站加压提水，穿过云开大山，调水至雷州半岛，供水范围包括云浮、茂名、阳江、湛江 4 市，覆盖人口 1 800 多万，将切实发挥供水生命线的作用。

系统补水，提升水安全保障能力

环北部湾地处我国华南、西南和东盟经济圈接合部，区位优势明显。

党的十八大以来，以习近平同志为核心的党中央统筹国内国际两个大局，全盘擘画我国区域协调发展宏伟蓝图。随着珠江—西江经济带和北部湾城市群发展规划持续实施，粤西地区发展迎来快速时期，同时也对区域水安全保障能力提出了更高要求。

今年6月18日至19日，水利部党组书记、部长李国英在调研环北工程时强调，要坚决贯彻落实习近平总书记关于全面加强水利基础设施建设的重要讲话精神和党中央、国务院决策部署，统筹发展和安全，科学规划设计、全面加快推进重大水利工程建设，为稳住经济大盘作出水利贡献，为全面提升水安全保障能力提供有力支撑。

粤西地区特别是雷州半岛，自古以来就以干旱闻名，自然调蓄能力弱，丰枯变化大，水资源短缺问题长期困扰粤西人民。水利部对此高度重视，早在2007年组织编制珠江流域综合规划时，就要求立足流域整体和水资源空间均衡配置，以系统思维解决粤西地区缺水问题。广东省先后启动实施了《雷州半岛西南部治旱规划》《雷州半岛水利建设"十三五"规划》，重点从优化雷州半岛水资源配置格局、加快农田水利建设、提升水利防灾减灾能力、推进水生态文明建设等4个方面进行系统治理。

按照相关部署，水利部珠江水利委员会在珠江流域综合规划中谋划了从西江干流调水至粤西等地区的环北工程。2013年，珠江流域综合规划获国务院批复，为环北工程立项奠定了规划基础。

"环北工程建成后，可长远解决粤西地区水资源承载能力与经济发展布局不匹配问题，大幅提高区域供水安全保障能力。"水利部规划计划司副司长乔建华介绍，该工程是国务院确定的今年加快推进的55项重大水利工程之一，也是国家水网的重要组成部分。

据介绍，环北工程主要为城乡生活和工业生产供水，兼顾农业灌溉，同时，为改善水生态环境创造条件。"工程建成后，受水区增供水量20.79亿立方米，其中，城乡生活和工业供水14.38亿立方米，农业灌溉供水6.41亿立方米。"水利部珠江水利委员会副主任易越涛介绍。

"工程建成后可退减超采地下水5.66亿立方米，退还被挤占的生态环境用水1.85亿立方米，对改善生态环境发挥积极作用。"广东省水利厅副厅长申宏星表示。

科技创新，直面工程建设难点

作为广东最大、国内居前、行业瞩目的国家重大水利工程，环北工程设计、建设、运维各阶段面临诸多重点难点，其中不乏行业性甚至世界级技术难题。

"比如，复杂水情条件下江库水网构建与联合调度，复杂水文地质条件下高水压隧洞衬砌结构研究与设计，穿越复杂地质条件下长距离深埋隧洞多功能TBM研制与施工，长距离深埋管道智慧运维与保障……"环北工程项目设计总工程师刘元勋一一举例，这些都是工程规划、建设中需要重点研究解决的课题。

通过西江取水泵站、输水线路等将西江和高州、鹤地等大中型水库联通，环北工程构建起覆盖粤西4市13区（县）的超大型复杂水网体系。在庞大的水网体系中，取水区和受水区的降雨、径流存在时空差异，面对复杂水情，如何提高受水区供水保障，如何调配外调水与调蓄水库以达到水资源时空均衡目标，需要开展大范围、跨流域的江库联网联合调度研究，实现水资源高效优化配置。

环北工程输水线路长约499.9千米，隧洞最大洞径8.2米，沿线穿越工程地质和水文地质条件复杂的云开地块与滨海平原，隧洞高水压问题突出，其中高压隧洞HD值（工作水头与管道内径的乘积）达1 420，为国内长距离大直径引调水工程之最。国内外类似工程建成案例极少，运行期如何控制隧洞受内压裂缝发展、防止内水外渗，检修期如何防止隧洞受外压导致结构失稳等，都需开展隧洞围岩稳定与衬砌结构相关研究。

"针对设计、建设、运维各阶段的重点难点，我们依靠科技创新，聚焦重大技术难题科研攻关，充分论证，编制了《环北部湾广东水资源配置工程科研纲要》，"刘元勋说，"随着科研课题的全面开展，将为环北工程顺利建设打下坚实基础。"

建设提速，助力稳增长惠民生

水利工程是国家基础设施的重要组成部分，大型水利工程投资大、工期长，对社会、经济发展和环境保护具有长远的促进作用。

今年5月，国务院印发《扎实稳住经济的一揽子政策措施》，推出6个方面33项措施，并发出通知，要求推动一揽子政策措施尽快落地见效，确保及时落实到位，尽早对稳住经济和助企纾困等产生更大政策效应。"加快推进一批论证成熟的水利工程项目"正是33项措施之一。

"根据初步估算，环北工程的建设，可以带动GDP增长0.1个百分点。"易越涛介绍。

不只是环北工程，广东境内一大批重大水利工程正加足马力加快建设步伐。当下，广东已进入水利投资建设规模最大的历史时期，水利建设成为稳增长、惠民生的一项重要举措。

"'十四五'期间，广东水利投资计划完成4 050亿元，是'十三五'时期的2.2

倍。今年上半年，我省水利投资完成 456.9 亿元，再创历史新高。"申宏星介绍。

有专家指出，重大水利工程建设投资规模巨大，对经济发展促进作用较大，并通过乘数效应，未来还可能衍生出新的消费、投资，有望拉动经济增速上行。

"下一步，我们将加快推进环北部湾广东水资源配置工程建设和工作，力争尽早发挥工程效益，切实提升粤西地区水安全保障能力，为稳定经济大盘贡献力量，以优异成绩迎接党的二十大胜利召开。"申宏星表示。

助力"荆楚安澜"现代水网规划！湖北 19 个重大水利项目开工，总投资 274.8 亿元

本报讯 9 月 21 日，湖北省重大水利项目集中开工活动在鄂北地区水资源配置二期工程现场举行。本次集中开工的 19 个项目，总投资 274.8 亿元，涉及水资源配置、防洪排涝、供水灌溉等方面。项目的实施，将推动湖北作为国家首批省级水网先导区建设，加快形成省级水网骨干工程布局，提高流域防洪能力、区域供水保障能力和河湖生态持续改善能力，为湖北建设全国构建新发展格局先行区提供坚实水利支撑和保障。

此次开工的鄂北地区水资源配置二期工程，已纳入国家重点推进的 150 项重大水利工程项目库。工程总投资 90 亿元，施工总工期 60 个月，共包括 21 处分水建筑物至各受水对象之间的连接工程。目前，项目可研报告已审批，环评、用地预审、移民等要件已经完成，具备开工条件。二期工程在不影响南水北调中线工程调水规模和鄂北工程供水任务的前提下，能充分发挥鄂北一期工程最大效益，是打通鄂北岗地供水的"最后一千米"、发挥好鄂北工程效益的关键工程。工程实施后，可以解决鄂北地区 588 万人、500 万亩耕地生活和工农业用水问题，灌溉保证率将达到 70%。

今年湖北省计划完成水利建设投资 502 亿元，目前已完成 392 亿元，位居全国第六。湖北将坚持综合调度和专项调度相结合，打响水利项目开工建设、投资计划执行、建设资金筹措等"攻坚战"，为进一步提高水安全保障能力、坚决守住流域安全底线发挥积极示范和推进作用。

湖北结合"荆楚安澜"现代水网规划，目前正在谋划实施恩施姚家平水利枢纽、引江补汉沿线输水工程等重大水利工程，争取尽早开工。"十四五"期间，

计划投资 1 760 亿元，力争到 2025 年，初步构建标准适宜、风险可控、安全可靠的防洪安全保障体系，初步形成多源联调、丰枯互济的供水保障格局。

广东：奋力跑出水利建设"加速度"

"广东省作为今年水利建设的排头兵，投资规模速度领跑全国，请问，广东省的主要做法是什么？重大水利工程项目的推进情况如何？"在 9 月 14 日水利部举行的 2022 年水利基础设施建设进展和成效新闻发布会上，本报记者通过视频连线方式向广东省水利厅厅长王立新同志提出上述问题。

王立新在回答本报记者提问时说，今年以来，广东省水利厅坚决贯彻落实党中央、国务院的决策部署，按照水利部和省委、省政府工作要求，全省水利工程建设开足马力，奋力跑出建设"加速度"。截至 8 月底，累计完成投资 617 亿元，占年度计划完成投资的 77%，比去年同期多完成 84 亿元，为稳经济、促增长作出了广东水利应有的贡献。主要有三个方面的做法：

一是坚持系统观念，规划引领谋发展。广东省委、省政府高度重视水利在经济社会发展中的先导性、基础性作用，把治水兴水作为重要工作内容，去年我们召开了全省水利高质量发展大会，省委、省政府出台了全面推进水利高质量发展意见，今年还出台了扎实稳住经济的一揽子政策措施，部署实施"851"广东水利高质量发展蓝图。"8"是指水利方面的水资源优化配置，防洪能力提升，万里碧道，河湖生态保护修复，农村水利保障，智慧水利、水文现代化和水利治理能力提升等 8 项主要工作；"5"是广东水利致力构建 5 张网，即防洪安全网、水资源配置网、万里碧道网、农村水利网、智慧水利网；"1"是广东水利致力于进入到国家水利发展的第一方阵。我们聚焦广东水安全保障面临的新形势、新要求，编制了水利发展"十四五"规划、万里碧道总体规划、农村水利治理规划等一系列水利规划，系统谋划了总投资 8 201 亿元的水利建设项目，其中"十四五"计划完成投资 4 050 亿元。目前，广东省已储备了近 2 000 亿元的重点水利项目，为开展大规模水利建设提供坚实基础。

二是坚持"两手发力"，扩大投入稳增长。牢牢把握发展机遇，"两手发力"扩大水利有效投资。推动加大公共财政收入，积极利用地方政府专项债券推动水利建设，2019 年以来争取专项债 532 亿元，仅仅是今年就已经达到了 226 亿元。

同时，深化水利投融资体制机制改革，用好政策性开发性金融工具，与国开行、农发行、农业银行的广东省分行签订战略合作协议，一批水利融资项目陆续签约，加快推进形成项目实物工作量。近年来，全省水利投资逐年快速增长，从2019年的330亿元增长到2020年的570亿元、2021年的725亿元，今年将突破800亿元，而且会提前一个月突破800亿，为稳定宏观经济大盘作出水利的贡献。

三是坚持改革创新，优化机制促建设。省政府成立由省长担任总指挥长的省重大项目建设指挥部、分管副省长担任指挥长的省水利重大项目建设专项指挥部，统筹推进重大水利项目前期工作和工程建设过程中碰到的各项问题。同时，成立由常务副省长担任组长的省重大项目并联审批专班，每天会商盘点项目审批事项进展，全力做好工程开工准备和要素保障工作。建立了投资计划提前告知、月调度会商、责任提醒、通报约谈、一线督导等工作制度，实行重点盯办、强力推进，及时协调解决突出问题，加快推进一批重大水利项目立项和开工。

目前，广东各项重点工程建设加快推进。8月31日开工的环北部湾广东水资源配置工程是国务院今年加快推进的55项重大水利工程之一，也是新中国成立以来广东省投资最大的水利工程，总投资约606亿元、全长约500千米，惠及粤西地区湛江、茂名、阳江、云浮4市沿线1 800万人民群众。珠江三角洲水资源配置工程是国务院部署的172项节水供水重大水利工程之一，总投资约354亿元，工程输水线路总长113千米，输水隧洞总长154千米，目前隧洞累计掘进150千米，掘进率97.5%，预计到明年年底前，可提前建成通水。西江干流治理、潖江蓄滞洪区建设与管理项目分别完成总投资的59%、77%，计划2023年第三季度完工。还有高陂水利枢纽工程主体工程已完工，四台机组全部并网发电。年底前广东省还将继续推动一批前期工作成熟度高的重点水利项目开工。

王立新表示，下一步，广东省将继续贯彻落实党中央、国务院决策部署，认真落实水利部的各项工作要求，加快水利工程建设进度，确保完成年度水利建设目标任务，为保持经济运行在合理区间作出水利的贡献。

喜报！大藤峡水利枢纽工程通过正常蓄水位验收，即将全面发挥综合效益

本报讯　9月28日，大藤峡水利枢纽工程顺利通过水利部主持的二期蓄水（61

米高程）验收，这是大藤峡工程建设的重大关键节点目标，标志着工程将可蓄水至 61 米正常蓄水位，全面发挥综合效益。水利部副部长刘伟平、广西壮族自治区政府副主席方春明、水利部总工程师仲志余出席验收会议。

大藤峡水利枢纽工程是国务院确定的 172 项节水供水重大水利工程的标志性项目，也是珠江流域防洪控制性工程和水资源配置骨干工程，防洪、航运、发电、水资源配置、灌溉等综合效益显著。按照"六个重要"新定位，工程建成后将成为流域防洪安全的重要保障、实施国家水网重大工程的重要结点、粤港澳大湾区水安全的重要屏障、建设珠江黄金水道的重要中枢、区域电力安全的重要支撑、地方乡村振兴的重要水源，对提升流域水安全保障能力、促进地方经济社会高质量发展具有重要作用。

大藤峡水利枢纽工程总投资 357.36 亿元，总工期 9 年，总库容 34.79 亿立方米，正常蓄水位 61 米。2014 年 11 月工程开工建设以来，大藤峡公司团结率领各参建单位克服准备期、筹建期、主体工程施工期"三期叠加"、新冠肺炎疫情等不利影响，成功战胜高温多雨、洪水频发、地质复杂等重重挑战，全力推动工程建设。2020 年，左岸工程投入运行并发挥初期效益，右岸工程建设按计划稳步推进，为稳住经济大盘贡献了大藤峡力量。

两年多来，成功应对 5 次西江编号洪水，特别是防御 2022 年西江 4 号洪水中，共拦蓄洪水 7 亿立方米，最大削减洪峰 3 500 立方米每秒，有效避免了西江、北江洪峰遭遇，减轻了西江中下游及珠江三角洲防洪压力；4 次承担应急调水任务，累计补水 5.7 亿立方米，在春节、元宵节等关键时刻，发挥关键工程作用，实施关键调度，保障澳门、珠海等粤港澳大湾区水安全；船闸累计过闸船舶 5.57 万艘次，核载量 1.23 亿吨，测算可带动超 90 亿元产业发展；发电超 82 亿度，为地方经济社会发展注入强劲动能。

此次二期蓄水（61 米高程）验收范围包括右岸挡水坝段（含黔江鱼道）、右岸厂坝、右岸泄水闸、左岸泄水闸、左岸厂坝，船闸上闸首、闸室、下闸首、上游引航道及上游锚地，以及黔江副坝、南木江副坝、右岸塌滑体处理等，以及与蓄水相关工程的基础开挖、基础处理、混凝土浇筑、机电设备及金属结构安装、安全监测，移民安置，环境保护等项目。

由水利部及有关司局和单位、广西壮族自治区人民政府及有关部门和地方政府、广西电网等单位代表和有关专家组成的验收委员会，深入大藤峡水利枢纽工程施工现场实地检查了 61 米高程蓄水涉及部位建设情况，认真观看了工程建设声像资料，详细听取了项目法人、设计、监理、施工、安全鉴定、质量监督等单位工作汇报，严格按照验收工作大纲规定，经充分讨论研究，形成并通过"大藤峡水利枢纽工程二期蓄水（61 米高程）阶段验收鉴定书"。验收委员会认为，大藤峡水利枢纽工程已具备二期蓄水至 61 米水位条件，各项已完工程验收质量合格，优良率达 93.6%，同意通过二期蓄水（61 米高程）阶段验收，可在满足航运、发电、生态用水需求下，逐步抬高蓄水位至 61 米高程。

大藤峡公司枢纽管理中心相关负责人介绍，大藤峡水利枢纽工程根据上游来水情况，计划逐步蓄水至 61 米高程，届时，工程的防洪、航运、发电、水资源配置、灌溉等综合效益将得到充分发挥。

作为流域防洪控制性工程，可调节水库库容 15 亿立方米，与流域水库群联合调度，可将国家重点防洪城市广西梧州市的防洪标准由 50 年一遇提高到 100 年一遇，将西江下游和西北江三角洲重点防洪保护对象的防洪标准由 50 年一遇提高到 100~200 年一遇。

作为距离珠江三角洲最近的流域水资源配置骨干工程，粤港澳大湾区应急调水响应时间由原来的 7 ~ 10 天缩短至 3 天，大幅提升调水效率和精准度，全面增强珠江流域水资源统筹调配能力、供水保障能力和战略储备能力，有力保障粤港澳大湾区用水安全。

作为西江亿吨黄金水道关键节点，通航吨级由 300 吨级提高至我国内河航运最高等级 3 000 吨级，设计年均运送货物量 5 200 万吨。

作为红水河水电梯级开发的最后一级，年发电量 60.55 亿千瓦·时，成为广西电力系统安全稳定的主力电站。

作为桂中重要水源工程，可解决 120.6 万亩耕地、138.4 万人口干旱缺水问题，让百姓喝上放心水、幸福水。

大藤峡公司负责人表示，将继续以习近平新时代中国特色社会主义思想为指导，贯彻落实水利部推动新阶段水利高质量发展的决策部署，按照水利部部长李国英检查大藤峡水利枢纽工程时提出的建设与运行、生产与安全、质量与进度、工程与移民、物理与数字、常态与极端、发展与文化"七个两手抓"工作要求，勇于担当，攻坚克难，建设好、运行好大藤峡水利枢纽工程，为促进流域经济社会高质量发展和粤港澳大湾区水安全提供有力支撑，以优异成绩向党的二十大献礼。

水利部规划计划司、水资源管理司、水利工程建设司、水库移民司、监督司、水旱灾害防御司、水利水电规划设计总院、水利工程建设质量与安全监督总站、珠江水利委员会，广西壮族自治区水利厅、交通运输厅、发展和改革委员会，广西电网，贵港市、来宾市、柳州市人民政府，以及验收技术检查专家组代表，大藤峡公司和各参建单位代表参加验收会议。

水惠中国

中國改革報

■创历史新高！上半年新开工水利项目 1.4 万个、投资规模 6 095 亿元

创历史新高！上半年新开工水利项目1.4万个、投资规模6 095亿元

中国发展网讯（记者 成静 报道） 日前，水利部召开"2022年上半年水利基础设施建设进展和成效"新闻发布会，水利部副部长魏山忠表示，今年上半年，我国水利工程建设取得显著成效，新开工重大水利工程项目和完成投资均创历史新高。

据魏山忠介绍，今年上半年水利工程建设有三个特点：

一是项目开工明显加快。上半年，新开工水利项目1.4万个、投资规模6 095亿元，其中，投资规模超过1亿元的项目有750个。在重大水利工程开工方面，在1—5月开工14项的基础上，6月又开工8项工程，上半年累计开工数量达22项，投资规模1 769亿元，对照年度开工目标，时间过半，任务完成过半。

二是工程建设明显提速。一批重大水利工程实现重要节点目标，完成投资大幅增加，重庆渝西、广东珠三角水资源配置等工程较计划工期提前。农村供水工程建设9 000余处，完成3 700余处，提升了1 688万农村人口供水保障水平。病险水库除险加固、中小河流治理、大中型灌区改造、中小型水库建设等项目建设进度加快。目前，在建水利项目2.88万个，施工吸纳就业人数130万人，其中农民工95.7万人。

三是投资强度明显增大。"我们坚持政府和市场两手发力，在加大政府投入的同时，地方政府债券持续增加，金融支持、水利PPP模式、水利REITs试点'三管'齐下，投资保障力度明显增强。"魏山忠表示，1—6月，全国落实水利建设投资7 480亿元，较去年同期提高49.5%，其中广东、浙江、安徽3省落实投资超过500亿元。在地方政府专项债券方面，水利项目落实1 600亿元，较去年同期翻了近两番。水利建设投资完成4 449亿元，较去年同期提高59.5%，广东、云南、河北3省完成投资300亿元以上。上半年，水利落实投资和完成投资均创历史新高。

水惠中国

■李国英：确立六项重点水利任务 全面提升国家水安全保障能力
■水利部部长李国英：坚决守住水利工程安全防线
■水利部：推进南水北调后续工程高质量发展实现良好开局
■水利部：精准调度水资源 保障太湖流域供水安全
......

李国英：确立六项重点水利任务
全面提升国家水安全保障能力

人民网北京3月8日电（孝金波　彭静）　8日上午，在十三届全国人大五次会议第二场"部长通道"上，水利部部长李国英就《"十四五"水安全保障规划》（后简称《规划》）回答记者提问。

李国英介绍，全面提升国家水安全保障能力，是《规划》的总体目标。在这个总体目标下，结合水利发展的实际，进一步解构为四个次级目标：一是提升水旱灾害防御能力；二是提升水资源集约节约利用能力；三是提升水资源优化配置能力；四是提升大江大河大湖生态保护和治理能力。

为了实现这些目标，《规划》确定了六条实施路径，即确立了六项重点水利任务：一是完善流域防洪工程体系，二是实施国家水网重大工程，三是复苏河湖生态环境，四是推进智慧水利建设，五是建立健全节水制度政策，六是强化水利体制机制法治管理。

水利部部长李国英：
坚决守住水利工程安全防线

人民网北京3月8日电（孝金波　张继航）　8日上午，在第十三届全国人民代表大会第五次会议第二场"部长通道"上，水利部部长李国英说，面对极其严峻的汛情、旱情，把"保障人民群众生命财产安全放在第一位"是各种防御方案正确与否的判别标准，更是各项防御工作必须实现的根本目标。

李国英说，我国地理气候条件特殊，降雨的时空分布极不均匀，由此带来的水旱灾害多发频发重发。今年，将"防"的关口前移。对于今年汛期，特别是6—8月的汛情进行了初步的趋势性研判，将及时衔接相应的应对准备工作。坚定目标，始终把保障人民群众生命财产安全放在第一位；坚持做好预报、预警、预演、预案工作，打有准备之仗、有把握之仗；坚决守住水利工程安全防线。

据李国英介绍，2021 年，全国共有 4 347 座次大中型水库投入拦洪运用，拦蓄洪水量累计达 1 390 亿立方米；全国有 11 座国家蓄滞洪区投入分洪运用，分蓄洪水量 13.28 亿立方米。

通过防洪工程体系和非工程体系的共同作用，全国减淹城镇 1 494 个次，减淹耕地 2 534 万亩，避免人员转移 1 525 万人，最大程度地保障了人民群众生命财产安全。

李国英：实施国家水网重大工程
抓好"纲、目、结"谋篇布局

人民网北京 3 月 8 日电（孝金波　彭静）　8 日上午，在十三届全国人大五次会议第二场"部长通道"上，水利部部长李国英就"实施国家水网重大工程"回答记者提问。

李国英介绍，自古以来，我国的基本水情一直就是夏汛冬枯、北缺南丰，水资源时空分布极不均衡，由此带来水旱灾害多发频发重发。实施国家水网重大工程的目标是以全面提升国家水安全保障能力为目标，以优化水资源配置体系、完善流域防洪减灾体系为重点，统筹存量和增量，加强互联互通，为全面建设社会主义现代化国家提供水安全保障。

李国英表示，国家水网重大工程建设要把握的基本原则有以下几个：一是完整、准确、全面贯彻新发展理念，按照高质量发展的要求，统筹发展和安全；二是坚持"节水优先、空间均衡、系统治理、两手发力"的治水思路；三是遵循"确有需要、生态安全、可以持续"的重大水利工程论证原则。

李国英强调，国家水网重大工程建设总体规划重点是把握好"纲、目、结"三要素的谋篇布局。所谓"纲"，主要是指大江大河大湖自然水系、重大引调水工程和骨干输排水通道，这是国家水网的主骨架和大动脉。所谓"目"，主要是指区域性河湖水系连通工程和供水渠道。所谓"结"，主要是指具有控制性地位、具有控制性功能的水资源调蓄工程。

通过"纲、目、结"三要素的科学布局、建设和完善，建成后的国家水网应具备这样的功能作用：系统完备、安全可靠，集约高效、绿色智能，循环通畅、调控有序。

水利部：支持 160 个国家乡村振兴重点帮扶县　做好乡村振兴"水"文章

人民网北京 4 月 2 日电（记者　余璐）　　"今年，按照实施乡村振兴战略的总体要求，牢牢守住保障粮食安全和不发生规模性返贫这两条底线，扎实做好各项水利工作，为农业稳产增产、农民稳步增收、农村稳定安宁提供有力的水利支撑和保障。"在 4 月 1 日下午水利部召开的"巩固拓展水利扶贫成果同乡村振兴水利保障有效衔接"工作会议上，水利部部长李国英如是说。

实施生态补水后，白洋淀生态功能逐步恢复。
（受访者　供图）

李国英表示，今年水利部将突出重点、精准施策，切实做好水利帮扶工作，集中力量支持 160 个国家乡村振兴重点帮扶县，开展对口支援，抓好定点帮扶，持续巩固拓展水库移民脱贫攻坚成果。要加大资金支持力度，强化人才技术支撑，全力推进各项任务落地见效。

农村饮水安全是衡量脱贫人口是否稳定脱贫的核心指标之一。李国英谈道，水利部门要把农村饮水安全作为巩固水利扶贫成果的头号任务。扎实推进农村供水保障工程建设，确保 2022 年底农村自来水普及率达到 85%。进一步提高水质保障水平，协调配合有关部门加快推进农村饮水工程水源保护区或保护范围的"划、立、治"工作，加强水质监测检测。

"水利是农业的命脉。"李国英表示，必须紧紧围绕保障国家粮食安全战略目标，大力加强水利基础设施建设，全力做好水旱灾害防御工作，提高农田旱涝保收能力，不断夯实粮食安全水利基础。加快推进涉及脱贫地区的 32 处大型灌区和 132 处中型灌区续建配套与现代化改造，积极规划新建一批大中型灌区，推动优先将大中型灌区有效灌溉面积建成高标准农田。

李国英还指出，促进共同富裕，最艰巨最繁重的任务仍然在农村。水利是农业高质高效、乡村宜居宜业、农民富裕富足的重要基础。必须更加聚焦农业农村农民，加强基础性、普惠性、兜底性民生水利建设，推进水利基本公共服务均等化。

"2021年，各级水利部门全力巩固拓展水利扶贫成果，接续推进乡村振兴水利保障工作，实现了'十四五'良好开局。今年，水利部门要进一步提高政治站位，切实增强责任感和使命感，巩固住、维护好水利扶贫成果，不断夯实粮食安全水利基础，更加聚焦农业农村农民，以实际行动捍卫'两个确立'、做到'两个维护'。"李国英说。

水利部：5年来雄安新区城市生活和工业用水得到有效保障

人民网北京4月3日电（记者　余璐） 记者从水利部获悉，雄安新区设立5年来，水利部始终坚持把支持雄安新区规划建设发展作为服务国家重大战略的政治责任，全力推进雄安新区水安全保障能力建设。

水利部相关负责人表示，在雄安新区谋划设立之初，水利部便启动了雄安新区水安全保障方案编制工作。批复大清河流域综合规划，以服务京津冀协同发展、雄安新区建设为主线，从全流域角度统筹水安全、水资源、水生态、水环境，明确了流域水安全保障总体布局、目标指标和主要任务，为今后一个时期大清河流域保护和治理提供了重要依据。

"水利部还会同国家发改委、河北省人民政府联合印发实施《河北雄安新区防洪专项规划》，确定了雄安新区防洪标准、防洪体系布局和防洪骨干工程建设任务。"上述负责人谈道，雄安新区骨干防洪工程已被纳入国家重大项目，雄安新区环起步区南拒马河右堤、白沟引河右堤、萍河左堤、新安北堤等4项工程基本完工，具备200年一遇防洪能力。

此外，通过南水北调中线工程天津干渠向雄安新区供水，保障了建设期间的用水需求。截至2022年3月29日，南水北调中线一期工程已累计向雄安新区供水5647万立方米，为雄安新区城市生活用水和工业用水提供了优质水资源保障。

"白洋淀生态环境修复和保护是雄安新区规划建设的重大命题。"中国南水北调集团相关负责人表示，按照水利部下达的年度水量调水计划，目前，南水北调中线一期工程已为白洋淀及其上游河道累计生态补水 24.78 亿立方米，补水成效显著，白洋淀水位持续保持在生态水位保障目标 6.5 米以上，水质明显好转，淀区生态功能逐步恢复。

据了解，2021 年底雄安新区浅层地下水水位较 2019 年底平均上升 3.36 米，深层地下水水位平均上升 3.97 米。

"下一步，水利部将指导有关方面加快推进雄安新区重大水利工程建设，持续加强向雄安新区供水保障和向白洋淀生态补水力度，为高标准高质量建设雄安新区提供有力水安全支撑。"水利部相关负责人说。

水利部：加快推进重大水利工程开工建设
确保今年新开工 30 项以上

人民网北京 5 月 12 日电（记者　余璐）　记者从水利部获悉，今年水利部将加快推进重大水利工程开工建设，确保新开工 30 项以上。据了解，今年 1 月至 3 月，全国已完成水利投资 1 077 亿元，预计全年可完成投资约 8 000 亿元。

水利部副部长魏山忠表示，全面加强水利基础设施建设，对保障国家安全、畅通国内大循环、促进国内国际双循环，扩大内需，推动高质量发展具有重大意义。

他指出，重大水利工程每投资 1 000 亿元，可以带动 GDP 增长 0.15 个百分点，新增就业岗位 49 万。今年完成 8 000 亿元的水利投资，将对做好"六稳""六保"工作、稳定宏观经济大盘发挥重大作用。

"各级水利部门要坚决落实'疫情要防住、经济要稳住、发展要安全'的要求，全力以赴推动项目审批立项和开工建设。"魏山忠表示，一是要坚定目标不动摇，抢抓机遇，按照前期工作进度安排和开工时间节点要求，加快推进相关工作，坚决完成好党中央、国务院交办的任务，力争提前完成、超额完成。

二是要制订具体工作方案，实行清单化管理，逐项目细化实化前期工作和开工各环节的目标任务，压紧压实责任。

三是要做好与相关部门的沟通协调，着力解决前期工作中的突出矛盾和难点问题，加快用地预审、移民安置、环评等要件办理和可研审批。

四是要建立健全工作推进机制，加强台账管理，构建矩阵，挂图作战，跟踪掌握项目进展情况，及时开展调度会商，加强对进度目标完成情况的督导。

五是要提前落实好建设资金，做好开工前各项准备工作，具备条件后尽早开工建设。

六是要高度重视宣传报道工作，全面展现重大水利工程建设成效，展示水利部门担当作为良好形象，营造全社会关心支持水利建设的浓厚氛围。

水利部：推进南水北调后续工程高质量发展　实现良好开局

人民网北京 5 月 14 日电（记者　余璐）　5 月 13 日，水利部召开了深入推进南水北调后续工程高质量发展工作座谈会。水利部党组书记、部长李国英在会上表示，水利部会同有关部门、地方和单位，大力推进南水北调后续工程高质量发展工作，优化东、中线一期工程运用方案，构建中线工程风险防御体系，组织开展重大专题研究，深化后续工程规划设计，取得了阶段性进展，实现了良好开局。

会议指出，水利部立足全面建设社会主义现代化国家新征程，锚定全面提升国家水安全保障能力的目标，继续扎实做好推进南水北调后续工程高质量发展各项水利工作，充分发挥南水北调工程优化水资源配置、保障群众饮水安全、复苏河湖生态环境、畅通南北经济循环的生命线作用。

李国英强调，一是要科学推进南水北调后续工程高质量发展，加快构建"系统完备、安全可靠，集约高效、绿色智能，循环通畅、调控有序"的国家水网，实现水利基础设施网络经济效益、社会效益、生态效益、安全效益相统一。

二是要深入分析致险要素、承险要素、防险要素，建立完善安全风险防控体系和快速反应防控机制，及时消除安全隐患，确保南水北调工程安全、供水安全、水质安全。

三是要提升东、中线一期工程供水效率和效益，优化水资源配置和调度，扩大东线一期工程北延供水范围和规模，置换超采地下水，增加河湖生态补水；优化调度丹江口水库，增加中线工程可供水量，提高总干渠输水效率。

四是要加快推进后续工程规划建设，重点推进中线引江补汉工程前期工作，深化东线后续工程可研论证，推进西线工程规划，积极配合总体规划修编工作。

五是要完善项目法人治理结构，深化建设、运营、价格、投融资等体制机制改革，充分调动各方积极性。

六是要建设数字孪生南水北调工程，建立覆盖引调水工程重要节点的数字化场景，提升南水北调工程调配运管的数字化、网络化、智能化水平。

福建 11 项重大水利工程集中开工
总投资 105.87 亿元

人民网福州 5 月 20 日电（刘卿）　19 日上午，福建 11 项重大水利工程集中开工，总投资 105.87 亿元，涉及 9 个设区市与平潭综合实验区，其中包含全国首批流域水生态修复与治理示范项目——木兰溪下游水生态修复与治理工程。

据了解，11 项重大水利工程主要包括莆田市木兰溪下游水生态修复与治理工程、中国福建水土保持科教园、漳州市东南部沿海地区九龙江调水工程（一期）、平潭综合实验区城乡供水一体化工程、三明市大田下岩水库、南平市邵武城乡供水一体化工程、泉州市永春县水系连通及水美乡村建设试点县项目、龙岩市连城县永丰水库、厦门市环东海域滨海旅游浪漫线（下潭尾段）岸线整治及排洪截污工程、宁德市西陂塘防洪防潮提升改造工程、福州市鳌峰（五孔）水闸改建工程。

木兰溪是全国第一条全流域系统治理的河流，位于莆田市的木兰溪下游水生态修复与治理工程，是全国 150 项重大水利工程项目之一，被纳入国家重大建设项目库三年滚动投资计划。该工程修复与治理范围为南北洋平原 425 平方千米，计划总投资约 29 亿元，主要建设"一环、一心、一轴、七廊、一系统"，计划至 2027 年全部建成。

莆田市委书记付朝阳在开工仪式上表示，20 多年来，莆田市委、市政府推动木兰溪从"水患之河"蝶变为生态之河、智慧之河、幸福之河，该项目将推动木兰溪下游水环境质量明显提升、水生物物种多样发展、水生态系统功能完备、水文化内涵充分彰显，打造生态怡人、环境优美、人水和谐、经济繁荣的可持续发展区域。

此外，中国福建水土保持科教园是"一河一网一平台"的重要组成部分，部省共建，拟设"四区一廊"，总建筑面积 10 957 平方米，总投资约 0.98 亿元，计划于 2022 年底基本建成。龙岩市连城县永丰水库是该市城乡供水一体化项目的水源性水库，总投资约 4 亿元。龙岩市城乡供水一体化项目是福建首个市、县、乡整体推进的供水保障项目，项目规划总投资约 82 亿元。

据悉，2022 年以来，福建水利工程尤其是重大水利工程建设有力推进，充分发挥了水利稳投资、稳增长的重要作用。截至 4 月底，福建共完成水利投资 159 亿元，约占年计划的 38%，高出序时进度近 5 个百分点。

我国加快水利基础设施建设　1 月至 4 月已完成水利投资近 2 000 亿元

人民网北京 5 月 18 日电（记者　余璐）　记者从水利部获悉，近日，随着国家重大水利工程吴淞江整治工程（江苏段）开工建设，今年以来重大水利工程已经开工 10 项。1 月至 4 月，全国水利基础设施建设全面加快，完成水利建设投资实现大幅增长，各地已完成近 2 000 亿元，较去年同期增长 45.5%。

水利部党组书记、部长李国英表示，要坚决落实"疫情要防住、经济要稳住、发展要安全"的要求，加快推进重大水利工程开工建设，确保 2022 年新开工 30 项以上。要充分用足用好各项政策，推动重大水利基础设施项目尽早审批立项、开工建设，为稳定宏观经济大盘、实现全年经济社会发展预期目标作出水利贡献。

目前，各项工作进展顺利，总投资 618 亿元的环北部湾广东水资源配置工程，环评报告批复时间较预期提前了 5 个月；总投资 598 亿元的南水北调引江补汉工程，完成了土地预审（规划选址）等其他要件办理，为加快项目审批奠定了基础。

水利建设资金筹措一直是水利部高度重视的工作。为了进一步扩大水利投资，水利部深入研究政策措施，指导地方拓宽投资渠道，从地方政府专项债券、金融资金、社会资本等方面增加投入，保障水利基础设施建设资金需求。今年，全国水利基础设施建设将完成 8 000 亿元以上。

据介绍，2022 年第一季度，国家开发银行、中国农业发展银行、中国农业银行累计发放水利贷款 687 亿元，贷款余额达到 10 620 亿元。1 月至 4 月，830 个水利项目已落实地方政府专项债券 720 亿元，较去年同期增加 386 亿元，增长 115%。

此外，1 月至 4 月，农村供水工程建设资金完成约 200 亿元，提升了 666 万农村人口供水保障水平；今年安排大中型灌区续建配套与现代化改造投资近 190

亿元，预计将新增粮食生产能力 36 亿公斤，新增节水能力 35 亿立方米。

水利部：截至 5 月底，农村供水工程已开工建设 6 474 处　落实投资 516 亿元

人民网北京 6 月 8 日电（记者　余璐）　记者从水利部获悉，截至 5 月底，全国各地农村供水工程已开工 6 474 处，完工 2 419 处，提升了 932 万农村人口供水保障水平。

水利部相关负责人表示，今年 4 月，水利部、财政部、国家乡村振兴局联合印发文件，支持脱贫地区利用中央财政衔接推进乡村振兴补助资金，补齐必要的农村供水基础设施短板。鼓励各地利用地方政府专项债券推动农村规模化供水工程建设。水利部与国家开发银行、农业发展银行签订合作协议，明确信贷优惠政策，支持各地农村供水工程建设。截至 5 月底，各地农村供水工程已落实投资 516 亿元，其中地方政府专项债券 214 亿元，银行贷款 94 亿元。

在各地，农村供水工程开工建设进度加快推进，切实提高了农村供水保障水平。云南省开展农村供水保障 3 年专项行动，提高农村供水规模化程度。今年省级财政落实 15 亿元资本金，通过国家开发银行融资 166.94 亿元。截至 5 月底，云南省 115 个县（市、区）已开工建设 1 100 个工程，完成投资 47.86 亿元，受益人口 11.6 万人，预计年底可完成投资 150 亿元以上。

江西省开展城乡供水一体化先行县建设行动，市场和政府两手发力，吸引多家大型水务企业作为实施主体参与建设。截至 5 月底，全省落实城乡供水一体化建设资金 39.4 亿元，其中地方政府专项债券 21.1 亿元，开工城乡供水一体化工程 147 处。

宁夏回族自治区依托骨干水源工程建设，积极探索农村供水规模化发展，初步形成"覆盖全域、城乡一体、多源互补、丰枯互济"的城乡供水现代水网体系。目前全区骨干水源工程建设累计完成投资 62.1 亿元，投资完成率为 74.7%。

福建省按照"建管一体、全域覆盖，以城带乡、城乡融合"的思路，积极推动农村规模化供水工程建设。全省有任务的 73 个县（市、区）中，49 个县（市、区）已开工建设。截至 5 月底，已落实资金 35.8 亿元，启动 157 个规模化水厂建设。

安徽省实施"皖北地区群众喝上引调水工程"，皖北 6 市 25 个县（区）今

年计划新建工程 35 处，截至 5 月底，15 处已开工，完成投资 8.4 亿元。淮河以南各地持续提升农村供水保障水平，已完成投资 6.3 亿元。

河南省积极推动农村供水"规模化、市场化、水源地表化、城乡一体化"的"四化"工程建设，截至 5 月底，已落实建设资金 11.67 亿元，15 个县已经开工建设。

水利部相关负责人表示，下一步，水利部将继续加大工作推进力度，加快农村供水工程建设进度，发挥好农村供水工程点多、量大、面广的优势，采取以工代赈等方式积极吸纳农村劳动力参与工程建设，继续为稳经济、稳增长、稳就业作出应有的贡献。

重大水利工程建设"提速"
大藤峡水利枢纽灌区工程开工建设

人民网北京 6 月 7 日电（记者　余璐） 记者从水利部获悉，6 月 6 日，大藤峡水利枢纽灌区工程开工建设。该项目是国务院部署实施的 150 项重大水利工程之一，也是 2022 年国务院第 167 次常务会议确定的今年重点推进开工建设的六大灌区之一。

近日，国务院印发《扎实稳住经济一揽子政策措施》，提出"加快推进一批论证成熟的水利工程"项目。灌区建设和改造等工程被纳入其中。

水利部相关负责人表示，大藤峡水利枢纽灌区为新建大型灌区，总投资 80.08 亿元。国家按照西部政策给予中央补助投资支持，余下投资由广西（广西壮族自治区简称）多渠道筹集资金解决。为贯彻落实国家稳经济扩大有效投资决策部署，切实加快工程建设，广西积极用好用足相关财政政策、金融政策，目前已落实年度建设资金 6.75 亿元，其中地方债券资金 1.75 亿元、金融贷款 5 亿元。

大藤峡水利枢纽灌区设计灌溉面积 100.1 万亩。工程利用已建的大型和中小型水库作为主要水源，利用正在建设的大藤峡水利枢纽库区自流引水和黔浔江提水作为补充水源，新建渠（管）道 652 千米，新建及恢复 13 座泵站装机容量 1.28 万千瓦。

大藤峡水利枢纽灌区地处区域光热条件优越，水资源及耕地资源丰富，适宜进行农业综合开发，不仅是广西重要的粮食基地，同时也是糖料主要生产基地之一。建设大藤峡水利枢纽灌区工程，是落实国家《扎实稳住经济一揽子政策措施》

的一项重要举措。

据了解，大藤峡水利枢纽灌区建设总工期为60个月。施工准备期约为5个月，主要完成场地平整、场内道路、施工工厂、生产和生活用房、供水、供电等项目。第一年拟同时开工建设南木补水干管、十八山输水隧洞建设。6月6日开工建设的主要内容为南木补水干管部分线路。

工程建成后，可进一步发挥大藤峡水利枢纽的灌溉供水效益，有效解决贵港市、来宾市等桂中典型干旱区骨干水利工程缺乏、耕地灌溉保证率较低、旱灾频繁、村镇人畜用水困难等问题，保证项目区粮食生产安全和村镇供水安全，为当地打造优质特色粮食、高产高糖甘蔗等"两高一优"农产品基地创造条件，促进民族地区乡村振兴和经济社会发展。

全国水利建设全面提速　新开工项目 10 644 个　投资规模 4 144 亿元

人民网北京 6 月 10 日电（记者　余璐）　"今年 1 月至 5 月，全国水利建设全面提速，取得了明显成效，新开工项目 10 644 个，投资规模 4 144 亿元。其中，投资规模超过 1 亿元的项目 609 个。"在 6 月 10 日上午水利部召开的"加快水利基础设施建设有关情况"新闻发布会上，水利部副部长魏山忠如是说。

今年 4 月，中央财经委员会第十一次会议指出，要加强交通、能源、水利等网络型基础设施建设，把联网、补网、强链作为建设重点，着力提升网络效益。近日，国务院印发的《扎实稳住经济一揽子政策措施》中，将"加快推进一批论证成熟的水利工程"作为稳投资的一项重要措施。

基础设施建设是国民经济基础性、先导性、战略性、引领性产业。今年以来，水利部按照"疫情要防住、经济要稳住、发展要安全"的要求，切实担负起水利对于稳定宏观经济大盘的政治责任。

"水利部多次作出专门部署，提出了 19 项工作举措，以超常规措施、超常规力度，努力克服疫情影响，以钉钉子精神全力加快水利基础设施建设。"魏山忠介绍，1 月至 5 月，水利部在推进项目开工方面，吴淞江整治、福建木兰溪下游水生态修复与治理、雄安新区防洪治理、江西大坳灌区、广西大藤峡水利枢纽灌区等 14 项重大水利项目开工建设，投资规模达 869 亿元。

在加快实施进度方面,海南南渡江引水工程竣工验收,青海蓄集峡、湖南毛俊、云南车马碧等水利枢纽下闸蓄水,西江大藤峡水利枢纽进入全面挡水运行阶段,一批工程开始发挥效益。陕西引汉济渭工程秦岭输水隧洞全面贯通;云南滇中引水工程输水隧洞已开挖 438 千米,比计划工期提前半年;安徽引江济淮主体工程完成近 9 成,有望今年 9 月底试通水。同时,已安排实施 3 500 座病险水库除险加固,治理中小河流长度 2 300 多千米;加快 493 处大中型灌区现代化改造,可新增、恢复灌溉面积 351 万亩,改善灌溉面积 2 343 万亩;建设了 6 474 处农村供水工程,完工 2 419 处,提升了 932 万农村人口供水保障水平。

在扩大建设投资方面,水利部在争取加大财政投入的同时,从利用银行贷款、吸引社会资本等方面出台指导意见,多渠道筹集建设资金。全国已落实投资 6 061 亿元,较去年同期增加 1 554 亿元,增长 34.5%;完成投资 3 108 亿元,较去年同期增加 1 090 亿元,增长 54%,吸纳就业人数 103 万人,其中农民工就业 77 万人,充分发挥了水利对稳增长、保就业的重要作用。

"下一步,水利部在做好防汛抗旱和安全生产的同时,将进一步加强组织推动,采取更加有力的措施,以旬保月、以月保季,确保完成年度建设任务,推动新阶段水利高质量发展,为保持经济运行在合理区间做出水利贡献。"魏山忠说。

水利部:
今年全国要完成水利建设投资超过 8 000 亿元

人民网北京 6 月 17 日电（记者 余璐） "全面加强水利基础设施建设投资需求巨大,在加大政府投入的同时,必须更多运用改革的办法解决建设资金问题。"水利部在今天召开的"推进'两手发力'助力水利高质量发展有关情况新闻发布会"上,水利部副部长魏山忠表示,今年全国要完成水利建设投资超过 8 000 亿元,迫切需要落实"两手发力"要求,充分发挥市场机制作用,更多利用金融信贷资金和吸引社会资本参与水利建设,多渠道筹集建设资金,满足大规模水利建设的资金需求。

今年 4 月,中央财经委员会第十一次会议对加强水利等网络型基础设施建设作出了重要部署,强调要多轮驱动,发挥政府和市场、中央和地方、国有资本和社会资本多方面作用,要推动政府和社会资本合作（PPP）模式规范发展、阳光

魏山忠
水利部副部长

经济大家谈 系列访谈

"加快水利基础设施建设
为稳定经济大盘
贡献水利力量"

（人民网　供图）

运行。近期，国务院出台扎实稳住经济一揽子政策措施，要求加快水利基础设施建设，印发进一步盘活存量资产扩大有效投资的意见，明确将水利作为重点领域，提出一系列支持政策。

"为深入贯彻落实党中央、国务院决策部署，水利部建构了'一二三四'工作框架体系，推进水利领域'两手发力'工作。"魏山忠介绍，"一"就是锚定一个目标。即加快构建现代化水利基础设施体系，推动新阶段水利高质量发展，全面提升国家水安全保障能力。

"二"就是坚持"两手发力"。即坚持政府作用和市场机制两只手协同发力。各级水行政主管部门要全面履行战略、规划、标准、政策、监督、服务等政府职能，把政府该管的事情管严、管好、管到位，同时要善用、会用、用好市场机制，发挥市场在资源配置中的决定性作用，更多运用市场手段，增强水利发展生机活力。

"三"就是推进三管齐下。一方面，充分用好金融支持水利基础设施政策。另一方面，推进水利基础设施 PPP 模式发展。鼓励和吸引更多社会资本参与水利基础设施建设运营，推动水利基础设施 PPP 模式规范发展、阳光运行。再一方面，积极稳妥推进水利基础设施投资信托基金（REITs）试点工作，盘活存量资产，扩大水利有效投资。

"四"就是深化四项改革。即深化水价形成机制改革、用水权市场化交易制度改革、节水产业支持政策改革、水利工程管理体制改革，通过改革协同，充分激发市场主体活力。

"下一步，水利部将建立健全推进'两手发力'的工作机制和责任体系，形成上下联动、左右协调、协同推进的工作格局，鼓励各地积极探索，先行先试，拓宽水利基础设施长期资金筹措渠道，为加快构建现代化水利基础设施体系、全面提升国家水安全保障能力提供有力支撑。"魏山忠说。

魏山忠：加快水利基础设施建设
为稳定经济大盘贡献力量

今年以来，面对百年变局和世纪疫情相互叠加的复杂局面，在党中央坚强领导下，各部门各地区有力统筹疫情防控和经济社会发展，我国总体实现了平稳发展。如何看待我国经济发展数据升降之"形"，市场变化之"态"，百姓获得之"实"，长期发展之"势"？为了进一步呈现中国经济社会发展的"全景画"，人民网财经推出了《经济大家谈》系列访谈，邀请部委单位负责人、知名专家学者、行业领军者，一同激荡观点智慧，回应各界关切。

水是生存之本、文明之源，是经济社会发展的重要支撑和基础保障。党的十八大以来，党中央、国务院高度重视水利工作，作出一系列重大决策部署，明确提出"节水优先、空间均衡、系统治理、两手发力"的治水思路，为新时代治水兴水提供了科学指南和根本遵循。

今年4月，中央财经委员会第十一次会议对加强水利等网络型基础设施建设作出了重要部署。5月，国务院印发《扎实稳住经济一揽子政策措施》，将"加快推进一批论证成熟的水利工程"作为稳投资的一项重要措施。

水利在稳定宏观经济大盘中将发挥什么样的重要作用？在"稳字当头、稳中求进"的总基调下，水利部将如何助力经济高质量发展？对此，人民网记者专访了水利部副部长魏山忠。

记者：近日，国务院印发《扎实稳住经济一揽子政策措施》，提出加快推进一批论证成熟的水利工程项目。在新一轮稳经济举措中，为何将水利工程放在了更为重要的位置？今年以来，水利部在推进重大水利工程建设方面进展如何？

魏山忠：水利部坚决贯彻党中央、国务院决策部署，成立了以李国英部长为组长的全面加强水利基础设施建设领导小组，提出了19项工作举措，明确了重大水利工程项目的推进措施，健全机制，清单管理，上下联动，挂图作战。

一方面，全力加快在建重大工程建设进度，促进工程尽早发挥效益。比如，海南南渡江引水工程竣工验收，青海蓄集峡、湖南毛俊、云南车马碧等水利枢纽下闸蓄水，西江大藤峡水利枢纽进入全面挡水运行阶段，陕西引汉济渭工程秦岭输水隧洞全面贯通；云南滇中引水工程输水隧洞已开挖 438 千米，比计划工期提前半年；西藏湘河水利枢纽工程力争 6 月实现下闸蓄水。

另一方面，大力推进一批重大工程开工建设，推动工程早开、多开。水利部指导地方逐项细化工程前期工作时间节点，明确责任分工、工作措施，构建脉络清晰的项目推进矩阵，每周通报前期工作进展，精准推进。同时，在国家发改委、自然资源部、生态环境部等大力支持下，建立了重大水利项目推进的部门会商机制，及时跟踪项目前置要件办理进展情况，分析解决推进中的难点问题。

经过努力，今年已经新开工 14 项重大工程，投资规模达 869 亿元。近期还将开工一批重大项目。下一步，水利部将进一步加强组织推动，采取更加有力的措施，以旬保月、以月保季，确保完成重大工程建设年度目标任务。

记者： 在"稳字当头、稳中求进"的总基调下，要保证中国经济长期向好这个趋势不变，水利在稳定宏观经济大盘中将发挥什么样的重要作用？

魏山忠： 水利是稳定宏观经济大盘的重要领域。水利工程点多、面广、量大，具有较好的规划和前期工作基础，特别是重大水利工程吸纳投资大、产业链条长、创造就业机会多，在保障国家水安全、推动区域协调发展、拉动有效投资需求、促进经济稳定增长等方面具有重要作用。在拉动经济增长方面，根据有关机构的研究成果，重大水利工程每投资 1 000 亿元，可以带动 GDP 增长 0.15 个百分点。今年 1 月至 5 月，全国已完成水利建设投资 3 108 亿元，较去年同期增加 1 090 亿元，增长 54%；新开工 10 644 个水利项目，其中投资规模超过 1 亿元的有 609 个。预计今年可完成水利建设投资 8 000 亿元以上，对做好"六稳""六保"工作、稳定宏观经济大盘具有重要作用。在带动就业方面，水利工程特别是重大水利工程需的用工多，能够提供较多就业岗位。比如，正在建设的广西大藤峡水利枢纽，高峰时用工达到 6 200 人以上；今年新开工的吴淞江整治工程江苏段，日最大用工达到 3 000 人以上。今年 1 月至 5 月，水利工程建设吸纳就业人数约 103 万人，其中农民工 77 万人。

记者： 水利是农业的命脉，大中型灌区已成为国家粮食和重要农产品生产的主阵地。今年，水利部在加强灌区建设与管理方面将采取哪些措施，来保障国家粮食安全？

魏山忠： 粮食生产根本在耕地，命脉在水利。目前，全国耕地灌溉面积 10.37 亿亩，占耕地面积的 54%，生产了 75% 以上的粮食和 90% 以上的经济作物，特别是 7 330 处大中型灌区，有效灌溉面积 5.2 亿亩，更是我国粮食和重要农产品的主要产区，是国家粮食安全的重要保障。

今年，水利部在加强灌区建设与管理方面主要采取以下举措。一是加强现有大中型灌区续建配套和改造。今年计划实施 493 处大中型灌区现代化改造，完善灌溉水源工程、渠系工程和计量监测设施，推进标准化规范化管理，新增恢复和改善灌溉面积 2 500 余万亩。同时，做好灌区改造项目与高标准农田建设的衔接，打造一批现代化数字灌区。二是积极新建一批现代化灌区。加快河南小浪底、四川亭子口、湖北蕲水等在建灌区建设进度，促进工程尽早建成发挥效益。在水土资源条件适宜、新增储备灌溉耕地潜力大的地区，谋划新建一批大型灌区。今年重点推进 6 项新建大型灌区项目，目前江西大坳灌区、广西大藤峡灌区已开工，江西梅江灌区、海南牛路岭灌区已批复可研，广西龙云灌区、安徽怀洪新河灌区正在加快推进审查审批进程。三是加强灌区用水调度管理。以大中型灌区为单元，建立春灌台账，深挖水利工程供水潜力，优化灌区供水调度，合理调配水资源，做到科学用水、计划用水、节约用水，有效保障今年春灌农业用水。截至 5 月底，全国大中型灌区春灌累计灌溉面积 3 亿亩，供水 449 亿立方米，全面完成了今年春灌任务，为今年粮食生产尤其是夏粮的丰收提供了水利支撑。

记者："治国必先治水"，自古以来治水兴水对于国家治理有着特殊的意义。今年，国家再次把水利提到了重要的位置。和往年相比，您认为治水兴水的新突破点和聚焦点是什么？

魏山忠：今年 4 月，中央财经委员会第十一次会议明确提出，要加强交通、能源、水利等网络型基础设施建设，把联网、补网、强链作为建设重点，着力提升网络效益。国家多次对加快水利工程建设、扩大有效投资工作做出部署。国务院出台的《扎实稳住经济一揽子政策措施》，将"加快推进一批论证成熟的水利工程"作为稳投资的一项重要措施。今年，在水利基础设施建设方面，重点是要加快建设进度，努力扩大水利投资，尽可能多地完成实物工程量，充分发挥水利有效投资对稳增长的重要作用。当前，水利基础设施建设全面提速，取得了新成效。在完善流域防洪工程体系方面。已开工吴淞江整治、雄安新区起步区西北围堤等防洪工程。近期，还将开工淮河入海水道二期工程、黄河下游防洪治理、长江芜湖河段整治、湖南大兴寨水库等防洪骨干工程。此外，还加快推进病险水库除险加固、中小河流治理。在实施国家水网重大工程方面，安徽引江济淮工程有望今年 9 月底试通水，开工了闽西南水资源配置工程，近期还将开工南水北调中线引江补汉工程、环北部湾广东水资源配置工程等，这些都是国家和区域水网的骨干工程。在复苏河湖生态环境方面，实施母亲河复苏行动，开工了福建木兰溪下游水生态修复与治理工程，持续推进华北等地下水超采区综合治理、永定河综合治理和生态修复，积极推进水土流失综合治理。组织实施华北地区河湖生态环境复苏 2022 年夏季行动，京杭大运河全线水流贯通。

记者：水资源是经济社会发展的基础性要素。下一步，水利部将如何夯实水支撑，助力经济高质量发展？

魏山忠：水资源是经济社会发展的基础性、先导性和控制性要素，水的承载空间决定了经济社会的发展空间。新中国成立以来，中国共产党领导开展了大规模的水利工程建设，形成了世界上数量最多、规模最大、受益人口最广的水利基础设施体系，为经济社会发展提供了有力支撑和保障。对照高质量发展的要求，水利仍然存在流域防洪工程体系不完善、水资源统筹调配能力不足、水生态水环境治理任务重、水利基础设施系统化网络化智能化程度不高等突出问题。

下一步，水利部将坚决贯彻落实党中央、国务院决策部署，以全面提升水安全保障能力为目标，以完善水资源优化配置体系、流域防洪减灾体系、水生态保护治理体系为重点，加快构建国家水网，推动新阶段水利高质量发展，全面增强水资源统筹调配能力、供水保障能力、水旱灾害防御能力，为全面建设社会主义现代化国家提供有力的水安全保障。一是构建国家水网之"纲"。围绕国家重大区域发展战略，以大江大河干流及重要江河湖泊为基础，以南水北调工程东、中、西三线为重点，科学推进一批跨流域跨区域重大引调排水工程规划建设，推进大江大河干流堤防达标建设、重点河段河势控制，针对重点河段适时开展提标建设，构建重要江河绿色生态廊道，加快构建国家水网主骨架和大动脉。二是织密国家水网之"目"。加强国家重大水资源配置工程与区域重要水资源配置工程的互联互通，推进主要支流和中小河流综合治理、区域河湖水系连通工程和引调排水渠道建设，形成城乡一体、互联互通的省、市、县水网体系，改善河湖生态环境质量，提升水资源配置保障能力和水旱灾害防御能力。三是打牢国家水网之"结"。加快推进列入流域及区域规划，符合国家区域发展战略的控制性调蓄工程和重点水源工程建设，加快重要蓄滞洪区建设，充分挖掘现有工程的调蓄能力，综合考虑防洪、供水、灌溉、航运、发电、生态等功能，加强流域水工程联合调度，提升水资源调控能力，发挥工程综合功能和效益。

保水库安澜　惠民生福祉
——我国病险水库除险加固纪实

"以前进入5月，只要一下大雨，我就害怕，时不时自己也会去水库大坝上看看情况，生怕水库大坝会垮塌。现在好了，对水库进行了除险加固，水库也不漏水了，进入汛期也不害怕了。"住在广德口水库下游的吴老伯激动地说。

广德口水库从百姓的"心腹大患"蜕变成安全保障和民生福祉，这只是我国病险水库除险加固实践中的一个缩影。随着中国病险水库的逐年"摘帽"，水利工程安全状况不断改善，社会经济效益更加凸显。

水利部运行管理司相关负责人表示，水库安全面临严峻风险和挑战，事关人民群众生命财产安全，事关公共安全，备受社会关注。水库大都居高临下，是城镇、交通干线、重要基础设施头顶上的"一盆水"，一旦失事，将对下游造成灾难。

据介绍，我国水库大坝总量多，现有9.8万座水库星罗棋布在祖国大地上，是世界上水库大坝最多的国家，其中约95%的水库是小型水库。我国病险水库多，虽然已经开展了几轮大规模除险加固工作，但目前仍有大量病险水库存在。我国土石坝多、老旧坝多，约92%的水库大坝是土石坝，约80%的水库建于20世纪50年代至70年代，始建标准低。我国高坝数量多，在世界排名第一，200米以上的高坝已建20座、在建15座。

总体数量多、病险水库多、土石坝多、老旧坝多叠加，加之近年来超强暴雨等极端天气频发，给水库安全带来严峻风险和挑战。病险水库除险加固工作迫在眉睫。

水利部联合国家发改委、财政部印发《"十四五"水库除险加固实施方案》（以下简称《方案》），进一步明确了"十四五"病险水库除险加固、监测预警设施建设、以县域为单元深化小型水库管理体制改革、健全长效运行管护机制等重点任务。《方案》要求到"十四五"末，全部完成现有及新增的约1.94万座病险水库除险加固；实施55 370座小型水库雨水情测报设施和47 284座小型水库大坝安全监测设施建设；对分散管理的48 226座小型水库全面实行专业化管护模式；推进水库管理规范化标准化。

蓝图已绘就，奋进正当时。今年以来，水利部先后召开水库除险加固工作推进会、水利工程运行管理工作会、水库安全度汛视频会议，对水库除险加固工作作出部署，各地迅即响应……

山东省把确保水库安全作为重中之重，将水库除险加固纳入省委"我为群众办实事"清单，要求坚决整治水库短板弱项，确保安全度汛；广东省将水库除险加固等工作作为防洪安全网和防洪能力提升工程的重要内容；江西省把做好水库除险加固工作作为重大政治任务，印发《切实加强全省水库除险加固和运行管护工作实施方案》；安徽省明确了到 2025 年末，全省实施小型病险水库除险加固730 余座……从江南水乡到南粤大地，从赣鄱流域到三湘四水，一场病险水库除险加固的攻坚战在如火如荼地展开。

多渠道落实资金支持实施小型水库除险加固，也是重中之重。2021 年以来，水利部协调财政部，多渠道筹集资金约 216 亿元，全力推进 7 695 座小型水库除险加固，截至目前主体工程完工 4 586 座。同时，协调财政部新增地方政府一般债券额度 64.38 亿元，全力推进 31 013 座小型水库雨水情测报设施和 23 217 座小型水库大坝安全监测设施建设。另外，协调财政部安排中央财政补助资金 9 亿元，开展 2022 年小型水库安全监测能力提升试点项目建设，为提高预报预警预演预案能力提供支撑。

水库除险加固惠及民生，如今，众多小型水库不再是心头之患，而成了大地丰收的保障。仅湖南省岳阳市，就有 76 座小型水库摘去病险帽子，恢复和改善灌溉面积 13 万亩，新增供水受益人口 18.9 万人。

水利部运行管理司相关负责人表示，下一步，将继续会同财政部，督促各地加强资金保障、加快项目实施、强化监督指导，确保完成"十四五"水库除险加固任务，保障小型水库安全运行和效益充分发挥，推动水库管理再上新台阶。

创历史新高！上半年我国新开工重大水利工程项目 22 项 完成水利建设投资 4 449 亿元

人民网北京 7 月 12 日电（记者 王仁宏） 7 月 11 日，水利部召开 2022年上半年水利基础设施建设进展和成效新闻发布会。水利部副部长魏山忠介绍，今年上半年，水利工程建设取得显著成效，新开工重大水利工程项目 22 项，完成水利建设投资 4 449 亿元，均创历史新高。

"今年上半年，水利工程建设取得显著成效，充分发挥水利有效投资对拉动经济增长、增加就业岗位、增进民生福祉等方面的重要作用。"魏山忠表示。

今年上半年项目开工明显加快。新开工水利项目 1.4 万个、投资规模 6 095 亿元，其中，投资规模超 1 亿元的项目有 750 个。在重大水利工程开工方面，在 1—5 月开工 14 项的基础上，6 月又开工 8 项工程，上半年投资规模 1 769 亿元。

今年上半年工程建设明显提速。一批重大水利工程实现重要节点目标，完成投资大幅度增加，重庆渝西、广东珠三角水资源配置等工程较计划工期提前。农村供水工程建设 9 000 余处，完工 3 700 余处，提升了 1 688 万农村人口供水保障水平。病险水库除险加固、中小河流治理、大中型灌区改造、中小型水库建设等项目建设进度加快。目前，在建水利项目 2.88 万个，施工吸纳就业人数 130 万人，其中农民工 95.7 万人。

今年上半年投资强度明显增大。1—6 月，全国落实水利建设投资 7 480 亿元，较去年同期提高 49.5%，其中广东、浙江、安徽 3 省落实投资超过 500 亿元。在地方政府专项债券方面，水利项目落实 1 600 亿元，较去年同期翻了近两番。水利建设投资完成 4 449 亿元，较去年同期提高 59.5%，广东、云南、河北 3 省完成投资 300 亿元以上。

魏山忠表示，水利部将进一步加大组织推动力度，做好工程安全度汛，抓好安全生产，强化质量控制，确保完成年度水利建设各项目标任务，为保持经济运行在合理区间作出水利贡献。

今年上半年水利建设成效如何？
水利部答人民网时这样说

人民网北京 7 月 12 日电（记者　余璐）　"今年上半年水利建设取得了显著的成效，为完成全年目标任务奠定了非常扎实的基础。"在 7 月 11 日水利部召开的 2022 年上半年水利基础设施建设进展和成效新闻发布会上，水利部副部长魏山忠在回答人民网提问时如是说。

谈及与往年相比，今年上半年积极扩大水利有效投资有哪些特点时，魏山忠对人民网记者表示，一是项目开工为历年最多，今年上半年开工 1.4 万个水利项目，投资规模 6 095 亿元，其中 4 月至 6 月新开工项目 8 639 个，投资规模 3 451 亿元，均创水利建设的新纪录。

"目前全国水利工程在建项目达到了 2.88 万个，投资规模超过 1.6 万亿元，特别是重大水利工程，今年上半年已经开工 22 项，投资规模 1 769 亿元，这是历年中开工数量最多、投资规模最大的年份。7 月 9 日，又开工了黄河下游'十四五'防洪治理工程，7 月还会密集开工一批重大水利工程项目。"魏山忠补充道。

二是水利投资完成大幅增长。今年 4 月、5 月、6 月单月完成投资分别是 881 亿元、1 150 亿元、1 341 亿元，建设进度在不断加快，每月完成的投资不断提升。第二季度累计完成投资 3 372 亿元，是第一季度完成投资的 3 倍。

三是投融资政策落地见效。地方政府专项债券、金融信贷、吸纳社会资本等支持政策，拓宽了水利项目筹资渠道。1 月至 6 月，落实水利建设投资 7 480 亿元，同比增加 49.5%。其中，地方政府专项债券 1 600 亿元，同比增加 293%。银行贷款和社会资本等 1 392 亿元，同比增加 29.4%。第二季度落实水利建设投资 3 957 亿元，同比增加 117%，银行贷款、社会资本 832 亿元，同比增加 147%。

四是吸纳就业人口效果显著。水利建设大规模地推进，水利项目产业链条长、创造就业机会多的作用突显。据统计，上半年累计吸纳就业人数 130 万，其中农民工 95.7 万人，占比 73.5%，较 5 月底分别增加 27 万人和 18.4 万人，充分发挥了稳增长、保就业的重要作用。

下一步，水利部将如何充分发挥水利有效投资，拉动经济增长、增进民生福祉？对此，魏山忠表示，水利部将继续深入贯彻落实党中央、国务院决策部署，锚定目标任务，对水利工程建设各环节工作再挖潜、再加力，为稳定宏观经济大盘做出更多的贡献。

水利部：精准调度水资源
保障太湖流域供水安全

人民网北京 7 月 20 日电（记者 余璐） 记者从水利部获悉，7 月 20 日，随着望亭水利枢纽开闸引水，源源不断的长江水通过望虞河汇入太湖，引江济太水量调度取得阶段性进展。

太湖流域人口密集，工业发达，经济基础雄厚，不过流域水质型缺水问题突出，水资源、水环境承载能力不足。据水利部数据显示，太湖流域现状实际用水量约为 333.5 亿立方米，远远大于 176 亿立方米的本地水资源量。

据了解，6 月以来，太湖流域降雨较常年同期偏少 7 成以上，梅雨期降雨严重偏少，导致太湖水位持续下降。7 月 16 日 10 时，太湖水位降至 3.16 米，较常年同期偏低 0.40 米，为近 20 年同期最低。气象部门预测，因近期太湖流域降水仍然偏少，加之持续高温影响，太湖水位呈持续下降趋势，蓝藻水华风险大幅增加。

为保障太湖流域供水安全和太湖安全度夏，水利部于 7 月 16 日 16 时启动 2022 年夏季引江济太水量调度，引长江水为太湖"解渴"。

太湖是流域水资源调配中心和长三角地区水生态、水环境的晴雨表。水利部太湖流域管理局局长朱威表示，2022 年度夏季引江济太水量调度将遵循精准对象、精准目标、精准措施的水旱灾害防御总要求，主要做好三个方面的工作：一是望虞河常熟水利枢纽实施闸泵联合调度，日引长江水量 1 000 万立方米至 1 600 万立方米，入湖流量控制为 50 立方米每秒至 100 立方米每秒，促进太湖及河网水体流动。二是太浦闸按不低于 60 立方米每秒的流量向下游浙江、上海等地供水，确保下游用水安全。三是启用望虞河西岸控制工程，避免可能存在的西岸支流劣质水通过望虞河进入太湖。

水利部水旱灾害防御司相关负责人表示，通过这次水量调度，可促使太湖北部湖湾水体加快交换，有利于抑制湖湾蓝藻水华的发生。同时，还能以丰补枯，有效增加流域水资源供给和水源地供水保障，效益显著。

目前，我国已进入"七下八上"（七月下半月至八月上半月）防汛关键期。如何做到防汛抗旱两手"抓"，以周全之策应对形势变化？

水利部相关负责人表示，下一步，水利部将密切监视雨水情变化，滚动预测预报，在调水期间加强会商，以科学地研判，指导水利部太湖流域管理局通过多种限制条件避免防洪风险——当太湖水位超过调水限制水位时，将及时暂停调水；当预测预报流域将发生强降雨过程或望虞河引水影响范围内遭遇突发性强降雨时，将视水雨情及时停止引水，必要时转为排水，真正以周全之策应对可能发生的雨水情形势，以供水安全、防洪安全保民生安全。

北方地区部分河流或将发生超警洪水
水利部加派 5 个工作组进行一线指导

人民网北京 8 月 8 日电（记者　王仁宏） 水利部消息，据预报，7 日至 10 日，西北东北部、华北中部南部、黄淮北部等地将有大到暴雨，局地大暴雨；海河流域大清河、永定河、漳卫河，黄河流域中游干流及支流汾河、山陕区间部分支流、下游大汶河，淮河流域山东小清河、松辽流域浑河、松花江等河流将出现涨水过程，暴雨区部分河流可能发生超警洪水。

8 月 7 日，水利部副部长刘伟平组织水利部相关司局、单位和南水北调集团进行防汛会商，滚动分析研判北方地区雨情、水情、汛情形势，进一步安排部署暴雨洪水防范应对工作。会商要求，加强监测预报预警，强化中小水库、病险水库和淤地坝防洪保安，有效防御中小河流洪水和山洪灾害，做好南水北调中线工程及交叉河道的巡查防守，确保人民群众生命财产安全和重要工程安全。

据悉，水利部维持上述地区洪水防御Ⅳ级应急响应，每日向有关省级水利部门"一省一单"发出通知，通报预报 50 毫米或 25 毫米降雨量覆盖范围内县级行政区及水库名单，要求有针对性地做好防范工作，加派 5 个工作组分赴河北、天津、山西、陕西一线指导。此外，水利部黄河、海河水利委员会均启动Ⅳ级应急响应。南水北调集团启动防汛Ⅳ级应急响应，相关负责人及时到岗值守、开展防汛督导检查，组织预置抢险力量，做好应急抢险准备。天津、山西、陕西、山东等地水利部门启动水旱灾害防御Ⅳ级应急响应，做好暴雨洪水防御各项工作。

情暖苏区　一任接着一任干
——水利部五任干部挂点支援江西宁都纪实

一道道水渠畅通无阻，润泽万亩良田；一股股清泉流进千家万户，滋润百姓幸福生活；一座座水库坚固耐用，筑起坚实的防汛墙；一条条河流碧波荡漾，为美景增添光彩……在江西省宁都县城乡，从生活、生产到生态，这片土地正发生着喜人的变化。这一切，离不开殷殷小康梦，浓浓水利情。

2012 年，《国务院关于支持赣南等原中央苏区振兴发展的若干意见》出台后，水利部带着对赣南革命老区的深情厚爱和"让老区人民过上幸福生活"的殷殷嘱托，开启了对口支援宁都的征程。十年间，水利部动真情，用真心，全力支持宁都水利建设，用实际行动诠释了民生水利的深刻内涵，为宁都高质量发展提供了强有力的支撑和保障，持续增强百姓安全感、获得感、幸福感。

水利部相关负责人介绍，为充分发挥水利行业优势及挂职干部的纽带作用，水利部先后精心选派的何猛、刘云波、张鸿星、陈何铠、黄一凡等 5 位挂职干部。他们真情融入、真挂实干、真锤实炼，克服家庭和生活等方面的重重困难，与宁都干部群众朝夕相处、并肩奋斗，全身心投入，实地开展调查研究，倾情服务宁都水利和县域经济振兴发展，在脱贫攻坚、争资争项、重大项目推进落地等方面积极助力。用自己的实际行动，赢得了省、市、县三级党委、政府和广大干部群众的信任和赞誉，展现出水利部干部的风采。

宁都是农业大县，水利基础薄弱、总量不足、质量不高、管理落后。有水不能保、有水不能蓄，山区群众饮水困难，农民耕作的大多是"望天田"，风调雨顺时还能温饱，可稍有洪涝、旱情，就会陷入困境。为了改变这种现状，让老百姓早日告别靠天吃饭的困境。5 名干部四处奔走，积极向上争资立项。

"身入革命老区，心入基层一线，是我们水利干部脚踏实地的作风要求，也是我们挂职干部造福人民群众的'金钥匙'。"作为首位到宁都挂职的何猛，初到宁都就深入基层一线调研，与宁都干部群众想在一起、吃在一起、干在一起，探索水利发展新路径，成为一名来自北京的"宁都人"。

"挂职不是'做客'，更不是'镀金'，作为挂职干部，不仅人要到，心更要到。"2016 年初，刘云波刚一上任，就马不停蹄，奔赴一线，深入调研。

"宁都需要什么？部里能支持什么？怎么筹措资金？如何尽快争取到和实施上相关项目？"为了摸清情况，他翻山越岭，进村入户，深入一线，短短一个月，他就走遍了宁都的山山水水，沟沟坎坎。

围绕县里重点打造的蔬菜大棚基地，第三批挂职干部张鸿星充分发挥自己的专业优势，深入调研，会同该县水利局技术人员创新施工方式，开展万亩蔬菜大棚、标准化脐橙和茶叶基地建设，田里实施高效灌溉、山上开展"引水上山"工程，解决了山上、山下种植缺水难题，现代生态农业蓬勃发展。

第四批挂职干部陈何铠来到宁都后，针对宁都至今还没有一个系统性、管全局、顾长远的重大水利工程的现状，站在建设赣南革命老区高质量发展示范区的新起点上，打破固有的山区丘陵灌面散而小、不宜建设大型灌区思维，创新拓展思路，推动打造梅江灌区。梅江灌区从谋划到取得可研批复，仅用不到 2 年时间就完成了以往需要 8 年才能完成的工作，创造了重大项目建设"宁都奇迹"。该项目是水利部对口支援赣南苏区宁都县第一项重大水利项目、江西省首个山区大型灌区，也是赣州市历史上首个重大水利工程。陈何铠同志还创造性谋划赣州市 6 个重大水利项目纳入国家"十四五"水利专项规划，总投资 638 亿元，打破了"十三五"期间赣州无重大水利工程的历史。

努力让"绿水青山变为金山银山"，惠及更多宁都百姓，是第五任水利部挂职干部黄一凡的心愿。上班第一天，他便前往梅江灌区现场，调研了解开工准备情况，落实水利部及省委省政府有关要求。挂职期间，他多次深入灌区办、水利局等相关部门、项目现场和基层一线，积极谋划水利惠民生工作。

在挂职干部的大力推动和水利部的大力支持下，水利部先后出台《关于支持江西革命老区水利高质量发展的指导意见》《水利部对口支援江西省宁都县振兴发展的指导意见（2013—2020 年）》，转发《宁都县水利发展"十三五"规划》，为宁都打造了一套量身定制的政策体系，为县域经济振兴发展提供了水安全支撑。

政策支持，项目落地。十年来，水利部 5 位挂职干部一任接着一任干，累计争取上级水利建设资金 30 多亿元，实施河道整治和防洪工程 32 个，除险加固病险水库 116 座，解决了 58 万农村人口饮水安全问题，宁都水利高质量发展得到长足进步。宁都县被列为全国农业水价综合改革试点县、全国农田水利产权制度改革创新管护机制试点县、赣州市小型水利工程管理体制改革试点县、国家水土保持科技示范园区。

"成绩的取得来之不易，对口支援工作仍任重道远。未来，水利部及挂职干部将源源不断地帮扶苏区宁都的发展，加快革命老区水利高质量发展的步伐。"水利部相关负责人说。

海河流域强降雨已结束！
水利部门全力应对，城市运行未受影响

中国网 7 月 29 日讯（记者　张艳玲）　记者从水利部获悉，7 月 26 日至 27 日，海河流域大部降中到大雨，局地暴雨到大暴雨，累积最大点雨量河北衡水油子站

238毫米、北京朝阳常营站250.5毫米。受其影响，流域内滦河、北运河、蓟运河、潮白河、大清河、子牙河、漳卫河等河流出现涨水过程。

针对此次强降雨过程，国家防总副总指挥、水利部部长李国英要求提前制订完善防御方案，做好河道及堤防、水库、蓄滞洪区等流域防洪工程应对准备，细化山洪灾害防御、水库安全度汛和城市防洪排涝措施，落实流域管理机构、地方水行政主管部门、工程管理单位的防御责任。

水利部密切关注雨情、水情、汛情，滚动会商研判，向相关省、市水利部门和水利部海河水利委员会发出关于做好强降雨防范工作的通知，逐日将预报降雨量超过50毫米范围内的县（市、区）和水库名单以"一省一单"形式发至相关省级水利部门，联合中国气象局发布山洪灾害气象预警，提醒做好防御工作，派出2个工作组赴北京、天津和河北防御一线指导暴雨洪水防范应对。水利部海河水利委员会启动洪水防御Ⅳ级应急响应，发布洪水预报成果73站次，调度潘家口、大黑汀、岳城水库提前预泄腾出3 000万立方米库容，督促京、津、冀三省（市）做好信息沟通共享，科学调度骨干水闸枢纽有序分泄洪水。

北京市政府负责同志坐镇指挥强降雨应对工作，北京市水务局与气象局联合发布山洪灾害和积水内涝风险预警，启动防洪排涝Ⅳ级应急响应，调度北运河、潮白河等河道预泄腾容、降低水位，调度北运河沙河闸、北关闸等泄洪3 700多万立方米，全市水务系统5 000余人在岗值守，出动巡查水库、水闸、堤防等2 000余人次，排水集团派出防汛人员4 792人次，排除积滞水点30多处。河北省委、省政府主要负责同志召开会议部署强降雨防范工作，省水利厅启动洪水防御Ⅳ级应急响应，发出通知对强降雨防范和河道行洪安全管理提出要求，调度黄壁庄水库提前预泄腾库，抽查小型水库、蓄滞洪区、南水北调中线工程防汛责任人和山洪灾害防御责任人，指导做好水工程巡查防守和人员转移避险，保障人民群众生命财产安全。

目前，海河流域此次降雨过程已基本结束，城市运行未受影响，江河水情平稳，水工程运行正常。

财政部、水利部拨付水利救灾资金 4.68 亿元支持各地切实保障防洪安全

人民网北京 7 月 18 日电（记者　余璐）　记者从水利部获悉，近日，财政部、水利部拨付水利救灾资金 4.68 亿元，支持广东等 10 个省（区、市）做好水毁修复工作，切实保障防洪安全。

据介绍，今年入汛以来，我国强降雨过程多，珠江发生流域性较大洪水，北江发生特大洪水，西江发生 4 次编号洪水，长江流域湘江、赣江也相继发生编号洪水，四川发生两次 6 级以上强震，水利工程水毁震损严重，防汛形势严峻。

对此，财政部、水利部迅速调度各地受灾情况，及时研究救灾资金分配方案，下达水利救灾资金用于支持受灾地区水利工程设施修复等救灾工作，及时恢复防洪功能。

国家防总副总指挥、水利部部长李国英表示，据预测，"七下八上"期间，松花江流域、淮河流域沂沭泗及山东半岛诸河、黄河支流大汶河、新疆阿克苏河等可能发生较大洪水，黄河中下游、淮河、辽河、海河南系、长江支流汉江和滁河、云南澜沧江等可能发生超过警戒水位洪水，珠江流域、海河北系及滦河、太湖等可能发生区域性暴雨洪水。

"相关部门要迅即进入防汛关键期工作状态，提前做好'七下八上'防汛关键期水旱灾害防御应对准备。始终把保障人民群众生命财产安全放在第一位，锚定人员不伤亡、水库不垮坝、重要堤防不决口、重要基础设施不受冲击'四不'目标，坚决守住水旱灾害防御底线。"李国英说。

水利部：全力做好"七下八上"防汛关键期水旱灾害防御

新华社北京 7 月 18 日电　我国已进入"七下八上"（七月下半月至八月上半月）防汛关键期。国家防总副总指挥、水利部部长李国英 18 日强调，各级水利部门要在充分研究近期洪旱形势和前期汛情基础上，做好防汛关键期水旱灾害

防御应对准备。

李国英在水利部专题会商部署"七下八上"防汛关键期水旱灾害防御工作时指出，锚定人员不伤亡、水库不垮坝、重要堤防不决口、重要基础设施不受冲击"四不"目标，坚决守住水旱灾害防御底线。

据预测，"七下八上"期间，松花江流域、淮河流域沂沭泗及山东半岛诸河、黄河支流大汶河、新疆阿克苏河等可能发生较大洪水，黄河中下游、淮河、辽河、海河南系、长江支流汉江和滁河、云南澜沧江等可能发生超警洪水，珠江流域、海河北系及滦河、太湖等可能发生区域性暴雨洪水。同时，江南南部、华南北部、西北大部、西南东北部、新疆等地可能出现阶段性旱情。

李国英要求，各级水利部门要进入防汛关键期工作状态，全力做好各项防御工作：扎实做好预报、预警、预演、预案"四预"工作，全面检查和落实重点流域防洪工程体系应对准备，提前做好各类水库防垮坝工作和淤地坝防溃坝工作，提前做好山洪灾害防御工作和中小河流洪水防御工作。

同时，提前做好抗旱工作，确保旱区群众饮水安全，保障在地农作物时令灌溉用水需求。紧盯每一次洪水和每一区域干旱防御工作，及时复盘检视和查漏补缺，全面提高水旱灾害防御能力。

珠江流域北江发生今年第 3 号洪水
水利部派专家组赴防汛一线指导

人民网北京 7 月 5 日电（记者　余璐）　记者从水利部获悉，受近日强降雨影响，珠江流域北江、西江干支流水位普涨。7 月 5 日 7 时 35 分，北江干流石角水文站流量 12 000 立方米每秒，依据水利部《全国主要江河洪水编号规定》，编号为"北江 2022 年第 3 号洪水"。

目前，水利部维持洪水防御 IV 级应急响应，派出的工作组、专家组继续在广东、广西防汛一线，指导做好巡堤查险、水库安全度汛、山洪灾害防御等工作。

水利部水旱灾害防御司相关负责人表示，今年以来，西江、北江共发生 7 次编号洪水，其中北江发生 3 次编号洪水，编号数量均为 1949 年以来最多。

据预报，今明两日北江上中游、西江中下游仍有较强降雨，北江、西江中下游干流及珠江三角洲维持较高水位。今年入汛以来，北江、西江长时间大流量行洪，河道及堤脚等持续冲刷，堤防闸坝高水位运行，暴雨频繁，土壤饱和，工程出险和发生山洪灾害的风险加大，防御形势严峻。

在 7 月 5 日水利部举行的防汛会商会上，水利部副部长刘伟平表示，水利部将进一步分析珠江等流域汛情形势，安排重点水库调度、堤防巡查防守等暴雨洪水防御工作。

据了解，为确保群众生命安全、工程安全，水利部指导珠江水利委员会联合调度西江龙滩、百色、大藤峡等骨干水库群拦洪削峰，有效减轻下游防洪压力，控制梧州站水位在警戒水位以下约 1 米。广东省水利厅调度北江上游乐昌峡、湾头等水库全力拦洪，中游飞来峡水库 7 月 4 日白天压减下泄流量，为下游低洼地带人员转移避险赢得时间，随后逐步降低水库水位，为英德等地洪水下泄创造有利条件。全省水利系统共 9 100 余人次开展巡堤查险和技术指导，累计发送预警短信 35 万余条。

强化 "四预" 措施
确保南水北调工程安全度汛

人民网北京 6 月 24 日电（记者 余璐） 记者从水利部获悉，目前南水北调工程沿线已进入主汛期。为保障南水北调工程安全度汛，6 月 24 日，水利部、河北省人民政府、中国南水北调集团联合开展防汛抢险综合应急演练。

本次演练所在地沙河（北）渠道倒虹吸工程是南水北调中线一期工程大型河渠交叉建筑物之一。演练针对工程沿线发生流域性洪水的可能性，模拟沿线周边山区洪水下泄，供电和通信中断；管身段下游出现冲坑，持续向管身靠近；倒虹吸进口上游左岸出现管涌等场景。在综合应急演练指挥机构的统一调度下，各参演单位先后进行了倒虹吸管身冲刷破坏抢险演练、河道疏通演练、人员撤离演练、裹头冲刷防护演练、无人机飞行巡查演练、管涌抢险演练、涝水抽排演练、水质监测演练、应急抢险设备操作演示。

水利部总工程师仲志余表示，今年防汛工作形势严峻。据预测，今年我国气象水文年景总体偏差，4 月下旬，南水北调中线工程河南南阳、平顶山段普降大到暴雨，较往年明显偏早。目前已进入主汛期，海河流域子牙河、大清河、北三河一旦发生流域性较大洪水，将对南水北调中、东线工程防汛带来较大风险。

对此，仲志余指出，水利部、沿线地方政府、中国南水北调集团要坚持人民至上、生命至上，立足于"防大汛、抗大洪、抢大险"，打好防汛主动仗，扛稳扛牢南水北调工程安全、供水安全、水质安全的政治责任。要强化落实预报、预警、预案、预演"四预"措施，增强防汛工作合力。提升应急处置能力，科学调配力量，统筹防汛、运行和疫情防控工作，精准做好供水调度。

中国南水北调集团董事长蒋旭光表示，将牢记"国之大者"和"三个事关"，锚定防汛总体目标，坚持以防为主、防抗救相结合，严格落实防汛责任制，落细"四预"措施、贯穿"四情"防御，确保今年南水北调工程安全度汛，切实维护南水北调"三个安全"。

据介绍，目前，南水北调工程沿线已组织开展防汛检查和隐患排查，汛前小型水库基本完成除险加固主体工程建设或空库运行，交叉河道清理整治工作基本完成，涉及今年南水北调中线工程安全度汛的 21 个项目主体工程建设已全部完成，具备安全度汛条件。

水利部启动洪水防御Ⅳ级应急响应 派出 2 个工作组赴广东广西指导防洪

人民网北京 5 月 10 日电（记者　王仁宏）　据水利部消息，水利部已于 10 日 10 时针对广东、广西等地启动洪水防御Ⅳ级应急响应，并派出 2 个工作组分赴广东、广西防御一线，督促指导地方做好监测预报预警、水工程调度、堤防和水库巡查防守、中小河流洪水和山洪灾害防御等有关工作。

据悉，5 月 9 日，贵州东部、湖南中部和西北部、江西西北部、广西东北部部分地区降了暴雨，最大点雨量江西宜春黄岗 256 毫米、广西百色海城 138 毫米。受降雨影响，广西桂江支流灵渠、江西赣江支流同江等 5 条中小河流发生小幅超警洪水，目前已出峰回落。预计 10 日至 11 日，广东大部、广西中部、江西和云南等地局部有暴雨到大暴雨，部分中小河流将发生超警以上洪水。

目前，水利部珠江水利委员会已启动水旱灾害防御Ⅳ级应急响应，广东、广西两省（区）水利厅分别启动了Ⅳ级、Ⅲ级应急响应，正在按照规定开展各项暴雨洪水防御工作。

水利部：提前做足做细做实各项防御准备工作 坚决打赢暴雨洪水防御硬仗

人民网北京 5 月 13 日电（记者　王仁宏）　12 日，国家防总副总指挥、水利部部长李国英主持防汛会商，分析研判当前雨情、水情、汛情，安排部署华南等地暴雨洪水防御工作。李国英强调，要始终把保障人民群众生命财产安全放在第一位，树牢底线思维、极限思维，克服麻痹思想、侥幸心理，提前做足做细做实各项防御准备工作，坚决打赢暴雨洪水防御硬仗。国家防总秘书长、应急管理部副部长兼水利部副部长周学文，水利部副部长刘伟平参加会商。

据气象部门预测，5 月 9 日至 13 日，我国江南南部和华南地区将迎来今年入汛以来最强降雨过程，相关省份地质灾害防范进入关键时段。中央气象台 2022 年 5 月 12 日 18 时发布的天气公报显示，12 日夜间至 14 日，华南、江南东南部及云南、台湾岛等地有大到暴雨，广东、广西、福建等地部分地区有大暴雨。预计，5 月 12 日 20 时至 13 日 20 时，江南东部、华南中东部和南部沿海等地的部分地区有大到暴雨，其中，福建东南部、广西西南部和东南部沿海、广东中东部沿海等地部分地区有大暴雨，广东东南部沿海等地局地特大暴雨（250 ～ 280 毫米）。中央气象台 5 月 12 日 18 时继续发布暴雨橙色预警。

李国英要求，要密切监视雨情、水情、汛情，滚动预测预报和分析研判，依据预报情况及时调整应急响应级别，提早落实防范应对措施。要科学调度珠江流域北江、东江、韩江等主要江河骨干水库，有效拦蓄上游来水，避免江河发生编号洪水，为下游沿江城市防洪排涝创造有利条件。要突出抓好山洪灾害防御，精准划定风险区域，尽早发布预警，确保预警信息直达防御一线、直达相关责任人，及时撤离受威胁人员，做到应撤必撤、应撤尽撤、应撤早撤。强降雨区病险水库和中小水库要落实各项防御措施，"三个责任人"迅速上岗到位，病险水库一律空库运行，水库溢洪道务必保持畅通，确保水库不垮坝。要做好暴雨区内城市内涝防御，畅通城市排洪排涝河道，保障防洪安全。要高度重视中小河流洪水防御，充分发挥水库拦蓄作用，加强堤防巡查防守，提前转移受威胁区域人员。要充分发挥流域防总组织、指挥、监督、协调的作用，强化预报、预警、预演、预案"四预"措施，加强干支流、上下游、左右岸防洪的统筹协调，做到统一指挥调度、流域协调联动、科学有序防控。

水利部：全力以赴做好水库安全度汛
确保人民群众生命财产安全

人民网北京 4 月 19 日电（记者　余璐）　"水库安全，事关生命安全、防洪安全、供水安全，必须高度重视、常抓不懈、确保安全。"近日，在水利部召开的水库安全度汛视频会议上，国家防总副总指挥、水利部部长李国英表示，要时刻绷紧水库安全这根弦，狠抓责任落实，全力以赴做好水库安全度汛工作，确保水库不垮坝，确保人民群众生命财产安全。

李国英谈道，2021 年，我国部分地区发生严重洪涝灾害，各地各有关部门牢牢扛起水库安全度汛责任，全过程全链条落实水库安全度汛措施，持续强化水库运行管理，迅速处置水库突发险情，依法防控、科学防控，全国大中型水库投入调度运用 4 347 座次，拦蓄洪水 1 390 亿立方米，减淹城镇 1 494 个次、减淹耕地面积 2 534 万亩，避免人员转移 1 525 万人，没有出现因水库出险造成人员伤亡事件，为打赢防汛抗洪硬仗提供了有力支撑。

据预测，今年汛期我国气象水文年景总体偏差，水库安全度汛面临重大考验。对此，李国英指出，要坚持人民至上、生命至上，增强风险意识、忧患意识、底线意识，精准聚焦水库安全度汛短板弱项，全面提升水库安全管理和风险管控能力，确保水库安全度汛。

一要严格落实水库大坝安全责任制，每一座水库都必须落实安全运行管理责任，细化实化汛前准备、汛期应对等各项防范措施。

二要强化预报、预警、预演、预案措施，预警信息发布要直达一线、直达工程管理单位、直达水库"三个责任人"，加快数字孪生水利工程建设，科学精细调度运用水库。

三要加快病险水库除险加固，今年要大力推进 100 余座大中型、3 400 余座小型病险水库除险加固，及时消除安全隐患，高质量完成年度任务。要逐库落实限制运用措施，主汛期病险水库原则上一律空库运行。

四要健全水库运行管理机制，加强水库隐患排查和整改，细化实化防洪调度方案，满足实际需要。

五要完善应急预案，加强巡查防守，提前预置抢险队伍、料物和设备，提前组织做好水库险情影响范围内人员转移避险,做到应撤尽撤、应转早转、不落一人。

"此外,要细化落实防汛措施,强化在建工程、淤地坝安全度汛。要聚焦小型水库'三个责任人'履职和'三个重点环节'措施落实、大中型水库防洪调度运用和汛限水位执行等加强监督检查,对因责任不落实、调令不执行、处置不及时等问题,造成水库出现重大险情的,依法依规严肃追责问责。"李国英说。

珠江流域再次形成流域性较大洪水
水利部进一步调度珠江流域水库群

人民网北京 6 月 20 日电（记者　王仁宏）　据水利部消息,受近期强降雨影响,6 月 18 日珠江流域西江中下游干流水位止落复涨,19 日西江发生 2022 年第 4 号洪水,北江发生 2022 年第 2 号洪水,珠江流域再次形成流域性较大洪水。

气象预报显示,6 月 20 日至 21 日,珠江流域柳江、桂江仍将有较强降雨。不考虑水库调蓄情况下,预计西江梧州站 23 日将出现 42 000 立方米每秒左右的洪峰流量,超警戒水位 5.5 米左右,北江石角站 20 日将出现 16 000 立方米每秒左右的洪峰流量,西江、北江干流及三角洲地区防洪形势严峻。

经综合研判,6 月 16 日起,水利部珠江水利委员会提前调度流域骨干水库。一是西江上游龙滩、岩滩等大型水库全力拦洪,其中龙滩水库出库流量由 4 000 立方米每秒逐步压减到 500 立方米每秒左右,最大削减上游来水 3 500 立方米每秒。二是柳江落久、麻石、拉浪等水库适时拦洪,削减柳州站洪峰流量 1 000 立方米每秒。三是桂江青狮潭、小溶江、川江、斧子口水库和郁江百色等水库有效错峰。四是充分发挥西江最后一个防洪控制性枢纽大藤峡水库作用,已将水位降至 44 米,提前预泄腾空 7 亿立方米库容,在确保自身安全的前提下拦洪削峰。

20 日上午,国家防总副总指挥、水利部部长李国英将到北江指导飞来峡、乐昌峡、湾头等水库调度,进一步削减北江干流洪水,减轻珠江三角洲防洪压力。此外,大藤峡水库计划 20 日 15 时起按照较入库流量削减 1 200 立方米每秒进行调度。预计采取上述综合措施后,可将梧州站洪峰流量削减到 37 000 立方米每秒左右,降低梧州江段水位 1.5 米以上,最大程度减轻西江下游及珠江三角洲地区防洪压力。经过西江和北江干支流水库群联合调度,可降低珠江三角洲西干流河段水位 0.7 米左右，将西江、北江及三角洲主要堤防水位控制在防洪标准之内。

据悉，水利部目前维持广东、广西 2 省（区）水旱灾害防御Ⅲ级应急响应，5 个工作组仍在广东、广西防御一线指导。

云南省部分河流发生洪水
水利部启动水旱灾害防御Ⅳ级应急响应

人民网北京 5 月 27 日电（记者　余璐）　记者从水利部获悉，5 月 26 日晚至 27 日晨，云南省东南部部分地区暴雨来袭。受强降雨影响，清水江丘北县部分江段发生超过保证水位洪水，强降雨造成丘北县局部发生洪涝灾害。

水利部相关负责人介绍，清水江站 27 日 7 时最高水位 964.98 米，超过保证水位 1.48 米，相应流量 736 立方米每秒，超过保证流量 381 立方米每秒。针对云南、广西 2 省（区）部分地区连续降雨，中小河流、山洪灾害防御存在较大风险，根据《水利部水旱灾害防御应急响应工作规程》，水利部已于 27 日 11 时启动洪水防御Ⅳ级应急响应，并派出工作组赴云南指导。

据了解，云南省水利厅已于 27 日 8 时启动水旱灾害防御Ⅳ级应急响应，并派出工作组紧急赶赴灾区协助指导防汛救灾工作。

水利部：截至 7 月底已开工农村供水工程
万余处　2 531 万农村人口供水保障水平提升

人民网北京 8 月 10 日电（记者　余璐）　"截至 7 月底，全国各地共完成农村供水工程建设投资 466 亿元，是去年同期的 2 倍多；已开工农村供水工程 10 905 处，提升了 2 531 万农村人口供水保障水平；农村供水工程维修养护完成投资 25.1 亿元，维修养护工程 6.7 万处，服务农村人口 1.3 亿人。"在水利部今天举行的水利基础设施建设进展和成效新闻发布会上，水利部副部长刘伟平如是说。

"水利是农业的命脉。农村水利是水利基础设施建设的重点领域。农村供水安全事关亿万民生福祉，大中型灌区是端牢中国人饭碗的基础设施保障，是国之

南水北调中线穿黄工程。　　　　（水利部　供图）

大者。"刘伟平谈到，今年以来，水利部将农村供水、大中型灌区建设作为惠民生、稳经济、促增长、保就业，实施乡村振兴战略的重要工作，多措并举，全力推进。

一是强化部署推动。水利部多次专项部署加快推动农村供水工程建设、大中型灌区建设和现代化改造工作，将工作任务分解到省份、落实到项目，明确节点目标，层层压实责任，加强前期工作，尽快开工建设，指导各地全力推进工程建设进度和年度投资计划执行，力争早完工、早受益。

二是加大资金支持。联合财政部、国家乡村振兴局出台相关文件，支持脱贫地区积极利用乡村振兴有效衔接资金，补齐农村供水设施短板。各地统筹财政资金、地方政府专项债券、银行贷款、社会资本，落实农村供水工程建设资金743亿元。此外，安排农村供水工程维修养护中央补助资金30.7亿元。安排投资388亿元，用于24处在建大型灌区建设和505处大中型灌区现代化改造。

三是实行台账管理。分省份建立农村供水、大中型灌区建设改造项目台账，将工程建设任务分解到周，水利部和省、市、县各级专人盯办，上下联动，强化调度，在保障施工质量的前提下，以周保月、以月保季、以季保年，加快项目实施。

四是加强督促指导。定期通报投资完成和建设进展情况，对进度较慢的省份实行"一对一"联系督导，赴现场实地调研指导，帮助协调疏通堵点问题，特别是深入分析解决普遍存在的共性问题，有力推动工程建设。

刘伟平还介绍道，1月至7月，全国大中型灌区建设改造已完成投资178亿元，国务院明确今年重点推进的6处新建大型灌区已开工3处，大中型灌区建设、改造项目开工455处。农村供水工程及大中型灌区建设和改造吸纳农村劳动力就业35.9万人，在保障粮食安全、提升农村供水保障水平、促进农民工就业方面发挥了重要作用。

"下一步，水利部将锚定年度目标，持续推进水利工程建设。同时，抓好农村供水、大中型灌区建设和改造项目实施，着力推动新阶段水利高质量发展，为保持经济运行在合理区间提供有力的水利支撑。"刘伟平说。

南水北调东、中线一期工程全线
转入正式运行阶段

人民网北京 8 月 25 日电（记者　余璐）　记者从水利部获悉，8 月 25 日，南水北调中线穿黄工程通过水利部主持的设计单元完工验收。至此，南水北调东、中线一期工程全线 155 个设计单元工程全部通过水利部完工验收，其中东线一期工程 68 个，中线一期工程 87 个。这是南水北调东、中线一期工程继全线建成通水以来的又一个重大节点，标志着工程全线转入正式运行阶段，为完善工程建设程序，规范工程运行管理，顺利推进南水北调东、中线一期工程竣工验收及后续工程高质量发展奠定了基础。

水利部南水北调工程管理司相关负责人表示，南水北调东、中线一期工程建设规模大、时间跨度长、涉及行业地域多，为保证工程验收质量，在南水北调一期工程全面开工初期，国务院原南水北调工程建设委员会就明确了验收相关程序和要求，2006 年国务院原南水北调办制订了《南水北调工程验收管理规定》，明确南水北调一期工程竣工验收前，要对 155 个设计单元工程分别进行完工验收。设计单元完工验收前还需完成项目法人验收，通水阶段验收，环境保护、水土保持、征迁及移民安置、消防、工程档案等专项验收，以及完工财务决算。

中国南水北调集团相关负责人表示，2002 年 12 月，南水北调工程开工建设，2014 年 12 月，东、中线一期工程全线通水。通水以来工程运行安全平稳，水质持续达标，工程投资受控，累计调水超过 560 亿立方米，受益人口超过 1.5 亿，发挥了显著的经济效益、社会效益和生态效益。

据了解，此次通过验收的南水北调中线穿黄工程是南水北调的标志性、控制性工程，工程规模宏大，是我国首次运用大直径（9.0 米）盾构施工穿越大江大河的工程，在黄河主河床下方（最小埋深 23 米）穿越黄河，工程单洞长 4 250 米，设计流量为 265 立方米每秒，加大流量为 320 立方米每秒。工程于 2005 年开工，攻克了饱和砂土地层超深竖井建造、高水压下盾构机分体始发、复杂地质条件下长距离盾构掘进、薄壁预应力混凝土内衬施工等一系列技术难题。经过 9 年建设、8 年运行，累计输水超过 348 亿立方米，工程各项监测指标显示，工程运行安全平稳。

"下一步，水利部将认真贯彻落实党中央、国务院关于南水北调后续工程高质量发展的工作部署，加快推进工程竣工验收各项准备工作，不断提升工程综合效益。"水利部南水北调工程管理司相关负责人说。

引水西江 造福粤西
环北部湾广东水资源配置工程开建

8月31日17时，环北部湾广东水资源配置工程开工建设大会通过视频连线"云开工"方式，在北京、广州、茂名三个会场异地同步举行。广东省委书记李希出席活动并宣布工程开工，标志着这项广东省历史上引水流量最大、输水线路最长、建设条件最复杂、总投资最高的跨流域引调水工程进入实施阶段。

据了解，环北部湾广东水资源配置工程是国家水网骨干工程、国务院今年加快推进的55项重大水利工程之一，也是新中国成立以来广东省投资最大的水利工程。项目总投资超600亿元、全长约500千米，惠及粤西地区湛江、茂名、阳江、云浮4个市的13个县城区、112个乡镇、9个重点工业园供水，覆盖人口超过1800万。

水利部部长李国英出席会议并指出，"环北部湾广东水资源配置工程是粤西人民期盼已久的民生工程。"据悉，工程建成后，将进一步优化环北部湾城市群水资源配置格局，系统解决粤西地区特别是雷州半岛水资源短缺问题，提升区域供水安全保障能力，对支撑粤西地区经济社会发展具有十分重要的意义。

民心工程惠民生 "十年九旱"将成历史

"环北部湾广东水资源配置工程正式开工建设，是提高发展平衡性和协调性的重要举措，是粤西4市人民群众翘首期盼的大事喜事。"广东省委副书记、省长王伟中表示，广东将切实增强政治责任感和历史使命感，集中各方面资源力量，以时不我待的精神、只争朝夕的干劲、埋头苦干的作风，全力把这项事关长远发展的重大工程抓紧抓实抓好，努力打造新时代民生精品水利工程。

据了解，受地理环境的特殊性影响，湛江市水资源时空分布不均，资源性缺水和工程性缺水并存，干旱问题十分突出，雷州半岛干旱缺水情况较为严峻。人均水资源量仅为1045立方米，相当于全国2189立方米的47%。

"环北部湾广东水资源配置工程开工是我们期盼已久的大事！"徐闻县下桥镇北插村村委会书记郭朝栋难掩激动。他向记者介绍，长期缺水，村民饮用水安全与农业用水得不到保障，工程开工不仅能优化雷州半岛水资源配置，还能解决村里"十年九旱"的艰难困境，期待早日喝上优质的自来水，"预计我们种植的农作物可以增产 20%。"

徐闻县下桥镇北山村村民黄堪学在接受记者采访时表示，"我们喝了几十年的地下水，因近年来气候干旱，地下水水量不稳定、水质不安全，给我们的日常生活和农作物灌溉带来很大影响，未来西江的优质水源能够流到我们家门口，我们喝水、用水都不用愁了，希望工程早日完工，大幅提高农作物有效灌溉面积。"

对于阳江市阳西县来说，近年来，由于各项发展项目驻扎地方，居民生活用水量和工业用水量逐年增加，该县亟待新增水资源，易在干旱季节出现缺水情况，严重制约各类重点项目落地。

据了解，环北部湾广东水资源配置工程的实施既可以满足农业及生活用水需求，也可有效改善水生态环境，特别是解决雷州、徐闻等地干旱缺水问题，推动工农业高质量发展，保障人民群众生产生活。

促经济、稳增长　润泽粤西经济社会高质量发展

环北部湾区域地处我国华南、西南和东盟经济圈的接合部，是我国沿海沿边开放的交汇地区，也是"21 世纪海上丝绸之路"与"丝绸之路经济带"有机衔接的重要门户。环北部湾广东水资源配置工程位于广东省西南部，受水区是国家北部湾城市群、珠江—西江经济带的核心城市，也是广东省沿海经济带的重要组成部分，区位优势明显。

一直以来，粤西地区存在着水资源配置与区域经济社会高质量发展要求不相适应的矛盾，工程全部建设完成后，可基本解决长期以来困扰粤西的水资源时空分布不均问题，为该区域的经济社会高质量发展提供可靠的水安全保障。

工程从西江多年平均引水量为 16.32 亿立方米，结合当地水利设施增供，实现受水区多年平均供水量 20.79 亿立方米，其中城乡生活和工业供水 14.38 亿立方米，农业灌溉供水 6.41 亿立方米。

广东省水利厅副厅长申宏星表示，"环北部湾广东水资源配置工程是一宗跨流域、跨区域的重大水资源配置工程。工程建成后，将大幅度提高粤西地区特别是雷州半岛供水保障能力，可新增灌溉面积 185 万亩，助力乡村振兴，保障粮食安全；可退减超采地下水 5.66 亿立方米，退还被挤占的生态环境用水 1.85 亿立

方米，为改善区域水生态环境创造条件……"

根据中国宏观经济研究院的研究成果，重大水利工程每投资 1 000 亿元可以带动 GDP 增长 0.15 个百分点，新增就业岗位 49 万个。初步估算，环北部湾水资源配置工程吸纳投资大、产业链长，可带动 GDP 增长 0.09 个百分点，新增就业岗位 30 万个，对于增强沿海经济带西翼综合承载能力、加快构建"一核一带一区"区域发展格局、促进经济稳定增长具有重要意义。

攻坚克难、压茬推进　造福世世代代粤西人

作为广东最大、国内居前、行业瞩目的国家重大水利工程，环北部湾广东水资源配置工程将面临哪些技术难点？中国工程院院士、环北部湾广东水资源配置工程咨询专家陈湘生认为，将面临至少六大行业性乃至世界级的困难与挑战：

一是复杂水情条件下江库水网构建与联合调度；二是"云开"地块多期次复杂蚀变风化带工程地质勘查与研究；三是复杂水文地质条件下高水压隧洞衬砌结构研究与设计；四是穿越复杂地质条件下长距离深埋隧洞多功能 TBM 研制与施工；五是大流量超大功率离心泵研发与应用；六是长距离深埋管道智慧运维与保障。

此外，在复杂水情条件下江库水网构建与联合调度方面，需要展开大范围、跨流域的江库联网联合调度研究，实现水资源高效优化配置。在"云开"地块多期次复杂蚀变风化带工程地质勘查与研究方面，需进行专门的工程地质研究，为工程设计及隧洞支护处理提供重要支撑。在复杂水文地质条件下高水压隧洞衬砌结构研究与设计方面，需开展隧洞围岩稳定与衬砌结构相关研究。

"针对设计、建设、运维各阶段的重点难点，我们编制了《环北部湾广东水资源配置工程科研纲要》，必将为工程顺利建设提供强大科技支撑。"环北部湾广东水资源配置工程项目设计总工程师刘元勋介绍。目前，工程设计联合体组建了超 600 人的勘测设计专班，高效推进各项工作，系统论证调水总体布局，提出合理工程规模。同时，主动加强与水利部水规总院、中国水科院等审查评估单位对接、沟通，及时取得重大设计方案的共识。

"要从建设生命线工程的高度，牢固树立'千年大计、质量第一'意识，加强环北部湾广东水资源配置工程建设的组织实施，创新工程建设管理体制机制，严格执行建设管理制度，强化安全生产管理和服务，积极推进技术创新，确保工程建设质量、安全、进度，努力打造经得起历史和实践检验的精品工程、安全工程、民心工程，让这一工程造福世世代代粤西人民。"李国英说。

水利部：全力做好长江流域
抗旱保供水保秋粮丰收工作

人民网北京 9 月 13 日电（记者　余璐）"7 月以来，针对长江流域严重旱情，水利部多次组织专题会商，滚动研判旱情形势，科学调度水利工程，全力做好抗旱保供水保秋粮丰收工作。"在 9 月 13 日水利部举行的长江流域抗旱保供水保秋粮丰收有关情况新闻发布会上，水利部副部长刘伟平如是说。

记者从会上了解到，7 月以来，长江流域高温少雨，江河来水偏少，江湖水位持续走低，发生严重夏秋连旱。国家动用中央预备费 100 亿元支持抗旱减灾，其中用于水利救灾资金 65 亿元。

刘伟平表示，针对长江流域严重旱情，水利部积极应对。一是加强"四预"措施。密切关注长江流域雨情、水情、旱情，深入分析旱情对群众饮水和农业生产的影响，滚动预测、预报，及时发布干旱预警，加强分析预演，优化调度方案，组织制订应急预案，落实抗旱保供水兜底措施。

二是实施"长江流域水库群抗旱保供水联合调度"专项行动。8 月 16 日，针对长江流域水稻等秋粮作物正处于灌溉需水关键期、用水需求大的实际，水利部实施"长江流域水库群抗旱保供水联合调度"专项行动，调度长江上游水库群、洞庭湖水系水库群、鄱阳湖水系水库群，为下游累计补水 35.7 亿立方米，有效改善了长江中下游干流和两湖地区沿江取水条件。湖北、湖南、江西、安徽、江苏等 5 省共计引水超过 26 亿立方米，农村供水受益人口 1 385 万人，保障 356处大中型灌区灌溉农田 2 856 万亩。

三是加大资金支持。商财政部下达中央水利救灾资金 65 亿元，支持旱区打井、修建抗旱应急水源工程、建设蓄引提调等抗旱应急工程、添置提运水设备、补助抗旱用油用电。

四是加强抗旱指导。李国英部长赴重庆、湖北、湖南、江西等省（直辖市）旱区一线指导抗旱工作。水利部先后派出 8 个工作组，指导地方制订预案，做好工程调度、水源管理、保障饮水、灌区灌溉等工作，使有限水源发挥最大抗旱效益。

"通过科学有效应对，前一阶段长江流域抗旱工作取得明显成效，确保了群众饮水安全，保障了大牲畜饮水、2 856 万亩水稻等秋粮作物灌溉用水需求。"

刘伟平说。

刘伟平介绍，9月中旬是长江中下游晚稻等农作物灌溉高峰期、关键期。水利部决定，自9月12日8时起，再次启动"长江流域水库群抗旱保供水联合调度"专项行动，调度以三峡水库为核心的长江上游水库群、洞庭湖水系湘资沅澧"四水"水库群、鄱阳湖水系赣抚信饶修"五河"水库群为下游补水，计划补水17.8亿立方米以上，确保人民群众饮水安全，重点保障长江中下游和两湖地区中稻、晚稻等秋粮作物灌溉用水需求。

据预测，9月中下旬长江流域降雨、来水仍然偏少，旱情形势依然严峻。水利部将做好抗大旱、抗长旱的准备，统筹当前和后期抗旱用水需求，努力增加水库蓄水，科学调度，保障长江流域供水安全、航运安全。

水利部：截至 8 月底
全国新开工水利项目 1.9 万个

人民网北京 9 月 15 日电（记者　余璐） "截至 8 月底，全国新开工水利项目 1.9 万个，较 7 月底增加 3 412 个。今年已落实水利建设投资 9 776 亿元，较去年同期增加 3 296 亿元，同比增长 50.9%。"在 9 月 14 日水利部举行的 2022 年水利基础设施建设进展和成效新闻发布会上，水利部副部长刘伟平如是说。

今年以来，水利部全力加快水利工程建设，做出长远统一的布局是有何考量？在回答人民网记者提问时，刘伟平表示，加强水利基础设施建设是我国基本水情、国情所决定的。我国水资源短缺、时空分布极不均匀，夏汛冬枯、北缺南丰，由此也带来了水旱灾害频发、多发、重发。经过多年努力，我国已建成世界上数量最多、规模最大、受益人口最广的水利基础设施体系。对照推动高质量发展的要求，还存在短板和不足。

"工欲善其事，必先利其器。"刘伟平谈道，加强水利基础设施建设是党中央交给水利部门的一项重大政治任务。围绕为全面建设社会主义现代化国家提供有力的水安全保障这个总目标，水利部门要提高水旱灾害防御能力、水资源集约节约利用能力、水资源优化配置能力和大江大河大湖生态保护治理能力。这四种能力，都离不开水利基础设施的强有力支撑。

刘伟平介绍，今年 8 月以来，水利部深入贯彻党中央、国务院决策部署，认真落实稳经济一揽子政策，持续加强水利基础设施建设，积极释放水利建设拉动经济效能，在项目开工、资金落实、投资完成、建设进度、促进就业等方面，不断取得新进展、新成效，为稳定经济大盘、增强发展后劲作出积极贡献。

一是新开工水利项目多，水利项目审批不断加快。截至 8 月底，在建水利工程投资规模超过 1.8 万亿，8 月增加了 1 730 亿元。重大水利工程开工 31 项。8 月至今，环北部湾广东水资源配置工程、广西龙云灌区、海南牛路岭灌区已顺利开工建设。

二是投资规模大，推动水利投融资改革政策落地见效。今年 1 月至 8 月，水利项目落实地方政府专项债券 1 877 亿元，同比增长 143%。落实银行贷款和社会资本 2 388 亿元，同比增长 69.6%。截至 8 月底，完成水利投资达 7 036 亿元，同比增长 63.9%。8 月当月完成投资 1 361 亿元，创单月完成投资纪录。同时，有 11 个地区完成投资超过 300 亿元，广东、云南两省完成投资超过 500 亿元，为历史同期最高水平。

三是建设进度快，一批重大水利工程实现重要节点目标。安徽引江济淮主体工程完成近 9 成，年内有望试通水、试通航。珠江三角洲水资源配置工程隧洞开挖完成 97.5%，年内有望全线贯通。一批事关防洪安全、供水安全和粮食安全的项目加快推进，完成中小河流治理 6 800 多千米，建成农村供水工程 8 173 处，改造大中型灌区 505 处。在今年应对长江流域严重旱情、保供水保秋粮丰收中，水利工程发挥了重要作用。

四是吸纳就业广。水利工程点多、面广、量大，产业链条长，大规模水利建设为稳增长、稳就业发挥了重要作用。今年 1 月至 8 月，水利建设累计吸纳就业人数 191 万人，其中农村劳动力 153 万人，较 7 月末新增就业人数 30 万人。

"当前正值水利建设的黄金季节，水利部将统筹发展和安全，在继续抓好长江流域抗旱和防御秋汛工作的同时，毫不松懈地抓好水利基础设施建设，努力夺取今年防汛抗旱和水利建设的双胜利。"刘伟平说。

水惠中国

新华网

NEWS

■水利部：加快推动新阶段水利高质量发展
■水利部：黄河凌汛平稳结束　未发生险情灾情
■水利部：珠江流域"秋冬春连旱、旱上加咸"已基本解除
■水利部：确保完成南水北调东线一期工程北延今年应急供水任务
……

水利部安排部署 2022 年水旱灾害防御工作

新华网北京 3 月 17 日电　　水利部 16 日召开水旱灾害防御工作视频会议，分析研判今年汛情旱情形势，安排部署水旱灾害防御重点工作。国家防总副总指挥、水利部部长李国英出席会议并讲话，国家防总秘书长、应急管理部副部长兼水利部副部长周学文，水利部副部长刘伟平出席会议。

李国英指出，必须更好统筹发展和安全，充分认识今年水旱灾害防御面临的严峻形势，主动适应把握全球气候变化下水旱灾害的新特点、新规律，立足防大汛、抗大旱，坚决守住水旱灾害防御底线。

会议要求，要坚持人民至上、生命至上，始终把保障人民群众生命财产安全放在第一位，锚定"人员不伤亡、水库不垮坝、重要堤防不决口、重要基础设施不受冲击"和确保城乡供水安全的目标，强化预报、预警、预演、预案"四预"措施，贯通雨情、水情、险情、灾情"四情"防御，全力做好迎战水旱灾害各项准备。要抓紧检修完善监测预警设备，加快修复灾损水利工程，逐一开展水库汛前检查，全面排查蓄滞洪区风险隐患。要加快提升"四预"能力，改进水文测报模式，预警信息直达防御一线，抓紧修订应急响应工作规程。要精准掌握河道行洪能力、蓄滞洪区运用风险、水库影响区情况，精准调度运用各类水工程，充分发挥流域水工程体系综合减灾功能。要抓好水利工程安全度汛，主汛期病险水库原则上一律空库运行，健全南水北调等重大水利工程安全度汛监管、责任和标准体系，强化工程险情抢护。要开展妨碍河道行洪突出问题排查整治，畅通城市排水通道，完善蓄滞洪区启用预案，确保行洪排洪蓄洪空间畅通安全。要提升山洪灾害防御能力，完善预警平台，健全防御责任机制、动员机制，确保灾害发生前全部安全转移危险区域人员。要加强旱情监测，动态完善水量调度预案和抗旱保供水预案，实施全流域水资源统一调度，加快抗旱应急工程建设，确保城乡供水安全。

李国英强调，各级水利部门要加强组织领导，强化统一指挥和沟通协作，压紧压实日常防范和事前、事中、事后全过程、全链条责任。充分发挥流域防总办公室平台作用，以流域为单元系统安排各项防御措施，严肃调度指令落实、值班值守和信息报送等纪律要求，坚决打赢水旱灾害防御硬仗，全力以赴保障人民群众生命财产安全，以优异成绩迎接党的二十大胜利召开。

水利部：加快推动新阶段水利高质量发展

新华网北京3月16日电 水利部近日召开2022年水利规划计划工作座谈会，总结2021年水利规划计划工作，并对2022年重点工作进行部署。

会议指出，2021年，水利规划计划部门积极践行"节水优先、空间均衡、系统治理、两手发力"治水思路，圆满完成各项任务，取得丰硕成果：全国落实水利建设投资8 028亿元，较上年增长4.2%。投资结构不断优化，中央水利投资继续向中西部地区、革命老区等特殊地区倾斜，安排西部地区中央水利投资达46.2%，水资源配置和流域防洪减灾体系建设投资占比超85%。推动实施乡村振兴战略，以"三区三州"原深度贫困地区为重点，持续加大对脱贫地区水利投资倾斜支持，落实中央水利投资592亿元。出台解决防洪排涝薄弱环节、农村供水保障等多项专项规划或实施方案，形成"1+N"的"十四五"水安全保障规划体系。实施病险水库除险加固8 000余座，治理中小河流3万余千米，农村基层预警预报体系进一步完善，洪涝灾害防御能力不断提升。持续推进华北地区地下水超采综合治理、永定河综合治理与生态修复，永定河26年以来首次全线通水，潮白河22年以来首次贯通入海，滹沱河、子牙河等多年断流河道全线贯通。第一批55个水美乡村试点县建设任务基本完成，治理农村河道3 800多千米，受益村庄3 300多个，乡村河湖面貌焕然一新，人居环境明显改善。

会议强调，面临新形势、新要求，水利规划计划工作在2022年要坚持"两手发力"，加强前瞻性思考、全局性谋划、战略性布局、整体性推进，加快推动水利高质量发展。

要扩大投资规模，深化重点领域改革。多渠道加大投入，力争今年水利投资规模超8 000亿元。加快推动建立水资源刚性约束制度，制订强化河（湖）长制、加强河湖水域岸线管控、加强水土保持等方面的意见。发挥市场机制作用，推动用水权、水价、投融资等方面的改革，研究提出相关举措，争取有所突破。

要抓好重点水利规划编制实施。加快研究谋划国家水网建设规划布局，制订出台省级水网建设指导意见，鼓励地方积极性高、基础条件好、代表性强的地区，开展先行先试，打造省级水网建设样板。做好水利规划与国土空间规划的衔接协调，切实维护河湖行洪、蓄洪、输水、供水、生态等功能，将水利基础设施空间布局纳入国土空间规划"一张图"，为水利基础设施建设预留用地空间。

要加快推进重大水利工程建设。以 150 项重大工程为重点，全力推进古贤水利枢纽、四川青峪口水库等一批重大项目前期工作；推进南水北调后续工程前期工作，争取中线引江补汉工程、东线后续工程尽早开工建设；加快实施一批智慧水利项目，推进数字孪生流域、数字孪生工程建设。

要推进水生态系统保护治理。加强长江、黄河保护治理，狠抓生态环境突出问题水利整改，确保"清存量、遏增量"。加快京津冀"六河五湖"（滦河、潮白河、北运河、永定河、大清河、南运河六条重点河流和白洋淀、衡水湖、七里海、南大港、北大港五大重点湖泊）、福建木兰溪、安徽巢湖、吉林查干湖，以及三峡、丹江口水库库区等"十四五"规划水生态治理修复项目实施；持续推进水美乡村建设，及时总结推广第一批 55 个试点县的经验做法，加快推动第二批、第三批试点县建设，助力乡村振兴。

水利部：黄河凌汛平稳结束　未发生险情灾情

新华网北京 3 月 21 日电（记者　姚润萍）　记者 21 日从水利部获悉，2021—2022 年度黄河凌汛期已经结束，在有关各方的共同努力下，本年度黄河凌情总体平稳，未发生人员伤亡事件和险情灾情，实现了"确保人民群众生命财产安全、确保黄河堤防不决口"的防御目标。水利部当日举行新闻发布会，介绍了黄河防凌有关情况。

凌汛指冰凌阻塞河道，对水流产生阻力而引起江河水位明显上涨的现象，也是我国北方河流冬春季节特有的自然现象，特别是黄河凌汛，一直是威胁沿岸人民群众生命财产安全的重大风险。黄河防凌始终是水利部的重点工作。

水利部副部长刘伟平在发布会上介绍，本年度黄河凌情主要呈现出首凌及首封日期晚、封河长度短、封河流量大、槽蓄水增量小、开河时间早等特点。

黄河 2021 年 11 月 22 日出现流凌，12 月 16 日开始封河，2022 年 1 月 24 日最大封河长度达 714 千米，主要集中在内蒙古和宁夏河段；1 月下旬，随着气温升高，封冻河段逐步解冻开河，至 3 月 18 日，全线平稳开河，凌汛期历时 117 天。

面对预测预报难、巡查防守难、水工程调度难、抢险救护难等防凌工作难点，水利部高度重视，国家防总副总指挥、水利部部长李国英在流凌、封河、开河等关键节点和防御关键时期，多次视频连线内蒙古自治区、宁夏回族自治区的人民政府、水利厅，水利部黄河水利委员会以及基层水文站，会商部署防凌工作；农历大年初一视频慰问坚守在防凌一线的水利干部职工，对做好春节期间的防凌工作提出明确要求。

水利部在开河关键期，派出指导组赴内蒙古检查指导防凌工作。密切关注天气、水情、冰情、河情、工情"五情"，准确预报主要水文站流凌、封河、开河日期。科学调度骨干工程，精准调控刘家峡、海勃湾、万家寨等水库确保行凌顺畅、凌情平稳。及时调度启用乌兰布和、河套灌区及乌梁素海和小白河等应急分洪区分凌，累计分凌 2.52 亿立方米。

黄河水利委员会提前召开年度黄河防凌工作会议，编制完善防凌预案。多次派出工作组赴防凌一线，督促落实监测预报、水工程调度、风险隐患排查、涉河涉冰安全监管等工作措施。加密监测、强化预报、预警、预演、预案"四预"措施，滚动预报凌情发展趋势，及时发布预警。

内蒙古自治区和宁夏回族自治区落实防凌安全责任，细化实化防凌应急预案。加强凌汛安全管理，及时拆除浮桥等阻水构筑物，畅通行凌河道。强化值班值守和堤防巡查，预置抢险设备、料物，做好突发险情应对准备。

水利部：珠江流域
"秋冬春连旱、旱上加咸"已基本解除

新华网北京 3 月 29 日电（记者　姚润萍） 记者从水利部 28 日召开的新闻发布会上获悉，2021 年以来，珠江流域多地发生不同程度的旱情，呈现"秋冬春连旱、旱上加咸"的局面。但今年 3 月以来，旱区多次出现降雨过程，骨干水库蓄水形势向好，珠江流域旱情已基本解除。

水利部副部长刘伟平在发布会上介绍，2021 年以来，广东东部东江和韩江流域遭遇了 60 年来最严重的旱情，影响到珠江三角洲、粤东闽南等地城乡居民供水安全。

此次旱情具有以下特点：一是降雨持续偏少，2021 年降水量为 1961 年以来历史最少。二是来水严重偏枯，2021 年东江、韩江来水量均比常年偏少 7 成，为 1956 年以来历史最枯。三是水库蓄水不足，2021 年汛末东江、韩江的骨干水库总有效蓄水率不足 20%。四是"旱上加咸"，珠海、中山等地主要取水口一度连续多日无法抽取淡水，东莞市主要取水口咸度连续突破历史极值。

面对严峻的抗旱保供水形势，国家防总副总指挥、水利部部长李国英在2022年元旦、春节、元宵节多次视频连线广东省和福建省人民政府、水利厅以及基层水利工程管理单位，水利部珠江水利委员会及大藤峡水利枢纽等，会商研判旱情趋势，安排抗旱应急调水和压咸补淡等工作。春节刚过，在咸潮影响的关键时期，水利部派出指导组赴广东、福建两省指导抗旱保供水工作，并安排中央水利救灾资金3亿元，支持抗旱应急水源工程建设。

　　珠江水利委员会完善预报、预警、预演、预案机制，启动珠江防总抗旱Ⅳ级应急响应，构筑了当地水库抢抓时机蓄水补库、近地水库适时调水压咸、远地水库储备水源持续补水的西江、东江、韩江供水保障"三道防线"。多次调度西江大藤峡水利枢纽、东江剑潭枢纽等工程，实施压咸补淡应急补水，有效压制了咸潮上溯。

　　广东、福建、广西等省（区）提前修订完善抗旱应急预案，加强应急补水期间重要断面水质监测和沿程取水口监管，抓住时机抢蓄淡水，保证了压咸补淡调度取得最大成效。综合采取节约用水、限制高耗水行业用水、建设抗旱应急供水工程等措施，全力保障了城乡供水安全。

　　刘伟平同时表示，此次干旱应对过程也暴露出珠江流域在防御旱灾方面还存在短板和不足，集中体现在流域水工程体系不完善、水资源优化配置能力不高等。因此，水利部正在加快编制《国家水网建设规划纲要》，加快构建"系统完备、安全可靠，集约高效、绿色智能，循环通畅、调控有序"的国家水网，并重点以骨干水源配置工程为主，加快建设一批大、中、小型水源调蓄工程，实现水资源优化配置，全面提升水利工程抗御大旱、减轻灾害、抵御风险的能力。

水利部：确保完成南水北调东线一期工程北延今年应急供水任务

　　新华网北京3月30日电　水利部党组书记、部长李国英3月28日主持召开专题办公会议，研究南水北调东线一期工程北延应急供水工作。他强调，要锚定目标、加强统筹、实化措施，确保圆满完成南水北调东线一期工程北延今年应急供水任务。

　　会议指出，要坚持问题导向、目标导向、效用导向，按照置换沿线超采地下水、回补重点超采区地下水、复苏河湖生态环境、实现京杭大运河全线通水的目标，充分发挥南水北调东线工程优化水资源配置、保障群众饮水安全、畅通南北经济循环的生命线作用，全力以赴做好南水北调东线一期工程北延应急供水工作。

会议要求，要优化调度方案，精准调度措施，统筹本地水、南水北调水、黄河水、再生水，逐水源算清水量账、路径账、过程账，逐河段落实调控措施。要加强通水前后地表水、地下水运动监测，动态跟踪分析径流演进和地下水变化情况。要做好河道清理整治工作，充分发挥河（湖）长制作用，畅通调水通道。要科学合理制订水价形成机制，根据多水源筹集调度实际，实事求是统筹制订差别化水价，建立良性运行机制。各有关地方和单位要严格落实责任，加强协调联动，不折不扣完成应急供水目标任务。

水利部安排部署 2022 年水库安全度汛工作

新华网北京 4 月 16 日电（记者　卢俊宇）　4 月 15 日，水利部召开水库安全度汛视频会议，分析研判水库安全度汛形势，安排 2022 年水库安全度汛工作。国家防总副总指挥、水利部部长李国英出席会议并讲话。

会议强调，水库安全，事关生命安全、防洪安全、供水安全，必须高度重视、常抓不懈、确保安全。要认真落实全国防汛抗旱工作电视电话会议部署，时刻绷紧水库安全这根弦，狠抓责任落实，全力以赴做好水库安全度汛工作，确保水库不垮坝，确保人民群众生命财产安全。

会议指出，据预测，今年汛期我国气象水文年景总体偏差，水库安全度汛面临重大考验。要坚持人民至上、生命至上，增强风险意识、忧患意识、底线意识，精准聚焦水库安全度汛短板弱项，全力做好今年水库安全度汛工作。要严格落实水库大坝安全责任制，每一座水库都必须落实安全运行管理责任，细化实化汛前准备、汛期应对等各项防范措施。要强化预报、预警、预演、预案措施，预警信息发布要直达一线、直达工程管理单位、直达水库"三个责任人"，加快数字孪生水利工程建设，科学精细调度运用水库。要加快病险水库除险加固，逐库落实限制运用措施，主汛期病险水库原则上一律空库运行。要健全水库运行管理机制，加强水库隐患排查和整改，细化实化防洪调度方案，满足实际需要。要完善应急预案，加强巡查防守，提前预置抢险队伍、料物和设备，提前组织做好水库险情影响范围内人员转移避险，做到应撤尽撤、应转早转、不落一人。要细化落实防汛措施，强化在建工程、淤地坝安全度汛。要聚焦小型水库"三个责任人"履职和"三个重点环节"措施落实、大中型水库防洪调度运用和汛限水位执行等加强监督检查，对因责任不落实、调令不执行、处置不及时等问题，造成水库出现重大险情的，依法依规严肃追责问责。

住房和城乡建设部、交通运输部、水利部、农业农村部、应急管理部、国家能源局有关司局负责同志，国家电网、中国华能、中国大唐、中国华电、国家电投、国家能源集团等单位有关负责同志在主会场参加会议；各省、自治区、直辖市水利（水务）厅（局），新疆生产建设兵团水利局，各流域管理机构负责同志及相关部门人员，中国三峡集团负责同志在各地分会场参加会议。

水利部：准确识变、科学应变、主动求变 牢牢掌握水利科技创新主动权

新华网北京 4 月 22 日电（记者　姚润萍）　"水利科技创新要把握科技发展新形势、新趋势，准确识变、科学应变、主动求变，牢牢掌握水利科技创新主动权，进而赋能推动新阶段水利高质量发展的先进引领力和强劲驱动力。"水利部部长李国英 22 日表示。

水利科技工作会议当日在水利部召开。会上对 2021 年度大禹水利科学技术奖的获奖单位和个人进行了表彰，其中"长三角地区水安全保障技术研究与应用"获 2021 年度科技进步特等奖。

记者从会上获悉，"十三五"以来，我国水利科技创新取得长足发展，"跟跑"领域差距进一步缩小，"并跑""领跑"领域进一步扩大：争取各类国家科技计划项目 70 余项，国拨经费约 15 亿元，有力支撑了重大水利科技问题研究；设立长江、黄河水科学研究联合基金，落实经费 5 亿元，科技投入渠道实现重要突破；先后有 25 项成果获国家科技进步或技术发明奖，其中"长江三峡枢纽工程"获 2019 年度国家科学技术进步奖特等奖，198 项成果获大禹水利科学技术奖；向社会发布成熟适用的水利科技成果 198 项，安排水利技术示范项目 338 项，国拨资金 2.06 亿元；印发水利科普工作的首个规范性文件——《关于加强水利科普工作的指导意见》，结合世界水日、中国水周等时间节点，组织开展科普活动，逐

步形成一批具有水利行业特色和影响力的科普活动品牌；依托大中型水利工程、重要科研基地、国家水利风景区与水利博物馆等，成功推动 14 家基地入选中国科协 2021—2025 年第一批全国科普教育基地。

谈及新阶段水利科技创新的目标和任务，李国英提出，要坚持面向世界科技前沿、面向经济主战场、面向国家重大需求、面向人民生命健康，全面提升水利科技创新支撑能力和引领能力，实现水利领域高水平科技自立自强。

要立足我国国情水情，形成一批原创性、引领性研究成果，开发一批解决水利现代化最需要、最紧迫问题的高新技术，创造一批具有核心知识产权和高附加值的技术产品。在水旱灾害防御方面，重点开展洪水形成演变规律、气候变化背景下特大洪涝干旱风险识别与应对策略等研究，以及防洪抗旱预报、预警、预演、预案技术体系等研发；在水工程建设运行方面，重点开展水利工程全生命周期性能演化机制等研究，以及复杂条件下高坝大库建设关键技术、堤坝工程隐伏病险探测治理技术与装备等研发。

要抓住国家重点实验室体系重组机遇，加强与京津冀协同发展、长江经济带发展、粤港澳大湾区建设、长三角一体化发展、黄河流域生态保护和高质量发展等重大国家战略衔接，力争在水利行业布局新建更多全国重点实验室。鼓励并支持各流域、地方、科研院所、高等院校、科技企业等开展水利科技创新基地建设。

要坚持数字化、网络化、智能化主攻方向，按照"需求牵引、应用至上、数字赋能、提升能力"的智慧水利建设要求，聚焦构建数字孪生流域、数字孪生水利工程，加快形成智慧水利理论基础和技术架构。

要着力推进水旱灾害防御、国家水网建设、复苏河湖生态环境、维护河湖健康生命、水资源集约节约利用等领域标准制修订，加快强制性标准编制。加强与"一带一路"共建国家在水利标准领域的对接合作，推动我国水利技术标准在援外水利项目、澜湄水资源合作、水利国际工程等领域的应用，着力提升我国水利技术标准国际影响力。

水利部进一步调度珠江流域水库群
全力减轻下游防洪压力

新华网北京 6 月 20 日电 受近期强降雨影响，珠江流域西江中下游干流水位 18 日止落复涨，19 日西江发生 2022 年第 4 号洪水，北江发生 2022 年第 2 号洪水，珠江流域再次形成流域性较大洪水。

据气象预报，20 日至 21 日，珠江流域柳江、桂江仍将有较强降雨，西江、北江干流及三角洲地区防洪形势严峻。

经综合研判，16 日起，水利部珠江水利委员会提前调度流域骨干水库。一是西江上游龙滩、岩滩等大型水库全力拦洪，其中龙滩水库出库流量由 4 000 立方米每秒逐步压减到 500 立方米每秒左右，最大削减上游来水 3 500 立方米每秒。二是柳江落久、麻石、拉浪等水库适时拦洪，削减柳州站洪峰流量 1 000 立方米每秒。三是桂江青狮潭、小溶江、川江、斧子口水库和郁江百色等水库有效错峰。四是充分发挥西江最后一个防洪控制性枢纽大藤峡水库作用，已将水位降至 44 米，提前预泄腾空 7 亿立方米库容，在确保自身安全的前提下拦洪削峰。

在洪峰到达梧州站之前，国家防总副总指挥、水利部部长李国英于 19 日上午抵达大藤峡水库现场，组织珠江水利委员会等进一步研判防汛形势。大藤峡水库计划 20 日 15 时起按照较入库流量削减 1 200 立方米每秒进行调度。预计采取上述综合措施后，可将梧州站洪峰流量削减到 37 000 立方米每秒左右，降低梧州江段水位 1.5 米以上，最大程度减轻西江下游及珠江三角洲地区防洪压力。

保安全　惠民生
——病险水库除险加固实践观察

新华网北京 7 月 7 日电　"以前进入 5 月，只要一下大雨，我就害怕，时不时自己也会去水库大坝上看看情况，生怕水库大坝会垮塌。现在好了，对水库进行了除险加固，水库也不漏水了，进入汛期也不害怕了。"住在广德口水库下游的吴老伯激动地说。

安徽省池州市青阳县广德口水库 2021 年实施除险加固，完善了下游贴坡排水、坝顶道路、溢洪道帷幕灌浆等。除险加固工程完工后，水库保坝能力大大提升，防洪、调蓄能力明显增强，保障了下游 1.4 万亩的农田灌溉。

广德口水库从百姓的"心腹大患"蜕变成安全保障，这只是病险水库除险加固的一个缩影。随着我国病险水库的逐年"摘帽"，水利工程安全状况不断改善，社会经济效益更加凸显。

明确思路，水利部部署水库除险加固

据水利部运行管理司有关负责人介绍，我国水库大坝总量多，现有 9.8 万座水库，其中约 95% 的水库是小型水库；病险水库多，虽然已经开展几轮大规模除险加固工作，但目前仍有大量病险水库存在；土石坝多、老旧坝多，约 92% 的水库大坝是土石坝，约 80% 的水库建于 20 世纪 50 年代至 70 年代，始建标准低；高坝数量多，200 米以上的高坝已建 20 座、在建 15 座。

总体数量多、病险水库多、土石坝多、老旧坝多叠加，加之近年来超强暴雨等极端天气频发，给水库安全带来严峻风险和挑战。

水利部联合国家发改委、财政部印发《"十四五"水库除险加固实施方案》（以下简称《方案》），进一步明确了"十四五"病险水库除险加固、监测预警设施建设、以县域为单元深化小型水库管理体制改革、健全长效运行管护机制等重点任务。《方案》要求，到"十四五"末，全部完成现有及新增的约 1.94 万座病险水库除险加固；实施 55 370 座小型水库雨水情测报设施和 47 284 座小型水库大坝安全监测设施建设；对分散管理的 48 226 座小型水库全面实行专业化管护模式；推进水库管理规范化标准化。

水利部还制订印发《小型病险水库除险加固项目管理办法》《关于健全小型水库除险加固和运行管护机制的意见》等配套文件，为加强水库除险加固和运行管护工作提供了制度保障。此外，水利部建立周调度、周会商、月通报机制，充分发挥了流域管理机构的作用，通过视频连线、现场检查、对进度滞后的地区实施挂牌督办和重点帮扶等多种方式，督促各地加快小型水库除险加固前期工作，优化项目招投标流程，严格项目质量和安全管理，确保按期按质完成目标任务。

今年以来，水利部先后召开水库除险加固工作推进会、水利工程运行管理工作会、水库安全度汛视频会议，对水库除险加固工作作出部署。

迅即响应，各地扎实推进水库除险加固

明确的思路引领前进的方向。从江南水乡到南粤大地，从赣鄱流域到三湘四水，一场病险水库除险加固的攻坚战如火如荼地展开。

29 个省份印发了落实《国务院办公厅关于切实加强水库除险加固和运行管护的通知》（国办发 8 号）的实施意见，将水库除险加固和运行管护纳入河（湖）长制考核体系，构建起省负总责、市（县）抓落实的水库除险加固和运行管护责

任体系，协调落实地方资金，编制"十四五"实施方案，纳入区域发展总体规划。

省级水利部门加强与发展改革、财政等部门的沟通协调，加大对市（县）政府和水利部门的监督检查，督促各项措施实施，扎实推进水库除险加固。

山东省将水库除险加固和运行管护工作纳入省水利发展"十四五"规划和省委"我为群众办实事"清单，要求坚决整治水库短板弱项，确保安全度汛；将水库除险加固工作纳入对各市高质量发展综合考核，并以省河长办名义采用提醒函、约谈、挂牌督办等方式进行督办落实；健全暗访督导机制，成立"一线工作法"暗访专项组和省级核查组，对除险加固项目实施两周一次精准督导，对项目推进实行全过程的跟踪、检查和督导，确保按期保质保量完成建设任务。截至6月30日，山东现有165座小型病险水库除险加固项目全部通过蓄水验收投入运行，标志着山东在全国率先完成2022年度小型病险水库除险加固任务。至此，山东现有存量小型病险水库实现"全面清零"。

广东省将水库除险加固等工作作为防洪安全网和防洪能力提升工程的重要内容，纳入"省十件民生实事"、省政府重点督办事项、省级河（湖）长制考核事项和政府质量考核事项等整体部署、一体推进；省级和市级水利部门加大加重对参建企业失信行为处罚力度；建立健全暗访督导机制，开展明察暗访和专项督导，全面强化水库除险加固任务推进滞后、工作不力和工程质量、资金使用的监督考核。截至6月20日，广东1 730座病险水库已实施894座，主体工程完工472座，为2023年"清零"攻坚战奠定了良好基础。

江西省印发《切实加强全省水库除险加固和运行管护工作实施方案》，总河（湖）长令中提出水库除险加固和运行管护五年任务三年完成的更高目标，并要求各级河（湖）长将推进水库除险加固工作纳入巡河工作内容；印发"十四五"期间江西省病险水库除险加固的年度目标任务，提速建设进度，为经济稳、民生安提供坚强保障。

安徽省出台《安徽省加强水库除险加固和运行管护工作方案》，明确"坚持问题导向、系统分类施策，集中消除存量、及时解决增量，政府投入主导、分级落实责任"的水库安全管理总体思路，编制《安徽省"十四五"病险水库除险加固实施方案》，规划到2025年末，全省实施小型病险水库除险加固730余座。

针对时间紧、任务重、单项投资小、组织协调难等特点，湖南省从压实责任、简化程序、创新模式等方面入手，加快项目建设进度、确保建设质量；强化属地管理责任，将小型水库除险加固纳入市、县两级"十四五"水安全保障规划、河长制考核内容，市、县两级均召开政府常务会议进行专题研究，推动抓落实。

创新筹措机制，资金支持保障水库除险加固

2021 年以来，水利部协调财政部，多渠道筹集资金约 216 亿元，全力推进 7 695 座小型水库除险加固，截至目前，主体工程完工 4 586 座。协调财政部新增地方政府一般债券额度 64.38 亿元，全力推进 31 013 座小型水库雨水情测报设施和 23 217 座小型水库大坝安全监测设施建设。另外，协调财政部安排中央财政补助资金 9 亿元，开展 2022 年小型水库安全监测能力提升试点项目建设，为提高预报、预警、预演、预案能力提供支撑。

同时，各地在抓好资金配套，推进除险加固项目方面也采取了行之有效的措施。

山东省明确除险加固资金由省、市、县共同承担，其中省财政按照每座小 (1) 型、小 (2) 型水库 150 万元、57 万元的标准予以补助，有效保障了除险加固项目的推进。

安徽省"十四五"小型病险水库除险加固资金实行单座定额控制、县级总体平衡。除已纳入中央财政补助支持范围的水库外，对其余小型病险水库除险加固，投资按照小（1）型 500 万元 / 座、小（2）型 190 万元 / 座的定额标准，省财政补助 50%，市、县级人民政府统筹财政预算资金和地方政府一般债券资金保障建设需求。合肥市结合"三达标一美丽"项目建设，2021 年安排市、县级财政资金 2 866 万元，实施了 30 座小型病险水库除险加固建设。

广东省创新水库除险加固和运行管护经费筹措机制，充分发挥各级财政资金引导作用，明确各级财政资金筹措分工，积极争取中央财政支持，省级财政给予适当补助。通过加强水费收缴优先用于工程管护、引入社会资本参与经营分担管护费用、捆绑非经营性与经营性的水库一体管护等方式，多元化筹措除险加固和运行管护经费。同时，2021 年以来，合计投入水库除险加固和运行管护资金约 48 亿元，有力保障了各项任务的完成。

湖南省对小型水库除险加固省级以上补助资金实行总额控制和项目调剂，资金跟着项目走，项目跟着规划走，规划跟着需求走。对项目完工并通过竣工决算审批后核定的结余资金，由同级水利部门商财政部门统筹用于其他急需水库除险加固和运行管护项目。2021 年，湖南实施小型水库除险加固 549 座，共下达项目资金 12.9 亿元，其中中央资金 4.3 亿元、地方政府一般债券资金 8.6 亿元。

如今，众多小型水库已不再是心头之患，而是惠及民生的保障。

今年端午节期间，湖南省发生长达 5 天的入汛以来最强降雨过程，部分江河

水位猛涨。位于麻阳苗族自治县高村镇陶伊村的团结水库，24小时降雨299毫米，洪水翻过坝顶，出现最为凶险的漫坝险情。由于实施了高质量的除险加固，水库大坝经受住了超标准洪水严苛的考验，最终化险为夷。在岳阳市，已有76座小型水库摘去病险帽子，恢复和改善灌溉面积13万亩，新增供水受益人口18.9万人。

同样，在应对今年以来最强暴雨时，位于山东济南市莱芜区大王庄镇的照咀2#水库也发挥了应有的作用。"以前顶着'病险水库'的帽子，汛期必须空库运行。经历了这轮强降雨，水库不仅充分拦洪削峰，还蓄了满满一水库的水。"济南市莱芜区水利局副局长李金锋说，"这是水库除险加固后最直接的效益。"

水利部运行管理司有关负责同志表示，下一步，将继续会同财政部，督促各地加强资金保障、加快项目实施、强化监督指导，确保完成"十四五"水库除险加固任务，保障小型水库安全运行和效益充分发挥，推动水库管理再上新台阶。

全国进入"七下八上"防汛关键期
水利部：全力做好水旱灾害防御

新华网北京7月19日电 国家防总副总指挥、水利部部长李国英18日主持专题会商，研判"七下八上"防汛关键期洪旱形势，安排部署水旱灾害防御工作。李国英强调，要锚定人员不伤亡、水库不垮坝、重要堤防不决口、重要基础设施不受冲击"四不"目标，坚决守住水旱灾害防御底线。

据预测，"七下八上"期间，松花江流域、淮河流域沂沭泗及山东半岛诸河、黄河支流大汶河、新疆阿克苏河等可能发生较大洪水，黄河中下游、淮河、辽河、海河南系、长江支流汉江和滁河、云南澜沧江等可能发生超警洪水，珠江流域、海河北系及滦河、太湖等可能发生区域性暴雨洪水；江南南部、华南北部、西北大部、西南东北部、新疆等地可能出现阶段性旱情。

会议要求，要在充分研究近期洪旱形势和前期汛情特点基础上，精准对象、精准目标、精准措施，提前做好"七下八上"防汛关键期水旱灾害防御应对准备。要迅即进入防汛关键期工作状态，意识、机制、节奏、措施与之相匹配，全力做好各项防御工作。

一要扎实做好预报、预警、预演、预案"四预"工作。

二要全面检查和落实重点流域防洪工程体系（控制性水库、河道及堤防、蓄滞洪区）应对准备工作。

三要提前做好各类水库防垮坝工作，逐库落实防汛"三个责任人"和"三个关键环节"。

四要提前做好淤地坝防溃坝工作，逐坝落实责任人、抢险措施。

五要提前做好山洪灾害防御工作，强化局地短临降雨预报预警，提前转移危险区群众，做到应撤必撤、应撤尽撤、应撤早撤、应撤快撤。

六要提前做好中小河流洪水防御工作，逐河检查落实各级河长防汛责任，抓紧清除行洪障碍，加强薄弱堤段巡查防守，及时组织群众转移避险。

七要提前做好抗旱工作，确保旱区群众饮水安全，保障在地农作物时令灌溉用水需求。

八要全链条、全过程紧盯每一场次洪水和每一区域干旱防御工作，及时复盘检视，及时查漏补缺，全面提高水旱灾害防御能力。

我国主降雨区呈"一南一北"分布
4大流域须做好防洪准备

新华网北京8月7日电 国家防总副总指挥、水利部部长李国英5日主持专题会商，研判"八上"关键期汛情、旱情形势，安排部署应对准备工作。

据预报，"八上"期间，我国主要降雨区呈"一南一北"分布。松辽流域松花江、浑河、太子河、辽河及其支流绕阳河，海河流域滦河、北三河、大清河、子牙河，黄河北干流上段，珠江流域北江、东江、韩江可能发生洪水。长江流域气温偏高、降水偏少，大部分地区将发生干旱。

会议要求，要逐流域提前做好防洪准备。松辽流域控制性水库抓住降雨间歇期腾库迎汛，做好拦洪准备，加强辽河干支流堤防特别是沙基沙堤段、险工险段、穿堤建筑物堤段的巡查防守，及时清除河道内阻水障碍等，抓紧做好绕阳河堤防溃口堵复，防范后续洪水；海河流域上游水库全力拦蓄，及时清除河道行洪障碍，充分发挥河道泄流、分流作用；黄河中游地区要加强淤地坝巡查值守，及时发布预警，提前转移危险区域群众；珠江流域要针对前期降雨多、土壤饱和等情况，落实落细各项防御措施，科学调度流域骨干水库。

同时，要严密防范山洪灾害，重点关注海河流域太行山东麓、松辽和珠江流域山丘区，及时发布预警，提前转移群众。确保南水北调中线防洪安全，以干线交叉河道为重点，逐一做好上游水库调度、河道渠道巡查防守，在易出险段点预置抢险力量、物料、设备等，提前做好应对准备。预筹抗旱水资源，科学调度长江三峡水库及长江上中游水库群和洞庭湖、鄱阳湖水系水库群，确保旱区群众饮水安全、保障秋粮作物灌溉用水。

水利部：长江中下游等地区旱情将持续抓紧抓实秋季抗旱防汛

新华网北京 9 月 6 日电（记者　姚润萍）　国家防总副总指挥、水利部部长李国英 5 日主持专题会商，分析研判秋季旱情、汛情形势，安排部署抗旱防汛工作。

据预测，秋季长江中下游和洞庭湖、鄱阳湖地区旱情将持续发展，长江流域嘉陵江、汉江和黄河流域渭河、泾河、北洛河、伊洛河等可能发生秋汛，还会有台风登陆影响我国东部沿海地区。

会议强调，要以强化预报、预警、预演、预案措施为重点，提前做好各项应对准备，保持毫不松懈的状态，继续抓紧、抓实、抓好秋季抗旱和防汛工作。

一是有效应对长江中下游及洞庭湖、鄱阳湖地区的旱情。要树立抗大旱、抗长旱思维，以确保旱区群众饮水安全，保障规模化养殖、大牲畜饮水和秋粮作物灌溉用水为目标，精准掌握人畜饮水和作物灌溉用水需求，结合流域降雨、来水情况，预筹水资源，适时开展以三峡水库为核心的长江上游干流水库群、洞庭湖"四水"干支流水库群、鄱阳湖"五河"干支流水库群抗旱调度，为抗旱提供水源保障。

二是做好秋汛防御工作。要高度重视华西秋雨可能引发的洪涝灾害，重点抓好中小河流洪水和山洪灾害防御，落实预警信息发布与反馈、人员转移避险等措施。强化水库安全度汛，强降雨区病险水库空库运行，坚决避免水库垮坝。要精细调度水工程，主要控制性水库以拦蓄为主，在确保防洪安全的前提下，尽最大努力为后期抗旱储备水源。

三是做好台风引发强降雨洪水的防范工作。要紧盯海上台风生成、发展和移动路径等情况，提早作出准确预报。台风登陆和影响区域，要切实加强局地强降雨引发的中小河流洪水和山洪灾害防御。水库防汛"三个责任人"要提前上岗到位、履职尽责，确保防洪安全。

新疆塔里木河干流历时 80 天的洪水过程结束

新华社北京 9 月 24 日电（记者　刘诗平）　记者 24 日从水利部了解到，新疆塔里木河最后一个超警站点恰拉龙口站流量于 9 月 22 日 20 时降至警戒以下，标志着塔里木河干流历时 80 天的洪水过程结束。

今年 5 月以来，受高温融雪及降雨影响，塔里木河干支流 25 条河流发生超警戒流量以上洪水，其中 7 条河流超保证流量。

水利部发布的汛情通报显示，本次洪水发生早、历时长，洪水总量大、洪峰量值高。同时，洪水场次多、多型洪水齐发，流域内发生暴雨洪水、融雪洪水、冰川溃决洪水，有时并发叠加。

面对洪水，各级水利部门积极应对。洪水期间，塔里木河干支流沿线未发生较大险情和灾情，相关水库、水闸、堤防等水利工程运行正常。

汛情通报同时显示，通过洪水资源化利用，塔里木河沿线灌区农作物得到充分灌溉，增加灌溉面积 63.06 万亩；河道沿岸胡杨林生态补水效果明显，增加引洪补水面积 133.5 万亩，较往年增加五成；向孔雀河调水 3.09 亿立方米，超额完成调水任务。

水惠中国

央广网

■ "世界水日"：十部门启动《公民节约用水行为规范》主题宣传活动
■ 世界水日丨"关住"一点一滴
■ 水利部：全力以赴做好南水北调东线一期工程北延应急供水工作
■ 水利部：雄安新区城市生活和工业用水得到有效保障
......

"世界水日"：十部门启动
《公民节约用水行为规范》主题宣传活动

央广网北京 3 月 22 日消息（记者 黄玉玲） 22 日，在第三十届"世界水日"、第三十五届"中国水周"之际，十部门启动《公民节约用水行为规范》主题宣传活动。此举对于增强公众节水意识，在全社会营造节水、亲水、惜水的良好氛围具有重要意义。

水利部副部长魏山忠表示，水是万物之母、生存之本、文明之源。长期以来，我国基本水情一直是夏汛冬枯、北缺南丰，水资源时空分布极不均衡。在全面建设社会主义现代化国家进程中，统筹发展和安全仍然面临着水资源短缺瓶颈制约。水利部把提升水资源集约节约利用能力作为推动新阶段水利高质量发展的重要目标，把建立健全节水制度政策作为重要实施路径，持续推进强化节水宣传、完善制度政策、加强监督考核、强化科技创新与市场机制、加强节水型社会建设等工作，取得了明显成效。在各方共同努力下，"十三五"时期，我国万元国内生产总值用水量、万元工业增加值用水量分别下降 28% 和 39.6%，农田灌溉水有效利用系数由 0.536 提高到 0.565，城市公共供水管网漏损率降低至 10% 左右，全国用水总量总体维持在 6 100 亿立方米以内。

魏山忠提到，水是公共产品，节水管理属于社会管理范畴，实现水资源的集约节约利用，既需要相关行业部门协调联动、密切配合，更需要全体公民树立节水理念、转变用水方式。2019 年以来，国务院相关部门加强协作，陆续印发《国家节水行动方案》《"十四五"节水型社会建设规划》《关于推进污水资源化利用的指导意见》《黄河流域水资源节约集约利用实施方案》等重要文件，建立了节约用水工作部际协调机制，明确了"十四五"用水总量强度双控目标。2021年 12 月，水利部、中央文明办、国家发改委、教育部、工业和信息化部、住房和城乡建设部、农业农村部、国管局、共青团中央、全国妇联 10 部门联合发布《公民节约用水行为规范》，从观念意识、用水行为、社会实践等不同层面，引导社会公众在日常生活中践行节约用水。

魏山忠强调，举办本次主题宣传活动，就是要大力宣传和推广普及《公民节约用水行为规范》（以下简称《行为规范》），通过多部门联合印发通知，全网直播活动启动仪式，组织开展集趣味性、实用性、科普性、互动性于一体的"节

水中国　你我同行"联合行动等系列活动，把各地区、各部门、各行业的积极性有效调动起来，广泛发动志愿者和社会公众参与，组织深入社区、学校、公共场所开展宣传推介和志愿服务，在电梯、教室、车站等场所醒目位置张贴悬挂《行为规范》，引导公众增强节约用水意识，践行节约用水责任，将规范要求转化为公众自觉行动，让更多的人成为节约用水的传播者、实践者、示范者，加快形成节水型生产生活方式，助推生态文明建设和高质量发展，共同建设美丽中国。

世界水日｜"关住"一点一滴

清澈之水不易来，点点滴滴是未来！

今天（3月22日）是第三十届世界水日，

3月22—28日也是第三十五届中国水周，快来试试这10个节水小妙招。

　"关住"一点一滴，爱护水资源，从你这个小能手做起！

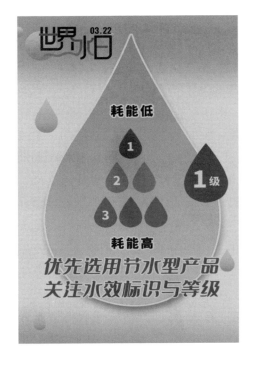

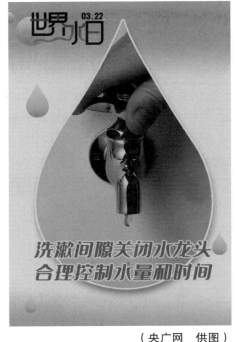

（央广网　供图）

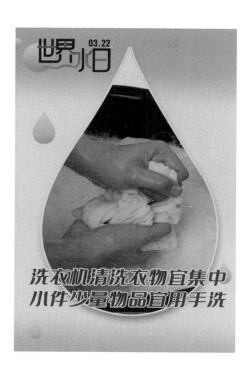

世界水日 03.22

洗衣机清洗衣物宜集中
小件少量物品宜用手洗

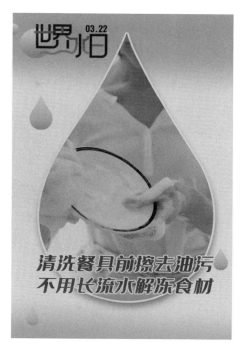

世界水日 03.22

清洗餐具前擦去油污
不用长流水解冻食材

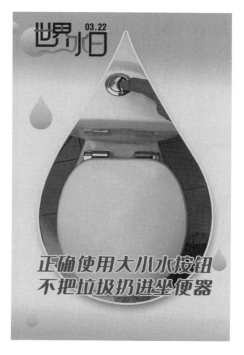

世界水日 03.22

正确使用大小水按钮
不把垃圾扔进坐便器

世界水日 03.22

洗车宜用回收水
控制水量和频次

（央广网　供图）

世界水日 03.22
浇灌绿植要适量
多用喷灌和滴灌

世界水日 03.22
适量使用洗涤用品
减少冲淋清洗水量

世界水日 03.22
家中常备盛水桶
浴前冷水要收集

世界水日 03.22
检查家庭供用水设施
更换已淘汰用水器具

（央广网　供图）

水利部：全力以赴做好南水北调东线一期工程北延应急供水工作

央广网北京 3 月 29 日消息（记者　陈锐海）　近日，水利部召开会议，研究南水北调东线一期工程北延应急供水工作。会议指出，要按照置换沿线超采地下水、回补重点超采区地下水、复苏河湖生态环境、实现京杭大运河全线通水的目标，全力以赴做好南水北调东线一期工程北延应急供水工作。

会议要求，要加强通水前后地表水、地下水运动监测，动态跟踪分析径流演进和地下水变化情况；要做好河道清理整治工作，充分发挥河（湖）长制作用，畅通调水通道；要科学合理制订水价形成机制，根据多水源筹集调度实际，实事求是统筹制订差别化水价，建立良性运行机制。各有关地方和单位要严格落实责任，加强协调联动，不折不扣完成应急供水目标任务。

水利部：雄安新区城市生活和工业用水得到有效保障

央广网北京 4 月 2 日消息（记者　陈锐海）　记者从水利部获悉，雄安新区设立 5 年来，我国全力推进雄安新区水安全保障能力建设。

防洪方面，雄安新区环起步区南拒马河右堤、白沟引河右堤、萍河左堤、新安北堤等 4 项工程基本完工，具备 200 年一遇防洪能力。

供水方面，截至 2022 年 3 月，南水北调中线工程累计向雄安新区供水 5 647 万立方米，其中 2020—2021 年度供水 2 260 万立方米，有效保障了雄安新区城市生活和工业用水安全。

生态补水方面，水利部统筹当地水和引江水、引黄水向白洋淀实施生态补水，2018—2021 年向白洋淀及入淀河流年均实施生态补水近 12 亿立方米，其中白洋淀年均入淀水量 7.7 亿立方米，水位持续保持在生态水位保障目标 6.5 米以上，水质由 2017 年的 V 类好转为 2021 年的 IV 类，部分月份达到 III 类，水质明显好转，淀区生态功能逐步恢复。2021 年底，雄安新区浅层地下水水位较 2019 年底平均上升 3.36 米，深层地下水水位平均上升 3.97 米。

水利部：
深入推进南水北调后续工程高质量发展

央广网北京 5 月 13 日消息（记者　陈锐海）　5 月 13 日，水利部召开深入推进南水北调后续工程高质量发展工作座谈会。水利部党组书记、部长李国英出席会议并讲话。

李国英强调，要科学推进南水北调后续工程高质量发展，加快构建"系统完备、安全可靠，集约高效、绿色智能，循环通畅、调控有序"的国家水网，实现水利基础设施网络经济效益、社会效益、生态效益、安全效益相统一。要深入分析致险要素、承险要素、防险要素，建立完善安全风险防控体系和快速反应防控机制，及时消除安全隐患，确保南水北调工程安全、供水安全、水质安全。

李国英强调，要提升东、中线一期工程供水效率和效益，优化水资源配置和调度，扩大东线一期工程北延供水范围和规模，置换超采地下水，增加河湖生态补水；优化调度丹江口水库，增加中线工程可供水量，提高总干渠输水效率。要加快推进后续工程规划建设，重点推进中线引江补汉工程前期工作，深化东线后续工程可研论证，推进西线工程规划，积极配合总体规划修编工作。要完善项目法人治理结构，深化建设、运营、价格、投融资等体制机制改革，充分调动各方积极性。要建设数字孪生南水北调工程，建立覆盖引调水工程重要节点的数字化场景，提升南水北调工程调配运管的数字化、网络化、智能化水平。

支持各地安全度汛
财政部、水利部拨付 5 亿元水利救灾资金

央广网北京 5 月 21 日消息（记者　陈锐海）　记者从水利部获悉，近日，财政部、水利部安排水利救灾资金 5 亿元，支持和引导各省（自治区、直辖市）和新疆生产建设兵团做好安全度汛有关工作。

水利部表示，我国今年入汛时间偏早，防汛备汛工作十分紧迫。财政部、水利部加大水利救灾资金补助支持力度，指导各地积极有序开展安全度汛工作。水利部要求各级水利部门利用主汛期前有限时间，抓紧补短板、堵漏洞、强弱项，全力做好防洪工程水毁修复、安全度汛隐患排查整改、防洪调度演练、防汛预案修订等各项汛前准备工作，切实保障防洪安全。

水利部：珠江再次发生流域性较大洪水

央广网北京 6 月 19 日消息（记者　陈锐海）　记者从水利部获悉，受近期降雨影响，珠江流域西江干流广西梧州站 6 月 19 日 8 时水位涨至 20.95 米，超过警戒水位 2.45 米，相应流量 34 500 立方米每秒，编号为"西江 2022 年第 4 号洪水"。珠江流域北江干流广东石角站 19 日 12 时流量涨至 12 000 立方米每秒，编号为"北江 2022 年第 2 号洪水"。经综合分析研判，珠江流域再次发生流域性较大洪水。

据预报，受未来降雨影响，广西、广东、湖南、江西、安徽、浙江等地暴雨区内部分中小河流可能发生较大洪水。

水利部维持广东、广西 2 省（区）水旱灾害防御Ⅲ级应急响应，5 个工作组仍在广东、广西防御一线指导，19 日继续发布洪水黄色预警，提醒有关省（区）和社会公众注意防范。

水利部：抗旱保供水　不漏一户不落一人

央广网北京 6 月 30 日消息（记者　陈锐海）　近日，水利部召开会议，分析研判当前旱情对农村供水和灌溉保障的影响，部署做好下一阶段抗旱保供水工作。会上，水利部副部长田学斌强调，各地要全面摸底排查，不漏一户，不落一人。对受到旱情影响的区域和工程要逐处建立清单台账，对照台账列出抗旱保饮水措施，必要时送水入户，决不允许发生因旱造成人员极度饮水困难等触碰底线的事件。畅通举报通道，帮助及时发现供水问题，把群众工作真正做好做到位。

田学斌要求，要因地因时施策，加强抗旱水源统一调度管理，做到科学调配、合理用水，因地制宜采取限制高耗水行业用水、延伸管网、凿井取水等措施，保障群众饮水；加强管理管护，强化对农村供水工程的巡查巡检、维修抢修，及时发现问题，第一时间解决。

农业灌溉用水保障方面，田学斌指出，要充分挖掘现有水利工程调蓄能力和供水潜力，优化灌溉水源调配，增加灌溉可供水量；采取多引、多提、多拦、多蓄等措施，尽最大可能增加抗旱水源；加强灌区不同供水对象需水量变化研判，及时优化调整灌溉供用水计划；充分发挥基层水利服务机构作用，组织多方力量，深入田间地头，加强灌溉巡查，强化节约用水。

南水北调后续工程中线引江补汉工程开工

开工动员大会现场 1。
（央广网记者　朱娜　摄）

开工动员大会现场 2。
（央广网记者　朱娜　摄）

引江补汉工程开工建设现场。
（央广网记者　朱娜　摄）

央广网十堰 7 月 8 日消息（记者　朱娜）7 月 7 日，南水北调后续工程中线引江补汉工程开工动员大会在湖北十堰丹江口市举行，标志着南水北调后续工程建设正式拉开序幕。

作为南水北调后续工程首个开工项目，引江补汉工程是全面推进南水北调后续工程高质量发展、加快构建国家水网主骨架和大动脉的重要标志性工程。该工程静态总投资 582.35 亿元，设计施工总工期 108 个月，由中国南水北调集团负责建设运营。

据介绍，引江补汉工程从长江三峡库区引水入汉江，沿线由南向北依次穿越宜昌市夷陵区、襄阳市保康县、谷城县和十堰市丹江口市。输水线路总长 194.8 千米，为有压单洞自流输水，多年平均调水量为 39 亿立方米，设计引水流量 170 立方米每秒。

据了解，该工程实施后，将增加中线一期工程北调水量，通过充分利用现有中线一期总干渠

引江补汉工程隧洞出口。
（央广网发　张健波　摄）

引江补汉工程开工建设现场。
（央广网发　张健波　摄）

输水能力，中线工程北调水量可由一期工程规划的多年平均 95 亿立方米增加至 115.1 亿立方米。

同时，引江补汉工程实施后将向汉江中下游补水 6.1 亿立方米，工程输水沿线补水 3 亿立方米，有力推动汉江流域生态经济带建设。

该工程还可向引汉济渭工程及沿线补水，汉江上游引汉济渭工程年均引水量可由近期的 10 亿立方米增加至 15 亿立方米，有效保障关中平原供水安全。

据介绍，引江补汉工程输水总干线采用有压单洞自流输水，沿线地质条件复杂，施工难度大，是我国调水工程建设极具挑战性的项目之一，该工程将促进我国重大基础设施技术创新能力的提升。

全国人大代表、中国工程院院士、长江设计集团董事长钮新强参加开工仪式后激动地表示，引江补汉工程将南水北调工程与三峡工程两大"国之重器"紧密相连，进一步打通长江向北方输水通道，促进中线工程效益发挥，提高中线工程供水保证率，缓解汉江流域水资源供需矛盾问题，改善汉江流域区域水资源调配能力减弱和汉江中下游水生态环境问题。

同时，引江补汉工程连通长江、汉江流域与华北地区，完善水网格局，对保障国家水安全、促进经济社会发展、服务构建新发展格局将发挥重要作用。

"七下八上"防汛关键期
水利部：做好防洪工程应对准备

央广网北京 7 月 25 日消息（记者　田甜）　25 日，国家防总副总指挥、水利部部长李国英主持专题会商，分析研判防汛关键期雨情水情汛情旱情，安排部署水旱灾害防御工作。

李国英指出，当前我国正处于"七下八上"防汛关键期，预报近期主要雨区位于西南东部南部、西北东部、黄淮、华北、东北大部、江淮东部、江南东北部等地；黄河中下游、淮河沂沭泗、海河、松辽等流域部分河流将出现涨水过程，暴雨区部分中小河流可能发生超警以上洪水，辽河部分河段超警仍将持续；长江中下游地区可能出现阶段性旱情。

李国英要求，要全力做好精准洪水预报，强化以测补报，针对近期可能出现强降雨的黄河三花区间、中游淤地坝密集地区，海河流域北拒马河、北易水、中易水、瀑河和滦河、蓟运河、北运河，辽河等重点流域，提前制订完善局地暴雨洪水防御方案，做好河道及堤防、水库、蓄滞洪区等流域防洪工程应对准备，细化山洪灾害防御和淤地坝防溃口措施。

李国英强调，要提前做好重点区域的抗旱预案，掌握旱区范围和受干旱影响对象，确保群众饮水安全，保障牲畜饮水安全和在地农作物时令灌溉用水需求。统筹做好引江济太水量调度，算准水量、水位和流量要求，精准控制引调水、输排水过程和太湖水位，有效防控流域水生态、水资源、水环境风险。充分做好南水北调中线工程防洪工作，提前预置抢险队伍、料物，强化抢险组织和技术支撑，修订完善中小河流洪水和山洪灾害防御体系，有力保障人民群众生命财产安全。

水利部：“八上”期间
我国主降雨区呈“一南一北”分布

央广网北京8月5日消息（记者　陈锐海）　记者从水利部获悉，8月5日，国家防总副总指挥、水利部部长李国英主持专题会商，滚动研判“八上”关键期汛情、旱情形势，安排部署应对准备工作。李国英指出，据预报，“八上”期间，我国主要降雨区呈“一南一北”分布。松辽流域松花江、浑河、太子河、辽河及其支流绕阳河，海河流域滦河、北三河、大清河、子牙河，黄河北干流上段，珠江流域北江、东江、韩江可能发生洪水。长江流域气温偏高、降水偏少，大部分地区将发生干旱。

李国英要求，逐流域提前做好防洪准备；落细落实强降雨区中小水库、病险水库防汛责任和防垮坝措施，确保水库不垮坝；严密防范山洪灾害；密切监视台风态势；确保南水北调中线防洪安全；依法依规分解落实流域管理机构、地方水行政主管部门、水库及河道管理单位、责任岗位及责任人防汛抗旱责任，做到全方位、无死角、不落一项。

水利部：密切关注长江流域旱情
确保旱区民众饮水安全

央广网北京 8 月 18 日消息（记者　黄玉玲）　17 日，水利部举行新闻发布会，通报当前长江流域 6 省（市）旱情情况。

调度水库补水　计划补水 14.8 亿立方米

水利部副部长刘伟平表示，7 月以来，长江流域大部持续高温少雨，降雨量

水利部新闻发布会。

（央广网记者　黄玉玲　摄）

较常年同期偏少 45%，长江及洞庭湖、鄱阳湖水系来水量较常年同期偏少二至八成。当前，长江干流及洞庭湖、鄱阳湖水位较常年同期偏低 4.85 ~ 6.13 米，创有实测记录以来同期最低。长江流域旱情发展迅速，四川、重庆、湖北、湖南、江西、安徽 6 省（市）耕地受旱面积 1 232 万亩，83 万人、16 万头大牲畜因旱供水受到影响。

刘伟平表示，目前，大中型灌区的灌溉水源和城乡供水是有保障的，受旱耕地主要是分布在灌区末端和没有灌溉设施的"望天田"，供水受影响的主要是以小型水库或山泉、溪流作为水源的分散供水工程。

"目前长江流域大中型水库蓄水情况总体较好，蓄水量较去年同期仅偏少一成，受旱省（市）蓄水量较常年同期总体持平。"刘伟平表示，水利部密切关注长江流域旱情，及时启动干旱防御应急响应，派出工作组赴旱区一线，制订应急预案，落实抗旱保供水兜底措施。8 月以来，水利部门已调度长江流域控制性水

库群向中下游地区补水 53 亿立方米。

当前长江流域水稻等秋粮作物正处于灌溉需水关键期，为遏制长江中下游干流水位快速下降趋势，确保沿线灌区和城镇取水，水利部决定实施"长江流域水库群抗旱保供水联合调度专项行动"，自 8 月 16 日 12 时起，调度以三峡水库为核心的长江上游梯级水库群、洞庭湖湘资沅澧"四水"水库群、鄱阳湖赣抚信饶修"五河"水库群加大出库流量为下游补水，计划补水 14.8 亿立方米，精准对接灌区、城乡供水取水口，多引、多提、多调，确保旱区民众饮水安全，保障秋粮作物灌溉用水。

气象部门预测，长江流域未来一周仍将维持高温少雨天气，8 月降雨、来水也总体偏少，旱情可能持续发展。刘伟平表示，水利部将继续密切关注长江流域旱情发展形势，组织指导有关地区全力做好抗旱保供水工作。

此次干旱灾害主要原因是受副高下沉气流控制

记者了解到，7 月以来，长江流域持续高温少雨，江河来水偏少、水位持续走低，中小型水库蓄水不足，多地土壤缺墒，出现了多年同期少见的旱情。长江流域本属于丰水地区，为何会出现此次干旱灾害？这次长江流域的旱情形势如何？有何特点？接下来还会如何发展？水利部信息中心副主任刘志雨在发布会上进行了解释。

他表示，长江流域大部分地域位于我国南方，水资源相对比较丰沛，降雨主要集中在汛期 4—9 月。通常情况下，7—8 月长江上游位于西太平洋副热带高压（简称"副高"）西侧，为多雨区；而长江中下游受

副高控制不利于降雨，易发生夏伏旱。例如 2013 年、2019 年，都发生过严重的夏伏旱。在全球气候变暖背景下，受持续拉尼娜事件影响，今年 7 月以来，西太平洋副热带高压面积偏大、强度偏强，位置偏西偏北，受副高下沉气流控制，长江全流域持续高温少雨，流域内主要河湖来水明显偏少，水位显著偏低，出现了多年同期少见的干旱形势。

据介绍，这次长江流域的旱情主要有以下 4 个特点：降水历史同期最少，高温少雨日数多；江河来水明显偏少，水位持续走低；水库蓄水总量接近常年，部分中小水库蓄水严重偏少；大部地区土壤缺墒，四川、重庆偏重。

刘志雨强调。预计 8 月底前，长江流域降水、来水总体仍将偏少，展望 9 月中下游大部地区降水来水仍可能继续偏少，安徽、湖北、湖南、江西等地干旱情势可能进一步发展，长江上游水库群蓄水形势严峻。

全力保障农村群众饮水安全　保障农作物灌溉用水

记者从水利部获悉，此次旱情对农村供水和农田灌溉带来了很大影响。6 个省（市）有 83 万人因旱供水受到了影响，其中因旱临时出现饮水困难的有 30.9 万人。

水利部农水水电司司长陈明忠称，这 30.9 万人通过原来的供水方式已经满足不了需求，需要采取一定的措施。耕地受旱面积 1 232 万亩，主要受旱作物为水稻和玉米。面对严重旱情，水利部向长江流域有关省份发出了紧急通知，部署各地强化责任落实，全力保障农村群众饮水安全，有效保障农作物的灌溉用水。结合水利部启动实施的"长江流域水库群抗旱保供水联合调度专项行动"，组织湖北、湖南、江西、安徽 4 省 1 983 处大中型灌区逐一编制取水计划，做好与长江干流、洞庭湖"四水"、鄱阳湖"五河"来水情况的有效衔接，科学调度闸门、泵站等设施，抢抓时机，及时开闸引水、开机提水，保障农作物生长关键期用水需求。

通过采取有效措施，守住了农村饮水安全底线。前面提到的因旱临时饮水困难 30.9 万人中，通过延伸管网及新开辟水源较好保障了 4.7 万人的供水需求，通过拉水送水为 19.9 万人提供了饮用水，通过分时供水等措施基本满足了 6.3 万人饮水需求。

陈明忠表示，6 省（市）2 500 多处大中型灌区已灌溉农田 1 亿多亩，基本保障农作物时令灌溉用水需求，有效控制农作物受灾面积，为全面夺取秋粮丰收奠定了坚实的水利基础。

水利部水旱灾害防御司督察专员顾斌杰强调，当前，我国仍处于汛期，在做好抗旱工作的同时，还要时刻绷紧防汛这根弦，克服麻痹思想和松懈心理，严防旱涝急转。

水利部：全国现已建成
万亩以上大中型灌区 7 330 处

央视网消息　9 月 13 日（星期二）上午，中共中央宣传部就党的十八大以来水利发展成就举行发布会，水利部农村水利水电司司长陈明忠在会上介绍，我国是历史悠久的灌溉文明大国。目前，全国农田有效灌溉面积占耕地面积的54%，在这54%的有效灌溉面积上，生产的粮食占全国粮食总产量的75%以上，生产的经济作物占全国经济作物总产量的90%以上。粮食要稳产、高产，灌区的建设极为重要。党中央、国务院高度重视灌区发展、建设和改造，党的十八大以来，累计投入中央资金约1500亿元，用于灌区的建设和改造，取得了显著的成效，也为端牢中国的饭碗奠定了坚实的水利基础。成效概括起来主要有这么几个方面。

一是建成了相对完善的蓄、引、提、输、排工程网络体系。全国现在已建成万亩以上的大中型灌区7330处。建设和配套改造了一批渠系及配套建筑物、灌排泵站、渡槽、排水沟等一系列骨干工程，仅骨干渠道的长度现在达到了40万千米。40万千米是什么概念呢？相当于绕地球10圈，灌区内农田实现了旱能灌、涝能排。

二是促进了农业节水，灌溉用水效率显著提升。全国农田灌溉水有效利用系数由2012年的0.516提升到2021年的0.568，我们算了一下账，年节水能力达到480亿立方米，相当于1.3条黄河的年供水量，也相当于10个密云水库的库容。

三是新增改善了耕地灌溉面积。累计恢复新增灌溉面积达到6000万亩，改善灌溉面积近3亿亩，有效遏制了灌溉面积衰减的局面。全国农田有效灌溉面积从2012年的9.37亿亩增加到现在的10.37亿亩。

四是提高了粮食的综合生产能力。新增粮食综合生产能力大概300亿公斤，大中型灌区农田亩均单产比改造前平均提高了约100公斤，亩均产量是全国平均水平的1.5倍到2倍。

陈明忠表示，下一步，水利部还将结合国家水网、重大引调水和骨干水源工程建设，谋划再建设、再改造一批灌区，进一步提高粮食综合生产能力，为保障国家粮食安全提供坚强的水利支撑。

通过验收！大藤峡水利枢纽工程将可蓄水至61米

央广网北京9月28日消息（记者　陈锐海）　记者从水利部获悉，9月28日，大藤峡水利枢纽工程顺利通过水利部主持的二期蓄水验收，这是大藤峡工程建设的重大关键节点目标，标志着工程将可蓄水至61米正常蓄水位，全面发挥综合

大藤峡水利枢纽工程。　　　　（水利部　供图）

效益。

大藤峡水利枢纽工程是珠江流域防洪控制性工程和水资源配置骨干工程，防洪、航运、发电、水资源配置、灌溉等综合效益显著。据水利部介绍，大藤峡水利枢纽工程总投资 357.36 亿元，总工期 9 年，总库容 34.79 亿立方米，正常蓄水位 61 米。2014 年 11 月，工程开工建设。2020 年，左岸工程投入运行并发挥初期效益，右岸工程建设按计划稳步推进。

此次二期蓄水（61 米高程）验收范围包括右岸挡水坝段（含黔江鱼道）、右岸厂坝、右岸泄水闸、左岸泄水闸、左岸厂坝、船闸上闸首、闸室、下闸首、上游引航道及上游锚地，以及黔江副坝、南木江副坝、右岸塌滑体处理等，以及与蓄水相关工程的基础开挖、基础处理、混凝土浇筑、机电设备及金属结构安装、安全监测，移民安置，环境保护等项目。

水惠中国

中国网

■未来 2～3 天华南江南有强降雨　5 省（区）部分中小河流或发生超
　警洪水
■水利部：珠江、长江、黄河流域将现最强降雨　全国防汛进入实战
　阶段
■水利部：加快水利基础设施建设　确保今年新开工超 30 项
■木兰溪下游水生态修复治理工程等 11 个项目集中开工　总投资 106
　亿元
　……

前 3 月全国完成水利投资同比增长 35% 今年将多措并举扩大投资力度

中国网财经 4 月 8 日讯 4 月 8 日上午,国务院新闻办公室举行国务院政策例行吹风会,水利部副部长魏山忠和国家发改委、财政部有关负责人介绍 2022 年水利工程建设有关情况,并答记者问。

魏山忠在会上提道,今年 3 月 29 日的国务院常务会议指出,水利工程是民生工程、发展工程、安全工程,今年再开工一批已纳入规划、条件成熟的项目,包括南水北调后续工程等重大引调水、骨干防洪减灾、病险水库除险加固、灌区建设和改造等工程。这些工程加上其他水利项目,全年可完成投资约 8 000 亿元。水利部规划计划司司长张祥伟介绍,今年 1—3 月,全国完成水利投资 1 077 亿元,同比增长 35%。

国家发改委农村经济司司长吴晓在会上表示,国家发改委将坚持保安全、保重点、保续建、提效能、可持续,多措并举扩大水利工程的投资力度,加强组织实施和协调推动,积极有序推进项目建设,促进充分发挥重大水利工程建设对稳投资、扩内需的重要作用。主要举措有加快项目前期工作进度、加大投资支持力度、深化水利投融资改革三个方面。

关于灌区建设和改造,魏山忠表示,今年要加强现有大中型灌区续建配套和改造,积极新建一批现代化灌区。今年准备实施大约 90 处大型灌区、480 多处中型灌区改造,完善灌溉水源工程、渠系工程和计量监测设施,推进标准化规范化管理,新增恢复和改善灌溉面积 2 500 余万亩,同时还要做好与高标准农田建设的衔接。此外,还准备选择一些有条件的大中型灌区,打造一批现代化数字灌区。

关于财政资金支持,财政部农业农村司负责人姜大峪介绍,今年中央财政通过一般公共预算安排 1 507 亿元,其中水利发展资金达到 606 亿元;通过政府性基金安排 572 亿元,为今年扩大水利投资创造了有利条件。同时,地方政府债券也加大了对水利项目的支持力度。在支持重点上,坚持目标导向、结果导向,体现"三个聚焦":一是聚焦短板弱项,二是聚焦重点领域,三是聚焦重点区域。

姜大峪表示,下一步,财政部将按照预算法要求,抓紧下拨相关资金,支持地方加快推进水利项目建设,更好发挥水利建设惠民生、促投资、稳增长的重要作用。

关于南水北调后续工程等重大引调水工程，魏山忠表示，今年水利部将重点做好两个方面工作：一是推进南水北调后续工程高质量发展。今年为了进一步提高南水北调中线北调水量和供水的保证率，将重点推进中线引江补汉工程的前期工作，确保年内开工建设。同时，水利部还将深化南水北调东线后续工程的前期论证，推进工程适时建设。二是统筹推进其他重大引调水工程。对于条件基本成熟的，今年加快推进项目的开工建设。对于前期工作有一定基础的，将加快前期工作进度，争取尽早审批立项，为开工建设创造条件。对于规划中其他的项目，将加快项目论证，接续滚动推进重大引调水工程建设。

关于今年的防汛备汛工作，张祥伟称，水利部将加快水毁水利设施修复，做好在建工程安全度汛。据介绍，去年汛期，部分水库、堤防等设施遭到了损毁。水利部及时商财政部下达中央水利救灾资金，支持地方开展水毁水利设施修复。截至 3 月 31 日，去年汛期造成的水毁工程修复率已近 80%，主汛期前要基本完成。

张祥伟表示，今年的水利工程建设聚焦保障防洪安全、供水安全、粮食安全、生态安全这"四个安全"。围绕推动新阶段水利高质量发展，突出完善流域防洪减灾体系、提升水资源优化配置能力、复苏河湖生态环境及智慧水利建设四个方面建设任务。在乡村振兴方面，在西南等工程性缺水地区以及脱贫地区，开工一批中小型水库，解决水源不足的问题。在农村供水方面，推进城乡供水一体化、农村供水规模化发展及小型供水工程标准化改造，巩固拓展脱贫攻坚成果，助力乡村振兴。同时，继续推进大中型灌区建设和现代化改造，保障国家粮食安全。

关于水利建设投资对经济发展的作用，魏山忠指出，根据有关机构的研究成果，重大水利工程每投资 1 000 亿元，可以带动 GDP 增长 0.15 个百分点，新增就业岗位 49 万。今年完成 8 000 亿元的水利投资，一定会对做好"六稳""六保"工作、稳定宏观经济大盘，发挥重大作用。

三部门：支持补齐农村供水基础设施短板

中国网 4 月 18 日讯（记者　张艳玲）　近日，水利部、财政部、国家乡村振兴局联合印发《关于支持巩固拓展农村供水脱贫攻坚成果的通知》（以下简称《通知》），旨在通过建立长效投入机制，强化农村供水工程建设和管理，提升农村供水保障水平，巩固拓展农村供水脱贫攻坚成果。

农村供水工程是农村重要的基础设施，涉及全部农村人口，是一项重大民生工程。党中央、国务院高度重视农村供水工作，经过多年推进，截至 2021 年底，全国共建成农村供水工程 827 万处，农村自来水普及率达到 84%，农村供水取得了突出成效。由于我国国情水情复杂，区域发展不平衡不充分，部分地区仍有一些薄弱环节。

《通知》要求，省级水行政主管部门要组织对脱贫地区和脱贫人口饮水状况进行全面排查和动态监测，切实做到早发现、早干预、早帮扶，及时发现和解决问题，守住农村供水安全底线。要以县为单元，建立在建农村小型水源和供水工程项目清单台账，加快农村供水工程标准化建设，加强工程质量管理，确保建一处、成一处，发挥效益一处。

《通知》强调，脱贫地区要用好涉农资金统筹整合政策，依法依规利用农村供水工程维修养护补助资金等水利发展资金，做好农村小型水源和供水工程维修养护工作。明确中央财政衔接推进乡村振兴补助资金用于支持补齐必要的农村供水基础设施短板。统筹利用现有公益性岗位，优先支持防止返贫监测对象和脱贫人口参与农村供水工程管护。对供水服务人口少、运行成本高、水费等收入难以覆盖成本的农村供水工程，要安排维修养护补助等资金予以支持，确保工程在设计年限内正常运行。

《通知》指出，省级水行政主管部门要会同财政、乡村振兴等相关部门坚持目标导向、问题导向，聚焦短板弱项，把加强脱贫地区农村供水基础设施建设作为巩固拓展脱贫攻坚成果同乡村振兴有效衔接的一项重要任务，压实责任，加强组织摸排，层层抓好落实，切实提升脱贫地区农村供水保障水平。

今年我国农村自来水普及率提至 85%
规模化供水工程覆盖农村人口占比达 54%

中国网 4 月 15 日讯（记者　张艳玲）　到去年底，我国农村自来水普及率提升到 84%，规模化供水工程覆盖农村人口的比例达到 52%。2022 年底，全国农村自来水普及率要达到 85%，规模化供水工程覆盖农村人口的比例达到 54%。

水利部 15 日召开农村供水规模化发展信息化管理视频会，部署推动农村供水信息化建设工作，推进农村供水高质量发展。

水利部副部长田学斌表示，"十四五"以来，各级水利部门深入开展脱贫人口饮水安全排查监测，扎实推进农村供水工程建设改造和维修养护。到去年底，提升了 4 263 万农村人口供水保障水平，全国农村自来水普及率提升到 84%，规模化供水工程覆盖农村人口的比例达到 52%，实现了农村供水保障工作良好开局。今年一季度，各地完成农村供水工程建设资金 150 亿元，受益人口 470 万人；完成工程维修养护资金 3.7 亿元，服务人口 1 958 万人，总体进展顺利。

田学斌强调，各地要锚定目标任务，扎实推进农村供水工程建设改造和维修养护。再开工一批水利项目，全年水利工程项目将完成投资约 8 000 亿元。目前，水利部会同财政部已安排中央补助资金 38.5 亿元，加大支持建设一批小型水库。各地要抓住机遇，因地制宜，提升水源保证率。按照农村供水新标准，实施农村供水工程规模化建设和小型工程标准化改造，推进农村供水规模化发展，减少小型供水工程覆盖人口数量。

今年，水利部会同财政部安排农村供水工程维修养护中央补助资金 30.69 亿元，较 2021 年增加了 9.6%，进一步加大了支持力度。各地要建立农村供水工程维修养护项目库。用足用好中央补助资金，加大地方各级资金筹措力度。将早期老化失修、建设标准低、管网漏损率高、冬季管网易冻损的农村供水工程与管网，以及各渠道反映的农村供水问题，优先安排实施，确保农村供水工程长效稳定发挥效益。

田学斌表示，各地要做好需求分析，强化数据采集，以算据、算法、算力为支撑，推进水利信息化建设和智慧化应用。制作好全国农村供水管理一张图。依托 12314 等各渠道发现的农村供水问题，加强农村供水风险识别，建立评价指标体系，打造农村供水风险一张图，力争把风险隐患消灭在萌芽状态。

加强水费收缴系统和供水服务微信公众号等平台建设，推进供水水量、水质、水费收支、维修服务等信息公开，让数据多跑路，让群众少跑腿。有条件的地区，要融合水文、水环境、气象等多源信息，加快推进数字孪生供水系统建设，打造与物理工程相连的智慧化应用平台，提升算力，实现预报、预警、预演、预案功能。鼓励技术支撑单位，优化农村供水算法，研制具有自主产权的感知传感器和监控组态软件。支持各地开展先行先试，打造智慧供水样板。

全面梳理农村供水安全隐患，健全完善安全生产体系，坚决守住农村供水安全底线。推进农村供水工程标准化建设和改造，积极推广先进实用的技术和模式，实现整村推进和系统提升，确保建一处、成一处，带动一批，切实解决群众急难愁盼的饮水问题。

未来 2～3 天华南江南有强降雨
5 省（区）部分中小河流或发生超警洪水

中国网 5 月 11 日讯（记者　张艳玲）　记者从水利部获悉，5 月 9 日以来，广东、广西、江西、湖南等地部分地区降大到暴雨，局地大暴雨。受降雨影响，截至 11 日 16 时，广西桂江中游、湖南湘江上中游、广东北江支流浈江、江西赣江支流同江、重庆嘉陵江支流璧北河、四川岷江支流沫溪河等 18 条河流发生超警洪水，最大超警幅度 0.04～1.04 米。目前，除湘江上中游及北江支流浈江外，其他河流均已退至警戒以下。预计未来 2～3 天，华南大部、江南东部南部等地仍将有强降雨，广东、广西主要江河及湖南湘江、江西赣江、福建闽江等将出现明显涨水过程，部分中小河流可能发生超警以上洪水。

针对此次强降雨过程，国家防总副总指挥、水利部部长李国英要求及早着手，严密防范，确保安全。水利部副部长刘伟平连续主持会商，滚动研判雨情、汛情，安排部署有关防御工作。5 月 7 日，水利部向有关省级水利部门发出通知，要求做好值班值守、监测预报预警、水工程调度、水库堤防巡查防守、中小河流洪水和山洪灾害防御等工作。9 日，再次发出通知，要求统筹防疫与防汛，科学调配力量，加强技术支撑，保证水旱灾害防御力量不减弱、工作不断档。10 日，水利部针对广东、广西等地汛情启动洪水防御Ⅳ级应急响应，并派出 2 个工作组赴广东、广西防御一线指导做好暴雨洪水防御工作。水利部珠江水利委员会、长江水利委员会及时启动应急响应，做好各项防范工作。

有关省（区）严阵以待，全力应对。广东省委、省政府主要负责同志分别作出指示，湖南省政府主要负责同志赴水利厅调研指导，广西、江西省（区）负责同志提出明确要求。广东、广西、江西、湖南 4 省（区）水利厅均及时启动应急响应，向基层防御一线、相关防汛责任人发送江河洪水和山洪灾害预警信息，派出工作组、专家组赴重点市（县）加强支持指导，专业防守抢护力量预置下沉一线。有关市（县）防汛责任人迅速上岗到位，加强值班值守和水库堤防巡查，根据预警及时组织危险区域群众转移。

目前，全国主要江河水情总体平稳。水利部维持水旱灾害防御Ⅳ级应急响应，密切关注雨情、水情、汛情、工情，继续指导有关地区做好暴雨洪水防御工作。

水利部：珠江、长江、黄河流域
将现最强降雨　全国防汛进入实战阶段

中国网 5 月 10 日讯（记者　张艳玲）　据预报，5 月 9 日至 13 日，珠江流域大部、长江流域南部将出现今年入汛以来最强降雨过程，黄河流域陕西北部、山西大部以及海河流域河北中部南部将有中到大雨，降雨区内中小河流可能发生超警以上洪水，全国水旱灾害防御进入实战阶段。与此同时，全国新冠肺炎疫情防控形势依然严峻复杂。

5 月 9 日，水利部再次会商，分析研判当前雨情、水情、汛情形势，就统筹做好水旱灾害防御与疫情防控工作作出安排部署。

水利部要求，坚持人民至上、生命至上，统筹各方力量，抓实抓细各项防御措施，坚决打赢今年水旱灾害防御和新冠肺炎疫情防控两场硬仗。既要做好大江大河大湖防御大洪水各项准备，又要高度关注中小河流洪水防御，重点做好山洪灾害、病险水库、淤地坝等薄弱环节以及地震引发水利次生灾害的防范工作。要立足监测预警、指挥调度、巡查抢护等职责，强化值班值守和信息报送，及时启动应急预案，做好巡查防守和危险区群众转移避险，确保人民群众生命安全。

坚定不移贯彻执行中央确定的疫情防控方针政策，不折不扣落实属地各项防控要求，强化日常防范措施，确保疫情一天不消除、防护工作一天不放松。针对各地防疫封控政策、人员上岗以及汛情发展等情况，科学调配值守力量，线上线下会商结合，提高会商效率，做好后勤保障。汛情紧张时，要统一动员，集中力量共同做好水旱灾害防御工作，并时刻做好赶赴抗洪一线现场指导的各项准备。

水利部：加快水利基础设施建设
确保今年新开工超 30 项

中国网 5 月 17 日讯（记者　张艳玲）　5 月 16 日，吴淞江整治工程（江苏段）开工建设。

吴淞江整治工程包括江苏段和上海段，吴淞江整治工程（江苏段）全长约61.7千米，总投资156亿元。工程实施后，可进一步增加太湖洪水外排出路，提高流域防洪除涝能力，完善太湖地区水网，增强水资源配置能力，发挥改善水环境和航运等综合效益，为长三角高质量一体化发展提供更为有力的水利支撑。

今年以来，水利部积极贯彻落实中央财经委员会第十一次会议精神和国务院常务会议部署，主动担当作为，敢于迎难而上，会同有关部委、地方加快推进水利基础设施建设，加快完善流域防洪工程体系，实施国家水网重大工程，复苏河湖生态环境，全力构建现代化基础设施体系，有效发挥重大水利工程吸纳投资大、产业链条长、创造就业多的优势，为拉动有效投资需求、稳定宏观经济大盘做出水利贡献。

多点发力　打通"堵点"攻克"难点"

今年以来，在国际国内环境出现一些超预期变化、我国经济下行压力进一步加大的情况下，水利部会同有关部委及地方，采取有力举措推进水利基础设施建设，有力推动经济社会发展，助力稳住宏观经济基本盘。

水利部党组书记、部长李国英多次主持召开会议，研究部署统筹疫情防控和水利工作。他强调，要全面加快推进水利基础设施建设，充分用足用好各项政策，推动重大水利基础设施项目尽早审批立项、开工建设，为稳定宏观经济大盘、实现全年经济社会发展预期目标作出水利贡献。水利部副部长魏山忠主持推动2022年重大水利工程开工建设专项调度会商，坚决落实"疫情要防住、经济要稳住、发展要安全"的要求，加快推进重大水利工程开工建设，确保2022年新开工30项以上。

围绕完成今年水利建设目标任务，水利部多点发力，采取了强有力的措施：

国务院167次常务会议明确加强2022年重大水利工程、病险水库除险加固、灌区建设和现代化改造、水生态保护和中小河流治理、中小型水库建设等5类项目，水利部制订了工作方案。对于今年重点推进的55项重大水利工程和6项新建大型灌区项目，逐项明确要件办理、可研审批和开工时间节点，确定责任单位、责任人，并建立台账，挂图作战。

建立月报机制，跟踪通报专项债券落实、水利建设完成，以及要件办理、可研审批和开工建设情况；建立调度机制，横向与相关部门不定期开展日常调度会商，纵向与各地每月开展1次专项调度，逐项分析研究，及时协调解决重点问题；建立督导机制，适时对进度滞后的项目和地区，进行通报、约谈、督办，强化责任追究。

水利部多次开会部署推动重大工程前期工作和开工、加快投资计划执行、用好地方政府专项债券等工作。对南水北调中线引江补汉工程前置要件办理进行周调度。反复与国家发改委沟通前期工作、资金筹措等问题，争取支持；与生态环境部、自然资源部座谈协调、多次视频会商，解决要件办理中的难点问题。

扩大投资　拓展资金筹措渠道

水利建设资金筹措一直是水利部党组高度重视的工作。水利项目公益性较强，市场化融资能力弱，长期以来主要以财政投入为主。为了进一步扩大水利投资，水利部在积极争取加大中央财政投入力度的同时，指导地方创新工作思路，拓宽投资渠道，从地方政府专项债券、金融资金、社会资本等方面想办法增加投入，保障水利基础设施建设资金需求，切实发挥水利基础设施建设扩大内需、稳定宏观经济大盘的重要作用。今年，全国水利基础设施建设将完成 8 000 亿元以上。

近日，水利部、国家开发银行签订合作协议，还将联合出台关于加大开发性金融支持力度提升水安全保障能力的指导意见，指导地方用好中长期贷款金融支持政策。加强与相关金融机构沟通，深化合作，不断扩大金融支持水利信贷规模。2022 年第一季度，国家开发银行、中国农业发展银行、中国农业银行累计发放水利贷款 687 亿元，贷款余额达到 10 620 亿元。

水利部还将研究出台推进水利领域不动产投资信托基金（REITs）试点工作的指导意见，以及推动水利项目政府和社会资本合作（PPP）的政策性文件。同时，加强对水利项目利用地方政府专项债券的交流培训，指导督促地方做好申报和落实工作。今年 1—4 月，830 个水利项目已落实地方政府专项债券 720 亿元，较去年同期增加 386 亿元，增长 115%。

目前，国务院常务会议部署的 55 项重大水利工程已开工 10 项；6 项新建大型灌区已开工 1 项。1—4 月，全国水利基础设施建设全面加快，完成水利建设投资实现大幅增长，各地已完成近 2 000 亿元，较去年同期增长 45.5%，广东、山东、浙江、河北、福建、河南、江苏、云南、陕西等 9 个省份，累计完成投资超过 100 亿元。

此外，农村供水工程建设资金完成约 200 亿元，提升了 666 万农村人口供水保障水平；今年安排大中型灌区续建配套与现代化改造投资近 190 亿元，预计将新增粮食生产能力 36 亿公斤，新增节水能力 35 亿立方米。水利基础设施建设的全面加强，有力发挥了水利稳投资、稳增长的重要作用，为稳住宏观经济基本盘贡献水利力量。

木兰溪下游水生态修复治理工程
等 11 个项目集中开工　总投资 106 亿元

中国网 5 月 19 日讯（记者　张艳玲）　19 日，福建省召开重大水利项目集中开工动员会，列入今年重点推进的 55 项重大水利工程之一——木兰溪下游水生态修复治理工程开工建设。水利部副部长魏山忠以视频形式出席开工动员会议并讲话。

魏山忠强调，木兰溪下游水生态修复治理工程既统筹考虑水资源高效利用、水生态环境修复，又融合数字孪生流域建设，创新投融资方式，采取市场化运作，具有很好的示范意义。福建省要以木兰溪下游水生态修复治理等重大水利项目建设为契机，充分利用实施扩大内需战略、全面加强水利基础设施建设的良好机遇，多渠道筹集水利建设资金，大力推动重大水利工程建设，全面提升水旱灾害防御、水资源集约节约利用、水资源优化配置和河湖生态保护治理等能力。要强化工程建设管理，严格落实疫情防控要求，确保工程建设质量、安全和进度，把工程建成造福人民的精品工程。

据了解，此次共有 11 个重大水利项目集中开工，总投资 106 亿元，主要建设内容包括水生态修复治理、城乡供水一体化、中型水库建设、河道岸线整治、海堤提级改造、水闸除险加固等。

防大汛抗大旱抢大险！
七大流域灾害防御部署完成

目前，按照水利部的部署，长江、黄河、淮河、海河、珠江、松花江、太湖七大流域防总已全部召开 2022 年工作视频会议，七大流域水旱灾害防御部署全面完成。

据预测，今年汛期涝旱并重，北部和南部将发生洪涝，北部重于南部，中部将出现干旱。北方黄河中下游、海河流域大部水系、松花江、嫩江、黑龙江、辽河、淮河等可能发生较大洪水，南方长江、太湖等流域可能发生区域性暴雨洪水。华中南部、西南东部、华南北部、西北西部北部等地可能出现夏旱。水利部门分析研判流域防汛抗旱形势，对流域水旱灾害防御各项工作进行全面动员、督促落实，全面做好防大汛、抗大旱、抢大险各项准备。

此外，近日水利部全面启动全国水库安全度汛电话抽查。电话抽查内容主要包括大坝安全责任人和小型水库防汛的行政责任人、技术责任人、巡查责任人落实情况、病险水库的控制运用措施落实情况、影响水库度汛安全的隐患治理情况及原则上病险水库主汛期一律空库运行的执行情况等。水库电话抽查覆盖全国大中小型水库，抽查工作计划持续至汛期结束。对于水库电话抽查中发现的问题，水利部将及时反馈各省级水行政主管部门以及水库管理单位，督促各单位落实好整改措施，确保水库安全度汛。

西北围堤治理工程开工　雄安新区起步区 200 年一遇标准防洪圈将全面闭合

中国网 5 月 30 日讯（记者　张艳玲）　记者从水利部获悉，30 日，雄安新区起步区西北围堤治理工程正式开工建设，计划 2022 年主汛期前完成防洪主体工程建设，这标志着雄安新区起步区 200 年一遇标准防洪圈即将全面闭合。

西北围堤作为起步区上游西北部洪涝防线，南起新区边界萍河左堤，北接南拒马河右堤，全长 23.45 千米，总投资 17.6 亿元，是雄安新区起步区防洪圈建设的收尾工程。

雄安新区防洪工程是新区的重要安全保障，纳入了国家 150 项重大水利工程。目前，已完成防洪工程建设投资 266 亿元。雄安新区起步区防洪圈由萍河左堤、新安北堤、白沟引河右堤、南拒马河右堤及西北围堤组成，防洪保护范围包括起步区、安新组团、容城组团以及区域内的特色小城镇。自 2020 年以来，起步区防洪主体工程陆续建设完成，基本具备 200 年一遇防洪能力，容城组团、安新组团同步达到 200 年一遇防洪能力。预计到 2025 年，外围组团（含昝岗、寨里、雄县组团）骨干防洪工程全部建成。

我国即将全面进入汛期
水利部部署水库安全度汛和山洪灾害防御工作

中国网 5 月 30 日讯（记者　张艳玲）　我国即将全面进入汛期。近期，南方部分地区连续出现强降雨过程，一些中小河流发生超警以上洪水，局部地区发生洪涝灾害，水旱灾害防御形势日趋严峻。水库安全度汛和山洪灾害防御与人民群众生命安全息息相关，国家防总副总指挥、水利部部长李国英高度重视，要求再安排、再部署，研究提出小型水库尤其是病险水库度汛、山洪灾害防御的指导性意见，进一步明确责任、落实措施，确保防汛安全。

5 月 29 日，水利部副部长刘伟平主持会商，进一步分析研判当前强降雨过程防御形势，安排部署水库安全度汛、中小河流洪水和山洪灾害防御等重点工作。要求各地进一步落实责任，加强雨水情监测预报，特别是局地短历时强降雨和中小河流洪水监测预报，及时发出预警；抓好中小河流洪水防御、中小水库特别是病险水库安全度汛工作，加强安全管理，提升险情应对处置能力；严格落实山洪灾害监测预警、提请人员转移避险、信息报送等各项措施，最大限度保障人民群众生命安全；持续开展水旱灾害防御查漏补缺和风险隐患排查工作，建立整改台账，动态跟踪整改销号。

会后，水利部向各省、自治区、直辖市水利（水务）厅（局）、新疆生产建设兵团水利局和各流域管理机构发出通知，有针对性地对水库安全度汛和山洪灾害防御进行再部署再落实，全面压紧压实责任，确保防汛安全。

广西大藤峡水利枢纽灌区工程开工建设
将解决百万亩耕地灌溉问题

中国网 6 月 6 日讯（记者　张艳玲）　记者从水利部获悉，6 日，大藤峡水利枢纽灌区工程开工建设。该项目是国务院部署实施的 150 项重大水利工程之一，也是 2022 年国务院第 167 次常务会议确定的今年重点推进开工建设的 6 大灌区之一，总投资 80.08 亿元。

大藤峡水利枢纽灌区设计灌溉面积 100.1 万亩。工程利用已建的大型和中小型水库作为主要水源，利用正在建设的大藤峡水利枢纽库区自流引水和黔浔江提水作为补充水源，新建渠（管）道 652 千米，新建及恢复 13 座泵站装机容量 1.28 万千瓦。

据了解，大藤峡水利枢纽灌区建设总工期为 60 个月。施工准备期约为 5 个月，主要完成场地平整、场内道路、施工工厂、生产和生活用房、供水、供电等项目。第一年拟同时开工建设南木补水干管、十八山输水隧洞建设。

今日开工建设的主要为南木补水干管部分线路。该项目为新建大型灌区，总投资约 80 亿元，国家按照西部政策给予中央补助投资支持，余下投资由广西多渠道筹集资金解决。为贯彻落实党中央、国务院稳经济扩大有效投资决策部署，切实加快工程建设，广西积极用好用足相关财政政策、金融政策，目前已落实年度建设资金 6.75 亿元，其中地方债券资金 1.75 亿元、金融贷款 5 亿元。

大藤峡水利枢纽灌区地处区域光热条件优越，水资源及耕地资源丰富，适宜进行农业综合开发，不仅是广西壮族自治区重要粮食基地，也是糖料主要生产基地之一。大藤峡水利枢纽灌区工程建成后，可进一步发挥大藤峡水利枢纽的灌溉供水效益，有效解决贵港市、来宾市等桂中典型干旱区骨干水利工程缺乏、耕地灌溉保证率较低、旱灾频繁、村镇人畜用水困难等问题，保证项目区粮食生产安全和村镇供水安全，为当地打造优质特色粮食、高产高糖甘蔗等"两高一优"农产品基地创造条件，促进民族地区乡村振兴和经济社会发展。

我国全面进入汛期！水利部：扛起防汛抗旱天职　确保人员不伤亡，水库不垮坝

中国网 6 月 1 日讯（记者　张艳玲）　1 日，我国全面进入汛期，水旱灾害防御形势日趋紧张。

国家防总副总指挥、水利部部长李国英要求从严、从细、从实采取措施，确保实现"人员不伤亡、水库不垮坝、重要堤防不决口、重要基础设施不受冲击"目标。水利部召开会商会，分析研判当前雨情、水情、汛情形势，进一步安排部

署水旱灾害防御重点工作。

水利部要求各级水利部门要提高政治站位，坚决扛起防汛抗旱天职，坚持人民至上、生命至上，全面压紧压实防御责任，坚决守住水旱灾害防御底线；将隐患排查整治工作贯穿水旱灾害防御全过程，持续开展河道、水库、蓄滞洪区等突出问题排查整治，消除风险隐患；密切监视雨情、水情、汛情，强化预测、预报、预警和会商研判，及时启动应急响应，科学调度流域水工程，全力提供抗洪抢险技术支撑。

督促水库防汛责任人及时上岗到位，加强水库调度运用监管，严禁违规超汛限水位运行，病险水库主汛期原则上一律空库运行，加强巡查值守和抢险转移，严防垮坝事件发生；加强中小河流洪水和山洪灾害监测预报，及时发出预警，提请基层政府组织危险区人员转移，保障生命安全；严格执行 24 小时防汛值班制度，第一时间报告重大突发情况；积极发声，主动回应社会关切，提升社会公众防灾避险意识和自救互救能力。

水利部向各省、自治区、直辖市水利（水务）厅（局）、新疆生产建设兵团水利局和各流域管理机构发出通知，就做好水旱灾害防御工作进行再部署、再落实，提出明确具体要求。

四川雅安芦山县发生 6.1 级地震
水利部：巡查并抢护震损水库　消除险情

中国网 6 月 2 日讯（记者　张艳玲）　6 月 1 日，四川省雅安市芦山县发生 6.1 级地震。水利部高度重视，密切关注震区水利工程设施运行情况，向四川省水利厅发出通知，指导立即组织专业技术力量对震区水库（水电站）、堤防、闸坝、农村饮水安全工程等各类水利工程开展拉网式排查和风险研判，建立震损水利工程清单，逐一落实应急处置措施，及时排除险情。特别是对震损水库，要求加强 24 小时巡查值守，动态掌握水库运行状况，视情况降低水位甚至空库运行，同时立即采取抢护措施消除险情，做好下游危险区群众预警和转移准备，确保人民群众生命安全。

四川省水利厅启动水利抗震救灾二级应急响应，派出 3 个工作组赴震区指导做好水利工程险情排查、重大险情先期处置、应急供水保障等工作，并滚动开展震区及周边影响区域汛情形势分析，加密震区水情监测预报，做好水利抗震救灾各项工作。

中国发布丨南方7省（区）部分中小河流或发生较大洪水
水利部启动水旱灾害防御Ⅳ级响应

中国网6月13日讯（记者　张艳玲）　记者从水利部获悉，为应对南方多地强降雨，水利部6月12日针对福建、江西、湖南、广东、广西、贵州、云南7省（自治区）启动洪水防御Ⅳ级应急响应。

据预报，6月12日至14日，受冷暖空气共同影响，江南南部东部、华南大部、西南东南部等地将有一次强降雨过程。受其影响，珠江流域西江干流部分江段以及广西桂江，广东北江、韩江、贺江，福建闽江，江西赣江、抚河，湖南湘江等主要江河可能发生超警洪水，暴雨区内部分中小河流可能发生较大洪水。

依据《水利部水旱灾害防御应急响应工作规程》，水利部于6月12日12时针对福建、江西、湖南、广东、广西、贵州、云南7省（自治区）启动洪水防御Ⅳ级应急响应，向相关省级水利部门和水利部长江、珠江水利委员会发出通知，要求密切监视雨情、水情、汛情发展变化，及时启动相应等级应急响应，加强会商研判、监测预报、预警发布、水工程调度、巡查防守和抢险技术支撑，重点做好水库安全度汛、中小河流洪水和山洪灾害防御等工作，确保人民群众生命安全。

珠江流域北江将发生大洪水
水利部部长李国英现场指导工程调度

中国网6月20日讯（记者　张艳玲）　6月19日，珠江流域北江发生2022年第2号洪水，目前水位仍在上涨。不考虑工程调控情况下，预报北江干流广东石角站21日上午将出现11.60米左右的洪峰水位，超过警戒水位0.60米，相应流量 17 000 立方米每秒，北江将发生大洪水。

6 月 20 日上午，国家防总副总指挥、水利部部长李国英在水利部珠江水利委员会主持专题会商，进一步部署珠江流域性洪水防御工作。李国英强调，要强化预报、预警、预演、预案措施，系统考虑上下游、左右岸、干支流，滚动进行"降雨—产流—汇流—演进"分析演算；要综合考虑洪水总量、洪峰、过程等要素，聚焦流域防洪控制性断面，精细精准调度水工程，充分发挥水库拦洪削峰错峰作用；要加强巡堤查险，在重点地区、薄弱堤段预置抢险队伍、物料、设备；要及时转移低洼地区、山洪灾害风险区域群众，应撤尽撤、应撤必撤、应撤早撤，全力避免人员伤亡。

会商会后，李国英立即赶赴北江控制性枢纽飞来峡水库，现场研究指导北江洪水调度。乐昌峡、湾头等水库拦蓄北江中上游来水，支流锦江、南水、长湖等水库与干流错峰，可削减飞来峡入库流量 1 600 立方米每秒。飞来峡水库 20 日 15 时起控制下泄流量不超过 16 000 立方米每秒，可拦蓄洪水 3.8 亿立方米，削减石角站洪峰流量 1 000 立方米每秒，最高库水位控制在 25 米左右，既尽力为下游拦洪削峰，又避免库区英德市波罗坑等区域进水受淹。潖江滞洪区利用河道天然滞洪，预计滞洪量 0.95 亿立方米，滞洪区内独树围、叔伯塘围、大厂围做好分洪运用准备，提前转移围内群众。视情启用芦苞涌、西南涌分洪，各分泄流量 300 立方米每秒，尽力减轻北江中下游和珠江三角洲防洪压力。

通过采取上述工程联合调度措施后，可将北江石角站洪峰流量削减 1 100~1 200 立方米每秒，洪峰水位降低 0.5 米，将三水站洪峰流量削减 800 立方米每秒，降低珠江三角洲北干流河段水位 0.4 米，将北江干流及三角洲全线控制在堤防防洪标准之内，确保重要防洪工程安全，确保人民群众生命财产安全。

中国发布丨如何落实 8 000 亿元水利建设资金？水利部将试点水利基础设施 REITs

中国网 6 月 17 日讯（记者　张艳玲）　今年，全国水利建设投资将超过 8 000 亿元。如何落实这些建设资金？水利部提出用改革的办法解决，坚持政府作用和市场机制"两手发力"，用好金融支持政策，推进水利基础设施 PPP 模式发展，试点水利基础设施 REITs。

在 17 日上午水利部召开的推进"两手发力"助力水利高质量发展工作会议上，水利部部长李国英强调，要加快构建现代化水利基础设施体系，推动新阶段水利高质量发展，全面提升国家水安全保障能力，推进水利领域"两手发力"工作。

坚持政府作用和市场机制两只手协同发力，充分用好金融支持水利基础设施政策，推进水利基础设施 PPP 模式发展，鼓励和吸引更多社会资本参与水利基础设施建设运营，推动水利基础设施 PPP 模式规范发展、阳光运行。积极稳妥推进水利基础设施投资信托基金（REITs）试点工作。深化水价形成机制改革、用水权市场化交易制度改革、节水产业支持政策改革、水利工程管理体制改革，通过改革协同，充分激发市场主体活力。

针对水利基础设施 REITs 试点工作，水利部已落实国家有关部门出台的基础设施不动产投资信托基金政策，指导各级水利部门和水利企业，将具有供水、灌溉、水力发电等功能，具备一定收益能力的水利基础设施项目，通过 REITs 方式盘活存量资产，扩大水利有效投资。

"全面加强水利基础设施建设投资需求巨大，在加大政府投入的同时，必须更多运用改革办法解决建设资金问题。充分发挥市场机制作用，更多利用金融信贷资金和吸引社会资本参与水利建设，多渠道筹集建设资金，满足大规模水利建设的资金需求。"水利部副部长魏山忠表示，下一步，水利部将建立健全推进"两手发力"工作机制和责任体系，鼓励各地积极探索，先行先试，拓宽水利基础设施长期资金筹措渠道，为加快构建现代化水利基础设施体系、全面提升国家水安全保障能力提供有力支撑。

珠江流域再次形成流域性较大洪水
水利部调度水库群减轻下游防洪压力

中国网 6 月 20 日讯（记者　张艳玲）　记者从水利部获悉，20 日上午，国家防总副总指挥、水利部部长李国英来到珠江流域的北江，指导飞来峡、乐昌峡、湾头等水库调度，进一步削减北江干流洪水，减轻珠江三角洲防洪压力。

受近期强降雨影响，6 月 18 日，珠江流域西江中下游干流水位止落复涨，19 日，西江发生 2022 年第 4 号洪水，北江发生 2022 年第 2 号洪水，珠江流域再次形成流域性较大洪水。

据气象预报，6月20日至21日，珠江流域柳江、桂江仍将有较强降雨。不考虑水库调蓄情况下，预计西江梧州站23日将出现42 000立方米每秒左右的洪峰流量，超警戒水位5.5米左右，北江石角站20日将出现16 000立方米左右的洪峰流量，西江、北江干流及三角洲地区防洪形势严峻。

经综合研判，6月16日起，水利部珠江水利委员会提前调度流域骨干水库。西江上游龙滩、岩滩等大型水库全力拦洪，其中龙滩水库出库流量由4 000立方米每秒逐步压减到500立方米每秒左右，最大削减上游来水3 500立方米每秒。柳江落久、麻石、拉浪等水库适时拦洪，削减柳州站洪峰流量1 000立方米每秒。桂江青狮潭、小溶江、川江、斧子口水库和郁江百色等水库有效错峰。另外，充分发挥西江最后一个防洪控制性枢纽大藤峡水库作用，已将水位降至44米，提前预泄腾空7亿立方米库容，在确保自身安全的前提下拦洪削峰。

在洪峰到达梧州站之前，19日上午，李国英来到大藤峡水库现场，和广西壮族自治区党委书记刘宁一起，组织珠江水利委员会、广西水利厅等进一步研判防汛形势。大藤峡水库计划20日15时起按照较入库流量削减1 200立方米每秒进行调度。预计采取上述综合措施后，可将梧州站洪峰流量削减到37 000立方米每秒左右，降低梧州江段水位1.5米以上，最大程度减轻西江下游及珠江三角洲地区防洪压力。经过西江和北江干支流水库群联合调度，可降低珠江三角洲西干流河段水位0.7米左右，将西江、北江及三角洲主要堤防水位控制在防洪标准之内。

拦洪约7亿立方米！
大藤峡工程全力迎战西江4号洪水

中国网6月23日讯（记者　张艳玲） 记者从水利部获悉，受持续强降雨影响，6月19日，西江发生2022年第4号洪水，流域防汛形势十分严峻。根据水利部珠江委（珠江水利委员会简称）统一调度，6月20日15时起，大藤峡工程开启拦洪运用，在保障工程自身安全的前提下，科学调度，精准控泄。截至6月23日8时，工程拦蓄洪水约7亿立方米，避免了与桂江洪水叠加，有效减轻梧州和粤港澳大湾区防洪压力。

迎战西江第4号洪水期间，大藤峡公司按照水利部、水利部珠江委工作部署，研究工程防汛工作，全力做好洪水防御各项准备工作。

运用汛前搭建的大藤峡工程防洪与水量调度"四预"平台，开展防御洪水调度。强化气象水文预报合作，提高雨水情预报精准度，将24小时预见期流量预报精度提高至90%。向地方政府和水利、应急等部门发布2次防洪调度报告，滚动发送泄流预警信息3 000余条，提醒做好转移避险和险情抢护。设定不同情景目标，拟订不同调度方案，实时分析面临的风险形势，对调度方案进行模拟仿真预演。根据水情变化及预演结果，优化调整预案体系，提高预案科学性和可操作性，为防汛决策提供有力支撑。

严格按照水利部珠江委调度指令，科学开展水库调度。提前将库水位降至防洪运用最低水位44米运行，预泄腾空7亿立方米库容，在确保自身安全的前提下拦洪削峰，动态调整出库流量，有效减轻下游防洪压力，充分发挥流域骨干枢纽防洪作用。6月20日15时，水库自44米水位开始拦蓄，为最大限度错开桂江洪峰，6月21日17时，水库开始加大拦蓄洪水力度，22日20时，拦蓄至50米水位，23日8时，拦蓄至初期运行最高水位52米，拦蓄洪水约7亿立方米。

当前仍处于防汛关键时期，据气象预报，6月底大藤峡工程还可能遭遇暴雨洪水影响，防汛任务依然繁重。大藤峡公司将按照水利部、水利部珠江委统一部署，继续加强水情预测预报预警，科学精细调度水库，强化沟通协调、信息报送和值班值守，全力做好暴雨洪水防御各项工作，确保工程度汛安全和上下游人民群众生命财产安全。

北江将有特大洪水，西江正演进！水利部：力争跑赢洪水演进速度

中国网6月22日讯（记者 张艳玲） 记者从水利部获悉，受近期强降雨影响，当前珠江流域西江、北江水位持续上涨，预报北江6月22日可能发生特大洪水，西江4号洪水正在演进过程中，且6月27—29日，西江上游还将有强降雨，极有可能形成新一轮洪水过程，珠江流域防汛形势复杂严峻紧迫。珠江防总于6月21日22时将防汛Ⅱ级应急响应提升至Ⅰ级。

6月21日，国家防总副总指挥、水利部部长李国英再次主持防汛专题会商，视频连线广东省人民政府、水利厅和水利部珠江水利委员会，分析研判珠江流域

雨情、汛情、工情形势，研究部署北江、西江洪水防御工作。李国英强调，要以"人员不伤亡、水库不垮坝、北江西江干堤不决口、珠江三角洲城市群不受淹"为目标，进一步细化实化各项防御措施，全力做好珠江流域洪水防范应对工作。

李国英要求，西江要继续科学精细调度干支流水库群拦洪削峰错峰，特别是精准调度大藤峡水利枢纽，用好每一立方米库容，坚决避免西江、北江洪峰遭遇，同时统筹考虑后期极有可能出现的新一轮暴雨洪水过程，提前做好水库调控应对准备。

北江要充分发挥流域防洪工程体系作用，联合运用河道及堤防、水库、蓄滞洪区，充分发挥上游支流乐昌峡、湾头水库拦蓄洪水作用；精准调度运用干流飞来峡水利枢纽，在尽力减轻库区淹没损失和工程自身安全的前提下，做到一个流量、一立方米库容、一厘米水位地精细调度，充分发挥其调控功能；提前做好潖江蓄滞洪区运用准备，精准投入时机，有效削减洪峰；及时启用芦苞涌、西南涌分洪水道，有效减轻北江大堤防洪压力。

要加强西江、北江大堤巡堤防守，前置防汛队伍、料物、措施，坚决做到抢早、抢小、抢住，确保大堤绝对安全。要切实抓好山洪灾害防御，做细做实防御预案，提前发布预警，及时转移避险，做到应撤尽撤、应撤必撤、应撤早撤，强化转移人员安置管理，确保人民群众生命安全。要将暴雨洪水预警信息直达水库防汛"三个责任人"，逐一落实强降雨区水库，特别对小型水库和病险水库要逐一落实防漫坝、防溃坝措施，确保水库不垮坝。

水利部要求，以上部署要立即行动，确保各项应对准备工作跑赢洪水演进速度。

另外，珠江防总向广东省人民政府发出通知，要求进一步落实防汛责任，加密监测预报预警，精细调度水工程，科学安排蓄洪、滞洪、分洪等措施，强化水库安全度汛、堤防巡查防守和山洪灾害防御，全力做好受威胁地区人员转移避险和抢险救援工作，确保人民群众生命财产安全，确保西江、北江重要堤防和珠江三角洲城市群防洪安全。

北方四省（区）干旱
水利部启动干旱防御IV级应急响应

中国网 6 月 25 日讯（记者　张艳玲）　记者从水利部获悉，针对可能持续的内蒙古、河南、陕西、甘肃等省（自治区）旱情，水利部 25 日启动干旱防御 Ⅳ 级应急响应。

4 月以来，江淮大部、黄淮、华北大部、西北东部中部等地降雨较常年同期偏少 3 ~ 7 成。受其影响，北方部分地区旱情露头并快速发展。据预测，未来一段时间，西北东部及华北局部降雨仍然偏少，内蒙古、河南、陕西、甘肃等省（自治区）旱情可能持续或发展。

针对内蒙古、河南、陕西、甘肃 4 省（自治区）旱情，根据《水利部水旱灾害防御应急响应工作规程》，水利部 25 日 16 时启动干旱防御 Ⅳ 级应急响应，并发出通知，指导相关地区密切监视雨情、水情、旱情，科学调度水利工程，强化各项抗旱措施，全力确保群众饮水安全，努力保障农业灌溉用水需求，尽可能减轻干旱影响和损失。水利部已派出工作组赴内蒙古自治区指导地方做好抗旱工作。

引江补汉工程开工，建成后南水北调 中线平均调水量将增至 115.1 亿立方米

中国网 7 月 7 日讯（记者　张艳玲）　7 日，湖北省丹江口市三官殿街道格外不同，备受瞩目的引江补汉工程在这里拉开建设帷幕。

引江补汉工程是南水北调后续工程首个开工项目，是全面推进南水北调后续工程高质量发展、加快构建国家水网主骨架和大动脉的重要标志性工程。工程全长 194.8 千米，施工总工期 9 年，静态总投资 582.35 亿元。据测算，工程建成后，南水北调中线多年平均北调水量将由 95 亿立方米增加至 115.1 亿立方米。

连通"大水缸"与"大水盆"，实现南北两利

"南方水多，北方水少，如有可能，借点水来也是可以的。"——这是毛泽东同志在 1952 年提出的伟大构想。

历经半个多世纪的论证、勘测、规划、设计、建设，"南水北调"的构想终于照进现实。

2014 年 12 月，南水北调东、中线一期工程实现全面通水。7 年多来，累计

调水 540 多亿立方米，受益人口超 1.4 亿人。

北上的一渠清水，极大地缓解了北方受水地区供用水矛盾，也在悄然间改变着当地的用水格局。原本规划设计作为补充水源的中线工程已经成为受水区的主力水源。以北京为例，人们每喝的 10 杯水中，就有约 7 杯来自南水。

与此同时，水源区汉江生态经济带的建设，也对汉江流域水资源的保障能力提出了新的要求。一旦遭遇汉江特枯年份，丹江口水库来水量少，在不影响汉江中下游基本用水的前提下，难以充分满足向北方调水的需求。

面对新形势、新任务，"开源"摆上了推进南水北调后续工程高质量发展的重要议事日程。人们将目光投向了位于长江干流的三峡水库。

如果将多年平均入库水量达 374 亿立方米、总库容 339 亿立方米、调节库容 190.5 亿立方米的丹江口水库比作汉江流域的"大水盆"，那么多年平均入库水量超 4 000 亿立方米、总库容 450 亿立方米、调节库容 221.5 亿立方米的三峡水库可以看作是长江流域"大水缸"，是一个水量充沛且稳定的"大水缸"。

"通过实施引江补汉工程，连通南水北调与三峡工程两大'国之重器'，对保障国家水安全、促进经济社会发展、服务构建新发展格局将发挥重要作用。"水利部南水北调司司长李勇表示，实施引江补汉工程，将进一步打通长江向北方输水新通道，完善国家骨干水网格局，为汉江流域和京津冀豫地区提供更好的水源保障，实现南北两利。

现场实勘周密论证，前期调研力求最优解

历经 90 天奋斗，一个千米钻孔诞生，深 1 105.1 米……今年 5 月，引江补汉工程勘查现场再次传来捷报。据介绍，该钻孔是引江补汉工程勘查现场打出的第 4 个千米深孔，其深度在中国水利水电行业排名第二。

线路长、埋深大，沿线山高谷深，断层褶皱发育，软质岩及可溶岩广泛分布，地形地质条件十分复杂，岩爆、岩溶、软岩大变形等工程地质问题突出，是引江补汉工程开展前期可行性研究过程中面临的现实挑战。

中国工程院院士、长江设计集团董事长钮新强带领团队，开展地质勘查、规模论证、线路比选等工作，综合考虑地形地质、取水条件、社会环境等因素，力求找到最优解决方案。

在野外现场，勘察工作紧锣密鼓，尽快将获取的基础成果送达后方，以便迅速开展分析研判。在后方，规划、水工、施工等多领域专业人员加班加点进行工

程规模论证、工程布局研究，将需要重点勘察内容及时告知现场作业人员。

前后方并肩作战，上千位工程师采用航测、常规钻探、复合定向钻探、大地电磁等传统加高科技手段，对工程区 8 000 多平方千米，相当于 1.5 个上海市的面积进行了全面"体检"，为最大限度地避开极易导致隧洞灾害的强岩溶区和规模巨大断裂带，寻找最佳线路打下了坚实的基础。

通过技术、经济综合比选，引江补汉工程从长江三峡水库库区左岸龙潭溪取水，经湖北省宜昌市、襄阳市和十堰市，输水至丹江口水库大坝下游汉江右岸安乐河口，采用有压单洞自流输水，是我国在建综合难度最大的长距离引调水隧洞工程。

高峰期，引江补汉工程勘察设计项目现场工作人员达 1 500 余人，钻探机等仪器设备达 80 多台（套）。

"引江补汉工程是深入贯彻落实党中央、国务院决策部署的重要项目，在依法合规的前提下，要紧盯开工目标不放松，推进工程顺利立项建设。"水利部规划计划司司长张祥伟说。

织密国家水网，助力稳增长、促就业、惠民生

南水北调工程规划提出构建"四横三纵、南北调配、东西互济"的格局，即建设东、中、西三条调水线路，沟通长江、淮河、黄河、海河水系。与规划目标相比，南水北调目前仅东、中线一期工程建成运行，需要继续联网补网，进一步提升调配南水水资源的能力。

"引江补汉工程的开工，标志着南水北调后续工程建设拉开序幕，国家水网的主骨架、主动脉将更加坚实、强劲。"张祥伟表示，下一步将深化东线后续工程可研论证，推进西线工程规划，积极配合总体规划修编工作。充分发挥南水北调工程优化水资源配置、保障群众饮水安全、复苏河湖生态环境、畅通南北经济循环的生命线作用。

今年 1—6 月，全国水利建设全面提速，取得了明显成效。重大水利工程具有吸纳投资大、产业链条长、创造就业多的优势。研究表明，重大水利工程每投资 1 000 亿元，可以带动 GDP 增长 0.15 个百分点，新增就业岗位 49 万。在织密国家水网的同时，以引江补汉工程为代表的一批重大水利工程近期陆续开工，在提振信心、稳定社会预期和稳增长、促就业、惠民生方面发挥着积极作用。

随着以引江补汉为代表的多项重大水利工程陆续开工，水利基础设施建设步

伐不断加速，一张"系统完备、安全可靠，集约高效、绿色智能，循环通畅、调控有序"的国家水网正徐徐展开。

珠江流域北江发生今年第 3 号洪水
水利部：调度骨干水库有效防控

中国网 7 月 5 日讯（记者　张艳玲）　受近日强降雨影响，珠江流域北江、西江干支流水位普涨。7 月 5 日 7 时 35 分，北江干流石角水文站流量 12 000 立方米每秒，依据水利部《全国主要江河洪水编号规定》，编号为"北江 2022 年第 3 号洪水"。今年以来，西江、北江共发生 7 次编号洪水，其中北江发生 3 次编号洪水，编号数量均为 1949 年以来最多。

据预报，今明两日北江上中游、西江中下游仍有较强降雨，北江、西江中下游干流及珠江三角洲维持较高水位。今年入汛以来，北江、西江长时间大流量行洪，河道及堤脚等持续冲刷，堤防闸坝高水位运行，暴雨频繁，土壤饱和，工程出险和发生山洪灾害的风险加大，防御形势严峻。

7 月 4 日晚，国家防总副总指挥、水利部部长李国英主持专题会商会，提前研判部署暴雨洪水防御工作。

李国英要求，要逐流域明确暴雨洪水防御措施。珠江流域以北江为重点，联合调度上游乐昌峡、湾头和干流飞来峡等水库调控洪水，适时拦洪削峰错峰，加强北江大堤等堤防巡查防守，提前转移低洼地带人员，确保人民群众生命安全和工程安全。要摸清强降雨区中小型水库和病险水库分布及运行状态，逐一落实防漫坝、防垮坝措施，确保水库不垮坝。要逐河流、逐村庄落实中小河流洪水和山洪灾害防御措施，根据前期降雨情况动态调整预警阈值，及时发布预警，果断组织转移避险，做到应撤早撤、应撤必撤、应撤尽撤，确保人民群众生命安全。

会后，水利部针对中小水库安全度汛、山洪灾害防御分别发出通知，要求确保群众生命安全、工程安全。

7 月 5 日上午，水利部副部长刘伟平主持防汛会商，进一步分析珠江等流域汛情形势，安排重点水库调度、堤防巡查防守等暴雨洪水防御工作。水利部指导珠江水利委员会联合调度西江龙滩、百色、大藤峡等骨干水库群拦洪削峰，有效减轻下游防洪压力，控制梧州站水位在警戒水位以下约 1 米。广东省水利厅调度北江上游乐昌峡、湾头等水库全力拦洪，中游飞来峡水库 7 月 4 日白天压减下泄流量，为下游低洼地带人员转移避险赢得时间，随后逐步降低水库水位，为英德等地洪水下泄创造有利条件。全省水利系统共 9 100 余人次开展巡堤查险和技术指导，累计发送预警短信 35 万余条。

目前，水利部维持洪水防御Ⅳ级应急响应，派出的工作组、专家组继续在广东、广西防汛一线，指导做好巡堤查险、水库安全度汛、山洪灾害防御等工作。

上半年我国新开工水利项目 1.4 万个
投资规模达 6 095 亿元

中国网 7 月 11 日讯（记者　张艳玲）　"今年上半年，我国新开工水利项目达 1.4 万个，投资规模达 6 095 亿元。" 11 日，在水利部举行的 2022 年上半年水利基础设施建设进展和成效新闻发布会上，水利部副部长魏山忠表示，我国水利工程建设取得显著成效，新开工项目开工加快，投资强度增大，工程建设提速，重大水利工程项目和完成投资均创历史新高。

魏山忠介绍，上半年开工的项目中投资规模超过 1 亿元的有 750 个，其中重大水利工程开工数量达 22 项，投资规模达 1 769 亿元。"对照年度开工目标，时间过半，任务完成过半。"

另外，1—6 月，全国落实水利建设投资 7 480 亿元，较去年同期提高 49.5%。在地方政府专项债券方面，水利项目落实 1 600 亿元，较去年同期翻了近两番，水利建设投资完成 4 449 亿元，较去年同期提高 59.5%，其中流域防洪工程体系、国家水网重大工程、河湖生态修复保护完成投资 4 046 亿元，占全国 1-6 月完成投资的 90.9%。"上半年，水利落实投资和完成投资均创历史新高。"

上半年，一批重大水利工程实现重要节点目标，完成投资大幅增加。农村供水工程建设 9 000 余处，完工 3 700 余处，提升了 1 688 万农村人口供水保障水平。病险水库除险加固、中小河流治理、大中型灌区改造、中小型水库建设等项目进度加快。目前，在建水利项目 2.88 万个，施工吸纳就业人数 130 万人，其中农民工达 95.7 万人。

魏山忠表示，下一步，水利部将加大推动力度，做好工程安全度汛，抓好安全生产，强化质量控制，确保完成年度水利建设各项目标任务，为保持经济运行在合理区间作出水利贡献。

东北地区 40 多条河流超警！
部分水库提前预泄腾库，适时拦洪削峰

中国网 7 月 15 日讯（记者　张艳玲）　记者从水利部获悉，受近期降雨影响，东北 40 多条河流发生超警以上洪水，其中，11 条河流发生超保洪水。水利部部署暴雨洪水防范工作，并派出工作组赴黑龙江省等地防汛一线，指导当地水利部门科学调度骨干水库，提前预泄腾库，适时拦洪削峰。

6 月下旬以来，东北地区辽河、松花江等流域出现 4 次强降雨过程，辽河流域累积面雨量 223 毫米，列 1961 年以来同期第 1 位；松花江流域累积面雨量 135 毫米，列 1961 年以来同期第 2 位。受其影响，辽河及支流东辽河、招苏台河，松花江支流伊通河、饮马河，嫩江支流雅鲁河等 40 条河流发生超警以上洪水，其中辽河干流通江口河段等 11 条河流发生超保洪水，伊通河伊通站 7 月 13 日 23 时洪峰流量 836 立方米每秒，列 1957 年有实测资料以来第 1 位。

7 月 14 日 14 时，辽河干流福德店至通江口、珠尔山以下河段超警 0.29 ~ 1.04 米，洪水正向下游平稳演进，预计超警时间可能持续至 8 月初；黑龙江上游干流开库康至呼玛江段水位超警 0.20 ~ 0.52 米，预计大兴安岭地区三道卡至黑河市张地营子乡江段将超警，7 月 20 日前后将全线退至警戒水位以下。

为应对东北地区汛情，水利部滚动会商研判，提前发出通知安排部署暴雨洪水防范工作，并派出工作组赴黑龙江省等地防汛一线指导。水利部松辽水利委员会启动水旱灾害防御Ⅳ级应急响应，会同有关省科学调度松花江丰满和白山、嫩江尼尔基、浑河大伙房、太子河观音阁、东辽河二龙山等骨干水库，提前预泄腾库，适时拦洪削峰。辽宁省强化辽河、浑河、太子河等重点江河堤防巡查防守，转移受威胁地区群众 400 余人。吉林、黑龙江省水利厅启动水旱灾害防御Ⅳ级应急响应，重点做好中小水库安全度汛、中小河流洪水和山洪灾害防御等工作。

今年我国将治理 174 条中小河流　一条一条地治理　确保治理一条、见效一条

中国网 7 月 12 日讯（记者　张艳玲）　11 日，水利部举行 2022 年上半年水利基础设施建设进展和成效新闻发布会，谈到中小河流治理，水利部水利工程建设司司长王胜万表示，截至 2021 年底，我国中小河流累计完成治理河长超过 10 万千米。今年，水利部计划完成 174 条河流治理，改进治理模式，推进中小河流系统治理，一条河一条河地治理，确保"治理一条、见效一条"。

我国中小河流面广量大，治理任务艰巨而繁重。去年，中小河流治理取得了阶段性成果。面对中小河流治理的新形势、新要求，王胜万表示，今年水利部改进治理模式，树立流域治理观念，逐流域规划、逐流域治理、逐流域验收，补齐防汛薄弱环节短板，高质量推进新阶段中小河流治理工作，全面完成年度中小河流治理任务。

水利部树牢"流域一盘棋"意识，以流域为单元，组织各流域管理机构、各省份科学编制中小河流治理总体方案，目前已启动总体方案编制工作。水利部还提出 2023—2025 年中小河流治理河流的清单和治理方案，区分轻重缓急，达到"治理一条、建设一条"。

今年，水利部将全面推进中小河流系统治理，对中小河流治理项目实施台账式管理，加强组织协调，及时解决项目建设堵点、难点问题；对进度滞后省份采取通报、约谈、现场督导等措施，确保项目顺利推进和建设任务按期完成。

据了解，今年中央财政水利发展资金分两批安排了 213.4 亿元，下达治理任务 12 013 千米，安排治理河流 1 466 条，涉及项目 1 815 个。截至 6 月 30 日，已开工项目 1 179 个，完成治理河长 3 888 千米，占下达治理任务的 32.4%；各地已经完成中央财政水利发展资金分解 221.34 亿元，地方落实建设资金 93.68 亿元，已完成投资 141.57 亿元，投资完成率达到 46.4%。

中国发布丨辽河发生 1 号洪水
水利部启动洪水防御Ⅳ级应急响应

中国网 7 月 17 日讯（记者　张艳玲）　受近期降雨影响，辽河干流出现洪水过程，铁岭站 7 月 17 日 11 时水位涨至 60.22 米，与警戒水位持平。依据水利部《全国主要江河洪水编号规定》，编号为"辽河 2022 年第 1 号洪水"。目前，辽河干流福德店以下河段维持超警。

水利部 17 日 10 时针对辽宁省汛情启动洪水防御Ⅳ级应急响应，向辽宁省水利厅和水利部松辽水利委员会发出通知，要求密切关注雨情、水情、汛情，加强值班值守、监测预报和会商研判，强化水工程防洪调度运用和堤防巡查防守，做好水库安全度汛、中小河流洪水和山洪灾害防御等工作，确保群众生命安全。

水利部工作组正在辽宁省防汛一线指导做好暴雨洪水防御工作。

中国发布丨500 亿立方米南水调入北方！
逾 8 500 万人受益，多方争水局面缓解

中国网 7 月 22 日讯（记者　张艳玲）　记者从水利部获悉，截至 7 月 22 日，南水北调中线一期工程陶岔渠首入总干渠水量突破 500 亿立方米，相当于为北方地区调来黄河一年的水量，工程受益人口超过 8 500 万。其中，向雄安新区供水 7 800 万立方米，为雄安新区建设，以及城市生活和工业用水提供了优质水资源保障。

南水北调中线一期工程年调水量升至 90 亿立方米

南水北调工程是国家水网主骨架和大动脉，中线一期工程的建成通水，沟通了长、黄、淮、海四大流域，与东线一期工程一起，初步构筑了我国南北调配、东西互济的水网格局。全面通水以来，通过实施科学调度，中线一期工程年调水量从 20 多亿立方米持续攀升至 90 亿立方米。

在做好精准精确调度的基础上，水利部和中国南水北调集团公司充分利用汛前腾库容的有利时机，挖掘工程输水潜力，向北方多调水、增供水，2020年、2021年中线一期工程供水量连续两年超过规划多年平均供水规模。特别是2021年，工程管理单位通过强化预报、预警、预演、预案措施，科学精准调度工程，实现中线工程年度调水突破90亿立方米，完成年度计划的121%。

水质优良　成沿线大中城市供水新生命线

中线工程供水已成为沿线大中城市供水新的生命线：北京城区七成以上供水为南水北调水；天津市主城区供水几乎全部为南水；河南、河北两省的供水安全保障水平都得到了新提升。随着中线后续工程建设持续推进，工程效益将得到更充分发挥，供水安全保障水平将得到新的提升，我国北方地区水资源配置格局将得到进一步优化。

南水北调中线一期工程建成通水以来，供水水质优良，口感佳，有效提高了受水区群众的获得感，有力保障了受水区群众饮水安全。通过长期持续加强水源区水质安全保护，丹江口水库和中线干线通水以来供水水质一直稳定在地表水水质Ⅱ类标准及以上。

生态补水超89亿立方米　多方争水局面缓解

南水北调中线一期工程综合施策，减少水土流失，保护和恢复生态原貌。向沿线50多条河流湖泊生态补水，串联起沿线的山水林田湖草，形成良好的绿色生态系统。截至7月22日，累计生态补水超过89亿立方米，受水区特别是华北地区，干涸的洼、淀、河、渠、湿地重现生机，河湖生态环境复苏效果明显。另外，沿线受水区置换出大量地下水和地表水，使农业、工业、生活及生态环境争水的局面得到缓解，原来被挤占的农业水量退还于农业，显著增强了农业抵御干旱灾害的能力，沿线地区农田灌溉保证率，小麦、玉米、棉花等作物生产效益大大提高。

南水北调中线一期工程贯穿京津冀豫，形成了水系互联、互通、共济的供水格局，源源不断的新增优质水资源，盘活存量水资源，挖掘和释放受水区优势经济资源要素潜力，实现南北之间各类经济资源要素的畅通流动、优势互补。南水北调中线工程在缓解区域水资源供需矛盾方面已经发挥了重要作用，未来，在维护区域水资源安全、支撑经济社会可持续发展等方面，工程将扮演越来越重要的角色。

当前，水利部和中国南水北调集团公司正按照党中央、国务院决策部署，抓紧组织做好后续工程规划建设各项工作，加快推进南水北调后续工程高质量发展。

我国防汛进入"八上"关键期，局地洪涝和干旱并存

中国网 8 月 1 日讯（记者　张艳玲）　7 月 31 日，国家防总副总指挥、水利部部长李国英主持专题会商，研判"八上"防汛关键期洪旱形势，部署水旱灾害防御工作。李国英强调，要立足防大汛、抢大险、救大灾，保持"打硬仗、打赢仗"的精神状态，将各项应对准备工作做在洪水干旱前面。

李国英指出，当前即将进入"八上"防汛关键期，预报此期间，我国局地洪涝和干旱并存，松辽流域松花江、辽河、浑河、太子河，海河流域北系和滦河，黄河中游北干流，珠江流域北江和东江下游等河流可能发生洪水；长江中下游地区可能发生干旱，水旱灾害防御形势严峻。

李国英要求，提前做好防洪应对准备。针对预报可能发生洪水的流域，迅即调度大中型水库腾出防洪库容，使其有足够的能力对洪水实施精准调控；加强对河流堤防特别是险工险段、薄弱堤段的防守，提前预置抢险队伍、料物和设备，确保不决口；逐库落实中小型水库、病险水库防汛"三个责任人"和"三个重点环节"，确保不垮坝；严格落实山洪灾害防御责任，降低预警阈值，对受威胁区域人员坚决做到早撤、快撤、尽撤，重点落实景区管控和山丘区跨河桥梁可能堵塞河道防御措施，确保人员不伤亡。

要提前做好防台风准备。密切跟踪第 5 号台风"桑达"移动路径，做好其影响流域、区域的洪水防御；密切关注后续台风动态，加强监测预报，提前做好防范预案。提前做好冰川堰塞湖溃决洪水防御准备。加强冰川堰塞湖洪水监测和动态跟踪预报，掌握洪水影响范围和对象，提前撤离受威胁区域人员。提前做好抗旱准备。强化旱情监测预报，科学精细调度长江三峡水库及长江上游水库群和洞庭湖"四水"、鄱阳湖"五河"水库群，做好抗旱水资源准备，确保旱区群众饮水安全，保障牲畜饮水和秋粮作物时令灌溉需求。扎实做好引江济太水量调度。做好水情预测预报，加强水文水质和流场监测，精准控制调水过程、流量、水量、水位等，避免蓝藻暴发，确保太湖水资源、水生态、水环境安全。

4—6日粤桂云贵有大到暴雨，部分中小河流或超警！水利部部署防范工作

中国网8月4日讯（记者　张艳玲）　8月3日17时，我国南海海面活动的热带扰动加强为热带低压，并于8月4日9时40分前后在广东省惠东县沿海登陆，预计将向西偏北方向移动，强度逐渐减弱。受其影响，8月4—6日，广东、广西、云南、贵州南部等地部分地区将有大到暴雨，部分中小河流可能发生超警洪水。

国家防总副总指挥、水利部部长李国英要求严密防范热带低压登陆形成的暴雨洪水，确保安全。8月4日上午，水利部副部长刘伟平主持防汛会商，分析研判华南地区雨情、汛情形势，安排部署防御工作，要求滚动监测预报，科学调度水工程，强化水库安全度汛、山洪灾害防御、低洼地区预警转移等措施。

水利部向有关省（区）水利厅"一省一单"发出通知，通报强降雨覆盖县（区）及水库名单，要求落细落实各项措施，有针对性地做好防范；派出2个工作组分赴广西、广东，督促指导地方做好相关工作。

8月上旬我国主要降雨区呈"一南一北"分布水利部部署防御工作

中国网8月6日讯（记者　张艳玲）　8月5日，国家防总副总指挥、水利部部长李国英主持专题会商，滚动研判"八上"关键期汛情、旱情形势，安排部署应对准备工作。李国英强调，牢固树立防汛关键期意识，坚持底线思维、极限思维，始终绷紧"防"的神经，毫不松懈、预之在先，以"时时放心不下"的责任感，落细落实各项应对措施，坚决打好有准备之仗、有把握之仗。水利部副部长刘伟平参加会商。

李国英指出，据预报，"八上"期间，我国主要降雨区呈"一南一北"分布。松辽流域松花江、浑河、太子河、辽河及其支流绕阳河，海河流域滦河、北三河、大清河、子牙河，黄河北干流上段，珠江流域北江、东江、韩江可能发生洪水。

长江流域气温偏高、降水偏少，大部分地区将发生干旱。

李国英要求，一是逐流域提前做好防洪准备。松辽流域控制性水库抓住降雨间歇期腾库迎汛，做好拦洪准备，加强辽河干支流堤防特别是沙基沙堤段、险工险段、穿堤建筑物堤段的巡查防守，及时清除河道内阻水障碍等，抓紧做好绕阳河堤防溃口堵复，防范后续洪水；海河流域上游水库全力拦蓄，及时清除河道行洪障碍，充分发挥河道泄流、分流作用；黄河中游地区要加强淤地坝巡查值守，及时发布预警，提前转移危险区域群众；珠江流域要针对前期降雨多、土壤饱和等情况，落实落细各项防御措施，科学调度流域骨干水库。

二是落细落实强降雨区中小水库、病险水库防汛责任和防垮坝措施，确保水库不垮坝。

三是严密防范山洪灾害，重点关注海河流域太行山东麓、松辽和珠江流域山丘区，及时发布预警，提前转移群众。

四是密切监视台风态势，精准预报移动路径、影响范围、江河洪水等，提前做好防御准备。

五是确保南水北调中线防洪安全，以干线交叉河道为重点，逐一做好上游水库调度、河道渠道巡查防守，在易出险段点预置抢险力量、物料、设备等，提前做好应对准备。

六是预筹抗旱水资源，科学调度长江三峡水库及长江上中游水库群和洞庭湖、鄱阳湖水系水库群，千方百计确保旱区群众饮水安全、保障秋粮作物灌溉用水。

七是依法依规分解落实流域管理机构、地方水行政主管部门、水库及河道管理单位、责任岗位及责任人防汛抗旱责任，做到全方位、无死角、不落一项。

6—10 日北方 8 省份将现强降雨
水利部启动水旱灾害防御Ⅳ级应急响应

中国网 8 月 6 日讯（记者　张艳玲）　据预报，8 月 6—10 日，北京、天津、河北、山西、内蒙古、山东、河南、陕西等地将出现强降雨过程，海河流域大清河、子牙河、永定河、北三河、滦河，黄河流域中游干流及支流汾河、山陕区间皇甫川、窟野河、无定河、秃尾河、湫水河、下游大汶河，淮河流域山东小清河等河流将出现明显涨水过程，暴雨区部分河流可能发生超警洪水。

依据《水利部水旱灾害防御应急响应工作规程》，水利部 8 月 6 日 12 时针对北京、天津、河北、山西、内蒙古、山东、河南、陕西省（区、市）启动洪水防御Ⅳ级应急响应，并发出通知，要求相关地区水利部门和水利部黄河、淮河、海河水利委员会密切关注雨水情变化，加强监测预报、会商分析和值班值守，重点做好水库、淤地坝和在建工程安全度汛、中小河流洪水和山洪灾害防御等工作，确保群众生命安全。水利部信息中心（水文水资源监测预报中心）发布洪水蓝色预警，提醒有关地区和社会公众注意防范。

中国发布丨水利部：前 7 个月完成水利建设投资 5 675 亿元　同比增加逾 7 成

中国网 8 月 10 日讯（记者　张艳玲）　记者从水利部 10 日举行的水利基础设施建设进展和成效新闻发布会上获悉，水利部高效推进水利建设，不断取得新成效。截至 7 月底，全国新开工重大水利工程 25 项，在建水利项目达 3.18 万个，投资规模 1.7 万亿元；完成水利建设投资 5 675 亿元，较去年同期增加 71.4%。

水利部副部长刘伟平表示，今年以来，水利部多措并举，全力推进农村供水工程、大中型灌区建设和现代化改造工作，指导各地尽快开工建设，力争早完工、早受益；支持脱贫地区利用乡村振兴有效衔接资金，补齐农村供水设施短板；各地统筹财政资金、地方政府专项债券、银行贷款、社会资本，落实农村供水工程建设资金 743 亿元。此外，安排农村供水工程维修养护中央补助资金 30.7 亿元。安排投资 388 亿元，用于 24 处在建大型灌区建设和 505 处大中型灌区现代化改造。

据统计，截至 7 月底，各地共完成农村供水工程建设投资 466 亿元，是去年同期的 2 倍多；已开工农村供水工程 10 905 处，提升了 2 531 万农村人口供水保障水平；农村供水工程维修养护完成投资 25.1 亿元，维修养护工程 6.7 万处，服务农村人口 1.3 亿人。

提及大中型灌区建设改造，刘伟平介绍，我国农田有效灌溉面积达 10.37 亿亩，占全国耕地面积的 54%，生产了全国 75% 的粮食和 90% 的经济作物。"大中型灌区是我国粮食生产的主阵地，是端牢中国人饭碗的基础设施保障。"

截至 7 月底，各地完成大中型灌区建设改造，完成投资 178 亿元。国务院明确今年重点推进的 6 处新建大型灌区已开工 3 处，大中型灌区建设、改造项目开工 455 处。水利部将进一步扩大灌区面积，新建一批大中型灌区，"十四五"期间将新建 30 处灌区，目前已开工建设了 27 处。现代化大型灌区新增 1 500 万亩，改善了 980 万亩。同时，提升灌区质量，加快推进现有灌区现代化，推动将大型灌区建成高标准农田，均衡配置国家水网重大工程，加强农业用水总量控制和定额管理，提高用水效率。

刘伟平表示，下一步，水利部将锚定年度目标，持续推进水利工程建设。同时，抓好农村供水、大中型灌区建设和改造项目实施，推动新阶段水利高质量发展，为保持经济运行在合理区间提供有力的水利支撑。

台风"马鞍"致珠江流域 24—26 日有强降雨水利部启动水旱灾害防御Ⅳ级响应

中国网 8 月 23 日讯（记者　张艳玲）　今年第 9 号台风"马鞍"23 日 8 时加强为强热带风暴，预计 24 日凌晨移入南海东北部海面，之后逐渐向广东沿海靠近并于 25 日登陆。受其影响，24 日至 26 日珠江流域将有一次强降雨过程，西江、郁江、桂南粤西沿海诸河、珠江三角洲、南渡江等河流将出现涨水过程，暴雨区部分中小河流可能发生超警洪水。

国家防总副总指挥、水利部部长李国英要求密切关注台风发展态势，提前精准预报台风行进路径、影响范围，有针对性地落实暴雨洪水防御措施。水利部滚动会商研判，根据《水利部水旱灾害防御应急响应工作规程》，23 日 12 时，针对广东、广西、海南、贵州、云南 5 省（自治区）启动洪水防御Ⅳ级应急响应，向相关省级水利部门和水利部珠江水利委员会发出通知，要求强化应急值守和预报预警，落实山洪灾害和中小河流洪水防御措施，确保人民群众生命安全；在保证水库防洪安全的前提下，抓好后汛期水库蓄水工作，为城乡供水和工农业用水储备水源。

水利部派出 2 个工作组分赴广东、广西协助指导地方做好台风强降雨防御工作。

中国发布丨长江中下游等地旱情持续、部分河流或发生秋汛　水利部部署抗旱防汛工作

中国网9月6日讯（记者　张艳玲）　9月5日，国家防总副总指挥、水利部部长李国英主持专题会商，分析研判秋季旱情、汛情形势，安排部署抗旱防汛工作。李国英指出，针对今年特殊的天气形势和任务要求，要打破传统思维定式，立足最不利形势，继续保持毫不松懈的精神状态，抓紧、抓实、抓好秋季抗旱和防汛工作，努力夺取今年防汛抗旱的全面胜利。

据预测，秋季长江中下游和洞庭湖、鄱阳湖地区旱情将持续发展，长江流域嘉陵江、汉江和黄河流域渭河、泾河、北洛河、伊洛河等可能发生秋汛，还会有台风登陆影响我国东部沿海地区。李国英指出，要以强化预报、预警、预演、预案措施为重点，提前做好秋季抗旱防汛各项应对准备工作。

李国英要求，要有效应对长江中下游及洞庭湖、鄱阳湖地区的旱情。要树立抗大旱、抗长旱思维，以确保旱区群众饮水安全，保障规模化养殖、大牲畜饮水和秋粮作物灌溉用水为目标，精准掌握人畜饮水和作物灌溉用水需求，结合流域降雨、来水情况，预筹水资源，适时开展以三峡水库为核心的长江上游干流水库群、洞庭湖"四水"干支流水库群、鄱阳湖"五河"干支流水库群抗旱调度，为抗旱提供水源保障。

要高度重视华西秋雨可能引发的洪涝灾害，重点抓好中小河流洪水和山洪灾害防御，落实预警信息发布与反馈、人员转移避险等措施。强化水库安全度汛，强降雨区病险水库空库运行，坚决避免水库垮坝。要精细调度水工程，主要控制性水库以拦蓄为主，在确保防洪安全的前提下，尽最大努力为后期抗旱储备水源。

做好台风引发强降雨洪水的防范工作。要紧盯海上台风生成、发展和移动路径等情况，提早作出准确预报。台风登陆和影响区域，要切实加强局地强降雨引发的中小河流洪水和山洪灾害防御。

水利部：今年全国水利项目新开工 1.9 万个 创历史纪录

中国网财经 9 月 13 日讯　中共中央宣传部于 9 月 13 日举行"中国这十年"系列主题新闻发布会，请水利部部长李国英介绍党的十八大以来水利发展成就，并答记者问。

以下为发布会文字实录：

记者：加快水利基础设施建设，事关战略全局与人民福祉。党的十八大以来，我国先后部署推进了 172 项节水供水重大水利工程、150 项重大水利工程。今年以来，水利部进一步加大水利基础设施建设推进力度。请问十年来，水利基础设施体系在推动我国经济社会高质量发展方面发挥了哪些作用？

水利部规划计划司司长　张祥伟：党中央、国务院高度重视水利基础设施建设。党的十八大以来，先后实施了 172 项、150 项重大水利工程。十年来，全国完成水利建设投资达到 6.66 万亿元，是之前十年的 5 倍，这期间实施了长江流域重要蓄滞洪区建设、黄河下游防洪治理、西江大藤峡水利枢纽等一批流域防洪骨干工程，还开展了大规模中小河流治理、病险水库除险加固等工程建设，新增库容 1 051 亿立方米，新增 5 级以上堤防 5.65 万千米，大江大河基本形成河道及堤防、水库、蓄滞洪区为主要组成的流域防洪工程体系，在保障人民群众生命财产和重大基础设施安全方面发挥了重要作用。这十年来，还建设了南水北调中、东线一期工程、引江济淮、引汉济渭、珠三角水资源配置等跨流域、跨区域引调水工程 54 处，设计年调水量 647.9 亿立方米，我国的水资源统筹调配能力显著提升。

今年以来，深入贯彻习近平总书记在中央财经委员会第十一次会议上的重要讲话精神，坚决落实党中央、国务院关于稳住经济的系列政策措施，全力加快水利工程建设，在新开工项目、完成投资、吸纳就业等方面取得显著成效。

一是开工项目为历史同期最多。今年以来，全国水利项目新开工 1.9 万个，创历史纪录。特别是淮河入海水道二期、南水北调中线引江补汉、环北部湾广东水资源配置等一批具有战略意义的重大项目顺利开工建设，这些项目都是论证已久、多年想干而没有干的重大水利基础设施。

二是投资规模创历史新高。在加大政府投资的同时，地方政府专项债券、金融支持、社会资本多向发力，多渠道筹集水利建设资金。1—8月，全国落实水利建设投资 9 776 亿元，同比增长 50.9%。全国完成水利建设投资突破了 7 000 亿元，达到 7 036 亿元，同比增长 63.9%。

三是提供了大量就业岗位。充分发挥水利工程建设点多面广、产业链长、吸纳就业多的优势，积极创造就业岗位，特别是尽可能多地吸纳农村劳动力就业。1—8月，水利项目施工累计吸纳劳动力 191 万人，其中农村劳动力 153 万人。

大规模水利基础设施建设在稳增长稳就业、推动经济社会高质量发展方面发挥了重要作用。

我国在建水利工程达 3 万多个
投资总规模超 1.8 万亿元

中国网 9 月 15 日讯（记者　张艳玲）　记者从水利部 14 日举行的 2022 年水利基础设施建设进展和成效新闻发布会上获悉，当前，我国在建水利工程达 3 万多个，在建水利工程投资总规模超 1.8 万亿元，创历史新高。

水利部副部长刘伟平介绍，8 月以来，水利部持续加强水利基础设施建设，在项目开工、资金落实、投资完成、建设进度、促进就业等方面取得新成效，为稳定经济大盘、增强发展后劲作出积极贡献。

8 月以来，我国水利工程开工项目多，投资规模大，建设进度快，吸纳就业广。刘伟平表示，截至 8 月底，新开工水利项目 1.9 万个，较 7 月底增加了 3 412 个。重大水利工程开工 31 项。截至 8 月底，我国在建水利工程投资总规模超 1.8 万亿元，创历史新高，其中 8 月增加了 1 730 亿元，落实水利建设投资 9 776 亿元，创历史同期最高，较去年同期增加了 3 296 亿元、同比增长 50.9%。

水利部水利工程建设司司长王胜万表示，我国在建的水利工程中中小型水利工程占相当比例。目前，各地农村供水工程已开工建设或改造工程 13 804 处，完工 8 173 处，完工率接近 6 成，提升了 3 398 万农村人口供水保障水平。中小河流治理项目已开工 1 576 个，完成治理河长 6 846 千米，完成投资 224.53 亿元，投资完成率 70.8%。水土保持项目完成投资 37.77 亿元，治理水土流失面积 7 085 平方千米。

新开工的 31 项重大水利工程主要集中在防洪、水资源配置、灌溉和水生态治理等方面。水利部规划计划司二级巡视员张世伟告诉中国网记者，新开工的重大水利工程效益明显，可拉动有效水利投资，带动就业岗位，也可作为稳定宏观经济大盘的重要抓手，为防洪安全、供水安全、粮食安全包括生态安全提供有力支撑，有助于我国中长期发展战略顺利实施。

刘伟平表示，还有一批重大水利工程实现重要节点目标。安徽引江济淮主体工程已经完成近9成，年内有望试通航、试通水；珠江三角洲水资源配置工程隧洞开挖完成97.5%，年内有望全线贯通；滇中引水工程完成投资、建设进度双过半。"这些工程在今年水旱灾害防御中，特别是在应对长江流域严重旱情、保供水、保秋粮丰收中发挥了重要作用。"

水利工程点多、面广、量大，产业链条长，大规模的水利建设为稳增长、稳就业发挥了重要作用。1—8月，水利建设吸纳就业人数191万人，其中农村劳动力153万人，较7月末新增就业30万人。

刘伟平表示，当前，正值水利建设施工的黄金季节，水利部将统筹发展和安全，在继续抓好长江流域抗旱和防御秋汛工作的同时，毫不松懈地抓好水利基础设施建设，努力夺取今年防汛抗旱和水利建设双胜利、双丰收。

水惠中国

澎湃新闻

■水利部、财政部、国家乡村振兴局支持农村供水基础设施补短板

■珠江流域已入汛，龙滩、百色等主要防洪水库腾空库容准备迎汛

■大藤峡水利枢纽工程具备全线挡水条件，防洪能力进一步提升

■淮河流域汛期将至，水利部：狠抓防洪重点环节精准施策

......

水利部、财政部、国家乡村振兴局
支持农村供水基础设施补短板

近日，水利部、财政部、国家乡村振兴局联合印发《关于支持巩固拓展农村供水脱贫攻坚成果的通知》（以下简称《通知》），旨在通过建立长效投入机制，强化农村供水工程建设和管理，提升农村供水保障水平，巩固拓展农村供水脱贫攻坚成果。

农村供水工程是农村重要的基础设施，涉及全部农村人口，是一项重大民生工程。党中央、国务院高度重视农村供水工作，经过多年推进，截至 2021 年底，全国共建成农村供水工程 827 万处，农村自来水普及率达到 84%，农村供水取得了突出成效。由于我国国情水情复杂，区域发展不平衡不充分，部分地区仍有一些薄弱环节。

《通知》要求，省级水行政主管部门要组织对脱贫地区和脱贫人口饮水状况进行全面排查和动态监测，切实做到早发现、早干预、早帮扶，及时发现和解决问题，守住农村供水安全底线。要以县为单元，建立在建农村小型水源和供水工程项目清单台账，加快农村供水工程标准化建设，加强工程质量管理，确保建一处、成一处，发挥效益一处。

《通知》强调，脱贫地区要用好涉农资金统筹整合政策，依法依规利用农村供水工程维修养护补助资金等水利发展资金，做好农村小型水源和供水工程维修养护工作。明确中央财政衔接推进乡村振兴补助资金用于支持补齐必要的农村供水基础设施短板。统筹利用现有公益性岗位，优先支持防止返贫监测对象和脱贫人口参与农村供水工程管护。对供水服务人口少、运行成本高、水费等收入难以覆盖成本的农村供水工程，要安排维修养护补助等资金予以支持，确保工程在设计年限内正常运行。

《通知》指出，省级水行政主管部门要会同财政、乡村振兴等相关部门坚持目标导向、问题导向，聚焦短板弱项，把加强脱贫地区农村供水基础设施建设作为巩固拓展脱贫攻坚成果同乡村振兴有效衔接的一项重要任务，压实责任，加强组织摸排，层层抓好落实，切实提升脱贫地区农村供水保障水平。

珠江流域已入汛，龙滩、百色等 主要防洪水库腾空库容准备迎汛

4月15日，珠江防总召开2022年工作会议，据预测，今年汛期珠江流域汛情可能偏重，西江、北江可能发生较大洪水，中小河流可能发生暴雨洪涝灾害。

珠江防总总指挥、广西壮族自治区主席蓝天立出席会议并在讲话时指出，当前珠江流域已经进入汛期，面对防汛和疫情防控的双重挑战，要坚决扛起流域水旱灾害防御举措的政治责任，统筹发展和安全，加快构建抵御自然灾害坚固防线，补好基础设施和监测预警短板，不断增强水旱灾害防御能力。

蓝天立强调，面对严峻的防汛形势，要主动适应把握全球气候变化下水旱灾害的新特点、新规律，全力以赴做好防汛抗旱各项工作。一是全面排查消除度汛隐患，扎实开展备汛检查，全面整治行洪障碍。二是着力提升"四预"工作水平，强化信息共享，构建快速响应机制。三是盯紧防洪保安全重点环节，加强水库安全管理，抓好城市防洪排涝，强化山洪灾害防御。四是强化流域多目标统一调度，健全调度机制，优化防洪调度，深化综合兴利调度，实现流域涉水效益最大化。五是进一步夯实防汛抗旱基础，完善流域防洪工程体系，提高流域供水保障能力，提升防灾减灾科技赋能。六是提升应急处突保障能力，强化抢险队伍建设、救灾物资保障以及全社会风险意识。

澎湃新闻（www.thepaper.cn）从水利部获悉，2021年，珠江防总和流域各省（自治区）成功应对了东江、韩江流域60年来最严重旱情，有力确保了流域防洪安全和供水安全，夺取了防汛抗旱工作的全面胜利。

水利部副部长刘伟平在北京会场出席会议并在讲话中要求，做好今年珠江流域的防汛工作，一是要压实责任，从细从严排查隐患；二是以防为主，狠抓"四预"措施落实；三是闻汛而动，确保工程度汛安全；四是动态测控，筑牢供水安全保障；五是协同配合，强化流域统一调度；六是主动发声，加强正面宣传引导。

当前，流域龙滩、百色等主要防洪水库已腾空149亿立方米库容迎汛备汛，对流域内妨碍河道行洪1 000多项突出问题开展排查整治，督促地方逐项落实整改，确保河道行洪通畅。

大藤峡水利枢纽工程具备全线挡水条件，防洪能力进一步提升

大藤峡水利枢纽工程具备全线挡水条件。

（水利部　供图）

4月25日，澎湃新闻（www.thepaper.cn）从水利部获悉，广西大藤峡水利枢纽工程通过水利部珠江委主持的右岸建筑物挡水（52米高程）验收。这标志着工程具备全线挡水条件，流域防洪安全重要保障作用进一步增强。

大藤峡水利枢纽工程是国务院确定的172项节水供水重大水利工程的标志性项目，也是珠江流域防洪控制性工程。总投资357.36亿元，总工期9年。工程于2014年11月开工建设，目前左岸工程已建成并发挥综合效益。

右岸工程自2019年5月开工以来，大藤峡公司团结率领参建各方克服新冠肺炎疫情等不利因素影响，成功战胜高温多雨、洪水频发、地质复杂等重重困难，全力推动工程建设，提前一个月满足右岸建筑物挡水（52米高程）验收要求。

此次验收范围主要包括右岸泄水闸、右岸厂坝、右岸挡水坝段及鱼道工程等部位。已完成质量评定单元工程6 335个，全部合格，优良率95.6%；已验收分部工程18个，优良率100%。

由水利部建设司、珠江委、广西壮族自治区水利厅、水利部水利工程建设质量与安全监督总站、桂平市人民政府、运行管理等单位代表和技术预验收专家组代表组成的验收委员会，实地察看了验收项目，经充分讨论和认真研究后认为，本次验收范围内的工程形象面貌具备挡水（52米高程）条件，同意通过验收。

大藤峡公司有关负责人表示，据气象水文部门预测，2022年西江汛情可能偏早偏重，大藤峡右岸工程安全度汛面临较大挡水压力和安全风险。大藤峡工程具备全线挡水条件，意味着工程防洪能力进一步提升，流域防洪安全重要保障作用进一步增强。

淮河流域汛期将至，
水利部：狠抓防洪重点环节精准施策

淮河流域即将进入汛期。近日，淮河防总召开 2022 年工作视频会议，淮河防总总指挥、安徽省省长王清宪强调，要深刻认识淮河流域防汛抗旱面临的严峻形势，以心怀"国之大者"的政治自觉、扎实有力的有效举措，切实落实责任，强化措施，抓好淮河流域防汛抗旱各项工作，着力做好风险隐患排查消除、防汛抗旱工作机制完善、重点领域防御、流域防洪统一调度、水旱灾害防御能力提升等方面工作，以淮河安澜为全国安全稳定大局作出贡献。

水利部副部长刘伟平指出，今年将召开党的二十大，做好淮河流域水旱灾害防御工作具有特殊重要意义。要坚持人民至上、生命至上，始终把保障人民群众生命财产安全放在第一位，落实预报、预警、预演、预案"四预"措施，贯通雨情、水情、险情、灾情"四情"防御，努力实现"人员不伤亡、水库不垮坝、重要堤防不决口、重要基础设施不受冲击"和保障城乡供水安全的目标。

刘伟平要求，一是提高政治站位，强化责任担当，扎实做好汛前准备。二是完善预警信息发布机制，加快数字孪生流域和防洪应用系统建设，持续提升"四预"能力。三是依法科学调度水工程，充分发挥综合效益。四是狠抓水库安全度汛、中小河流和山洪灾害防御、蓄滞洪区运用、应急抢险等防洪重点环节，精准施策。五是动态完善水量调度预案和抗旱保供水预案，实施全流域水资源统一调度，保障城乡供水安全。六是明确职责定位，完善工作机制，加强淮河防总的统一指挥和水利部淮河水利委员会的统一调度。七是加强培训宣传工作，坚持主动发声、正面发声，及时回应社会关切。

水利部加快推进重大水利工程建设，
确保今年新开工 30 项以上

近日，水利部副部长魏山忠主持推动 2022 年重大水利工程开工建设专项调度会商，深入贯彻中央财经委员会第十一次会议精神和国务院常务会议部署，加快推进重大水利工程开工建设，确保 2022 年新开工 30 项以上。水利部总工程师仲志余出席调度会商。

魏山忠强调，全面加强水利基础设施建设，对保障国家安全，畅通国内大循环、促进国内国际双循环，扩大内需，推动高质量发展，稳住宏观经济基本盘具有重大意义。各级水利部门要充分认识加快重大水利工程开工建设的重大意义，切实增强责任感和紧迫感，担当作为，求真务实，攻坚克难，积极进取，坚决落实"疫情要防住、经济要稳住、发展要安全"的要求，全力以赴推动项目审批立项和开工建设。

魏山忠要求，各级水利部门要坚定目标不动摇，抢抓机遇，按照前期工作进度安排和开工时间节点要求，加快推进相关工作，坚决完成好党中央、国务院交办的任务，力争提前完成、超额完成。要制订具体工作方案，实行清单化管理，逐项目细化实化前期工作和开工各环节的目标任务，压紧压实责任。要做好与相关部门的沟通协调，着力解决前期工作中的突出矛盾和难点问题，加快用地预审、移民安置、环评等要件办理和可研审批。要建立健全工作推进机制，加强台账管理，构建矩阵，挂图作战，跟踪掌握项目进展情况，及时开展调度会商，加强对进度目标完成情况的督导。要提前落实好建设资金，做好开工前各项准备工作，具备条件后尽早开工建设。要高度重视宣传报道工作，全面展现重大水利工程建设成效，展示水利部门担当作为的良好形象，营造全社会关心支持水利建设的浓厚氛围。

水利部有关司局、直属单位在主会场参加调度会商。中国南水北调集团有限公司，各流域管理机构，各省（自治区、直辖市）水利（水务）厅（局），新疆生产建设兵团水利局负责同志在各地分会场参加调度会商。

重大水利工程开工 10 项，各地完成水利建设投资近 2 000 亿元

5 月 16 日，吴淞江整治工程（江苏段）开工建设。

吴淞江整治工程包括江苏段和上海段，吴淞江整治工程（江苏段）全长约61.7 千米，总投资 156 亿元，是《长江三角洲区域一体化发展规划纲要》确定的省际重大水利工程，也是《太湖流域防洪规划》《太湖流域综合规划》等确定的

流域综合治理骨干工程。工程实施后，可进一步增加太湖洪水外排出路，提高流域防洪除涝能力，进一步完善太湖地区水网，增强水资源配置能力，发挥水环境和航运等综合效益，为长三角高质量一体化发展提供更为有力的水利支撑。

吴淞江整治工程（江苏段）开工，是 2022 年中国水利建设舞台上的一段缩影。今年以来，水利部贯彻落实中央财经委员会第十一次会议精神和国务院常务会议部署，会同有关部委、地方加快推进水利基础设施建设。

目前，国务院常务会议部署的 55 项重大水利工程已开工 10 项；6 项新建大型灌区已开工 1 项。1—4 月，全国水利基础设施建设全面加快，完成水利建设投资实现大幅增长，各地已完成近 2 000 亿元，较去年同期增长 45.5%，广东、山东、浙江、河北、福建、河南、江苏、云南、陕西等 9 个省份，累计完成投资超过 100 亿元，有效发挥了重大水利工程吸纳投资大、产业链条长、创造就业多的优势，为拉动有效投资需求、稳定宏观经济大盘做出水利贡献。

多点发力，打通"堵点" 攻克"难点"

今年以来，水利部会同有关部委及地方，积极推进水利基础设施建设，有力推动经济社会发展，助力稳住宏观经济基本盘。

水利部党组书记、部长李国英多次主持召开会议，研究部署统筹疫情防控和水利工作。他强调："要全面加快推进水利基础设施建设，充分用足用好各项政策，推动重大水利基础设施项目尽早审批立项、开工建设，为稳定宏观经济大盘、实现全年经济社会发展预期目标作出水利贡献。"

水利部副部长魏山忠主持推动 2022 年重大水利工程开工建设专项调度会商，坚决落实"疫情要防住、经济要稳住、发展要安全"的要求，加快推进重大水利工程开工建设，确保 2022 年新开工 30 项以上。

围绕完成今年水利建设目标任务，水利部多点发力，细化实化目标任务。国务院 167 次常务会议明确加强 2022 年重大水利工程、病险水库除险加固、灌区建设和现代化改造、水生态保护和中小河流治理、中小型水库建设等 5 类项目，水利部制订了工作方案。对于今年重点推进的 55 项重大水利工程和 6 项新建大型灌区项目，逐项明确要件办理、可研审批和开工时间节点，确定责任单位、责任人，并建立台账，挂图作战。

健全工作推进机制。水利部建立月报机制，跟踪通报专项债券落实、水利建设完成，以及要件办理、可研审批和开工建设情况；建立调度机制，横向与相关部门不定期开展日常调度会商，纵向与各地每月开展 1 次专项调度，逐项分析研究，及时协调解决重点问题；建立督导机制，适时对进度滞后的项目和地区，进行通报、约谈、督办，强化责任追究。

加密调度会商频次。李国英专题研究重大水利工程推进情况；魏山忠多次开展专项调度，部署推动重大工程前期工作和开工、加快投资计划执行、用好地方政府专项债券等工作。对南水北调中线引江补汉工程前置要件办理进行周调度。反复与国家发改委沟通前期工作、资金筹措等问题，争取支持；与生态环境部、自然资源部座谈协调、多次视频会商，解决要件办理中的难点问题。

扩大投资，拓展资金筹措渠道

水利项目公益性较强，市场化融资能力弱，长期以来，主要以财政投入为主。为了进一步扩大水利投资，水利部在积极争取加大中央财政投入力度的同时，深入研究政策措施，指导地方创新工作思路，拓宽投资渠道，从地方政府专项债券、金融资金、社会资本等方面想办法增加投入，保障水利基础设施建设资金需求，切实发挥水利基础设施建设扩大内需、稳定宏观经济大盘的重要作用。今年，全国水利基础设施建设将完成 8 000 亿元以上。

近日，水利部、国家开发银行签订合作协议，还将联合出台关于加大开发性金融支持力度提升水安全保障能力的指导意见，指导地方用好中长期贷款金融支持政策。加强与相关金融机构沟通，深化合作，不断扩大金融支持水利信贷规模。2022 年第一季度，国家开发银行、中国农业发展银行、中国农业银行累计发放水利贷款 687 亿元，贷款余额达到 10 620 亿元。

水利部还将研究出台推进水利领域不动产投资信托基金（REITs）试点工作的指导意见，以及推动水利项目政府和社会资本合作（PPP）的政策性文件。同时，加强对水利项目利用地方政府专项债券的交流培训，指导督促地方做好申报和落实工作。今年 1—4 月，830 个水利项目已落实地方政府专项债券 720 亿元，较去年同期增加 386 亿元，增长 115%。

目前，国务院常务会议部署的 55 项重大水利工程已开工 10 项；6 项新建大型灌区已开工 1 项。1—4 月，全国水利基础设施建设全面加快，完成水利建设投资实现大幅增长，各地已完成近 2 000 亿元，较去年同期增长 45.5%，广东、山东、浙江、河北、福建、河南、江苏、云南、陕西等 9 个省份，累计完成投资超过 100 亿元。

此外，农村供水工程建设资金完成约 200 亿元，提升了 666 万农村人口供水保障水平；今年安排大中型灌区续建配套与现代化改造投资近 190 亿元，预计将新增粮食生产能力 36 亿公斤，新增节水能力 35 亿立方米。水利基础设施建设的全面加强，有力发挥了水利稳投资、稳增长的重要作用，为稳住宏观经济基本盘贡献水利力量。

福建省 11 个重大水利项目集中开工，
总投资 106 亿元

5 月 19 日，福建省召开重大水利项目集中开工动员会，共有 11 个重大水利项目将集中开工，总投资 106 亿元，主要建设内容包括水生态修复与治理、城乡供水一体化、中型水库建设、河道岸线整治、海堤提级改造、水闸除险加固等。

其中，木兰溪下游水生态修复与治理工程当日开工，该工程被列入今年重点推进的 55 项重大水利工程。

水利部副部长魏山忠以视频形式出席开工动员会议并在讲话时说，习近平总书记亲自擘画福建生态省建设，推动木兰溪、长汀水土流失治理等一系列生态文明建设重大实践。11 项重大水利项目开工建设，是深入践行习近平生态文明思想、习近平总书记"节水优先、空间均衡、系统治理、两手发力"治水思路的生动实践；是贯彻落实习近平总书记在中央财经委员会第十一次会议上的重要讲话精神和党中央、国务院关于全面加强水利基础设施建设决策部署的具体体现；是落实中央"疫情要防住、经济要稳住、发展要安全"要求，充分发挥水利有效投资作用，切实担负稳定宏观经济责任的重要举措。

魏山忠强调，木兰溪下游水生态修复与治理工程既统筹考虑水资源高效利用、水生态环境修复，又融合数字孪生流域建设，创新投融资方式，采取市场化运作，具有很好的示范意义。福建省要以木兰溪下游水生态修复与治理等重大水利项目建设为契机，充分利用实施扩大内需战略、全面加强水利基础设施建设的良好机遇，多渠道筹集水利建设资金，大力推动重大水利工程建设，全面提升水旱灾害防御、水资源集约节约利用、水资源优化配置和河湖生态保护治理等能力。要强化工程建设管理，严格落实疫情防控要求，确保工程建设质量、安全和进度，把工程建成造福人民的精品工程。

端午假期多地将迎暴雨洪水，
水利部启动水旱灾害Ⅳ级响应

　　6月3日，澎湃新闻（www.thepaper.cn）从水利部获悉，据预报，端午假期期间，西南南部东部、华南西部北部、江南大部、江淮西南部及湖北东部南部等地将有一次强降雨过程，广西西江干流及其支流柳江、桂江、贺江，广东北江，湖南湘江、资水、沅江，江西抚河、修水、信江、饶河、赣江，浙江钱塘江，福建闽江，贵州乌江等主要河流将出现明显涨水过程，其中西江中游干流及支流柳江、桂江、贺江，湘江、资水、沅江等江河部分河段将发生超警洪水。

　　6月3日14时，水利部信息中心（水文水资源监测预报中心）发布洪水蓝色预警，提醒有关地区注意防范。根据《水利部水旱灾害防御应急响应工作规程》，水利部针对江西、湖南、广西、贵州4省（自治区）可能发生的汛情，于6月3日14时启动洪水防御Ⅳ级应急响应，指导上述地区做好监测预报预警、水工程科学调度、水库安全度汛、中小河流洪水和山洪灾害防御等各项工作。

　　此外，端午假期期间，预报东北中部南部将有一次较强降雨过程，为入汛以来东北地区首次强降雨过程，牡丹江、松花江、辽河、浑河等主要江河可能出现涨水，暴雨区内部分中小河流可能超警。水利部6月3日发出通知，要求有关地区压实责任，细化落实防御措施，有针对性地做好各项防范应对工作。

　　6月2日12时至3日12时，受降雨影响，湖南沅江及资水下游干流、江西信江中游干流、浙江钱塘江上游干流、贵州寨英河、重庆龙潭河、福建牛溪等23条河流发生超警以上洪水，最大超警幅度0.03～3.72米，其中，贵州寨英河、署仲河及沙窝河，湖南峒河，重庆龙潭河等5条中小河流发生超保洪水，目前上述河流大部已出峰回落。

水利部：我国全面进入汛期，
水利部门要坚决扛起防汛抗旱天职

　　6月1日，我国全面进入汛期，水旱灾害防御形势日趋紧张。国家防总副总指挥、水利部部长李国英要求，从严从细从实采取措施，确保实现"人员不伤亡、水库不垮坝、重要堤防不决口、重要基础设施不受冲击"的目标。

当日，水利部召开会商会，进一步安排部署水旱灾害防御重点工作，要求各级水利部门要提高政治站位，坚决扛起防汛抗旱天职，坚持人民至上、生命至上，全面压紧压实防御责任，坚决守住水旱灾害防御底线。将隐患排查整治工作贯穿到水旱灾害防御全过程，持续开展河道、水库、蓄滞洪区等突出问题排查整治，消除风险隐患。密切监视雨情、水情、汛情，强化预测、预报、预警和会商研判，及时启动应急响应，科学调度流域水工程，全力提供抗洪抢险技术支撑。

水利部要求，督促水库防汛责任人及时上岗到位，加强水库调度运用监管，严禁违规超汛限水位运行，病险水库主汛期原则上一律空库运行，加强巡查值守和抢险转移，严防垮坝事件发生。加强中小河流洪水和山洪灾害监测预报，及时发出预警，提请基层政府组织危险区人员转移，保障生命安全。严格执行 24 小时防汛值班制度，第一时间报告重大突发情况。积极发声，主动回应社会关切，提升社会公众防灾避险意识和自救互救能力。

水利部向各省、自治区、直辖市水利（水务）厅（局）、新疆生产建设兵团水利局和各流域管理机构发出通知，就做好水旱灾害防御工作进行再部署、再落实，提出明确具体要求。

国开行支持水利基础设施建设，
进一步降低水利项目贷款利率

近日，水利部、国家开发银行（简称国开行）召开开发性金融支持水利基础设施建设工作推进会。澎湃新闻（www.thepaper.cn）从水利部获悉，今年来，水利部和国家开发银行保持密切合作，双方签订了《开发性金融支持"十四五"水安全保障 推动水利高质量发展合作协议》，联合印发了《关于加大开发性金融支持力度提升水安全保障能力的指导意见》。

国家开发银行积极为水利基础设施建设提供融资服务，结合水利项目实际制订差异化信贷优惠政策。在贷款期限方面，由原来的 30~35 年进一步延长，国家重大水利工程最长可达 45 年，宽限期在建设期基础上适当延长；在贷款利率方面，设立水利专项贷款，进一步降低水利项目贷款利率；在资本金比例方面，水利项目一般执行最低要求 20%，对符合条件的社会民生补短板水利基础设施项目，可再下调不超过 5 个百分点。

水利工程具有公益性强、投资规模大、建设工期长、回报周期长等特点。水利部副部长刘伟平强调，各级水利部门要充分认识开发性金融支持水利基础设施建设面临的新形势新要求，要坚决贯彻落实党中央、国务院决策部署，切实担负起全面加强水利基础设施建设的重大使命。要在积极争取加大政府投入的同时，坚持两手发力、多轮驱动，更好发挥市场配置资源的重要作用，深化水利投融资体制机制改革，积极拓宽水利建设资金筹措渠道，特别是充分用好开发银行中长期金融信贷支持政策。

刘伟平指出，国家开发银行充分发挥开发性金融支持作用，持续保持水利信贷投放稳定增长，为国家重大水利工程等水利建设提供了有力的信贷支持。

他要求，地方水利部门、各流域管理机构要建立健全政银合作机制，充分发挥开发性金融优势作用，推动实现开发性金融支持水利信贷规模快速增长。

刘伟平要求，要聚焦开发性金融支持水利基础设施建设重点领域，切实做好重大水利工程信贷支撑保障，积极扩大规模化供水等农村供水融资规模，着力提升水利融资能力，确保应贷尽贷。要完善工作协调机制，深化重点领域改革，建立项目融资清单，加强总结宣传推广，推动开发性金融支持水利基础设施建设工作落地见效。

水利工程是保障国家水安全的重要基础设施，是"两新一重"的重要领域，事关战略全局、长远发展、人民福祉。国家开发银行各分行要充分认识水利基础设施建设的重大意义，进一步密切与各级水利部门的合作关系，充分发挥开发性金融独特作用，统筹谋划资金支持方案。要坚持问题导向和目标导向，推动行业改革，加强模式创新。要抓住有利时机，用好用足现有政策，加快贷款投放，切实形成有效投资。要进一步加强组织领导，改进工作作风，强化责任落实。

环北部湾广东水资源配置工程开工，将惠及 1 800 多万人口

8 月 31 日，澎湃新闻（www.thepaper.cn）从水利部获悉，环北部湾广东水资源配置工程（以下简称"环北工程"）正式开工，标志着这项广东省历史上引水

流量最大、输水线路最长、建设条件最复杂的跨流域引调水工程进入实施阶段。

环北工程位于广东省西南部，由水源工程、输水干线工程、输水分干线工程等组成，输水线路总长约 499.9 千米。工程从云浮市西江干流地心村河段取水，通过泵站加压提水，穿过云开大山，调水至雷州半岛，供水范围包括云浮、茂名、阳江、湛江 4 市，覆盖人口 1 800 多万，将切实发挥供水生命线的作用。

系统补水，提升水安全保障能力

环北部湾地处我国华南、西南和东盟经济圈接合部，区位优势明显。随着珠江—西江经济带和北部湾城市群发展规划持续实施，粤西地区发展迎来快速时期，同时也对区域水安全保障能力提出了更高要求。

今年 6 月 18 日至 19 日，水利部党组书记、部长李国英在调研环北工程时强调，要坚决贯彻落实习近平总书记关于全面加强水利基础设施建设的重要讲话精神和党中央、国务院决策部署，统筹发展和安全，科学规划设计、全面加快推进重大水利工程建设，为稳住经济大盘作出水利贡献，为全面提升水安全保障能力提供有力支撑。

粤西地区特别是雷州半岛，自古以来就以干旱闻名，自然调蓄能力弱，丰枯变化大，水资源短缺问题长期困扰粤西人民。早在 2007 年水利部组织编制珠江流域综合规划时，就要求立足流域整体和水资源空间均衡配置，以系统思维解决粤西地区缺水问题。广东省先后启动实施了《雷州半岛西南部治旱规划》《雷州半岛水利建设"十三五"规划》，重点从优化雷州半岛水资源配置格局、加快农田水利建设、提升水利防灾减灾能力、推进水生态文明建设等 4 个方面进行系统治理。

按照相关部署，水利部珠江水利委员会在珠江流域综合规划中谋划了从西江干流调水至粤西等地区的环北工程。2013 年，珠江流域综合规划获国务院批复，为环北工程立项奠定了规划基础。

"环北工程建成后，可长远解决粤西地区水资源承载能力与经济发展布局不匹配问题，大幅提高区域供水安全保障能力。"水利部规划计划司副司长乔建华介绍，该工程是国务院确定的今年加快推进的 55 项重大水利工程之一，也是国家水网的重要组成部分。

环北工程主要为城乡生活和工业生产供水，兼顾农业灌溉，同时，为改善水生态环境创造条件。"工程建成后，受水区增供水量 20.79 亿立方米，其中，城乡生活和工业供水 14.38 亿立方米，农业灌溉供水 6.41 亿立方米。"水利部珠江水利委员会副主任易越涛介绍。

"工程建成后可退减超采地下水 5.66 亿立方米,退还被挤占的生态环境用水 1.85 亿立方米,对改善生态环境发挥积极作用。"广东省水利厅副厅长申宏星说。

科技创新,直面工程建设难点

作为广东最大、国内居前、行业瞩目的国家重大水利工程,环北工程设计、建设、运维各阶段面临诸多重点难点,其中不乏行业性甚至世界级技术难题。

"比如,复杂水情条件下江库水网构建与联合调度,复杂水文地质条件下高水压隧洞衬砌结构研究与设计,穿越复杂地质条件下长距离深埋隧洞多功能 TBM 研制与施工,长距离深埋管道智慧运维与保障……"环北工程项目设计总工程师刘元勋介绍,这些都是工程规划、建设中需要重点研究解决的课题。

通过西江取水泵站、输水线路等将西江和高州、鹤地等大中型水库联通,环北工程构建起覆盖粤西 4 市 13 区(县)的超大型复杂水网体系。在庞大的水网体系中,取水区和受水区的降雨、径流存在时空差异,面对复杂水情,如何提高受水区供水保障,如何调配外调水与调蓄水库以达到水资源时空均衡目标,需要展开大范围、跨流域的江库联网联合调度研究,实现水资源高效优化配置。

环北工程输水线路长约 499.9 千米,隧洞最大洞径 8.2 米,沿线穿越工程地质和水文地质条件复杂的云开地块与滨海平原,隧洞高水压问题突出,其中高压隧洞 HD 值(工作水头与管道内径的乘积)达 1 420,为国内长距离大直径引调水工程之最。国内外类似工程建成案例极少,运行期如何控制隧洞受内压裂缝发展、防止内水外渗,检修期如何防止隧洞受外压导致结构失稳等,都需开展隧洞围岩稳定与衬砌结构相关研究。

"针对设计、建设、运维各阶段的重点难点,我们依靠科技创新,聚焦重大技术难题科研攻关,充分论证,编制了《环北部湾广东水资源配置工程科研纲要》,"刘元勋说,"随着科研课题的全面开展,将为环北工程顺利建设打下坚实基础。"

建设提速,助力稳增长惠民生

水利工程是国家基础设施的重要组成部分,大型水利工程投资大、工期长,对社会、经济发展和环境保护具有长远的促进作用。

今年 5 月,国务院印发《扎实稳住经济的一揽子政策措施》,推出 6 个方面 33 项措施,并发出通知,要求推动一揽子政策措施尽快落地见效,确保及时落实到位，尽早对稳住经济和助企纾困等产生更大政策效应。"加快推进一批论证成熟的水利工程项目"正是33项措施之一。

"根据初步估算，环北工程的建设，可以带动GDP增长0.1个百分点。"易越涛说，不只是环北工程，广东境内一大批重大水利工程正加足马力加快建设步伐。当下，广东已进入水利投资建设规模最大的历史时期，水利建设成为稳增长、惠民生的一项重要举措。

据申宏星介绍，"十四五"期间，广东水利投资计划完成4 050亿元，是"十三五"时期的2.2倍。今年上半年，广东省水利投资完成456.9亿元，再创历史新高。

重大水利工程建设投资规模巨大，对经济发展促进作用较大。申宏星表示："下一步，我们将加快推进环北部湾广东水资源配置工程建设和工作，力争尽早发挥工程效益，切实提升粤西地区水安全保障能力，为稳定经济大盘贡献力量。"

水惠中国

封面新闻

- ■我国即将全面进入汛期　水利部要求加强中小河流洪水监测预报
- ■云南省部分中小河流发生洪水　水利部启动水旱灾害防御应急响应
- ■珠江流域再次形成流域性较大洪水　大藤峡水库今 15 时起进行调度
- ■水利部答封面新闻：3 家银行 5 个月发放水利贷款 1 576 亿元

......

我国即将全面进入汛期
水利部要求加强中小河流洪水监测预报

我国即将全面进入汛期。

水利部表示，近期，南方部分地区连续出现强降雨过程，一些中小河流发生超警以上洪水，局部地区发生洪涝灾害，水旱灾害防御形势日趋严峻。

国家防总副总指挥、水利部部长李国英要求再安排、再部署，研究提出小型水库尤其是病险水库度汛、山洪灾害防御的指导性意见，进一步明确责任、落实措施，确保防汛安全。

5月29日，水利部副部长刘伟平主持会商，要求各地进一步落实责任，加强雨水情监测预报，特别是局地短历时强降雨和中小河流洪水监测预报，及时发出预警；抓好中小河流洪水防御、中小水库特别是病险水库安全度汛工作，督促落实小型水库防汛"三个责任人"和"三个重点环节"工作，加强安全管理，提升险情应对处置能力；严格按照水利部印发的《关于加强山洪灾害防御工作的指导意见》要求，落实山洪灾害监测预警、提请人员转移避险、信息报送等各项措施，最大限度保障人民群众生命安全；始终坚持问题导向、结果导向，持续开展水旱灾害防御查漏补缺和风险隐患排查工作，建立整改台账，动态跟踪整改销号。

会后，水利部向各省、自治区、直辖市水利（水务）厅（局）、新疆生产建设兵团水利局和各流域管理机构发出通知，有针对性地对水库安全度汛和山洪灾害防御进行再部署、再落实，全面压紧压实责任，确保防汛安全。

云南省部分中小河流发生洪水
水利部启动水旱灾害防御应急响应

据水利部消息，云南省部分中小河流发生洪水，水利部于5月27日11时启动洪水防御Ⅳ级应急响应，并派出工作组赴云南省指导。

5月26日晚至27日晨，云南省东南部部分地区降了大到暴雨，最大点雨量文山州丘北县石葵站 162 毫米。受强降雨影响，清水江丘北县部分江段发生超保洪水，清水江站 27 日 7 时最高水位 964.98 米，超过保证水位 1.48 米，相应流量 736 立方米每秒，超过保证流量 381 立方米每秒。强降雨造成丘北县局部发生洪涝灾害。

针对云南、广西 2 省（区）部分地区连续降雨，中小河流、山洪灾害防御存在较大风险，根据《水利部水旱灾害防御应急响应工作规程》，水利部于 27 日 11 时启动洪水防御Ⅳ级应急响应，并派出工作组赴云南指导。

云南省水利厅于 27 日 8 时启动水旱灾害防御Ⅳ级应急响应，并派出工作组紧急赶赴灾区协助指导防汛救灾工作。

珠江流域再次形成流域性较大洪水
大藤峡水库今 15 时起进行调度

据水利部消息，受近期强降雨影响，6 月 18 日，珠江流域西江中下游干流水位止落复涨，19 日，西江发生 2022 年第 4 号洪水，北江发生 2022 年第 2 号洪水，珠江流域再次形成流域性较大洪水。

气象预报显示，6 月 20 日至 21 日，珠江流域柳江、桂江仍将有较强降雨。不考虑水库调蓄情况下，预计西江梧州站 23 日将出现 42 000 立方米每秒左右的洪峰流量，超警戒水位 5.5 米左右，北江石角站 20 日将出现 16 000 立方米每秒左右的洪峰流量，西江、北江干流及三角洲地区防洪形势严峻。

经综合研判，6 月 16 日起，水利部珠江水利委员会提前调度流域骨干水库。一是西江上游龙滩、岩滩等大型水库全力拦洪，其中龙滩水库出库流量由 4 000 立方米每秒逐步压减到 500 立方米每秒左右，最大削减上游来水 3 500 立方米每秒。二是柳江落久、麻石、拉浪等水库适时拦洪，削减柳州站洪峰流量 1 000 立方米每秒。三是桂江青狮潭、小溶江、川江、斧子口水库和郁江百色等水库有效错峰。四是充分发挥西江最后一个防洪控制性枢纽大藤峡水库作用，已将水位降至 44 米，提前预泄腾空 7 亿立方米库容，在确保自身安全的前提下拦洪削峰。

在洪峰到达梧州站之前，19 日上午，国家防总副总指挥、水利部部长李国英赶到大藤峡水库现场，和广西壮族自治区党委书记刘宁一起，组织珠江水利委员会、广西壮族自治区水利厅等进一步研判防汛形势。大藤峡水库计划 20 日 15 时起按照较入库流量削减 1 200 立方米每秒进行调度。预计采取上述综合措施后，可将梧州站洪峰流量削减到 37 000 立方米每秒左右，降低梧州江段水位 1.5 米以上，最大程度减轻西江下游及珠江三角洲地区防洪压力。

20 日上午，李国英将到北江指导飞来峡、乐昌峡、湾头等水库调度，进一步削减北江干流洪水，减轻珠江三角洲防洪压力。经过西江和北江干支流水库群联合调度，可降低珠江三角洲西干流河段水位 0.7 米左右，将西江、北江及三角洲主要堤防水位控制在防洪标准之内。

水利部答封面新闻：
3 家银行 5 个月发放水利贷款 1 576 亿元

推进金融支持水利基础设施建设，不断扩大水利信贷规模。6 月 17 日，水利部财务司司长新闻发布会上回答封面新闻提问时透露，1—5 月，国开行、农发行、农业银行共发放水利贷款 1 576 亿元，贷款余额 15 133 亿元，较去年同期增长 9.33%，重点支持了国家重大水利工程、水资源配置、农村供水及城乡供水一体化、水生态保护治理等重点领域。

水利信贷重点支持领域包括国家重大水利工程、水资源配置、农村供水及城乡供水一体化、水生态保护治理等。重大水利工程吸纳投资大、产业链长、创造就业机会多，拉动经济增长作用明显。三家银行重点支持了安徽引江济淮工程、山东老岚水库、广西大藤峡水利枢纽工程、渝西水资源配置工程、贵州夹岩水利枢纽、黔西北供水工程、新疆生产建设兵团奎屯河引水等重大引调水和水资源配置工程。

在农村供水工程方面，水利部推进项目融资工作，加大信贷优惠支持力度。通过银行贷款支持，江西、福建、云南等地省级层面统筹实施农村及城乡供水一体化，河北实施南水北调水置换地下水提升农村供水水平，宁夏开展"互联网 + 城乡供水"试点，安徽实施"皖北群众喝上引调水工程"，河南推动农村供水"四化"工程建设。

灌区是保障国家粮食安全的重要基础性设施，水利部分别与国开行、农发行联合印发指导意见，明确灌区建设与改造是金融支持水利基础设施建设的重点合作领域，为稳定国家粮食生产能力提供了有力的信贷资金支撑。国开行、农发行已重点支持宁夏贺兰现代化生态灌区建设工程、湖北蕲水灌区新建扩建工程等。

近期，水利部与国开行印发《关于加大开发性金融支持力度提升水安全保障能力的指导意见》，签订《开发性金融支持"十四五"水安全保障推动水利高质量发展合作协议》；与农发行印发《关于政策性金融支持水利基础设施建设的指导意见》，签订《政策性金融支持"十四五"水利基础设施建设推动水利高质量发展战略合作协议》。

一是贷款期限，国开行由原来的 30 ～ 35 年进一步延长，国家重大水利工程可达 45 年，其他项目可达 35 ～ 40 年；农发行由 20 ～ 25 年延长，国家重大水利工程可达 45 年，对水利部和农发行联合确定的重点水利项目、纳入国家及省级水利规划的重点项目和中小型水利工程及水利领域政府和社会资本合作（PPP）项目最长可达 30 年。

二是贷款利率，国开行设立水利专项贷款，降低水利项目贷款利率，符合其认定标准的重大项目执行相关优惠利率。农发行对水利建设贷款执行优惠利率，对国家重大水利工程加大利率优惠。

三是资本金比例，两家银行对水利项目一般执行最低要求 20%。对符合条件的社会民生补短板水利基础设施项目，再下调不超过 5 个百分点。

水利部：推进水利基础设施不动产投资信托基金 贵州湖南已有项目申报

日前，在水利部新闻发布会上，规划计划司副司长乔建华透露，将针对水利基础设施资产规模大、公益性强、建设运营周期长等特点，谋划水利基础设施 REITs（基础设施不动产投资信托基金）推进方式。

国务院办公厅《关于进一步盘活存量资产扩大有效投资的意见》将水利列为盘活存量资产的重点领域，REITs 则是盘活存量资产的重要方式，2020 年 4 月以来，中国证监会、国家发改委组织开展了 REITs 试点工作，并把"具有供水、发电功能的水利设施"纳入试点范围。

"水利作为国民经济基础设施，长期大规模的建设形成了十分庞大的水利资产。"乔建华说，比如，已建成各类水库近 10 万座，总库容达 9 300 多亿立方米。

"这些水利资产总体上看都是公益性的，但也有许多项目具有一定的经营收入，可通过 REITs 有效盘活，扩大水利有效投资，拓宽社会资本投资渠道，形成存量资产和新增投资的良性循环，从而激发水利发展活力。"

乔建华表示，水利部印发了《关于推进水利基础设施投资信托基金（REITs）试点工作的指导意见》，下一步将重点抓好落实工作。

一是把握政策要求。REITs 试点工作启动以来，中国证监会、国家发改委出台了一系列政策，要对政策深入研究，同时结合其他行业成功案例分析推进试点工作难点问题，加强与国家发改委、证监会等部门沟通，针对水利基础设施资产规模大、公益性强、建设运营周期长等特点，谋划推进方式。

二是梳理存量资产。组织各地水利部门按申报要求，梳理盘点水利基础设施资产，根据资产现状、规模、收益水平、相关企业意愿，提出拟推进试点意向项目，加强意向项目跟踪指导，推动前期论证。

三是推动试点工作。建立试点项目台账，对具备一定条件的项目，指导有关地方在确保水利基础设施公益作用充分发挥的前提下，开展资产筛选、剥离和整合等工作，组织编制项目申报材料，同时协调证券交易机构开展专项辅导，推动解决项目申报中遇到的困难问题。目前贵州、湖南等省都有项目在申报，下一步将加强指导，推动尽早能发行上市。

总投资 25.57 亿元 安徽包浍河治理工程开建

封面新闻记者 滕晗 6 月 25 日，封面新闻记者从水利部获悉，当日，安徽省包浍河治理工程开工建设。该项目是国务院部署实施的 150 项重大水利工程之一，也是今年重点推进的 55 项重大水利工程之一，总投资 25.57 亿元，总工期 36 个月。

工程涉及安徽省亳州、淮北、宿州、蚌埠等 4 地（市）的涡阳、濉溪、埇桥、固镇等 4 县（区），治理范围为包浍河省界—浍河九湾段干流。主要建设内容包括疏浚河道 132.39 千米，加固固镇县城浍河右岸堤防 2.57 千米，实施南坪闸、包河闸除险加固，拆除重建沟口涵闸 11 座、新建 25 座，新建护岸 22 处、10.04 千米，兴建防汛道路 157.34 千米。

据悉，包浍河流域是安徽省粮食生产基地。工程建成后，将进一步完善包

安徽省包浍河治理工程开工动员会。

浍河流域防洪除涝工程体系，提高包浍河防洪排涝标准，恢复涵闸蓄水灌溉功能，畅通沿河防汛道路，提升水旱灾害防御能力，有力促进区域经济社会持续健康发展。

水利部：秋季长江中下游和两湖地区旱情将持续发展

　　9月5日，国家防总副总指挥、水利部部长李国英主持专题会商。会议指出，据预测，秋季长江中下游和洞庭湖、鄱阳湖地区旱情将持续发展，长江流域嘉陵江、汉江和黄河流域渭河、泾河、北洛河、伊洛河等可能发生秋汛，还会有台风登陆影响我国东部沿海地区。

　　李国英要求，要以强化预报、预警、预演、预案措施为重点，提前做好秋季抗旱防汛各项应对准备工作。

　　李国英对秋季抗旱防汛工作做出三项部署，一是有效应对长江中下游及洞庭湖、鄱阳湖地区的旱情。要树立抗大旱、抗长旱思维，以确保旱区群众饮水安全，保障规模化养殖、大牲畜饮水和秋粮作物灌溉用水为目标，精准掌握人畜饮水和作物灌溉用水需求，结合流域降雨、来水情况，预筹水资源，适时开展以三峡水库为核心的长江上游干流水库群、洞庭湖"四水"干支流水库群、鄱阳湖"五河"干支流水库群抗旱调度，为抗旱提供水源保障。

二是做好秋汛防御工作。要高度重视华西秋雨可能引发的洪涝灾害，重点抓好中小河流洪水和山洪灾害防御，落实预警信息发布与反馈、人员转移避险等措施。强化水库安全度汛，强降雨区病险水库空库运行，坚决避免水库垮坝。要精细调度水工程，主要控制性水库以拦蓄为主，在确保防洪安全的前提下，尽最大努力为后期抗旱储备水源。

三是做好台风引发强降雨洪水的防范工作。要紧盯海上台风生成、发展和移动路径等情况，提早作出准确预报。台风登陆和影响区域，要切实加强局地强降雨引发的中小河流洪水和山洪灾害防御。水库防汛"三个责任人"要提前上岗到位、履职尽责，确保防洪安全。

拾年丨水利部：近十年洪涝灾害年均损失占 GDP 比例降至 0.31%

日前，中宣部推出"中国这十年·系列主题新闻发布"，封面新闻《拾年》栏目将全程予以关注，报道中国这十年的成就与变化。

9月13日，中共中央宣传部举行党的十八大以来水利发展成就新闻发布会。水利部部长李国英在发布会上介绍，近十年我国洪涝灾害年均损失占 GDP 的比例由上一个十年的 0.57% 降至 0.31%。

李国英介绍，去年以来，黑龙江上游发生特大洪水、黄河中下游发生历史性罕见秋汛、珠江流域北江发生历史罕见洪水，全国有 8 135 座（次）大中型水库投入拦洪运用、拦洪量 2 252 亿立方米，12 个国家蓄滞洪区投入分洪运用，减淹城镇 3 055 个（次），减淹耕地 3 948 万亩，避免人员转移 2 164 万人，同时有力抗击珠江流域等多区域严重干旱，保障了大旱之年基本供水无虞。今年面对长江流域 1961 年以来最严重干旱，坚持精准范围、精准对象、精准措施，实施"长江流域水库群抗旱保供水联合调度专项行动"，保障了 1 385 万群众饮水安全和 2 856 万亩秋粮作物灌溉用水需求。

"十年来，农村饮水安全问题实现历史性解决。"李国英表示，我国全面解决了 1 710 万建档立卡贫困人口饮水安全问题，十年来共解决 2.8 亿农村群众饮水安全问题，农村自来水普及率达到 84%，困扰亿万农民祖祖辈辈的吃水难问题历史性地得到解决。加强农田灌溉工程建设，建成 7 330 处大中型灌区，农田有效灌溉面积达到 10.37 亿亩，在占全国耕地面积 54% 的灌溉面积上，生产了全国 75% 的粮食和 90% 以上的经济作物，为"把中国人的饭碗牢牢端在自己手中"奠定了坚实基础。

水惠中国

■水利建设全面提速！前 5 个月新开工项目 10 644 个，
投资规模 4 144 亿元

水利建设全面提速！前 5 个月新开工项目 10 644 个，投资规模 4 144 亿元

全面加强水利基础设施建设，对保障国家水安全、扩大内需、推动经济高质量发展、稳住宏观经济基本盘具有重大意义。

6 月 10 日，水利部举行加快水利基础设施建设有关情况新闻发布会。

在发布会上，水利部副部长魏山忠介绍，今年前 5 月，我国水利建设全面提速，新开工水利项目 10 644 个，投资规模 4 144 亿元，其中投资规模超过 1 亿元的项目 609 个。

今年 4 月，中央财经委员会第十一次会议指出，要加强交通、能源、水利等网络型基础设施建设，把联网、补网、强链作为建设重点，着力提升网络效益。日前，国务院出台的《扎实稳住经济一揽子政策措施》中，将"加快推进一批论证成熟的水利工程"作为稳投资的一项重要措施。

今年，水利部深入落实"节水优先、空间均衡、系统治理、两手发力"治水思路，按照"疫情要防住、经济要稳住、发展要安全"的要求，切实担负起水利对于稳定宏观经济大盘的政治责任。

"水利部提出了 19 项工作举措，明确了引调水、重点水源、控制性枢纽、蓄滞洪区建设等重大水利工程，以及病险水库除险加固、中小河流治理、灌区建设和改造、农村供水、水土保持等项目的推进措施，举全行业之力，以超常规措施、超常规力度，努力克服疫情影响，以钉钉子精神全力加快水利基础设施建设。"魏山忠说。

据介绍，今年 1 月至 5 月，水利部在推进项目开工方面，吴淞江整治、福建木兰溪下游水生态修复与治理、雄安新区防洪治理、江西大坳灌区、广西大藤峡水利枢纽灌区等 14 项重大水利项目开工建设，投资规模达 869 亿元。

在加快实施进度方面，海南南渡江引水工程竣工验收，青海蓄集峡、湖南毛俊、云南车马碧等水利枢纽下闸蓄水，西江大藤峡水利枢纽进入全面挡水运行阶段，一批工程开始发挥效益。陕西引汉济渭工程秦岭输水隧洞全面贯通；云南滇中引水工程输水隧洞已开挖 438 千米，比计划工期提前半年；安徽引江济淮主体工程完成近九成，有望今年 9 月底试通水。

在扩大建设投资方面，在争取加大财政投入的同时，多渠道筹集建设资金。全国已落实投资 6 061 亿元，较去年同期增加 1 554 亿元，增长 34.5%；完成投资 3 108 亿元，较去年同期增加 1 090 亿元，增长 54%，吸纳就业人数 103 万人，其中农民工就业 77 万，充分发挥了水利对稳增长、保就业的重要作用。

《每日经济新闻》记者注意到，5 月 30 日，水利部、国家开发银行召开开发性金融支持水利基础设施建设工作推进会，会上强调要聚焦开发性金融支持水利基础设施建设重点领域，切实做好重大水利工程信贷支撑保障，积极扩大规模化供水等农村供水融资规模，着力提升水利融资能力，确保应贷尽贷。推动开发性金融支持水利基础设施建设工作落地见效。

作为被市场严重低估的水利市场，开发性金融的介入能更好地发挥市场配置资源的重要作用，拓宽水利建设资金筹措渠道，更好地保障水利基础设施建设资金需求，落实扎实稳住经济的一揽子政策措施相关工作要求。

"下一步，水利部在做好防汛抗旱和安全生产的同时，进一步加强组织推动，采取更加有力的措施，以旬保月、以月保季，确保完成年度建设任务，推动新阶段水利高质量发展，为保持经济运行在合理区间做出水利贡献。"魏山忠表示。

后 记

编写本书时，得到了许多新闻、水利行业从业人员的大力支持。在本书和读者见面时，特别感谢王厚军、孙平国、刘耀祥、唐晓虎对本书的审核，感谢孟辉、吕娜、宋晨宇、翟平国、贾志成、刘咏梅、刘义勇、韩莹、周雪濛、丁恩宇、方鑫、高原、韩先明、孔圣艳、唐婷、廖宇虹、翁敏、罗轲、刘柏彤等参编人员，并在此感谢所有给予本书关心和支持的领导、专家。